凤凰职教

护理类专业"十三五"高职高专规划教材
供护理、助产、康复等医学相关专业使用

人体结构

RENTI JIEGOU

主　编　余　寅
副主编　鹿艳存
编　者（以汉语拼音排序）
吉燕南（南通卫生高等职业技术学校）
李玉彬（无锡卫生高等职业技术学校）
鹿艳存（徐州医药高等职业学校）
吕文龙（连云港中医药高等职业技术学校）
吴　迪（常州卫生高等职业技术学校）
吴　军（江苏省宿迁卫生中等专业学校）
余　寅（无锡卫生高等职业技术学校）

江苏凤凰教育出版社　凤凰职教

图书在版编目（CIP）数据

人体结构 / 余寅主编 .—南京：江苏凤凰教育出版社，2018.8（2022.8 重印）

ISBN 978-7-5499-7274-6

Ⅰ．①人… Ⅱ．①余… Ⅲ．①人体结构 Ⅳ．①Q983

中国版本图书馆 CIP 数据核字（2018）第 093756 号

护理类专业“十三五”高职高专规划教材

书　　名　**人体结构**

主　　编　余　寅
责任编辑　刘蓉蓉
出版发行　江苏凤凰教育出版社
地　　址　南京市湖南路1号A楼，邮编：210009
出　　品　江苏凤凰职业教育图书有限公司
网　　址　http://www.fhmooc.com
照　　排　江苏凤凰制版有限公司
印　　刷　江苏凤凰新华印务集团有限公司
厂　　址　江苏省南京经济技术开发区尧新大道339号，邮编：210038
电　　话　025-68037410
开　　本　787 毫米 × 1 092 毫米　1/16
印　　张　16.25
版次印次　2018 年 8 月第 1 版　2022 年 8 月第 3 次印刷
标准书号　ISBN 978-7-5499-7274-6
定　　价　59.80元
批发电话　025-83658831
盗版举报　025-83658873

前言

为满足我国卫生职业教育事业的快速发展，与时俱进，根据高职高专护理类专业课程改革的精神和要求，我们在江苏联合职业技术学院护理专业协作委员会的指导下，组织来自教学第一线，有着丰富教学经验的教师共同编写了护理类专业“十三五”高职高专规划教材《人体结构》。

在编写过程中，牢固树立“体现职业教育特色、淡化学科意识”的思想,依据护理专业职业能力要求和五年制护理专业学生的认知特点，采用模块、项目式课改模式编写教学内容。与传统教材相比较，本教材力图体现以下特色：

1. 紧紧围绕五年制护理专业培养目标，贯彻“以学生为本、以就业为导向、以服务为宗旨”的编写理念，落实“先行课为后续课服务、基础课为专业核心课服务、职业教育为专业实践和技术操作服务”的课改精神，体现区域特色和学校特点。

2. 以教学计划和课程标准为依据，坚持“基本、必需、够用、实用”的原则，对教材内容进行调整、精简、优化。力求夯实基础、降低难度，同时注重实用，将解剖学基本理论和基础知识与临床实践、护理应用紧密结合，贯穿于每一模块，始终与护理职业相吻合。

3. 在教材形式和内容编排上有所创新。根据五年制护理专业学生的年龄和认知实际，本教材对内容体系和编排结构进行了适度创新。每个模块提出学习目标后，以“问题引入”引导每个项目的学习，以构建帮助学生学习的情景，启发学生思考，再结合相关解剖学知识的学习，培养学生综合运用知识的能力。正文中，增添了生活小常识、疾病小知识、护理小常识等“相关链接”，以增强教材的趣味性，有利于学生的理解和记忆，也便于学生学习后续课程或提前进入护生角色。

4.加强学习方法的指导。俗话说：“授人以鱼，不如授人以渔。”教育不仅是知识的传授，更重要的是学习方法的指导。本教材在每个模块后有“小结”，对模块内容进行及时地梳理；最后安排“复习思考题”，便于学生及时巩固强化所学的内容，加强各知识点的联系。

5.教材中的所有插图均为彩色图片，以改善黑白插图观看效果不佳的缺陷。使本书既是一本教材，又是一本图谱，达到合二为一的效果。

6.运用信息化技术辅助教学。本教材依托凤凰职教云和凤凰课堂APP，运用微课等形式，高效讲解教学重点、难点。扫描书中的二维码，可随时随地观看微课。教材还配有教学课件PPT、目标自测题等辅助教学资源，帮助学生更好地理解所学内容，提高学习效果，可登陆凤凰职教官网（www.ppve.cn）或扫描凤凰职教官网二维码后获得。

在教材编写过程中，江苏联合职业技术学院护理专业协作委员会给予了诸多指导，同时也得到了编者所在学校及相关专家的关心和支持，在此表示衷心的感谢！对本教材引用文献资料的作者也表示诚挚的感谢！

虽然全体编者力图编写出一本有自己特色的教材，但受能力、学识及编写时间的限制，书中难免有错误和疏漏之处，恳请各位同行在使用教材过程中及时反馈意见，以便我们再版时完善提高。

编　者

目录

绪 论

知识目标

1. 了解人体结构课程的定义及其在护理医学中的地位。
2. 了解、学习人体结构课程的基本观点和方法。
3. 熟悉人体的组成、组织、器官、系统的概念及人体的分部。

技能目标

1. 会演示人体解剖学姿势。
2. 能辨认人体的轴和面及常用的人体方位术语。
3. 逐步学会医学知识的学习方法和技巧。

问题引入

1．医护学生迈入医学殿堂，为何首先要学习人体结构？

2．当你凝视自己的五官、皮肤和肢体时，有没有想过它们是如何构成的？又是如何有机地联系在一起的？

3．人站立时，鼻子在眼睛的哪个方向？若倒立时，鼻子又在眼睛的哪个方向？

一、人体结构的定义及其在护理医学中的地位

人体结构是研究正常人体形态结构的科学。其基本任务是阐述人体各器官的形态、结构特征、位置、毗邻、生长发育规律及其功能等，属于生物学中的形态学范畴，包括大体解剖学、组织学等。

大体解剖学（macro anatomy）即狭义的解剖学，是以刀剖割、肉眼观察的方法研究正常人体形态结构的科学。根据叙述方法的不同，大体解剖学又分为按人体各功能系统（如运动系统、消化系统）进行研究的系统解剖学和按人体各局部（如胸部、腹部）进行研究的局部解剖学。组织学（histology）是借助显微镜研究正常人体微细结构及其相关功能的科学。其研究内容主要是细胞、组织和器官的微细结构。随着现代科学技术的迅猛发展，对人体微细结构的研究也越来越深入，人类对生命现象结构基础的认识已发展到亚细胞领域和分子领域。

人体结构包含了医学中绝大多数的名词和概念，人类只有首先正确地研究和认识自己的身体，才能客观地对待世界和建立科学求真的思维。恩格斯说："没有解剖学就没有医学。"故人体结构是医护学生走进医学、护理大门的"敲门砖"，是一门重要的医学基础课程。医护学生只

有在掌握正常人体结构后，才能学好后续的医学基础课及临床课，才能更好地理解和分析人体生理功能与病理变化，才能正确地认识与鉴别疾病的发生、发展规律，从而有效地采取防病、治病和护理措施，努力增进人类健康，提高人们的生活质量。因此，凡是有志成为一名合格的医护人员的学习者，必须下苦功夫学好人体结构，为今后的学习和工作打下坚实的医学基础。

相关链接

人体解剖学发展简史

人体解剖学是一门重要的医学基础学科，它的形成和发展过程凝结了人类大量的辛勤劳动和智慧。

最早研究人体的是古希腊医生盖伦，其解剖学著作是《医经》。《医经》对血液运行、神经分布及内脏器官都有较详细而具体的叙述。但由于欧洲正处于宗教统治时期，禁止解剖人体，该书的主要资料来源于动物的解剖观察结果，错误之处很多。

欧洲文艺复兴时期（15 ~ 16 世纪），宗教统治被摧毁，达·芬奇和维萨里成为人体解剖学的代表人物。达·芬奇所绘的解剖图谱，其精确细致即使在今日也令人叹为观止，堪称伟大的科学和艺术的时代巨著。1543 年，维萨里曾冒着被迫害的危险，亲自从事人的尸体解剖，完成了《人体构造》这部解剖学巨著。《人体构造》勇敢地摆脱了盖伦的权威束缚，纠正了盖伦的许多错误论点，奠定了现代人体解剖学的基础。

二、学习人体结构的基本观点和方法

人体结构作为一门形态学科，其名词繁多，概念复杂。要学好这门课程，除了必须付出大量的时间反复读背相关内容之外，还需坚持如下基本观点和方法，才可以达到较好的效果。

（一）进化发展与环境统一的观点

人类是由古猿经过长期进化发展而来的。尽管现代人与动物有着本质的差异，但在形态结构上仍保留着灵长类哺乳动物的特点，如身体两侧对称、体腔被分成胸腔和腹腔等，以及人体出现某些变异、畸形、返祖现象或是发育异常（发育不全、停滞、过度等）。现代人类的形态结构仍然在不断地发展变化着，人体的细胞、组织和器官一直处于新陈代谢、分化和发育的动态之中。

人类生活在自然与社会的大环境中，不仅从外界环境中摄取营养物质，排出代谢废物，进行物质交换，而且还直接或间接地受到外界环境的影响。人体通过自身调节机制，不断统一人体内部的功能活动，以适应周围环境；同时，应注意科学发展与环境相统一，努力营造和谐的社会，保障人人享有健康的生活。

（二）结构与功能相联系的观点

人体结构与功能是密切相关的，器官的形态结构是功能的物质基础，功能活动是形态结构的外在表现，结构决定功能，功能影响结构。例如，人类由于直立和劳动，上肢成为握持工具从事技巧性劳动的器官，下肢成为支持体重和维持直立的器官；上肢相对细小，下肢相对粗大。再如成熟红细胞内含有血红蛋白，能与 CO_2 和 O_2 结合，故红细胞有运送 CO_2 和 O_2 的功能。长期坚持体育锻炼可使骨变得粗壮强大，肌肉发达；相反，长期卧床的病人则骨可变细，肌肉萎缩。因此，正确理解形态结构与功能的联系，既可深入理解、融会贯通，又可抓住要点、掌握规律，提高学习效果。

（三）局部与整体统一的观点

人体是由许多器官、系统或众多局部组成的有机体。每个器官、系统或局部都是整体不可分割的一部分。器官、系统与整体之间，在结构和功能上既互相联系又互相影响。局部不能离开整体而独立存在。我们学习人体结构虽然从局部的器官、系统入手，但必须始终注意各个器官、系统与其他器官、系统的联系和影响及其在整体中的地位和作用，注意从整体的角度更好地来理解局部的形态结构，以及它们之间复杂的功能联系。

（四） 理论联系实际的观点

学习的目的是为了实际应用。学习人体结构就是为了更好地认识人体，为医学理论的学习与实践奠定基础。因此，在学习过程中必须坚持理论联系实际，做到三个结合：① 图文结合。学习时做到文字和图形并重，图能将名词概念形象化，两者结合，以利于理解和记忆。② 理论学习与观察实物相结合。重视实验课教学，充分利用模型、标本、组织切片、挂图、活体观察与触摸、多媒体及尸体解剖等手段，增进理解，形成形象记忆，所谓“百闻不如一见”就是这个道理。③ 理论知识与临床应用相结合。医学基础是为临床服务的，在学习人体结构的过程中适度联系临床应用，可激发学习兴趣，增强对某些结构重要性的认识。

三、人体的组成和分部

（一）人体的组成

构成人体的基本结构和功能的单位是细胞（cell）。成人共有 6×10^{13} 个细胞。人体细胞大小不一，形态多样，功能各异。细胞之间存在一些不具细胞形态的物质，称细胞间质。许多形态相似、功能相近的细胞和细胞间质组合在一起，构成组织（tissue）。人体有四种基本组织，即上皮组织、结缔组织、肌组织和神经组织。几种不同的组织有机组合，构成具有一定形态并能完成一定功能的结构，称器官（organ），如心、肝、脾、肺、肾等。若干功能相关的器官联系在一起，共同完成人体某种生理功能的结构，称系统（system）。人体有运动、消化、呼吸、泌尿、生殖、脉管、神经、内分泌系统及感觉器官。其中消化系统、呼吸系统、泌尿系统和生殖系统的大部分器官位于胸、腹、盆腔内，并借孔道与外界直接或间接相通，总称为内脏（viscera）。各个系统在神经、体液的调节下，彼此联系，相互协调，构成了一个完整统一的有机体，即人体。

（二）人体的分部

人体按外部形态可区分为头、颈、躯干和四肢四个部分。头又分为颅部和面部；颈可分为颈部和项部；躯干的前面分为胸部、腹部、盆部和会阴部，躯干的后面为背部，背的下部为腰部；四肢分为上肢和下肢，上肢又分为肩、臂、前臂和手，下肢又分为臀、大腿、小腿和足（图 0–1）。

四、解剖学姿势和常用方位术语

在生活中，人体各部与器官的位置关系不是恒定不变的。为了准确描述人体各器官的位置关系和形态结构，有利于交流和沟通，有必要约定统一的标准，规范用语。因此，人体结构统一规

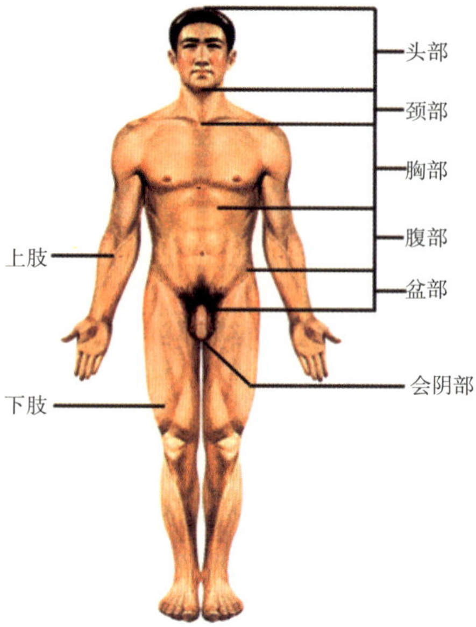

图 0–1 解剖学姿势及人体分部

定了解剖学姿势、方位、轴和面等术语。

解剖学姿势与方位术语

（一）解剖学姿势（标准姿势）

解剖学姿势（anatomical position）是指身体直立，两眼向前平视，上肢下垂于躯干两侧，掌心向前，下肢并拢，足尖向前（图 0–1）。无论被观察对象（活体、标本、模型等）处于何种位置，均应以解剖学姿势为标准描述人体结构。

（二）方位术语

方位术语是以解剖学姿势为依据，用以准确描述人体各结构间的位置关系。常用的方位术语有：

1. 上和下 用于描述部位高低的术语。近头顶者为上，近足底者为下。如鼻位于口之上，而位于眼之下。

2. 前和后 近腹面者为前（或称腹侧），近背面者为后（或称背侧）。

3. 内侧和外侧 用于描述各部位与正中矢状面相对位置关系的术语。近正中矢状面者为内侧，反之为外侧。对于四肢，前臂的内侧也称尺侧，外侧也称桡侧；小腿的内侧也称胫侧，外侧也称腓侧。

4. 内和外 用于描述空腔器官结构相互位置关系的术语。在腔内或近腔者为内，在腔外或远离内腔者为外。如心位于胸腔内，乳房位于胸腔外。

5. 浅和深 用于描述与身体表面或器官表面相对距离关系的术语。近表面者为浅，远离表面者为深。如静脉因距体表远近不同，而分为浅静脉和深静脉。

6. 近侧和远侧 用于描述四肢各部相互位置关系的术语。距肢体根部近者为近侧，距肢体根部远者为远侧。如肘关节位于肩关节的远侧，而位于腕关节的近侧。

（三）轴

轴是一种假想的线，在描述人体某些器官的形态，特别是叙述关节运动时非常重要。每一关节的运动都是围绕轴来进行的。按照解剖学姿势，人体有三种互相垂直的轴（图 0–2）。

1. 垂直轴 呈上下方向，与地面垂直且与人体长轴一致的直线，称垂直轴。

2. 矢状轴 呈前后方向，与地面平行且与人体长轴垂直的直线，称矢状轴。

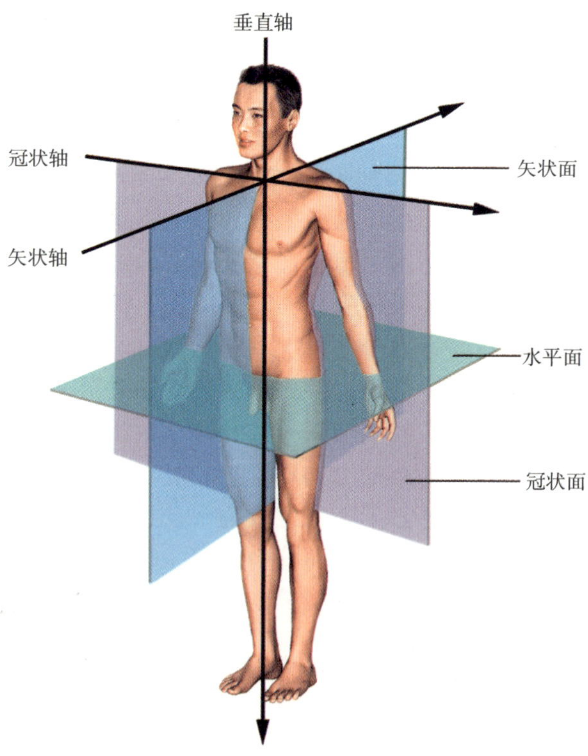

图 0–2 人体的轴和面

3. 冠状轴 呈左右方向，与地面平行且与垂直轴和矢状轴垂直的直线，称冠状轴，也称额状轴。

（四）面

人体或其任何一个局部，均可设置相互垂直的三个切面（图 0–2）。

1. 矢状面 沿矢状轴方向将人体纵切成左右两部分的切面，称矢状面。其中，通过人体正中线的矢状面，称正中矢状面，它将人体分成左右对称的两半。

2. 冠状面 沿冠状轴方向将人体纵切成前后两部分的切面，称冠状面，又称额状面。

3. 水平面 同时与上述两种切面垂直，将人体横行切开的切面，称水平面，也称横切面。若以器官本身为准，垂直于其长轴的切面称横切面，平行于其长轴的切面称纵切面。

五、组织切片常用染色方法

组织学所观察的标本，一般是将器官或组织切成薄片粘贴在载玻片上，然后再经过染色等处理，才能制作成组织切片，在显微镜下观察。组织切片染色方法很多，最常用的是苏木精和伊红染色法，简称 HE 染色。苏木精是碱性染料，可将细胞核和细胞质内的酸性物质染成蓝色；伊红是酸性染料，可将细胞质和细胞间质内的碱性物质染成红色。组织结构与碱性染料亲合力强，易被染色的特性称嗜碱性；与酸性染料亲合力强，易被染色的特性称嗜酸性；若与两种染料的亲合力都不强，则称中性。

小结

人体结构是研究正常人体形态、结构的科学，是学习其他基础医学和临床护理学课程的形态学基础和基石。要全面准确地认识和理解人体的形态结构，就必须树立正确的观点和掌握科学的学习方法。人体由四种组织、九大系统组成。为了能正确描述人体各部的位置、形态、结构及其相互关系，统一规定了众所公认的解剖学姿势、方位、轴和面等术语，它们是每个医护学生学习人体结构时必须明确并牢记的概念和术语。

复习思考题

1. 结合自身写出人体各部分的名称。
2. 说出并做出解剖学姿势。
3. 学习人体结构过程中，如何正确使用解剖学方位术语？

（余寅）

模块一 细 胞

知识目标

1. 熟悉细胞的基本结构。
2. 归纳细胞质中各细胞器的功能。
3. 了解细胞核的结构。
4. 了解细胞周期与细胞分裂。

技能目标

学会显微镜的使用与细胞观察。

问题引入

1. 我们怎样才能看清楚细胞的结构？
2. 显微镜下的细胞结构应该是怎样的呢？

细胞（cell）是人体形态结构、生理功能和生长发育的基本单位。一切生物体（病毒除外）不论其结构简单还是复杂，均由细胞构成。如果将人体比喻成高楼大厦，那么细胞就是其中的一砖一瓦。因此要全面深入地了解人体结构，就必须从认识细胞开始。

一、细胞形态

人体由数以亿计的细胞组成。细胞大小不一，一般都要借助显微镜才能观察到。人体内多数细胞的直径为 6~30 μm（1mm=1 000μm，1μm=1 000nm）。细胞的形态与其执行的生理功能和所处的部位密切相关。例如，具有接受刺激、传导冲动的神经细胞有很多细长突起，流动的血细胞多数呈球形，紧密排列的上皮细胞呈立方形、柱状和扁平形等（图 1-1）。

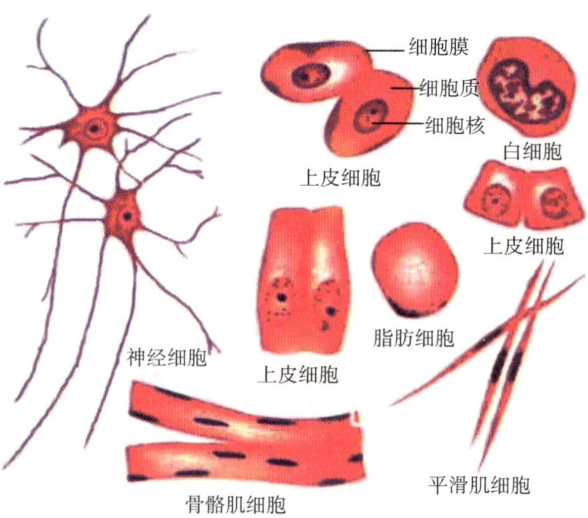

图 1-1 人体各种形态的细胞

二、细胞结构

人体细胞尽管形态各式各样，但仍有共同的基本结构。在光学显微镜（light microscope）下（以下简称“光镜”），细胞均可分为细胞膜、细胞质和细胞核三部分。在电子显微镜（electron microscope）下（以下简称“电镜”），细胞分为膜相结构和非膜相结构（图 1–2）。

（一）细胞膜

细胞膜（cell membrane）是细胞表面的一层薄膜，又称质膜。在光镜下呈一条致密的细线。在电镜下观察，细胞膜呈现出“两暗夹一明”的三层结构，即内外两层深色的致密层和中间一层浅色的疏松层，总厚度为 7.5 ~ 10.5 nm。细胞内的膜性细胞器也有相似的三层结构，因此常称此类膜为单位膜（unit membrane）（图 1–3）。

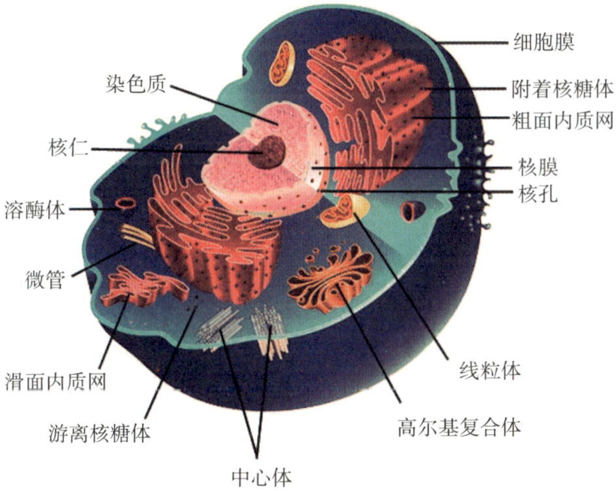

图 1–2 电镜下的细胞结构示意图

图 1–3 单位膜示意图

细胞膜的化学成分主要是脂质、蛋白质和少量糖类。这些物质分子是如何组装成膜结构的呢？1972 年，Singer 和 Nicholson 提出了液态镶嵌模型学说（图 1–4）。该学说认为细胞膜主要由双层排列的脂质分子和嵌入的球状蛋白质构成，并认为脂质分子呈液态，嵌入的蛋白质可做横位移动。液态镶嵌模型显示膜有两个特性：流动性和不对称性。这一结构使细胞膜能完成各种生理功能。

细胞膜不仅维持细胞的完整性、保持细胞的形态，而且在细胞与周围环境进行物质交换中起重要作用，可调节和促进细胞的生理功能及物质代谢活动。

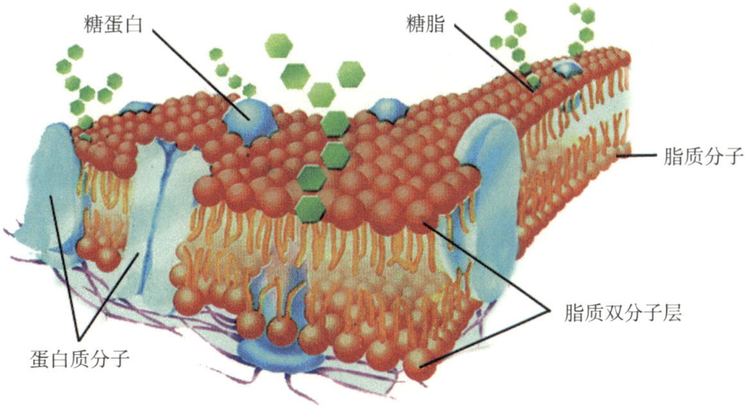

图 1–4 细胞膜液态镶嵌模型示意图

相关链接

细胞外被

细胞外被又称糖萼，指覆盖在细胞质膜表面的一层黏多糖物质。它与膜蛋白或膜脂结合形成糖蛋白或糖脂。细胞外被是细胞表面结构的重要组成部分，在细胞识别、通讯联络、免疫应答等方面起着重要的作用。例如，人红细胞表面的ABO血型抗原就是膜上的一种糖脂。血型的差异主要是糖脂中的糖链部分一个糖基的差异。A型血的糖链末端为N-乙酰半乳糖，B型血的糖链末端为半乳糖，AB型血两种糖基都有，O型血则缺少这两种糖基。

（二）细胞质

细胞质（cytoplasm）位于细胞膜与细胞核之间，是细胞完成各种生命活动的场所。包括基质、内含物和细胞器三部分。

1. 基质　基质是细胞内无定型而半透明的胶状物，主要含有水、无机盐、脂质、糖类、蛋白质、氨基酸和核苷酸等。其中，许多蛋白质是有特定催化功能的酶。基质是细胞进行多种物质代谢的重要场所，也为细胞器提供必需的环境。

2. 内含物　内含物是细胞质中具有一定形态的代谢产物或储备的营养物质，如糖原、脂滴、色素及分泌颗粒等。其数量随细胞生理状态的不同而改变。

3. 细胞器　细胞器是细胞质中具有特定形态和功能的结构，包括光镜下见到的线粒体、高尔基复合体、中心体等，以及只有在电镜下才可见的内质网、核糖体、溶酶体、细胞骨架（微管、微丝和中间丝）等细胞器（图1-2，表1-1）。若把细胞内部比作是一个繁忙的工厂，那么细胞器就是忙碌不停的“车间”，承载着细胞的生长、维持、修复和控制等方面的功能。

细胞器

表1-1　细胞质内细胞器的形态结构与功能

细胞器	形态结构	功能
核糖体	由RNA和蛋白质构成的没有被膜的致密小颗粒	蛋白质合成的场所
内质网	粗面内质网（有核糖体附着） 滑面内质网（无核糖体附着）	合成和输送蛋白质 与合成类固醇激素、解毒、糖代谢、脂代谢有关
高尔基复合体	由小泡、扁平囊和大泡构成	对蛋白质进行加工、浓缩，形成分泌颗粒或溶酶体
溶酶体	内含丰富酸性水解酶的膜性微小颗粒	消化分解细胞质内衰老的细胞器或被细胞吞噬的异物（如细菌）
过氧化物酶体（微体）	单位膜包裹的内含过氧化氢酶的囊泡状小体	保护细胞
线粒体	杆状、线状或粒状，双层单位膜围成，外膜有孔，内膜折叠成嵴，含多种酶	对营养物质进行氧化，合成三磷酸腺苷（ATP），为细胞提供能量
细胞骨架	包括微管、微丝、中间丝	维持细胞的特定形态，参与细胞运动和细胞分裂等
中心体	由中心粒和中心球组成，中心粒是一对互相垂直的短筒状小体	参与细胞分裂

相关链接

线粒体与寿命

线粒体为细胞活动提供能量，被称为“供能站”。研究表明，线粒体与人类的生老病死密切相关。人们一日三餐中的糖、脂质与蛋白质，在细胞线粒体内经生物氧化产生能量，供生理活动所需。当线粒体受到损伤时，就无法为细胞代谢供应能量。像老年糖尿病、帕金森病、心脑血管病等，都与线粒体损伤有关。维护得当，汽车的发动机可以多年不坏；维护不好，发动机则很快不能工作。同样道理，要想延年益寿，就必须维护好线粒体，避免暴饮暴食、超负荷运动和过度劳累，否则线粒体会受到损伤，很难得到有效恢复。有关线粒体的研究已经表明，随着生命科学的不断发展，今后人们活到 150 岁不再是梦。

（三）细胞核

细胞核（nuclear）是遗传信息贮存、复制和转录的场所，是细胞生命活动的控制中心。人体内的细胞（除成熟的红细胞外）都有细胞核，多数为一个，少数有两个或多个细胞核。细胞核的形态多呈圆形、卵圆形或杆状，少数为不规则形（如分叶核、马蹄形核等）。细胞核的结构包括核膜、核仁、染色质和核基质四部分（图 1–5）。

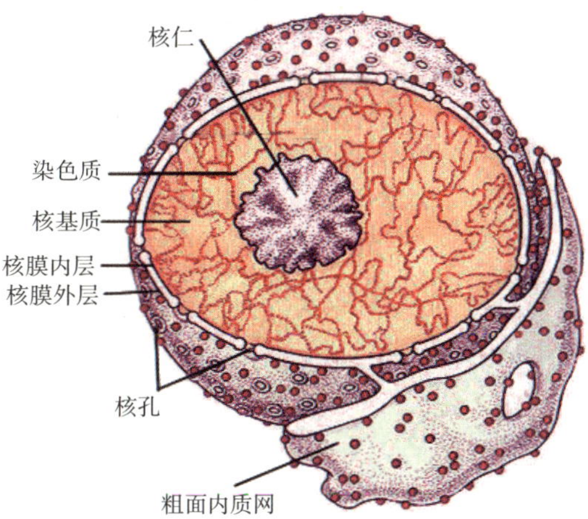

图 1–5　细胞核立体结构模式图

1. 核膜　核膜是细胞核表面的一层薄膜，对核内物质起保护作用。电镜下，核膜由内外两层单位膜构成，两层膜间的空隙形成核周隙。外层核膜表面附有核糖体，并与内质网膜延续，因此核周隙与内质网腔相通。核膜上有许多小孔，称核孔，是细胞核和细胞质之间进行物质交换的通道。

2. 核仁　光镜下，核仁呈圆形或椭圆形，一般为 1 ~ 2 个，常偏于核的一侧。电镜下，核仁主要由细丝和颗粒构成，外无膜包被。核仁的化学成分主要是蛋白质与核糖核酸（RNA），其功能是参与核糖体的形成。

3. 染色质与染色体　染色质是光镜下所见到的易被碱性染料着色的物质。电镜下，染色质呈细丝状结构，其化学成分主要是脱氧核糖核酸（DNA）和蛋白质。DNA 是人体细胞遗传的物质基础。在细胞分裂期，染色质细丝螺旋化，盘曲缠绕成一条条粗棒状的结构，即染色体。所以染色质与染色体是同一物质在细胞不同时期的两种表现形式。

各种生物的染色体数目恒定，正常人体细胞有 46 条染色体，组成 23 对。其中，22 对为常染色体，其形态在男性、女性都一样；另一对为性染色体，决定人类的性别，在男性为 XY，在女性为 XX。每条染色体由两条纵向排列的染色单体构成，它们借着丝粒相连接。从着丝粒向两端伸出染色体臂，着丝粒的位置决定了染色体的形态（图 1–6）。染色体是遗传物质的载体。

4. 核基质　核基质是无定型胶状物质，为核内代谢活动提供了适宜的环境。其组成除含有水、蛋白质和无机盐外，还有酸性蛋白构成的核内骨架，对细胞核起支架作用。

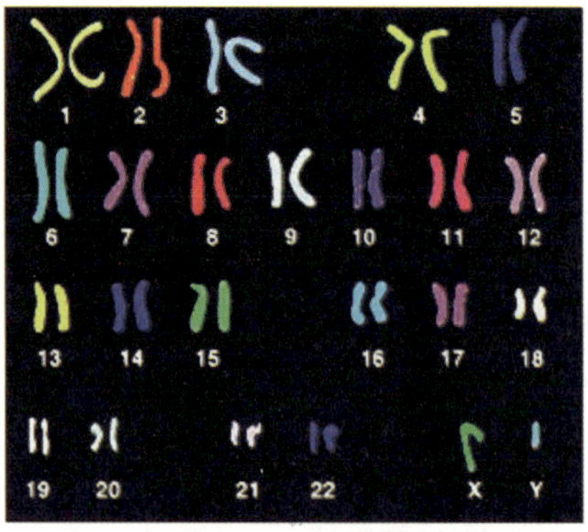

图 1–6　染色体形态结构和类型示意图

三、细胞增殖

细胞增殖是细胞生命活动的特征之一，是细胞通过生长和分裂使数目增加的过程。人体的生长发育、细胞更新和损伤后的修复等均是细胞增殖补充的结果。细胞分裂是细胞的增殖方式，包括无丝分裂、有丝分裂和减数分裂。无丝分裂在人体很少见，减数分裂是生殖细胞的分裂方式，人体的体细胞以有丝分裂为主。

（一）细胞周期的概念

细胞分裂是有周期性的，即细胞周期。是指连续分裂的细胞从上一次细胞分裂结束开始，到下一次细胞分裂结束为止所经历的增殖过程。整个细胞周期可分为分裂间期和分裂期两个阶段。分裂间期以细胞核内 DNA 合成为中心，可分为 DNA 合成前期（G_1 期）、DNA 合成期（S 期）和 DNA 合成后期（G_2 期）；分裂期（M 期）主要以染色体的形成和变化过程为依据，可分为前、中、后、末四个时期（图 1–7）。

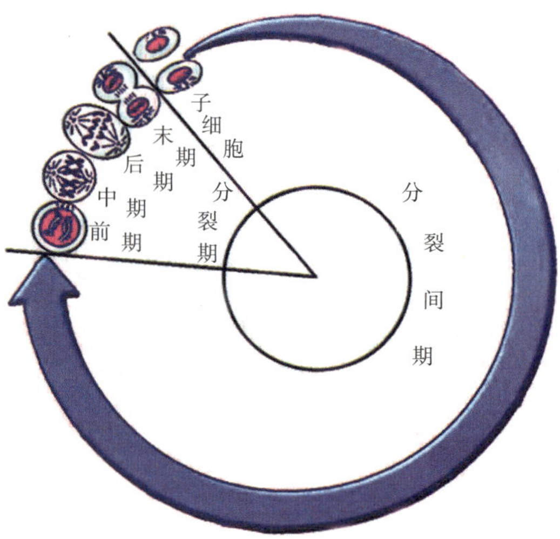

图 1–7　细胞周期示意图

（二）细胞周期的特点

1. G_1 期　G_1 期是从上一次细胞分裂完成到 DNA 开始复制的时期。此期的特点是细胞物质代谢活跃，迅速合成大量 RNA 和蛋白质，细胞体积显著增大。这一期的主要意义在于为下阶段 S 期的 DNA 复制做好物质和能量的准备。

2. S 期　此期的特点是 DNA 复制，使细胞内 DNA 的含量增加一倍。从 G_1 期进入 S 期是细胞周期的关键时刻，只要 DNA 的复制一开始，细胞的增殖活动就会进行下去，直到分成两个子细胞。若在此期干扰细胞的 DNA 复制，则会引起细胞变异和分裂异常。

3. G_2 期　此期的特点是 DNA 合成终止，但是还有少量 RNA、蛋白质的合成，特别是微管蛋白的合成，为分裂期纺锤丝微管的组装做好进一步的物质准备。

4. M 期　此期将细胞核染色体精确均等地分配给两个细胞，使分裂后的细胞保持遗传上的一致性。M 期最明显的形态变化是细胞核中染色体的变化。根据形态变化，人为地将分裂期分为前、中、后、末四个时期。

（1）前期：首先核内染色质通过螺旋化和折叠缩短变粗，形成有明显形态结构的染色体；细胞核膨大，核膜、核仁逐渐消失；已复制好的两对中心粒向两极移动，中间以纺锤丝相连，形成一个梭形纺锤体。

（2）中期：每条染色体已纵裂为两条染色单体，两条染色单体在着丝粒处相连；中心粒已到达两极，纺锤丝与每个染色体着丝粒相连；在纺锤丝的牵引下，染色体排列在细胞中央的赤道板上。中期染色体的形态结构最清晰、典型，便于观察。

（3）后期：染色体上的着丝粒纵裂，一分为二，原来连接在同一着丝粒上的两条染色单体也随之分开，成为两条子染色体。借纺锤丝的牵引，两组数目、形态结构相同的染色体分别移向两极。

（4）末期：染色体到达两极后就解旋，逐渐恢复成分裂间期松散的染色质；纺锤丝逐渐消失，核仁和核膜重新出现，形成两个新的细胞核。与此同时，细胞膜在中部向内凹陷，将细胞质分割成两等份，形成两个子细胞。

细胞周期是一个连续的动态过程，相互联系、不可分割。在细胞周期中，分裂间期的主要生理意义是合成DNA，复制两套遗传信息；而分裂期的主要生理意义是通过染色体的形成、分裂和移动，将两套遗传信息准确地分配到两个子细胞中，使子细胞具有与母细胞完全相同的遗传信息，保持遗传的稳定性和特异性。若某个阶段受到干扰，细胞增殖则发生障碍。

相关链接

抗肿瘤药

抗肿瘤药能抑制恶性肿瘤细胞的生长，其主要原理为：肿瘤细胞生长速度快，细胞周期短，抗肿瘤药阻滞其中一期或多期，使肿瘤细胞的细胞周期延长，生长缓慢，达到治疗目的。但在抑制恶性肿瘤细胞生长的同时，人体内一些分裂速度快、细胞周期短的正常细胞（如骨髓造血细胞和毛囊细胞等）也受到抑制，从而引起骨髓抑制和脱发等副作用。

小结

细胞是人体结构和功能的基本单位，可分为细胞膜、细胞质和细胞核三部分。细胞膜是由双层脂质分子及嵌入其间的蛋白质构成的液态膜。细胞质包括基质、内含物和细胞器。细胞器主要有核糖体、内质网、高尔基复合体、溶酶体、线粒体等，各具有不同的功能。细胞核由核膜、核仁、染色质和核基质组成。细胞周期分为分裂间期和分裂期。

复习思考题

1. 细胞的基本结构有哪三部分？
2. 细胞质内有哪些细胞器，各有何功能？
3. 简述细胞核的结构与功能。
4. 简述细胞周期的概念。

（余寅）

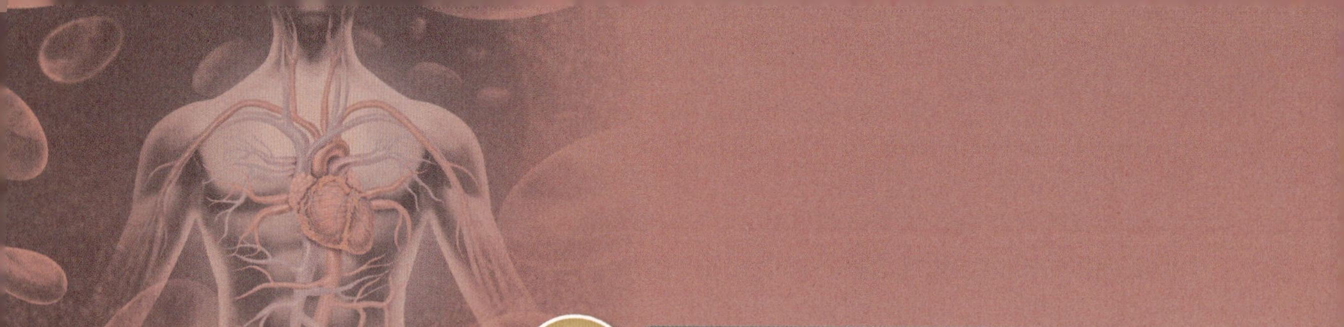

模块二 基本组织

知识目标

1. 熟悉上皮组织一般结构的特点、分类、功能，各类被覆上皮的结构特点与功能，腺上皮和腺的概念；了解被覆上皮的分类、分布，腺的分类，上皮细胞的特殊结构与功能。
2. 熟悉结缔组织一般结构的特点、分类、功能，疏松结缔组织的主要细胞、纤维及其功能；掌握血浆的概念，血细胞的形态、结构和功能；了解致密结缔组织、脂肪组织、网状组织的组成和分布，软骨组织、软骨的结构和分类，骨组织的一般结构。
3. 了解肌组织的一般结构特点、分类和分布，掌握骨骼肌、心肌、平滑肌的一般结构及功能特点。
4. 掌握神经元的形态结构和分类，突触的概念、分类及化学突触的结构；熟悉神经纤维的结构特点和分类；了解神经末梢及其分类。

技能目标

1. 会利用光学显微镜观察单层柱状上皮、复层扁平上皮、疏松结缔组织、骨骼肌、心肌、平滑肌和多极神经元的形态结构。
2. 会观察示教镜下的各种基本组织结构。

组织由形态、功能相似的细胞和细胞间质构成。根据组织的结构和功能特点，可将其分为上皮组织、结缔组织、肌组织和神经组织。这四类组织是构成人体各器官的基本成分，总称基本组织。

项目一 上皮组织

问题引入

1. 上皮组织的类型、分布、结构和功能特点是什么？
2. 血管的内表面光滑吗？想一想这是为什么？如果不是这样，会有什么后果？
3. 痰是怎样形成的？
4. 头皮屑产生的原因是什么？

上皮组织（epithelial tissue）是由大量排列紧密的上皮细胞和少量的细胞间质所构成的。其结构特点是：① 细胞数量多且排列紧密，细胞间质少。②上皮细胞呈极性分布。即一面朝向身体表面或有腔器官的腔面，称游离面；与其相对的一面朝向深部的结缔组织，称基底面。③ 上皮组织一般没有血管，其营养来自深部的结缔组织，但常有丰富的神经末梢。

根据结构和功能的不同，上皮组织分为被覆上皮、腺上皮和特殊上皮三大类。一般所说的上皮是指被覆上皮。上皮组织具有保护、吸收、分泌、排泄和感觉等功能。

一、被覆上皮

被覆于人的体表或衬贴于体腔及有腔器官腔面的上皮，称被覆上皮（covering epithelium）。按细胞排列的层数和形态的不同，被覆上皮可分为以下几类（表 2-1）：

表 2-1 被覆上皮的类型及主要分布

被覆上皮	类型	主要分布
单层上皮	单层扁平上皮	内皮：心、血管和淋巴管的腔面 间皮：胸膜、心包膜和腹膜的表面
	单层立方上皮	肾小管、甲状腺滤泡等
	单层柱状上皮	胃、肠、胆囊、输卵管和子宫等的腔面
	假复层纤毛柱状上皮	气管、支气管等呼吸道的腔面
复层上皮	复层扁平上皮	未角化型：口腔、食管和阴道等的腔面 角化型：皮肤表皮
	变移上皮	肾盂、输尿管和膀胱等的腔面

1. 单层扁平上皮 又称单层鳞状上皮，由一层扁平形细胞紧密排列而成（图 2-1）。从表面看，细胞呈多边形，似鱼鳞状；从侧面看，细胞连成线状，细胞扁薄，核椭圆形，位于细胞中央，

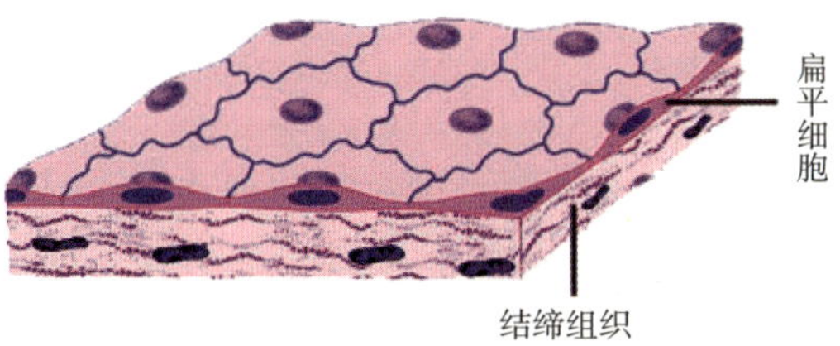

A. 模式图

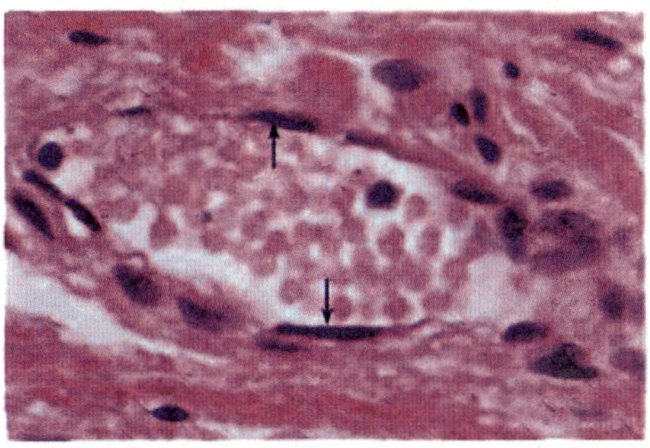

B. 血管内皮（横切面，↑↓ 细胞核）

图 2-1 单层扁平上皮

胞质少。单层扁平上皮分布较广。衬于心、血管和淋巴管腔面的单层扁平上皮，称内皮。内皮薄而光滑，有利于液体的流动和物质交换。构成胸膜、腹膜和心包膜表面的单层扁平上皮，称间皮。间皮光滑湿润，可减少器官活动时的摩擦。另外，单层扁平上皮还参与构成肺泡壁和肾小囊壁等。

2. 单层立方上皮 由一层立方形细胞紧密排列而成（图 2–2）。从表面看，细胞呈多边形；从侧面看，细胞呈立方形，核圆形，位于中央。这类上皮主要分布于小叶间胆管、甲状腺滤泡、肾小管等处，具有分泌、吸收和排泄功能。

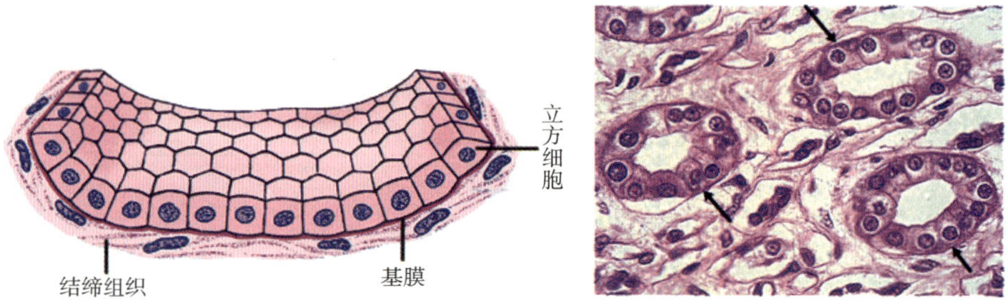

A. 模式图　　B. 肾小管单层立方上皮（↑↓基膜）

图 2–2　单层立方上皮

3. 单层柱状上皮 由一层棱柱状细胞紧密排列而成（图 2–3）。从侧面看，细胞呈柱状，核长椭圆形，位于细胞的基底部。这类上皮主要分布于胃、肠、胆囊、子宫和输卵管等器官的腔面，具有吸收和分泌的功能。在肠道内表面的单层柱状上皮细胞间还有许多散在的杯状细胞，它形似高脚酒杯，能分泌黏液，有润滑和保护上皮的作用。

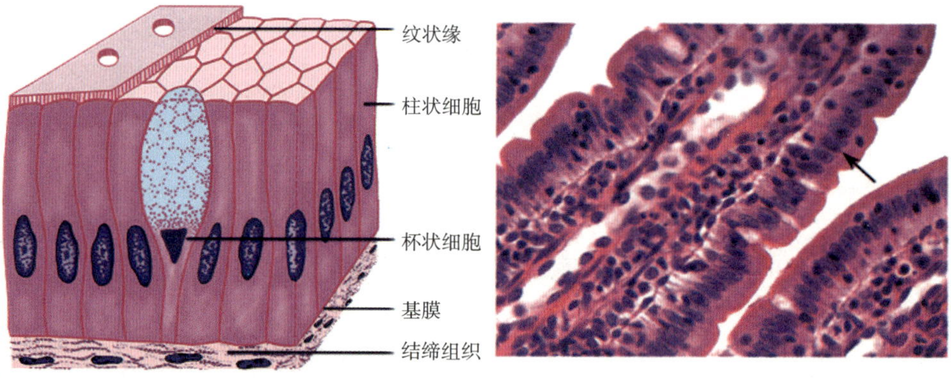

A. 模式图　　B. 小肠单层柱状上皮（↑柱状细胞核）

图 2–3　单层柱状上皮

4. 假复层纤毛柱状上皮 由一层高矮不等、形态不同的细胞紧密排列而成（图 2–4）。从侧面看，各细胞核并不排列在同一平面上，外观似多层，但所有细胞的基底面都附着于基膜上，实际上只有一层细胞，故称假复层。这类上皮主要分布于呼吸道的内表面，由于此上皮内夹有杯状细胞，可分泌黏液，并且上皮细胞游离面有纤毛，能做节律性摆动，将黏液连同黏附的尘粒、细菌等推向咽部，故起到清洁保护作用。

5. 复层扁平上皮 又称复层鳞状上皮，由多层细胞紧密排列而成（图 2–5）。从侧面看，表

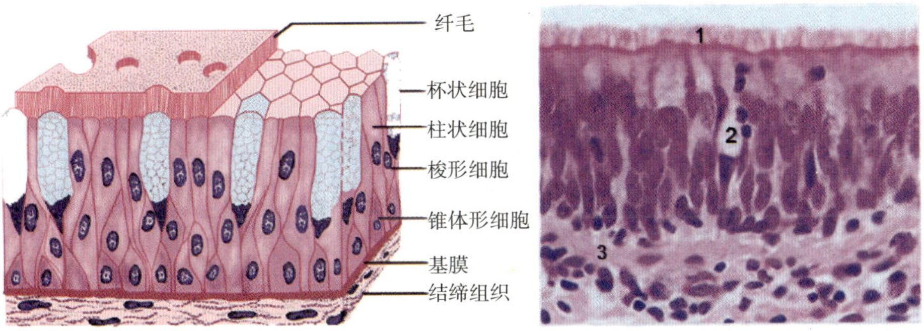

A. 模式图

B. 气管假复层纤毛柱状上皮
1. 纤毛 2. 杯状细胞 3. 基膜

图 2-4 假复层纤毛柱状上皮

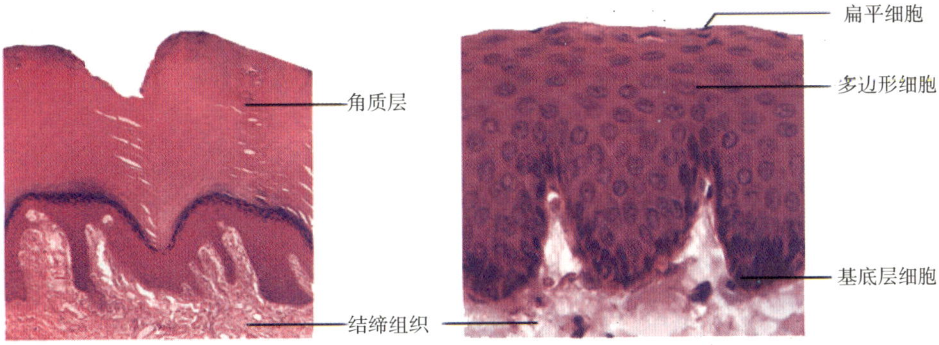

A. 角化型（指皮）

B. 未角化型（食管）

图 2-5 复层扁平上皮

面为数层扁平鳞状细胞，中间为数层多边形细胞，基底为一层矮柱状或立方形细胞，并附着于基膜上。基底部细胞分裂增殖能力强，新生的细胞不断向表层推移，以补充衰老或损伤而脱落的表层细胞。

分布于皮肤表面的复层扁平上皮，其表层细胞特化，细胞核消失，成为角化层，故称为角化的复层扁平上皮。分布在口腔、咽、食管、阴道等处的复层扁平上皮，表层细胞湿润、不角化，称为未角化的复层扁平上皮。复层扁平上皮具有耐摩擦和阻止异物侵入等作用，损伤后有很强的再生修复能力。

6. 变移上皮 与复层扁平上皮相似，由多层细胞组成（图 2-6）。细胞形态随所在器官的收缩或扩张而发生变化。这种上皮主要分布于肾盏、肾盂、输尿管、膀胱等部位。例如，当膀胱收缩

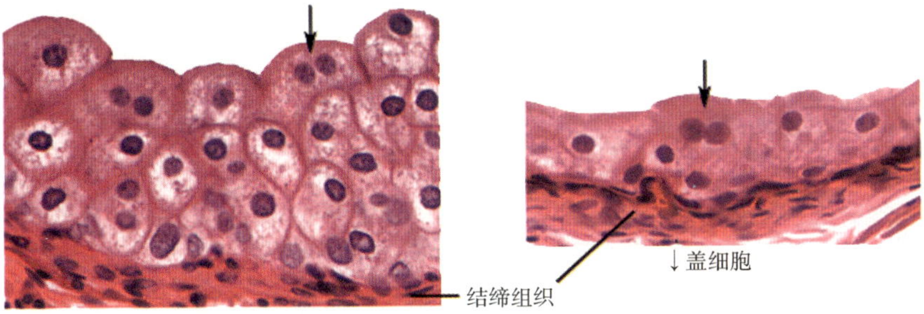

A. 膀胱空虚状态

B. 膀胱充盈状态

图 2-6 变移上皮

（空虚）时，细胞层数增多，体积增大，上皮变厚；当膀胱扩张（充盈）时，细胞层数减少，表层细胞变薄。

相关链接

上皮组织的更新与再生

上皮组织具有较强的再生修复能力，在正常生理状态下，机体内各种上皮细胞（如皮肤的表皮和肠上皮细胞）经常发生衰老、死亡和脱落，这时，基底细胞不断分裂增生，以补充表面脱落的细胞，这种现象称为生理性更新。

在病理状态下，由于炎症、外伤所致的上皮损伤，一般由未受损的上皮增殖、分化进行修复。例如，表皮损伤后，由伤口周围的上皮增殖、分化并向伤口表面推移，形成新的上皮，覆盖创面，这种现象称为病理性再生。

二、腺上皮和腺

以分泌功能为主的上皮称为腺上皮（glandular epithelium）。以腺上皮为主要成分所构成的器官称为腺（gland），包括外分泌腺和内分泌腺（图 2–7）。外分泌腺亦称有管腺，是胚胎时期上皮下陷到深层结缔组织分化而成的，腺的导管直接开口于相应器官腔面或皮肤表面，分泌物经导管排出。例如汗腺、唾液腺、胰腺等。内分泌腺的形成与外分泌腺相同，但无导管形成，故亦称无管腺。其分泌物称为激素，经血液或淋巴输送，发挥调节作用。例如甲状腺、肾上腺、垂体等。

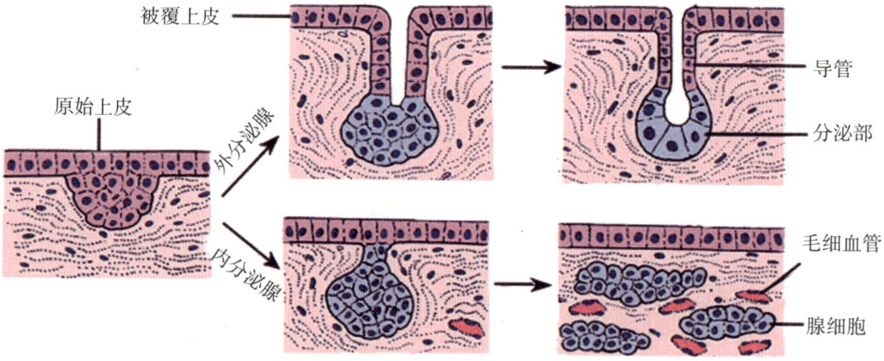

图 2–7　腺的发生与分类

相关链接

外分泌腺异常

外分泌腺的功能紊乱会导致一系列疾病和症状。例如，痤疮是皮脂腺的炎症，溃疡常伴有胃中的壁细胞分泌胃酸过多，腮腺炎是分泌唾液的腮腺的传染性疾病。

三、上皮组织的特殊结构

上皮组织与其功能相适应，在上皮细胞的游离面、基底面和侧面常形成各种特殊结构(图2–8)。

（一）上皮细胞的游离面

1. 微绒毛 是上皮细胞游离面伸出的细小指状突起，电镜下才能辨认。微绒毛表面为细胞膜，内为细胞质，其中含有纵行的微丝。微绒毛扩大了细胞的表面积，利于细胞的吸收。高倍镜下所见小肠上皮细胞的纹状缘即是密集排列的微绒毛。

2. 纤毛 是细胞游离面伸出的能摆动的较长的突起，比微绒毛粗、长，光镜下可分辨。电镜下可见纤毛表面有细胞膜，内为细胞质，其中有纵向排列的微管。纤毛可定向地节律性摆动，有利于清除黏附在细胞表面的分泌物或细小的异物。

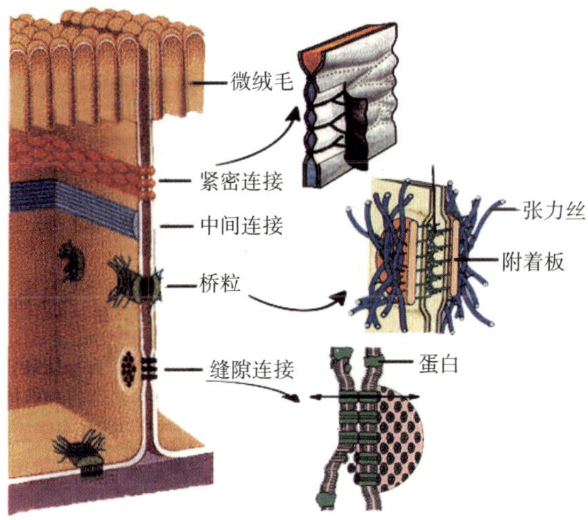

图 2–8 上皮细胞特殊结构模式图

（二）上皮细胞的基底面

1. 基膜 是介于上皮细胞基底面与结缔组织之间的一层薄膜。基膜除具有支持、连接作用外，还是半透膜，有利于上皮与结缔组织之间的物质交换。

2. 质膜内褶 是上皮细胞基底面的细胞膜折入胞质所形成的许多内褶。其主要作用是扩大细胞基底面的表面积，有利于水和电解质的迅速转运。常见于肾小管上皮细胞的基底面（图2–9）。

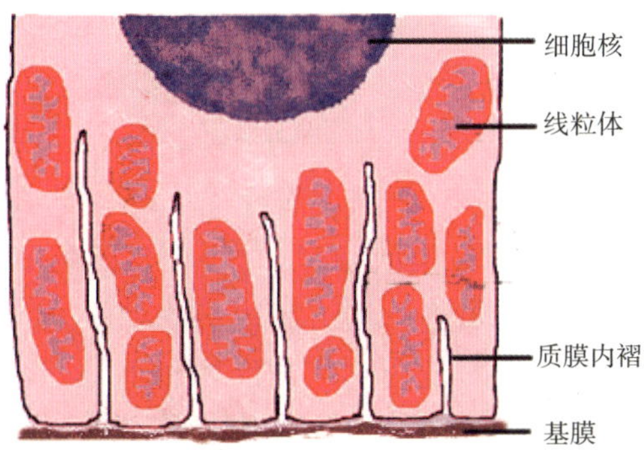

图 2–9 质膜内褶超微结构模式图

（三）上皮细胞的侧面

在上皮细胞的侧面有一些特殊的细胞间连接结构，如紧密连接、中间连接、桥粒和缝隙连接(图2–8)。它们主要由相邻细胞间局部特化的细胞膜、胞质和细胞间隙组成，具有加强细胞间牢固联系、封闭细胞间隙、参与细胞间信息传递（缝隙连接）等不同功能。这些结构也存在于结缔组织、肌组织和神经组织内。

项目二 ▶▶ 结缔组织

问题引入

1. 皮肤的下面是什么？
2. 老年人的皮肤为什么会起皱纹？

3. 当细菌侵入人体后，结缔组织内有哪些“成员”可参与防御?
4. 术后病人为什么需要补充大量蛋白质和维生素C?
5. 为什么有的人很胖，而有的人很瘦? 这与哪一种细胞有关?
6. 为什么病人都要做血常规检查? 你能看懂血化验单吗?
7. 为什么中国男足总喜欢到昆明去训练?
8. 白细胞数增高对机体都有好处吗?

结缔组织（connective tissue）由细胞和大量细胞间质构成。与上皮组织相比，结缔组织的主要特点是：①细胞数量少但种类多，且分布稀疏无极性；②细胞间质多，包括无定形匀质状的基质和细丝状的纤维；③不直接与外界环境接触，因而称为内环境组织；④有丰富的血管、神经和淋巴管等。

结缔组织在人体内分布广泛，形态结构和功能多样，种类较多，有液态的血液和淋巴、松软的固有结缔组织、固态的软骨组织和骨组织。一般所讲的结缔组织是指固有结缔组织。结缔组织的主要功能是支持、连接、营养、运输、保护、修复和防御等。

一、固有结缔组织

固有结缔组织按结构和功能分为疏松结缔组织、致密结缔组织、脂肪组织和网状组织。

（一）疏松结缔组织

疏松结缔组织（loose connective tissue）广泛分布于人体各种器官、组织和细胞之间。其结构特点是基质丰富，细胞种类多而分散，纤维排列疏松交织成网，整个组织松软，状如蜂窝，故又称蜂窝组织（图2-10）。

1. 细胞

（1）成纤维细胞：是疏松结缔组织中的主要细胞。细胞扁平、多突，呈星状；细胞核椭圆，着色浅，核仁明显；细胞质内有丰富的粗面内质网和高尔基复合体。成纤维细胞具有合成纤维和基质的功能。当组织损伤时，成纤维细胞大量增生，分泌基质，形成纤维，以使组织再生和修复。当成纤维细胞的功能处于静止状态时，称纤维细胞。

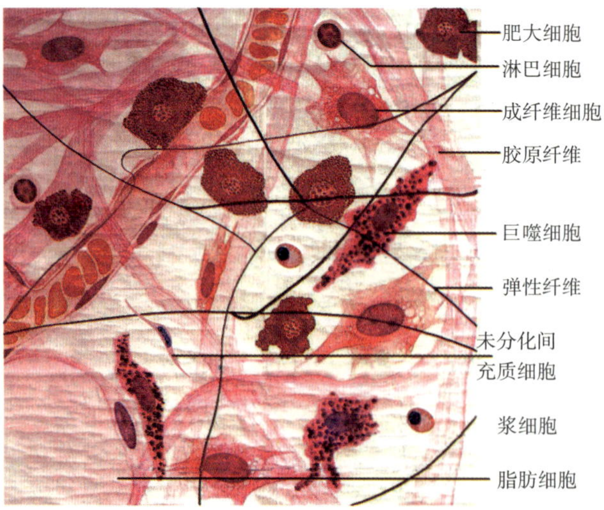

图2-10 疏松结缔组织铺片示意图

（2）巨噬细胞：又称组织细胞。细胞呈卵圆形或有突起的不规则形；核小，染色深；细胞质内含有丰富的溶酶体、吞噬体、吞饮小泡。巨噬细胞具有活跃的变形运动能力，能聚集在病灶部位；有吞噬作用，可吞噬细菌等异物和衰老的细胞；参与和调节免疫应答。

（3）浆细胞：细胞为圆形或卵圆形；

核圆，多位于细胞一侧，染色质呈粗块状，沿核膜呈车轮状分布；细胞质内有丰富的粗面内质网和发达的高尔基复合体。浆细胞能合成和分泌免疫球蛋白（即抗体），参与体液免疫。浆细胞多分布于消化道、呼吸道的黏膜中，正常时少见，慢性炎症时数量较多。

（4）肥大细胞：常成群分布于小血管周围。细胞呈卵圆形；核小而圆，位于细胞中央；胞质内充满粗大的异染性颗粒，颗粒内含肝素、组胺等活性物质。肝素有抗凝血作用；组胺可使小支气管平滑肌收缩痉挛，毛细血管通透性增加，造成全身或局部的过敏反应，如支气管哮喘、荨麻疹等。

（5）脂肪细胞：细胞较大，呈圆形或卵圆形。成熟脂肪细胞的胞质内充满脂滴，核被挤到一侧。在 HE 染色的标本中，脂滴被酒精等溶解，呈空泡状。脂肪细胞能合成、贮存脂肪，参与能量代谢。

（6）未分化的间充质细胞：多分布于结缔组织中毛细血管的附近。其形态与成纤维细胞相似，是较原始、幼稚的细胞，保留着多向分化的潜能；在炎症或创伤时能转化为纤维细胞和脂肪细胞，或血管壁的平滑肌和内皮细胞。

相关链接

花粉与肥大细胞脱颗粒

春暖花开的时节，人们常常喜欢踏青郊游。可有些人却在郊游中不停地打喷嚏、咳嗽、流涕，甚至满身发红疹。这些都是过敏反应。原来，空气中弥漫的花粉，通过呼吸进入了人体。某些花粉对于某些人是过敏原。在他们以往的郊游中，吸入这种花粉后，体内浆细胞便受到刺激，产生了一种称为 IgE 的抗体。每个肥大细胞表面有 10^5~10^6 个 IgE 受体。当 IgE 与肥大细胞的 IgE 受体结合后，机体对该过敏原便处于致敏状态。当再次吸入相同花粉时，这种过敏原便与结合在肥大细胞表面的 IgE 结合，使肥大细胞激活而脱颗粒，释放出组胺、白三烯等物质，引起过敏反应。仅极少数人对花粉过敏，而且这种人也不是每次接触花粉，都必定发生过敏反应。当然，有过敏史的人最好采取必要的预防措施。

2. 细胞间质

细胞间质包括纤维和基质。

（1）纤维：埋于基质中，包括胶原纤维、弹性纤维和网状纤维三种。

1）胶原纤维：在结缔组织中数量最多，新鲜时呈白色，有光泽，又称白纤维。HE 染色呈粉红色，纤维粗细不一，呈波浪形，并相互交织（图 2-10）。胶原纤维的化学成分为胶原蛋白，韧性大，抗拉力强。胶原纤维是伤口愈合的主要成分。

2）弹性纤维：数量较胶原纤维少，新鲜时呈黄色，又称黄纤维。纤维较细，有分支，交织成网。弹性纤维的化学成分为弹性蛋白，富有弹性，其弹性随年龄增长而减弱。

3）网状纤维：数量最少，HE 染色不易着色，用银染法处理呈黑色，故又称嗜银纤维。纤维细短且分支较多，彼此交织成网。网状纤维主要分布在网状组织内和基膜内。

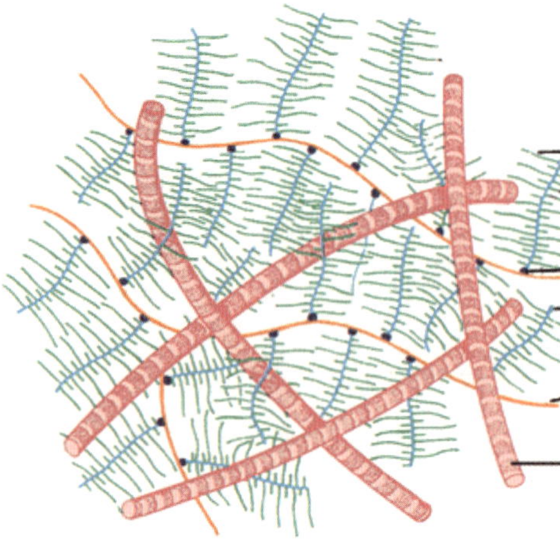

图 2–11 分子筛结构模式图

（2）基质：是一种无色透明的胶状物质，具有一定的黏性。基质化学成分主要是蛋白多糖和水。透明质酸是构成蛋白多糖的主要分子，它可结合大量蛋白质和多糖，形成带有微小孔隙的筛状结构，称为分子筛（图 2–11）。分子筛可限制大于孔隙的大分子物质、细菌和肿瘤细胞的扩散，起到屏障作用。但某些细菌、癌细胞、蛇毒等可分泌透明质酸酶，分解透明质酸而破坏分子筛，导致感染和肿瘤的扩散。

相关链接

蜂窝织炎

蜂窝织炎是皮下、筋膜下、肌肉间或深部疏松结缔组织的急性弥散性化脓性炎症。致病菌多为溶血性链球菌，其次是金黄色葡萄球菌，亦可为厌氧菌。炎症可向四周扩散，应及时给予足量的抗生素治疗。

基质中还有少量从毛细血管动脉端渗出的液体，称组织液（tissue fluid）。组织液是血液与组织细胞进行物质交换的媒介。

（二）致密结缔组织

致密结缔组织（dense connective tissue）的主要特点是细胞和基质少，胶原纤维多而粗大，排列致密，以支持和连接为其主要功能。致密结缔组织包括：①规则致密结缔组织，主要分布于肌腱、腱膜、韧带等处；②不规则致密结缔组织，分布于皮肤的真皮、硬脑膜、巩膜及器官的被膜（图 2–12）。

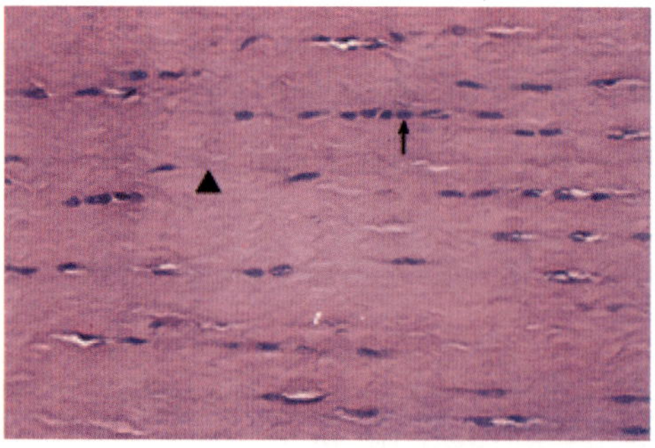

A. 规则致密结缔组织（肌腱）

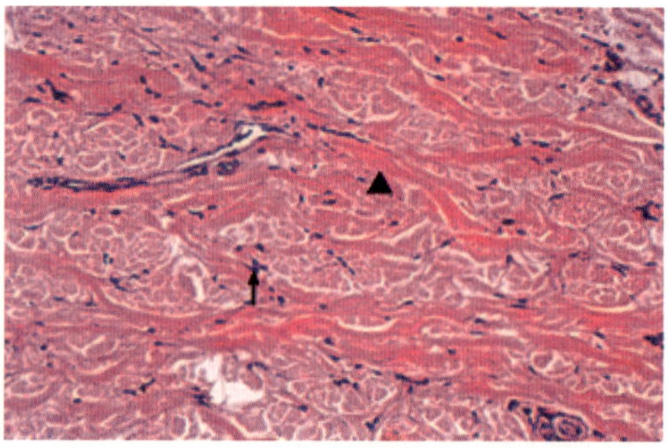

B. 不规则致密结缔组织（皮肤真皮）

图 2–12 致密结缔组织

（三）脂肪组织

脂肪组织（adipose tissue）主要由大量脂肪细胞聚集而成，并被少量疏松结缔组织分隔成许多脂肪小叶（图 2-13）。脂肪组织分布于皮下、肠系膜、网膜、肾周围等处，具有充填固定、缓冲外力、储存脂肪和保温等作用。

（四）网状组织

网状组织（reticular tissue）由网状细胞、网状纤维和基质组成（图 2-14）。网状细胞为星形多突起细胞，其突起彼此连接成网，细胞核大，染色浅。网状细胞能产生网状纤维。网状纤维相互交织分布于基质中。网状组织不单独存在，是构成造血组织、淋巴组织的基本成分，为血细胞的发生和淋巴细胞的发育提供适宜的微环境。

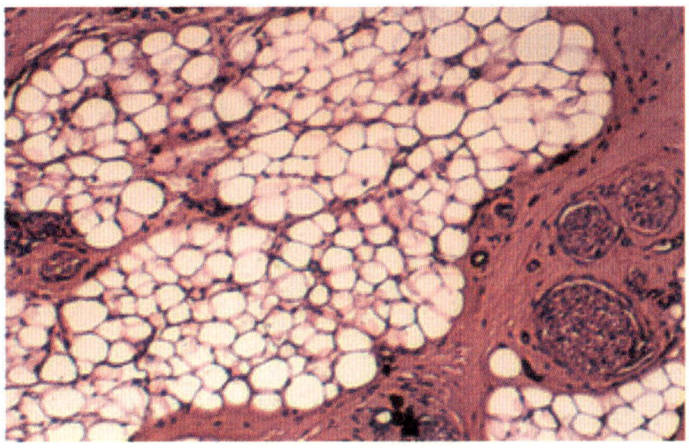

人皮下组织（大量脂肪细胞，其细胞核偏于一侧）

图 2-13 脂肪组织

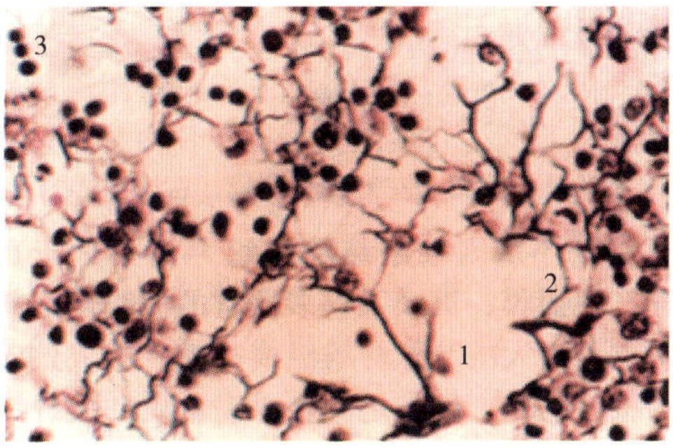

1. 网状细胞 2. 网状纤维 3. 淋巴细胞

图 2-14 网状组织

二、血液

血液（blood）是流动于心血管系统内的液态结缔组织，由血浆和血细胞组成。

（一）血浆

血浆（plasma）相当于结缔组织的细胞间质，为淡黄色的液体，约占血液容积的 55%，其中 90% 是水，其余为血浆蛋白（包括白蛋白、球蛋白、纤维蛋白原）、酶、营养物质（糖、脂类、维生素）、代谢产物、激素及无机盐等。

血液流出血管后，由于溶解状态的纤维蛋白原转变成不溶解状态的纤维蛋白，血液凝固成血块；1 ~ 2 小时后析出的淡黄色透明液体，称为血清（serum）。

（二）血细胞

血细胞（blood cell）约占血液容积的 45%，包括红细胞、白细胞和血小板。正常情况下血细胞有一定的形态结构，并有相对稳定的数量。血细胞的形态结构通常采用 Wright 或 Giemsa 染

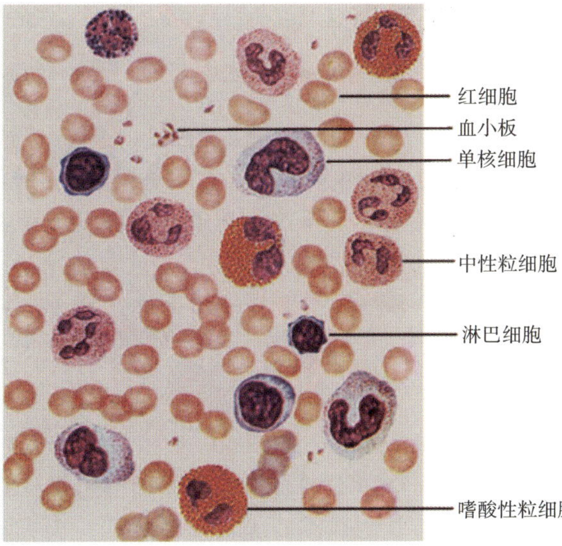

图 2-15 血细胞形态

色的血涂片标本进行光镜观察（图 2–15）。血细胞的分类和正常值如下：

- 血细胞
  - 红细胞
    - 男：（4.5 ~ 5.5）$\times 10^{12}$/L
    - 女：（3.5 ~ 4.5）$\times 10^{12}$/L
  - 白细胞（4.0 ~ 10.0）$\times 10^{9}$/L
    - 有粒白细胞
      - 中性粒细胞 50% ~ 70%
      - 嗜酸性粒细胞 0.5% ~ 3%
      - 嗜碱性粒细胞 0 ~ 1%
    - 无粒白细胞
      - 单核细胞 3% ~ 8%
      - 淋巴细胞 20% ~ 30%
  - 血小板（100 ~ 300）$\times 10^{9}$/L

1. 红细胞（red blood cell，RBC）　是血液中数量最多的一种细胞。成熟的红细胞呈双凹圆盘状，直径为 6.5 ~ 8 μm，中央较薄，周缘较厚，无细胞核和细胞器，胞质内充满血红蛋白（hemoglobin，Hb）。血红蛋白是一种含铁蛋白，它使血液呈红色。正常成人血液中血红蛋白的含量，男性为 120 ~ 150g/L、女性为 110 ~ 140g/L。血红蛋白具有结合与运输 O_2 和 CO_2 的功能，所以红细胞能供给全身细胞所需的 O_2，并能带走细胞所产生的大部分 CO_2，从而维持细胞的生命活动。

正常成人的外周血液中还有少量未完全成熟的红细胞，称网织红细胞。网织红细胞内有少量核糖体，呈小颗粒或细网状。成人的网织红细胞占红细胞总数的 0.5% ~ 1.5%，新生儿可达 3% ~ 6%。网织红细胞数值的变化，可作为了解骨髓造血功能的一种指标。

相关链接

贫血

外周血液中红细胞数量或血红蛋白含量低于正常最低值，称贫血。

引起贫血的原因很多，可以是原材料的缺乏（如营养不良、缺铁）、长期慢性失血（月经过多、痔疮等）、血液的再生障碍等。贫血的原因一旦找到，应当尽快消除，如及时足量补充体内缺乏的物质（蛋白、维生素 B_{12}、铁等）、治疗慢性病（痔疮手术等）。我们无论在任何条件下，首先要保证营养供给，防止营养性贫血的发生。

2. 白细胞（white blood cell，WBC）　为无色、有核的球形细胞，体积比红细胞大，能以变形运动穿过毛细血管壁进入周围组织，具有防御和免疫功能。

白细胞

白细胞按其胞质内有无特殊颗粒，分为有粒白细胞和无粒白细胞两大类。前者又按特殊颗粒的嗜色性不同，可分为中性粒细胞、嗜酸性粒细胞、嗜碱性粒细胞三种；后者可分为单核细胞和淋巴细胞两种。

（1）中性粒细胞：是白细胞中数量最多的一种。细胞呈球形，直径 10 ~ 12μm。细胞核呈杆状或分叶状，分叶状核一般为 2 ~ 5 叶，叶间有细丝相连。细胞质中充满细小而分布均匀的淡紫红色颗粒，颗粒中含有多种水解酶。中性粒细胞具有活跃的变形运动和较强的吞噬及杀菌能力。当机体受到细菌等感染时，白细胞总数增加，中性粒细胞的比例也显著提高。中性粒细胞在吞噬细菌后，自身也死亡，成为脓细胞，与坏死组织及细菌一起成为脓液。

（2）嗜酸性粒细胞：细胞呈球形，直径 10 ~ 15μm。细胞核常分两叶，呈八字形，胞质内充满粗大而分布均匀的橘红色嗜酸性颗粒。颗粒内含有组胺酶和多种酸性水解酶。嗜酸性粒细胞也能做变形运动，可选择性地吞噬抗原抗体复合物，灭活组胺，从而减轻过敏反应；还可借助免疫物质，杀灭寄生虫。在过敏性炎症（如支气管哮喘）或寄生虫病时，血液中嗜酸性粒细胞明显增多。

（3）嗜碱性粒细胞：数量最少，细胞呈球形，直径 10 ~ 12μm。细胞核呈 S 形或不规则形，染色淡，常被胞质颗粒遮盖。胞质内充满大小不等、分布不均的紫蓝色嗜碱性颗粒。颗粒中含肝素、组胺等，功能与肥大细胞相似，参与过敏反应。

（4）单核细胞：是白细胞中体积最大的一种，直径 14 ~ 20μm，呈圆形或卵圆形。细胞核呈肾形、马蹄形或不规则形。胞质丰富，呈弱嗜碱性，染成浅灰蓝色，内有少量嗜天青颗粒。单核细胞具有活跃的变形运动及一定的吞噬能力，它在血液中停留 1 ~ 2 天后，即离开血管进入结缔组织或其他组织，分化为巨噬细胞等具有吞噬功能的细胞。

（5）淋巴细胞：细胞呈圆形或卵圆形，直径 6 ~ 20μm，依其体积可分为大、中、小三种，循环血中主要是小淋巴细胞。细胞核多为圆形，一侧常有凹陷，染色深，占细胞大部分。胞质少，在核周成一窄缘，染成天蓝色。

淋巴细胞根据其发生部位、表面特性、寿命长短和免疫功能的不同，可分为 T 细胞（胸腺依赖淋巴细胞）、B 细胞（骨髓依赖淋巴细胞）、K 细胞（杀伤淋巴细胞）和 NK 细胞（自然杀伤淋巴细胞）等。T 细胞参与机体细胞免疫，B 细胞参与机体体液免疫，K 细胞和 NK 细胞可直接参与杀伤、杀灭或摧毁靶细胞的过程。

3. 血小板（blood platelet） 又称血栓细胞，是骨髓中巨核细胞脱落下来的胞质碎块。呈双凸圆盘状，直径 2 ~ 4μm，无细胞核，其中央部分是紫蓝色的颗粒区，周围部分为淡蓝色的透明区。在血涂片上，血小板形态不规则，常聚集成群。血小板在止血和凝血过程中起重要作用。如果血小板数量严重不足或功能障碍时，会导致皮肤和黏膜出血。

（三）血细胞的发生

血液中各类血细胞都有一定的寿命，如红细胞寿命约为 120 天，血小板仅为 10 天左右。衰老死亡的血细胞被巨噬细胞清除，同时红骨髓不断生成和释放血细胞进入血液，使外周血中血细胞的数量和质量维持动态平衡。

人的血细胞最早是在胚胎卵黄囊壁的血岛生成。胚胎的第 6 周，从卵黄囊迁入肝的造血干细胞开始造血。胚胎的第 4 ~ 5 个月，脾内造血干细胞增殖分化产生各种血细胞。从胚胎后期至出生后，红骨髓成为主要的造血器官。

红骨髓是分布在骨松质内的造血组织，它由网状组织及充满于网孔中不同发育阶段的血细胞组成。血细胞发育成熟后离开红骨髓进入血循环中。所有血细胞均来源于造血干细胞，该细胞能向各种血细胞方向分化，临床上用造血干细胞治疗血液病。

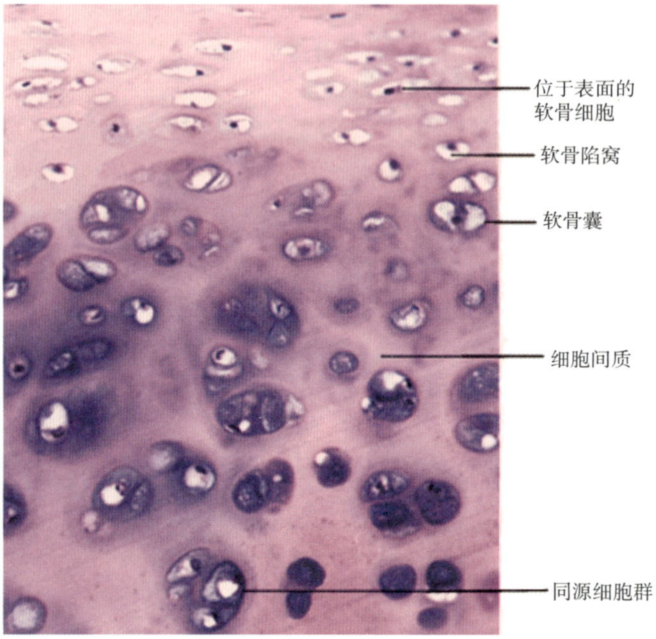

图 2–16　软骨组织

三、软骨组织和软骨

（一）软骨组织

软骨组织由软骨细胞和细胞间质构成（图 2–16）。细胞间质的基质呈固态凝胶状，纤维散布其中。软骨细胞单个或多个聚集成群，包埋于基质中。软骨组织中无血管，故细胞的营养依靠软骨膜血管中营养物质的渗透来提供。

（二）软骨

软骨由软骨组织及其周围的软骨膜构成。软骨膜为致密结缔组织膜，对软骨组织有营养、保护和促进生长发育等作用。根据软骨基质中所含的纤维成分的不同，可将软骨分为透明软骨、弹性软骨和纤维软骨三种（图 2–17，表 2–2）。

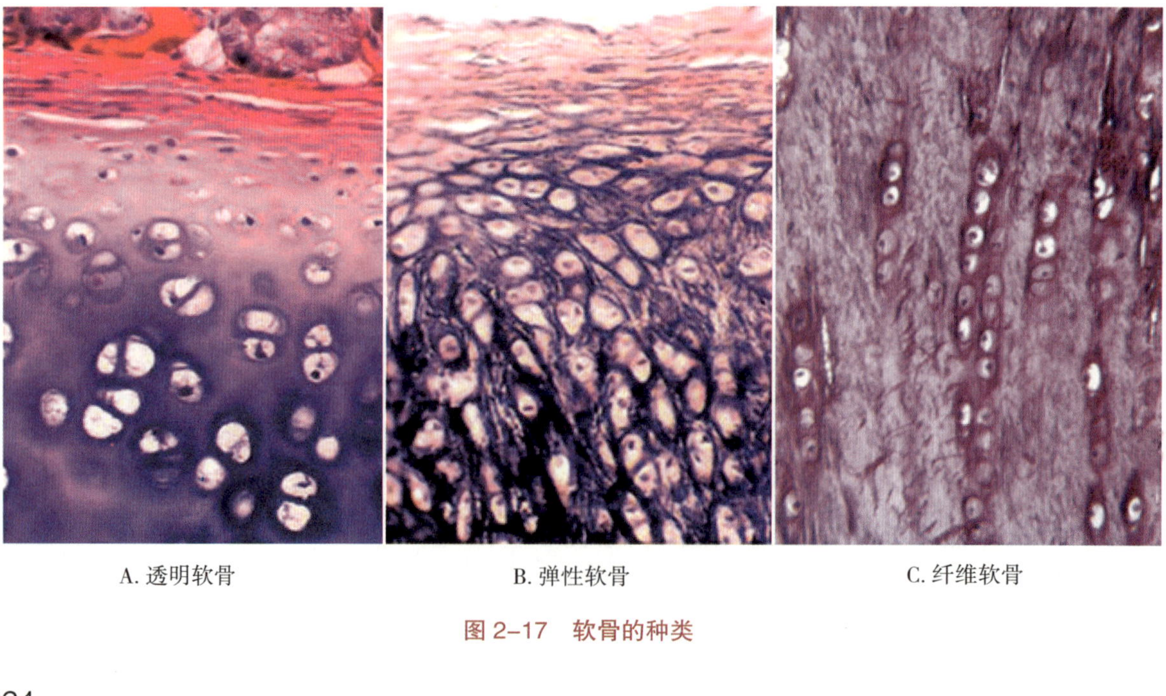

A. 透明软骨　　B. 弹性软骨　　C. 纤维软骨

图 2–17　软骨的种类

表 2-2 软骨的特点和分布

类型	结构特点	分布
透明软骨	含少量胶原原纤维，其折光率与基质相同 新鲜时呈半透明状	喉、气管、支气管、肋软骨、关节软骨等处
弹性软骨	含大量弹性纤维，多交织成网，有弹性	耳郭、会厌软骨等处
纤维软骨	含大量胶原纤维束，呈平行或交错排列，韧性好	耻骨联合、椎间盘、关节盘等处

四、骨组织

骨组织由大量钙化的细胞间质及多种骨细胞构成（图 2-18）。

（一）细胞间质

骨组织的细胞间质又称骨基质，由有机成分和无机成分构成。有机成分包括大量胶原纤维和少量无定形基质，基质呈凝胶状，具黏合作用。无机成分又称骨盐，主要为呈细针状的羟磷灰石结晶。在骨组织中，骨胶原纤维平行排列，借基质黏合在一起，并有钙盐沉积，形成薄板状的结构，称骨板。骨板间或骨板内有许多小腔，称骨陷窝。由骨陷窝向四周发出放射状的小管，称骨小管。相邻骨陷窝的骨小管可以互相通连（图 2-18）。骨板是骨质的基本结构形式，它以不同形式排列，形成骨密质和骨松质。

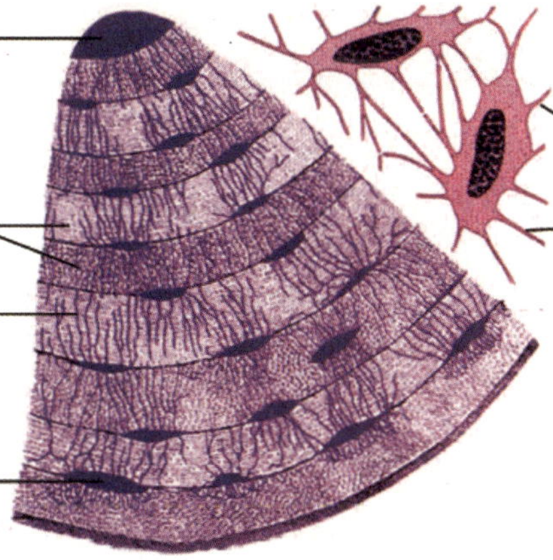

图 2-18 骨组织结构模式图

（二）骨组织的细胞

骨组织中的细胞有骨原细胞、成骨细胞、骨细胞和破骨细胞。其中骨细胞最多，位于骨基质内，其余三种细胞则位于骨组织的周边（图 2-19）。骨细胞是一种扁椭圆形的星形细胞，有许多细长突起，呈蜘蛛状。骨细胞的胞体位于骨陷窝内，其突起则位于骨小管内。相邻骨细胞借突起互相接触。在骨陷窝和骨小管内含有组织液，可使骨细胞从中得到营养并排出代谢产物。

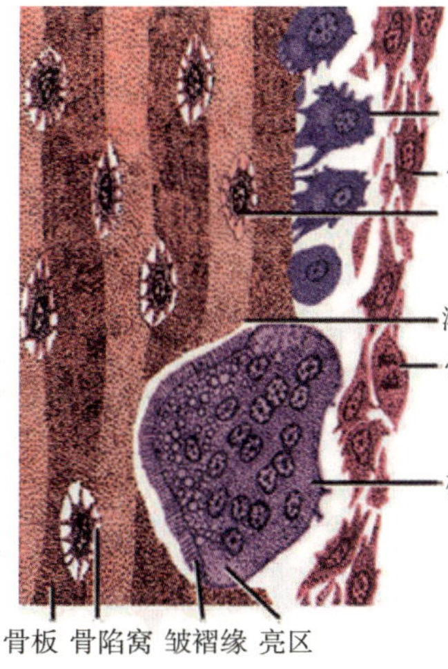

图 2-19 骨细胞与骨板结构模式图

项目三 肌组织

问题引入

1. 我们的关节为什么会活动？
2. 骨骼肌和胃、肠相比，哪一个运动更快些、更持久些？
3. 你能控制自己的心跳和胃肠蠕动吗？
4. 吃肉时观察过肉的结构吗？说一说你观察到了什么？

肌组织（muscle tissue）主要由具收缩功能的肌细胞构成，肌细胞之间有少量的结缔组织、丰富的血管、淋巴管和神经等。肌细胞细长，呈纤维状，又称肌纤维。其细胞膜称肌膜，细胞质称肌浆。肌浆内含大量排列成束的肌丝，它们是肌纤维舒缩功能的主要物质基础。根据结构和功能特点，可将肌组织分为骨骼肌、心肌和平滑肌三类。

一、骨骼肌

骨骼肌（skeletal muscle）因附着于骨骼上而得名，主要分布于头、颈、躯干和四肢。骨骼肌收缩快而有力，并受人的意识支配，属随意肌。

骨骼肌纤维呈细长圆柱状，直径为 10 ~ 100 μm，长短不一，长的可超过 10 cm，短的仅数毫米。细胞核呈扁椭圆形，数量多，可达几十甚至几百个，位于细胞的周边，紧靠肌膜（图 2-20）。肌浆内含有许多与细胞长轴平行排列的肌原纤维。

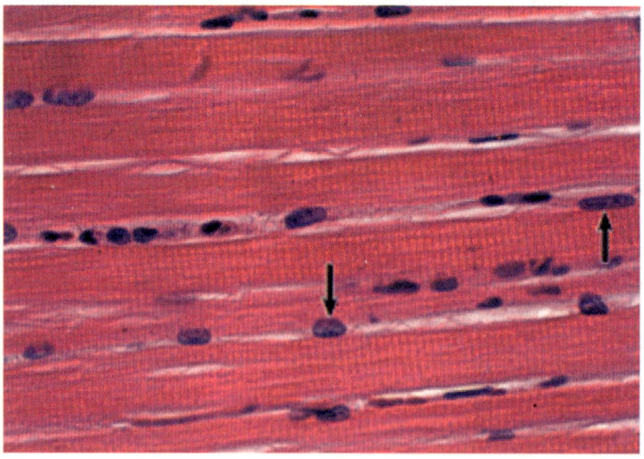

纵切面的骨骼肌纤维呈长带状，具有明暗相间的横纹，细胞核多个，呈扁椭圆形，居肌膜下（↑↓）

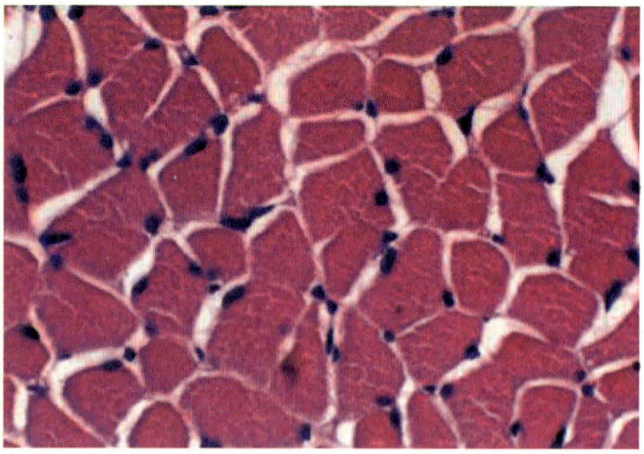

横切面的骨骼肌纤维呈不同形状的块状，核位于边缘，胞质内的肌原纤维被肌浆分隔成小束

图 2-20 骨骼肌

肌原纤维呈细丝状，每条肌原纤维内有着色浅的明带和着色深的暗带，两者交替排列。由于每一肌纤维内的所有肌原纤维的明带、暗带互相对齐，排列在同一平面上，所以肌纤维呈现出明暗相间的横纹，故称横纹肌。肌原纤维上的明带又称 I 带，暗带又称 A 带。A 带的中部有一条浅色窄带，称 H 带，H 带的中央还有一条深色的 M 线。在 I 带的中央有一条深色的细线，称 Z 线。相邻两条 Z 线之间的一段肌原纤维称肌节。每个肌节包括 1/2 I 带 + A 带 + 1/2 I 带（图 2–21）。肌节是肌原纤维收缩的结构和功能单位。

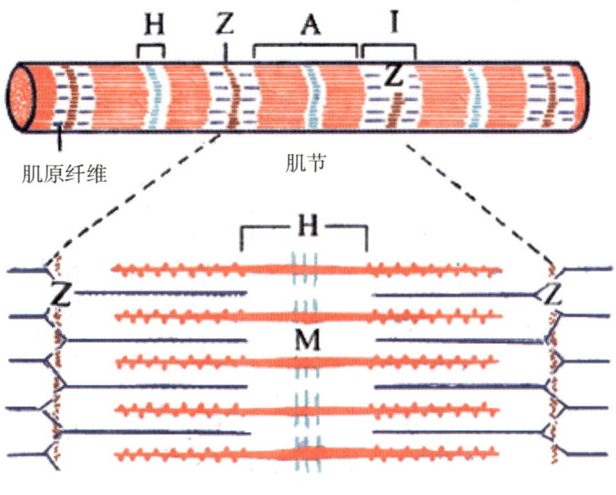

图 2–21　骨骼肌肌原纤维结构示意图

二、心肌

心肌（cardiac muscle）分布于心脏及其邻近心脏的大血管根部。心肌具有自动节律性收缩的特点，收缩持久而不易疲劳。其收缩不受意识控制，属不随意肌。

光镜下，心肌纤维呈短圆柱状，有分支并互相连接成网状（图 2–22）。心肌纤维的核一般为 1 个，偶有两个，卵圆形，位于细胞中央；肌质丰富，在核的两端富含线粒体、糖原和脂褐素等。心肌纤维也有横纹，故心肌也属横纹肌，但不如骨骼肌明显。相邻心肌纤维的连接处有一条染色较深的带状结构，称为闰盘，是心肌纤维间互相传递信息之处。

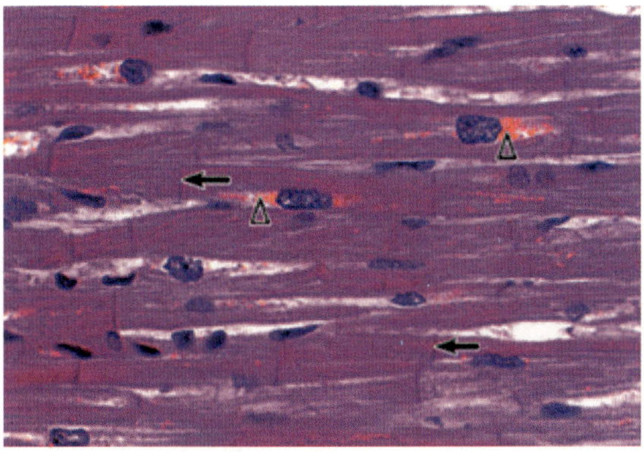

纵切面心肌纤维呈短柱状并分支，可见闰盘（←）核椭圆形，居细胞中央，核两端有脂褐素颗粒（△）

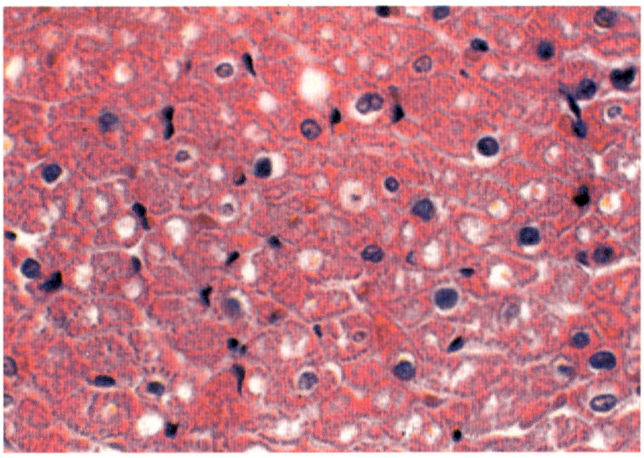

横切面心肌纤维呈圆形，核居中心，未切到核的肌纤维内肌浆着色浅

图 2–22　心肌

三、平滑肌

平滑肌（smooth muscle）广泛分布于血管壁和许多内脏器官，收缩呈阵发性，缓慢而持久，不受意识控制，属不随意肌。

平滑肌纤维呈长梭形，无横纹，细胞核一个，呈长椭圆形或杆状，位于细胞中央。平滑肌纤维在不同的器官内长短不一，短的仅 20 μm（如小血管壁），长的可达 500 μm（如妊娠子宫平滑肌）。平滑肌纤维多成层排列，但相邻肌层内平滑肌纤维的排列方向不同，两肌层之间有结缔组织、血管、神经等；在同一层内，每个肌纤维的中部与邻近肌纤维两端的细部互相嵌合，因此在横切面上肌纤维的直径粗细不等，有的可见细胞核，有的未见细胞核（图 2-23）。

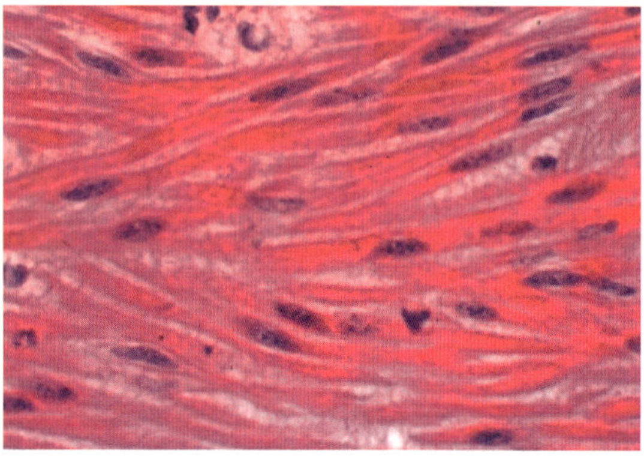

纵切面平滑肌纤维呈长梭形，平行排列，相互错开无横纹，细胞核呈长杆状，居细胞中央

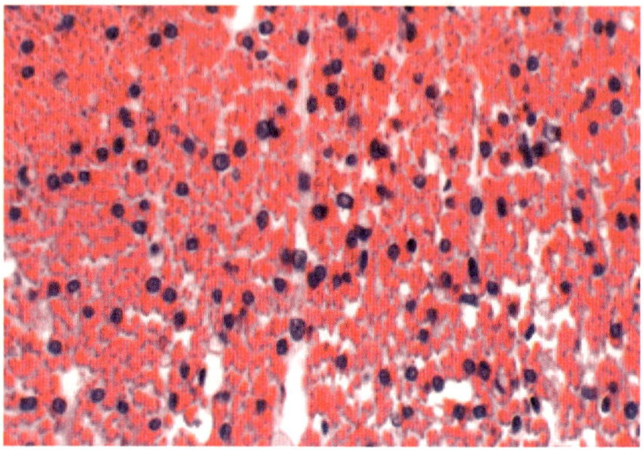

横切面平滑肌纤维呈大小不一的小块状，经肌纤维中部的切面可见细胞核，肌纤维两端的切面无核

图 2-23　平滑肌

项目四 神经组织

问题引入

1. 神经细胞与其他细胞相比，有什么不同？
2. 打针的时候我们为什么会感觉到疼痛？
3. 你有长时间处于同一姿势而造成手脚发麻的经历吗？想一想为什么？
4. 当蚊虫叮咬时，需要机体哪些“成员”参与完成拍打的动作？
5. 患者手术为什么需要实施麻醉？

神经组织（nervous tissue）是构成神经系统的主要成分，由神经细胞和神经胶质细胞组成。神经细胞又称神经元，是神经系统结构和功能的基本单位，具有感受刺激、整合信息和传导神经冲动的功能。某些神经细胞还具有内分泌功能。神经胶质细胞不能接受刺激和传导冲动，对神经元有支持、营养、绝缘和防御等作用。

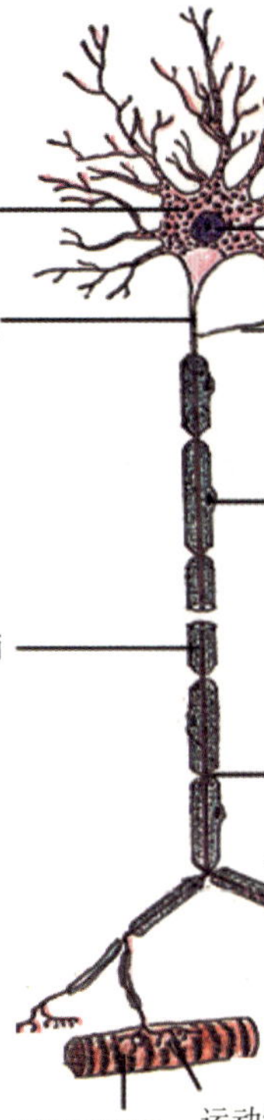

图 2-24 神经元模式图

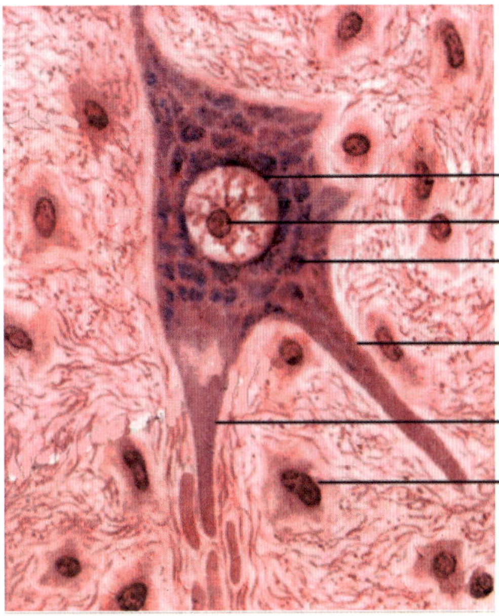

图 2-25 脊髓运动神经元

一、神经元

（一）神经元的形态结构

神经元形态多样，大小不一，但均可分为胞体和突起两部分（图 2-24）。

1. 胞体 神经元胞体是神经元的营养和代谢中心，其形态多样，有圆形、梭形、锥体形和星形等。胞体的结构与一般细胞相似，细胞膜包在神经元的表面，能接受刺激，传导冲动，为可兴奋膜。细胞核大而圆，位于胞体中央，染色浅，核仁大而明显（图 2-25）。细胞质内有多种细胞器，其中特殊的有：

（1）尼氏体（Nissl body）：是细胞质内的一种嗜碱性物质，又称嗜染质。光镜下，尼氏体呈颗粒状或小块状。电镜下，尼氏体由发达的粗面内质网和游离核糖体组成。尼氏体能合成蛋白质和神经递质，是神经元功能状态的标志。

（2）神经原纤维：在镀银染色的切片中，神经原纤维呈棕黑色细丝，相互交织成网，并伸入轴突和树突内。神经原纤维对神经元起支持作用，还参与物质的运输。

2. 突起 由神经元的细胞膜和细胞质向表面突出形成，分树突和轴突两种。

（1）树突：每个神经元可有一个至多个树突。树突分支呈树枝状，其内部结构与胞体相似，在树突分支的表面常见许多棘状的小突起，它是形成突触的主要部位。树突具有接受刺激并将冲动传向胞体的功能。

（2）轴突：每个神经元只有一个轴突。短者几微米，长者可达 1m 以上。轴突的表面光滑，细而长，末端分支较多，形成轴突终末。轴突内无尼氏体，但有神经原纤维。轴突可将胞体发出的冲动传给其他神经元或效应器。

相关链接

神经元的繁殖能力

神经元一旦成熟，就不再具有分裂和增殖能力，神经细胞的损伤是永久性的。药物、酒精、缺氧或外伤都会引起神经元的不可逆性损伤。一些疾病如阿耳茨海默病（早老性痴呆病）、帕金森病和亨廷顿舞蹈病，就是由于各种病因引起脑神经细胞损伤和退化所致。但良好的营养并避免药物（包括酒精）刺激，神经元能终生存活并发挥功能。

（二）神经元的分类

1. 根据神经元的突起数目分类 ①多极神经元：有一个轴突和多个树突。②双极神经元：有一个轴突和一个树突。③假单极神经元：由胞体发出一个突起，但离胞体不远处突起随即分为两支，一支分布到周围组织或器官的称周围突（树突），另一支进入脑或脊髓的称中枢突（轴突）（图2–26）。

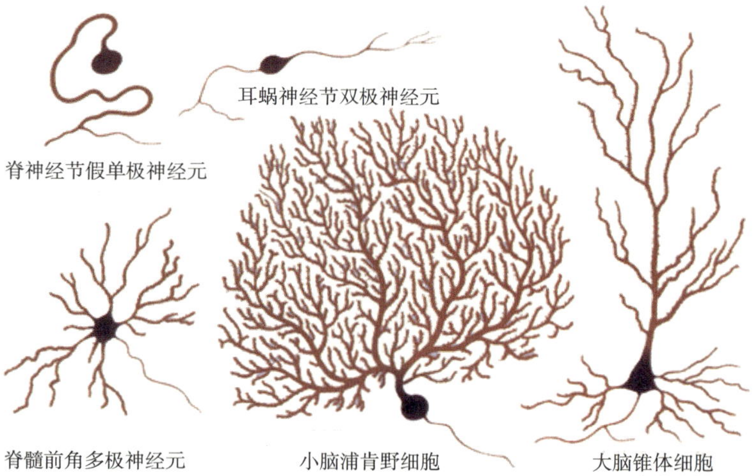

图 2–26　神经元的类型

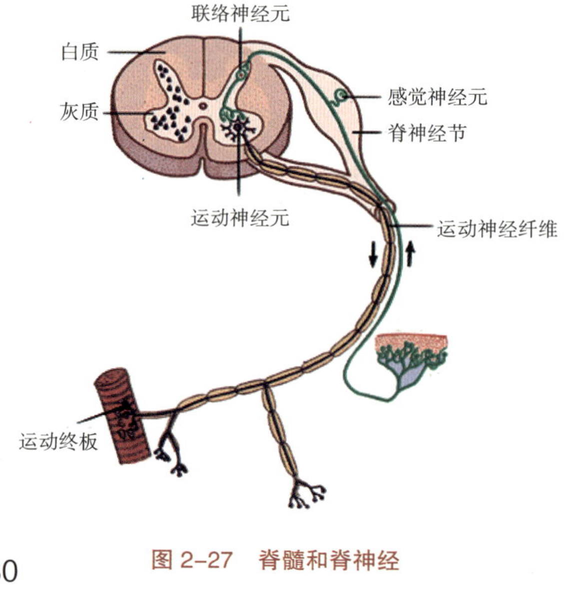

图 2–27　脊髓和脊神经

2. 根据神经元的功能分类 ①感觉神经元：也称传入神经元，多为假单极神经元，胞体主要位于脑神经节和脊神经节内，其周围突的末梢分布在皮肤和肌肉等处，接受刺激，并将神经冲动传向中枢。②运动神经元：也称传出神经元，多为多极神经元，胞体位于脑、脊髓和自主神经节内，将神经冲动传至肌肉或腺体而产生效应。③联络神经元：也称中间神经元，多为多极神经元，介于感觉神经元与运动神经元之间，起信息加工和传递的作用(图2–27)。

3. 根据神经元末梢释放的神经递质分类　分为胆碱能神经元、肾上腺素能神经元、肽能神经元等。

（三）突触

机体内神经元和神经元之间、神经元和效应细胞（肌细胞、腺细胞）之间，必须通过相互间的衔接组成神经传导通路（反射弧），才能完成神经系统的各种活动。神经元之间或神经元与效应细胞之间传递信息的接触部位称为突触（synapse）。

根据神经冲动的传导方向，突触可分为轴－树突触、轴－体突触、轴－轴突触等。根据神经冲动传导方式，突触可分为电突触和化学突触两类。电突触是神经元之间的缝隙连接，电流可迅速通过缝隙连接而传递信息。化学突触则以化学物质（神经递质）作为传递信息的媒介，通常所指的突触为化学突触。

电镜下观察，化学突触由突触前部、突触间隙和突触后部三部分构成（图 2–28）。①突触前部：是轴突末端的球形膨大部分。该处的轴膜为突触前膜，突触前部胞质内含有许多突触小泡和线粒体等，突触小泡内含有神经递质。②突触后部：是与突触前部相对应的树突或胞体的部分。与突触前膜相接触的细胞膜为突触后膜，膜上具有特异性的接受神经递质的受体。③突触间隙：是突触前膜和突触后膜之间的狭小间隙，间隙宽为 15 ~ 30nm。

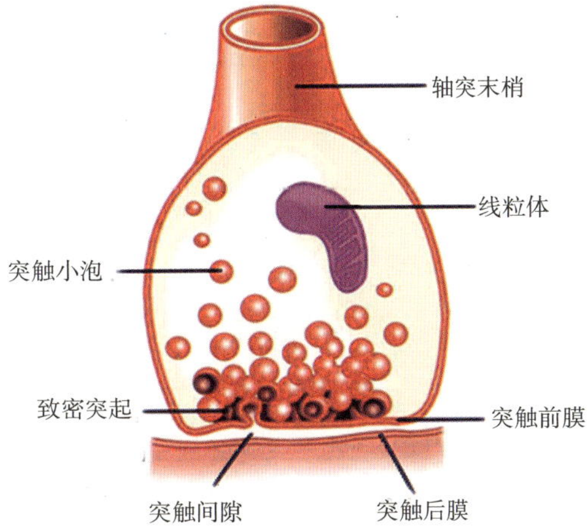

图 2–28　化学突触超微结构模式图

一个神经元可以通过突触把信息传递给许多其他神经元或效应细胞。当神经冲动传至突触前膜时，突触小泡移向突触前膜并与之融合，通过胞吐作用将神经递质释放到突触间隙内，并与突触后膜上的相应受体结合，从而引起突触后神经元的兴奋或抑制。所以，突触是神经冲动单向传导的重要结构。

二、神经胶质细胞

神经胶质细胞广泛分布于神经系统中，其数量远比神经元多，为神经元的 10 ~ 50 倍。神经胶质细胞与神经元一样具有突起，但无树突和轴突之分，亦不具有产生和传导神经冲动的功能。根据其所在位置的不同，分为中枢神经系统的胶质细胞和周围神经系统的胶质细胞。

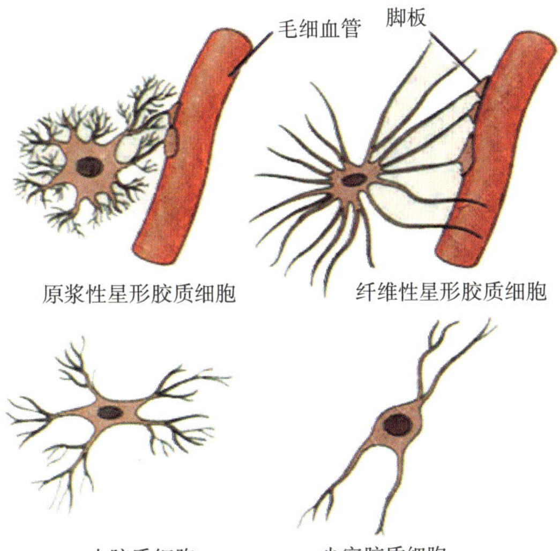

图 2–29　中枢神经系统神经胶质细胞

中枢神经系统的胶质细胞有 4 种类型，即星形胶质细胞、少突胶质细胞、小胶质细胞和室管膜细胞（图 2–29）。周围神经系统的胶质细胞包括神经膜细胞和卫星细胞两种类型。神经胶质细胞的形态结构和功能详见表 2–3。

表 2–3　神经胶质细胞的结构与功能

类型	形态结构	功能
星形胶质细胞	体积最大，星形，突起多；胞核圆形或卵圆形，染色浅	支持和绝缘作用，参与构成血脑屏障
少突胶质细胞	胞体小，椭圆形，核染色深，突起细而少	形成中枢神经系统内神经纤维的髓鞘
小胶质细胞	体积最小，胞体细长或椭圆；核染色深；突起细长有分支	来源于血液中的单核细胞，具有吞噬功能
室管膜细胞	立方形或柱形，分布于脑室和脊髓中央管的腔面	支持和保护作用，参与脑脊液形成
神经膜细胞（施万细胞）	细胞扁平，胞质少，在神经元突起周围成串排列	形成周围神经纤维的髓鞘，周围神经再生中起诱导作用
卫星细胞	细胞扁平或立方形，包裹在神经节细胞周围	保护作用

三、神经纤维

神经纤维（nerve fiber）由神经元的长突起（轴突或长树突）及包绕在其外面的神经胶质细胞所构成。其主要功能是传导神经冲动。根据外包的神经胶质细胞是否形成髓鞘，将神经纤维分为有髓神经纤维和无髓神经纤维两类（图 2–30）。

（一）有髓神经纤维

周围神经系统中的有髓神经纤维，其中央为神经元的长突起（轴突），突起的周围包有髓鞘和神经膜（图 2–31）。一个神经膜细胞只包裹一段神经元的长突起，故髓鞘和神经膜呈节段性。节段与节段之间的无髓鞘缩窄部，称郎飞结。相邻两个郎飞结之间的一段神经纤维称结间体。中枢神经系统的有髓神经纤维，其结构基本与周围神经系统中的有髓神经纤维相同，但形成髓鞘的

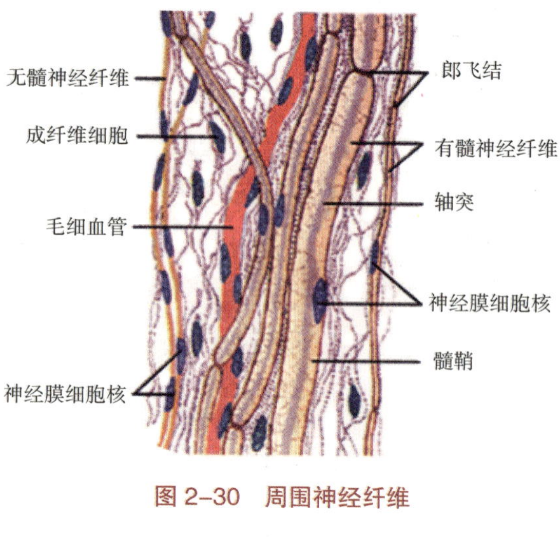

图 2–30　周围神经纤维

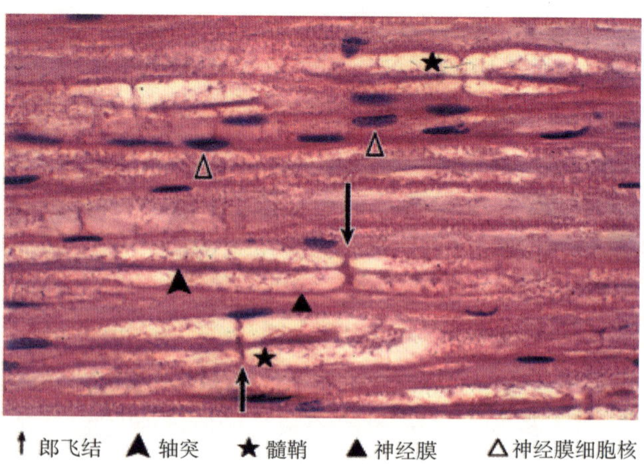

图 2–31　有髓神经纤维

细胞为少突胶质细胞。

由于髓鞘的绝缘作用，有髓神经纤维的兴奋只发生在朗飞结处的轴膜上，使神经冲动的传导从一个郎飞结跳跃到下一个郎飞结，呈跳跃式传导，故其传导速度快。

（二）无髓神经纤维

无髓神经纤维由较细的轴突和包在其外面的神经膜细胞构成。但神经膜细胞不形成髓鞘，无郎飞结。神经冲动是沿着轴膜连续传导的，故其传导速度比有髓神经纤维慢得多。

四、神经末梢

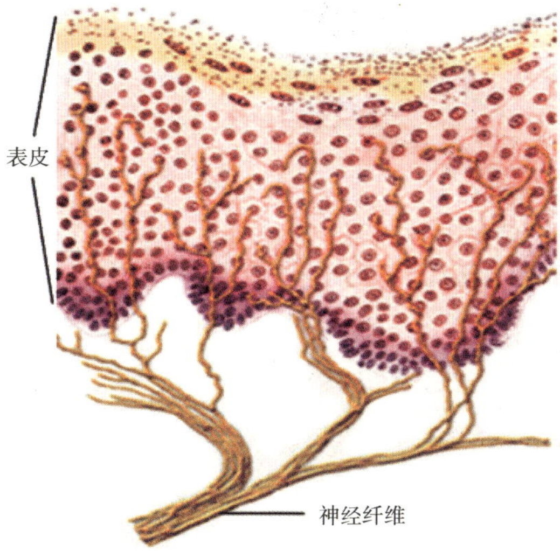

图 2-32 游离神经末梢

神经末梢（nerve ending）是周围神经纤维的终末部分终止于全身各组织、器官所形成的各种末梢装置。按其功能可分为感觉神经末梢和运动神经末梢两大类。

（一）感觉神经末梢

感觉神经末梢是感觉神经元周围突的终末部分，进入其他器官组织内所形成的结构。它能接受体内、外环境的各种刺激，并将刺激转化为神经冲动，传向中枢，产生感觉，故又称感受器。主要的感受器有以下两类。

1. 游离神经末梢 由感觉神经纤维的终末脱去髓鞘反复分支而成。其裸露的细支进入表皮、角膜和毛囊的上皮细胞间，或进入某些结缔组织内（图 2–32）。能感受冷、热、轻触和痛的刺激。

2. 有被囊的神经末梢 这类神经末梢的周围均包有结缔组织构成的被囊。常见的有以下几种（图 2–33）：①触觉小体：呈椭圆形，分布于皮肤的真皮乳头内，以手指掌侧和足趾底面的皮肤最多，感受触觉。②环层小体：呈圆形或椭圆形，广泛分布于皮下组织、肠系膜、韧带和关节囊等处，感受压觉和振动觉。③肌梭：是分布于骨骼肌内的梭形小体，感觉神经纤维的细支包绕在梭内肌纤维上，主要感受肌纤维的伸缩变化，调节骨骼肌纤维的张力。

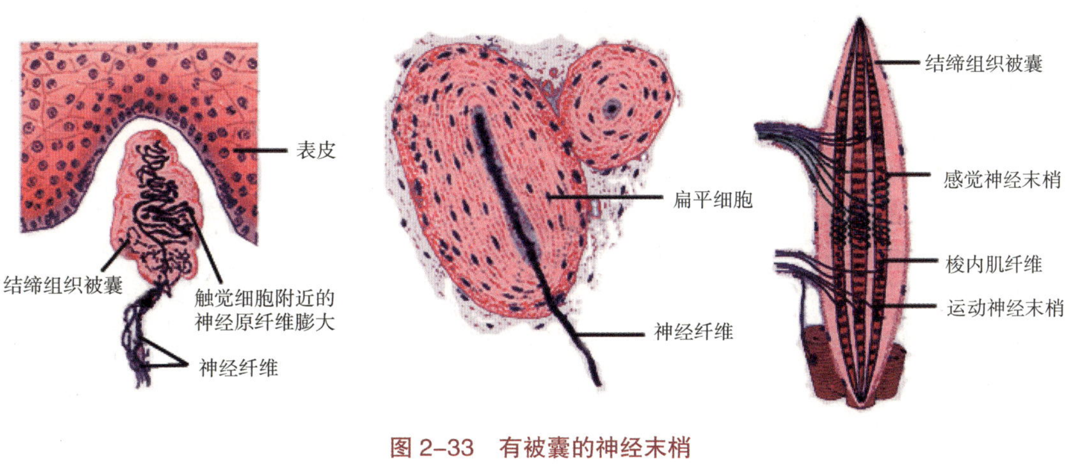

图 2–33 有被囊的神经末梢

（二）运动神经末梢

运动神经末梢是运动神经元的轴突终末分布于肌组织或腺体内所形成的结构，可引起肌纤维收缩或腺体的分泌，故又称效应器。分为以下两类：

1. 躯体运动神经末梢 分布于骨骼肌的运动神经纤维，在接近肌纤维处失去髓鞘，裸露的轴突呈爪样附着在骨骼肌纤维的表面，连接处呈椭圆形板状隆起，又称运动终板（图 2–34）。电镜下观察，运动终板的结构与化学突触相似，所以运动终板也称为神经－肌突触。

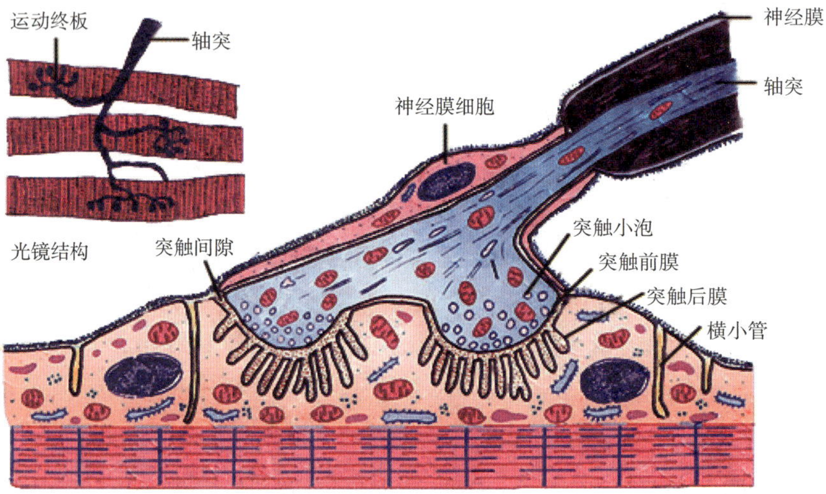

图 2–34 运动终板

2. 内脏运动神经末梢 分布于心肌、内脏及血管的平滑肌和腺体等处。其神经纤维较细且无髓鞘，末梢分支呈串珠状或膨大的小结，与平滑肌纤维和腺细胞建立突触。

小结

人体内有各种不同的组织，分布于身体不同的部位。上皮组织覆盖人体的表面和体腔内，可分为单层上皮、复层上皮、腺上皮等。狭义地讲，结缔组织包括疏松结缔组织、致密结缔组织、脂肪组织和网状组织。广义地讲，结缔组织也包括了液体的血液、淋巴及固体的软骨组织和骨组织。结缔组织的细胞包括成纤维细胞、巨噬细胞、浆细胞、肥大细胞、脂肪细胞和一些未分化的间充质细胞。软骨组织由软骨细胞和软骨基质构成。按照所含纤维的不同，软骨可分为透明软骨、纤维软骨和弹性软骨。血液由血浆和血细胞构成。血细胞包括红细胞、白细胞和血小板。白细胞包括中性粒细胞、嗜酸性粒细胞、嗜碱性粒细胞、淋巴细胞和单核细胞。肌组织分为骨骼肌、心肌和平滑肌。神经纤维分为两类，即有髓神经纤维和无髓神经纤维。神经末梢包括感觉神经末梢和运动神经末梢。

复习思考题

1. 比较上皮组织和结缔组织在结构特点上的差异。
2. 简述被覆上皮的分类与分布。
3. 疏松结缔组织含有哪些细胞和纤维？分别有什么作用？
4. 试述各种血细胞的正常值。
5. 列表归纳三种肌组织的一般结构特点及分布。
6. 神经元和神经胶质细胞在功能上有何不同？
7. 何谓突触？电镜下化学突触由哪三部分组成？

（余寅）

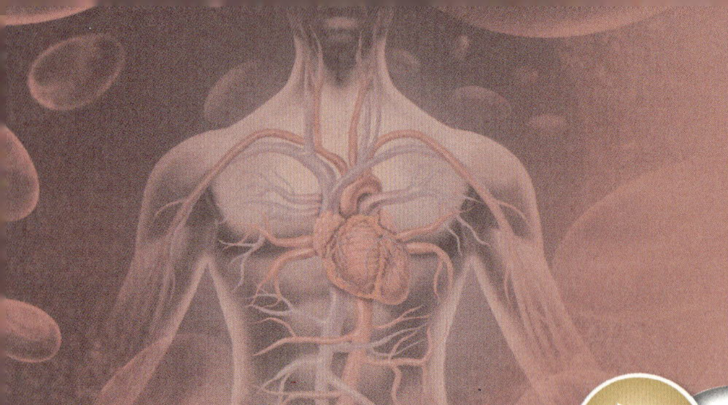

模块三 皮 肤

知识目标

1. 熟悉皮肤的基本结构和一般功能。
2. 熟悉表皮的分层与真皮的结构特点。
3. 了解皮下组织。
4. 了解皮肤的附属器。

技能目标

1. 能指认皮肤的形态和结构。
2. 运用所学知识进行皮内注射和皮下注射的护理实践模拟操作。

皮肤（skin）覆盖于体表，柔软而富有弹性，约占体重的 16%，成人总面积为 1.5 ~ 2.0 ㎡，是人体面积最大的器官。皮肤具有保护、感受刺激、调节体温、吸收、分泌和排泄废物等功能。当皮肤受到严重破坏（如大面积烧伤）时，可危及生命。

问题引入

1. 观察自己的皮肤，说说你看到了哪些结构。
2. 皮肤受到外伤后都能完全愈合吗？
3. 真皮制品牢固吗？想一想为什么？
4. 通过查找资料，说说什么是皮下注射。
5. 青春痘是怎么引起的？
6. 寒冷时，皮肤为什么出现“鸡皮疙瘩”？
7. 灰指甲是怎么引起的？

一、皮肤的结构

皮肤分为表皮和真皮（图 3–1）。

（一）表皮

表皮（epidermis）位于皮肤的浅层，由角化的复层扁平上皮构成，无血管分布，有丰富的感觉神经末梢。其厚薄因部位而不同，手掌、足底和背部最厚，而腹部、头

皮肤的结构

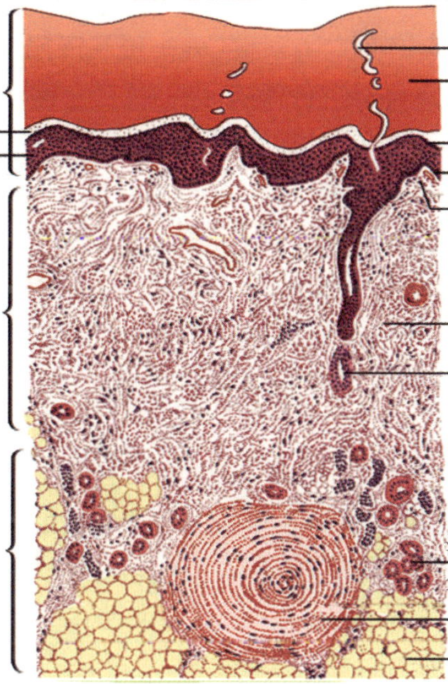

图 3–1　手指掌面皮肤

部和肢体屈侧较薄。根据上皮细胞的形态特点，表皮由深层至浅层依次分为基底层、棘层、颗粒层、透明层、角质层五层结构。

1. 基底层　位于表皮的最深层，借基膜与深层的真皮相连。基底层由一层立方形或矮柱状细胞组成，此层细胞有很强的增殖和分化能力，新生细胞向浅层推移，并分化为其余各层细胞，故基底层又称生发层。基底层细胞之间有黑色素细胞，能生成黑色素。黑色素可吸收紫外线，使深层组织免受紫外线辐射的损害。

2. 棘层　位于基底层上方，由 4~10 层多边形的细胞组成。电镜下观察，细胞表面伸出许多短小棘状突起。

3. 颗粒层　位于棘层上方，由 2~3 层梭形细胞组成，细胞核和细胞器逐渐解体或退化，胞质内有许多呈强嗜碱性的透明角质颗粒。

4. 透明层　位于颗粒层上方，由数层扁平细胞组成，在厚的表皮中较明显。细胞界限不清，呈均质透明状，细胞核和细胞器均已消失。

5. 角质层　为表皮的最浅层，由多层扁平无核的角质细胞构成。细胞完全角化，细胞膜增厚，胞质内充满酸性的角质蛋白，细胞间充满膜状物等，使表皮耐酸、耐碱、耐摩擦，并能阻挡外界异物和病原体的侵入，防止体内液体的丢失。浅层角质细胞间连接松散，脱落后形成皮屑。

从基底层到角质层是角质形成细胞增殖、分化、推移和脱落的过程。正常生理情况下，角质层细胞的不断脱落和基底层细胞的不断分裂增殖保持着动态平衡，维持表皮一定的厚度和结构。正常表皮更新周期为 3~4 周。

相关链接

人种的肤色、黑痣和胎记

人种间的黑色素细胞数量无明显差别，肤色深浅主要取决于黑色素细胞合成黑色素颗粒的能力和分布。黑种人的黑色素颗粒多而大，分布于表皮各层；白种人的黑色素颗粒少而小，主要分布于基底层；黄种人介于两者之间。此外，肤色也与表皮的厚度、血液的供应有关。

人的黑色素细胞均由胚胎时期的神经嵴细胞增殖分化而来，除少量进入眼球血管膜外，其余迁入表皮和毛球。但可以有少量黑色素细胞留在真皮和表皮的交界处，并在该部位增殖成团状，称色素痣或黑痣，几乎所有人都有。还有少数人，滞留在真皮的黑色素细胞较多，范围较大，形成的青斑称胎记。

（二）真皮

真皮（dermis）位于表皮深层，由致密结缔组织构成，可分为浅部的乳头层和深部的网织层（图 3–1），两层之间无明显界限。

1. 乳头层 紧邻表皮基底层，纤维和细胞较多，有许多突向表皮的乳头状隆起，称真皮乳头。乳头内含有丰富的毛细血管、游离神经末梢和触觉小体等结构。真皮乳头扩大了表皮与真皮的接触面，使两者连接牢固，并有利于表皮从真皮组织液中吸取营养。

2. 网织层 为乳头层深面的致密结缔组织，较厚，是真皮的主要组成部分。细胞较少，胶原纤维粗大，交织成网，并有许多弹性纤维夹杂其间，使皮肤具有较大的弹性和韧性。此层内含有较大的血管、淋巴管、神经，以及毛囊、皮脂腺、汗腺和环层小体等结构。

二、皮下组织

皮下组织（hypodermis），又名浅筋膜，位于真皮的深部（图 3–1），由疏松结缔组织和脂肪组织构成。皮下组织属于肌的辅助结构，不属于皮肤的组成部分。皮下组织将皮肤与深部组织相连，并使皮肤有一定的可移动性。其厚度随年龄、性别和部位而异。皮下组织具有缓冲、保温、储存能量等功能。在防治疾病的实践中，常选此层做药液皮下注射。

相关链接

皮内注射和皮下注射

皮内注射是将小量药液注入皮肤的表皮与真皮之间的方法。主要用于各种药物过敏试验和预防接种。药液在连接紧密的表皮和真皮之间，皮肤表面会因此而隆起一个皮丘。皮下注射是将小量药液注入皮下组织的方法。液体在组织间隙弥散，迅速达到药效，主要用于需迅速达到药效、不能或不宜经口服给药和局部麻醉用药或术前给药。

三、皮肤的附属器

皮肤的附属器包括毛发、皮脂腺、汗腺和指（趾）甲，在胚胎发生中都由表皮衍生而成（图 3–2）。

（一）毛发

人体皮肤除手掌和足底外，均有毛发分布。毛发分为毛干和毛根两部分。露于皮肤外的称毛干，埋于皮肤内的称毛根。毛根周围包有毛囊。毛囊的末端膨大呈球状，称毛球，为毛和毛囊的生长点。毛球底部凹陷，内为富含血管和神经的结缔组织，称毛乳头。毛乳头对毛的生长起诱导和营养作用。毛囊与皮肤表面的钝

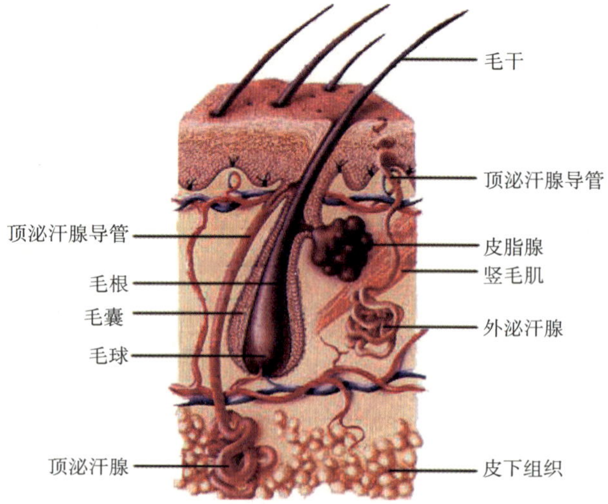

图 3–2 皮肤及附属器模式图

角侧，有一斜行的平滑肌束，称竖毛肌。其一端附于毛囊，另一端附于真皮乳头层。竖毛肌受交感神经支配。当寒冷或恐惧时，竖毛肌收缩，使毛竖立，皮肤出现“鸡皮疙瘩”。

（二）皮脂腺

皮脂腺位于毛囊和竖毛肌之间，其导管开口于毛囊。皮脂腺分泌皮脂，有柔润皮肤和保护毛发的作用。

相关链接

青春痘

青春痘又叫痤疮或粉刺，是由毛囊或皮脂腺导管阻塞、发炎引起的一种慢性皮肤病。常发生在面部、胸背部及臀部，以面部多见。青春期时，皮脂腺分泌大量油脂，毛发和皮脂腺因此堆积许多物质，使油脂和细菌附着，引发皮肤红肿的反应。由于这种症状常见于青年人，所以才称为“青春痘”。

（三）汗腺

汗腺为弯曲的管状腺，分泌汗液。根据结构及分布等不同，汗腺可分为外泌汗腺和顶泌汗腺两种。

1. 外泌汗腺 即通常说的汗腺。除唇边、阴部等个别区域外，汗腺遍布于全身各处，以手掌、足底和腋窝最多。汗腺有分泌部和导管部组成。分泌部位于真皮深层和皮下组织内；导管部向上穿过表皮，开口于皮肤的表面（图 3–2）。汗液有湿润皮肤、调节体温、调节水盐代谢和排出部分代谢产物等作用。

2. 顶泌汗腺 也称大汗腺。此腺分布于腋窝、乳晕、会阴及肛门周围等区域。大汗腺的分泌主要受性激素影响，青春期分泌旺盛。其分泌物含蛋白质，较浓稠，呈乳白色。大汗腺的分泌物被细菌分解后可产生特殊臭味，俗称狐臭。

（四）指（趾）甲

指（趾）甲为指（趾）端背面的硬角质板（图 3–3）。露在外面的称甲体；埋于皮肤内的称甲根；甲体深面的皮肤为甲床；甲根深部的上皮为甲母质，是甲的生长点。如伤及甲母质，则甲不能再生。甲体周缘的皮肤皱襞为甲襞，甲襞与甲体之间的沟为甲沟。

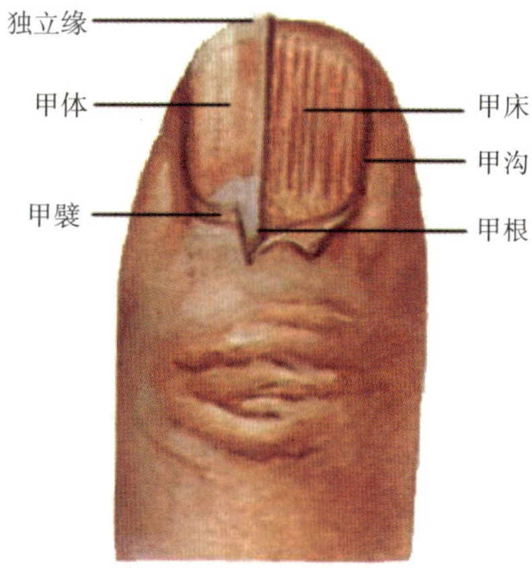

图 3–3 指甲形态构造

相关链接

甲癣

甲癣，俗称“灰指甲”，是指皮癣菌侵犯甲板或甲下所引起的疾病。甲癣常由红色毛癣菌、须癣毛癣菌、絮状表皮癣菌等各种真菌引起。甲癣病变始于甲远端、侧缘或甲褶部，主要表现有指甲增厚黑灰，或出现黄白斑点，失去光泽，指甲表面凹凸不平。

小结

皮肤由表皮和真皮两部分构成。表皮由深层至浅层可分为基底层、棘层、颗粒层、透明层和角质层五层结构。真皮分为浅部的乳头层和深部的网织层。皮下组织又名浅筋膜，由疏松结缔组织和脂肪组织构成。皮肤的附属器包括毛发、汗腺、皮脂腺和指（趾）甲。汗腺分为外泌汗腺和顶泌汗腺。毛发分为毛干和毛根两部分。

复习思考题

1. 简述皮肤的主要组织结构和功能。
2. 简述真皮的分层及结构特点。
3. 皮肤的附属器有哪些？
4. 皮内注射和皮下注射有何区别？

（吕文龙）

模块四 运动系统

知识目标

1. 熟悉运动系统的组成和功能。
2. 了解骨的形态、分类和理化特性，骨的构造，全身骨的名称、一般形态和位置，颅的整体观和新生儿颅的特征；掌握全身常用的骨性标志。
3. 熟悉关节的基本结构与辅助结构，椎骨间的连结和脊柱的整体观，骨盆的组成、分部和女性骨盆的特点；了解胸廓的整体观，肩关节、肘关节、髋关节、膝关节和颞下颌关节的结构特点和功能。
4. 了解肌的形态、构造、起止、配布规律和辅助结构，躯干肌、头颈肌、四肢肌群的名称、位置和功能；熟悉躯干肌的肌间结构和头皮组成。

技能目标

1. 会指认全身骨、骨连结和常用的骨性标志，并能够准确活体定位。
2. 会指认全身肌和常用的肌性标志。
3. 能指出护理操作中常选肌肉的注射部位。

运动系统（locomotor system）由骨、骨连结和骨骼肌三部分构成，约占成人体重的60%，具有支持、保护和运动功能。全身各骨借骨连结构成骨骼（图4-1），成为人体的支架，赋予人体基本形态，并为骨骼肌提供附着点。在运动中，骨起杠杆作用，骨连结为枢纽，骨骼肌是动力器官。

人体某些部位的骨或骨骼肌，常在体表形成比较明显的突起或凹陷，并能在体表看到或摸到，分别称为骨性标志和肌性标志。在临床护理工作中，常利用这些标志作为确定器官位置和血管神经走行、选择手术切口、穿刺和注射等的定位依据。

项目一 骨与骨连结

问题引入

1. 全身骨有多少块？分别叫什么名称？各属于哪种形态？有什么样的构造？
2. 老人和小儿谁更容易发生骨折，为什么？

3. 新生儿的颅有什么特点？和成人的结构一样吗？
4. 计数椎骨和肋序数的标志有哪些？如何计数？
5. 在活体上能够触摸到的骨性标志有哪些？
6. 脊柱是怎样连结而成的？整体外观如何？
7. 女性骨盆有什么特点？与男性骨盆相比有何不同？
8. 脚踝扭伤多发生在内侧还是外侧，为什么？

一、概述

（一）骨

骨（bone）是坚硬而富有生命的器官。成人骨共有206块，按其所在部位可分为躯干骨、颅骨和四肢骨（图4-1）。人体的每块骨主要由骨组织构成，具有一定的形态结构和血管、神经供应，能不断地进行新陈代谢和生长发育，骨折后能愈合修复。骨还有造血、储备钙和磷的作用。

1. 骨的形态 根据骨的形态，可分为长骨、短骨、扁骨和不规则骨4种（图4-2）。

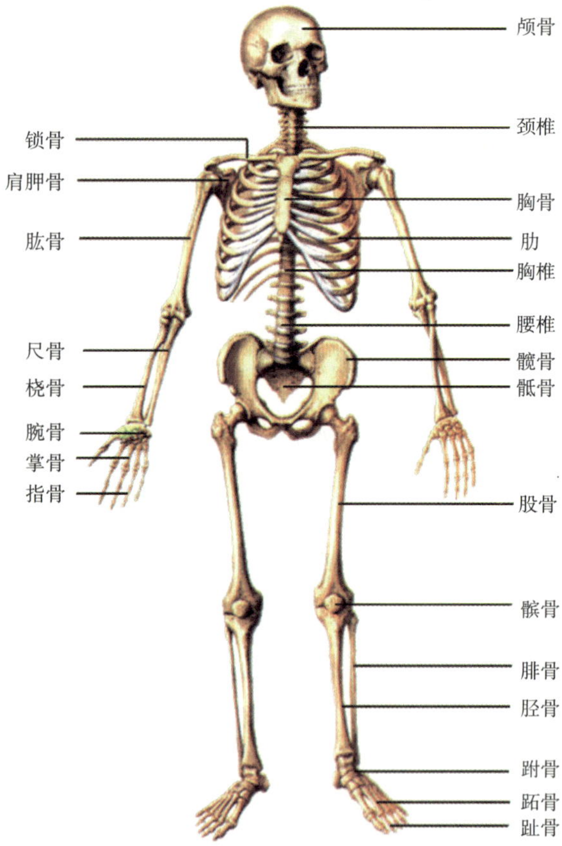

图4-1　全身骨骼

（1）长骨：呈长管状，多分布于四肢，如肱骨、股骨等。长骨分一体两端。体称为骨干，位于中部，内有髓腔，容纳骨髓；两端膨大称为骺，其表面有光滑的关节面，并有关节软骨覆盖。

（2）短骨：近似立方体，多成群分布于连接牢固且较灵活的部位，如腕骨和跗骨等。

（3）扁骨：呈板状，主要构成颅腔、胸腔和盆腔的壁，如颅盖骨、胸骨等。

（4）不规则骨：形状不规则，如椎骨等。

另外，位于某些肌腱内的扁圆形小骨称籽骨，如髌骨等。

2. 骨的构造 骨主要由骨膜、骨质和骨髓部分构成（图4-3）。

（1）骨膜：为致密结缔组织膜，覆盖在除关节面以外的骨表面，含有丰富的血管、神经和淋巴管，对骨的生长、营养及损伤后的修复具有重要作用。

（2）骨质：包括骨密质和骨松质。骨密质致密，分布于各类骨的表面，在长骨骨干处最厚；骨松质呈海绵状，分布于骨的内部。在颅盖骨，骨密质构成外板和内板，骨松质位于

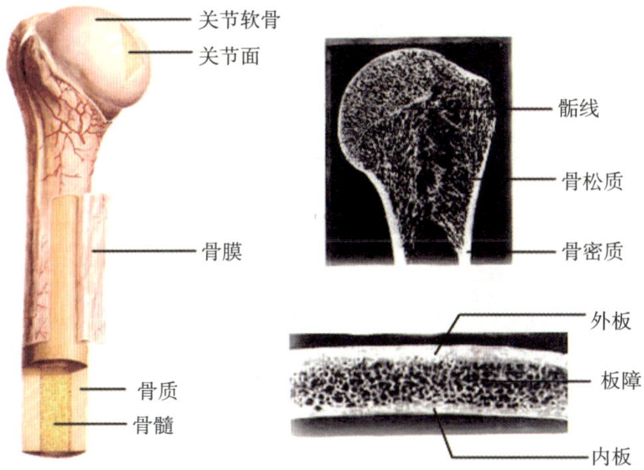

图 4–2 骨的形态

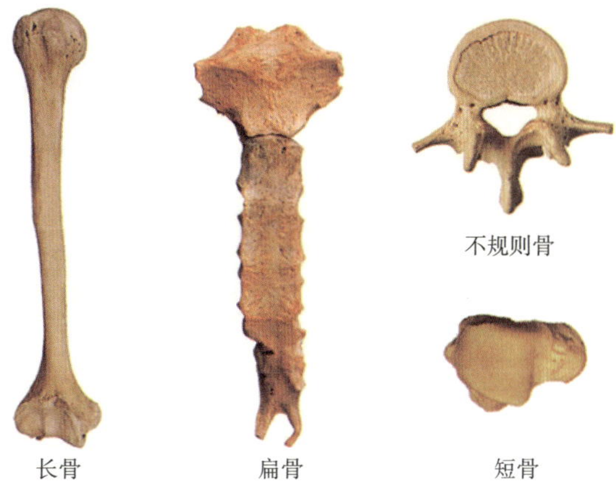

图 4–3 骨的构造

中间，称板障。

（3）骨髓：充填在长骨的髓腔及骨松质间隙内。骨髓分为红骨髓和黄骨髓。红骨髓有造血和免疫功能，胎儿及幼儿的骨髓均为红骨髓；6 岁前后，长骨髓腔内的红骨髓逐渐被脂肪组织代替，呈黄色，称黄骨髓，失去造血功能。在椎骨、髂骨和胸骨等处终生都是红骨髓，临床多在此处抽取骨髓进行造血功能的检查。

相关链接

骨髓穿刺

骨髓穿刺术是用骨髓穿刺针刺入骨松质内，抽吸红骨髓做骨髓细胞学检查、骨髓培养、寄生虫及病原体检查，对血液病及恶性肿瘤的诊断起决定性意义。也可通过输入同种异体新鲜红骨髓以达到治疗的目的。通常选择的部位在胸骨柄或胸骨体上部、第 1 ～ 3 腰椎棘突和髂骨的髂结节或髂后上棘等富含红骨髓的部位。穿刺针由浅至深依次穿过皮肤、皮下组织、骨膜、骨表面的骨密质而达到骨松质内。

3. 骨的化学成分和物理特性 骨由有机物和无机物构成。有机物主要是骨胶原纤维和黏多糖蛋白，使骨具有韧性和弹性；无机物主要是碱性磷酸钙，使骨具有硬度和脆性。成人骨的有机物和无机物的比例约为 3 ∶ 7，最为合适。小儿骨中有机物比例高，故骨的弹性和韧性都较大，在外力的影响下，易弯曲变形，而不易发生完全性骨折。故青年人，尤其是儿童应注意养成良好的坐、立姿势。老年人骨的无机物比例相对增高，使骨变脆，易发生骨折。

（二）骨连结

骨与骨之间的连结结构，称骨连结（bony union）。根据连结方式的不同，分为直接连结和间接连结。

1. 直接连结 是骨与骨之间借致密结缔组织、软骨或骨直接紧密相连，其间没有间隙，稳固，活动性小或不能活动。按连结组织的不同，将其分为纤维连结、软骨连结和骨性结合（图 4–4）。

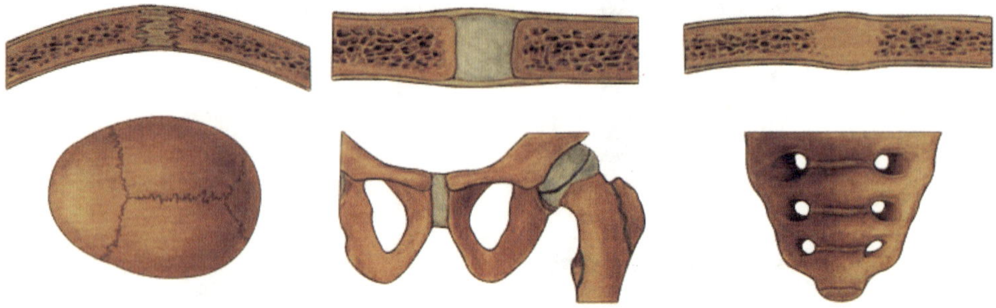

图 4–4　直接连结

（1）纤维连结：是骨与骨之间借致密结缔组织相连，如颅骨间的缝、椎骨棘突间的棘间韧带等。

（2）软骨连结：是骨与骨之间借软骨相连，如椎间盘和耻骨联合等。

（3）骨性结合：是骨与骨之间借骨组织相连，常由纤维软骨或透明软骨骨化而成，如骶椎之间的骨性结合等。

2. 间接连结　又称滑膜关节，简称关节（joint），是骨与骨之间借膜性的结缔组织囊相连而成。在相对骨面之间具有腔隙，活动性较大，是人体骨连结的主要形式。

（1）关节的基本结构：包括关节面、关节囊和关节腔三部分（图 4–5）。

1）关节面：是构成关节各骨的邻接面。通常一骨形成凸面，称关节头；另一骨形成凹面，称关节窝。关节面上覆盖一层光滑的关节软骨，可减少运动时的摩擦和缓冲外力冲击的作用。

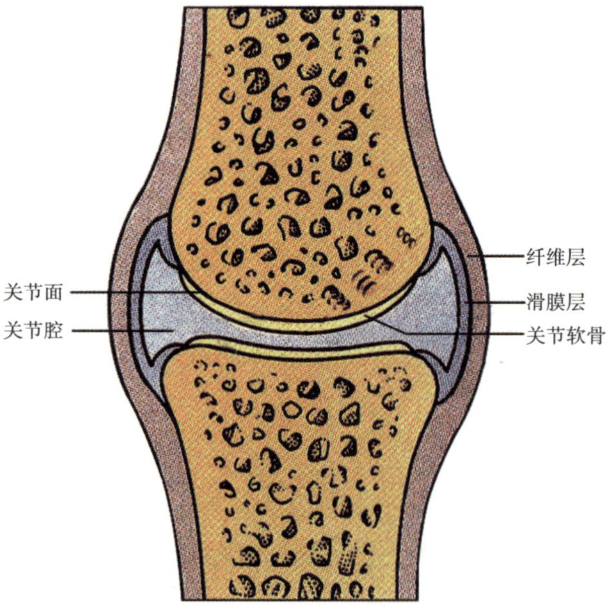

图 4–5　关节的基本结构

2）关节囊：为结缔组织所构成的膜性囊，分为内外两层。外层为纤维层，厚而坚韧；内层为滑膜层，能分泌少量滑液，可润滑关节。

3）关节腔：是关节囊滑膜层与关节软骨之间所围成的密闭腔隙，内有少量滑液，腔内为负压，有助于关节的稳定性。

（2）关节的辅助结构：除上述基本结构外，某些关节为适应其功能还形成了如韧带、关节盘和关节唇等辅助结构（图 4–6），进一步增加关节的稳固性或灵活性。

1）韧带：是连于相邻两骨之间的致密结缔组织束或膜，有加强关节稳固性和限制过度运动的作用。位于关节囊外的称囊外韧带，位于关节囊内的称囊内韧带。

2）关节盘：位于两关节面之间，由

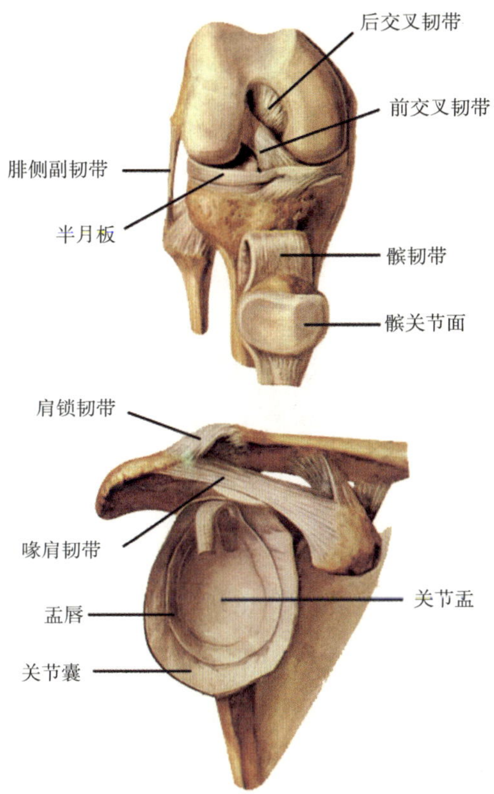

图 4-6 关节的辅助结构

纤维软骨板构成，其中央稍薄、周围略厚；增加稳固性，更有利于关节的运动。

3）关节唇：是附着在关节窝周缘的纤维软骨环，使关节窝略为增大、加深，以增加关节的稳固性。

（3）关节的运动：根据关节运动轴的方位，关节运动的基本形式分 4 种：

1）屈和伸：是沿冠状轴的运动。构成关节的两骨角度变小为屈，反之为伸。

2）内收和外展：是沿矢状轴的运动。向正中矢状面靠拢为内收，反之为外展。

3）旋转：是沿垂直轴的运动。骨的前面转向内侧为旋内，反之为旋外。在前臂，手背转向前称旋前，反之称旋后。

4）环转：是围绕矢状轴和冠状轴的复合运动。运动时，骨的近端在原位转动，远端做圆周运动。

二、躯干骨及其连结

（一）躯干骨

成人躯干骨共 51 块，包括 24 块椎骨、1 块骶骨、1 块尾骨、1 块胸骨和 12 对肋。

1. 椎骨（vertebrae） 椎骨在幼年时为 32 块或 33 块，即颈椎 7 块、胸椎 12 块、腰椎 5 块、骶椎 5 块和尾椎 3~4 块。成年后，5 块骶椎融合成 1 块骶骨，3~4 块尾椎融合成 1 块尾骨。

（1）椎骨的一般形态（图 4–7）：椎骨由前方短圆柱状的椎体和后方弓形的椎弓组成。椎体与椎弓共同围成椎孔，所有的椎孔连成椎管，容纳脊髓。椎弓由椎弓根和椎弓板构成。相邻两椎骨的椎弓根之间围成的孔，称椎间孔，有脊神经和血管通过。在椎弓上发出 7 个突起，分别是向后伸出的 1 个棘突，伸向两侧的 1 对横突，向上、向下各伸出 1 对上关节突和下关节突。

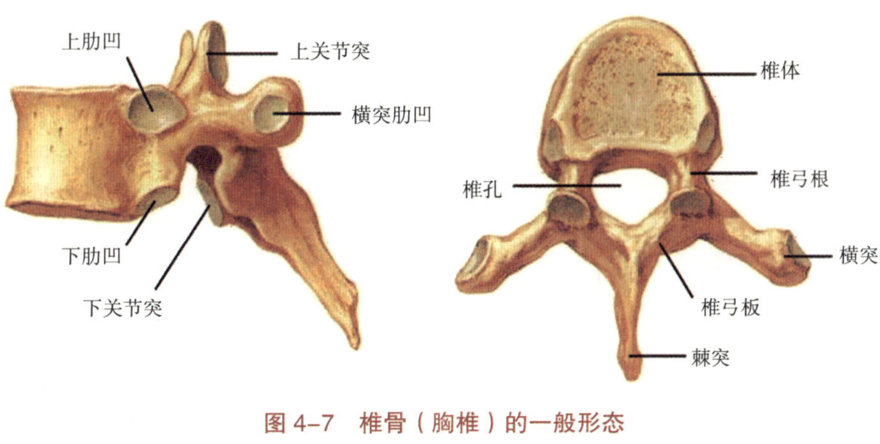

图 4–7 椎骨（胸椎）的一般形态

（2）各部椎骨的形态特征：

1）颈椎：椎体较小，椎孔相对较大；横突根部有横突孔，孔内有椎动、静脉通过；第 2 ～ 6 颈椎的棘突较短，末端分叉（图 4–8）。第 1 颈椎又称寰椎，没有椎体，由前弓、后弓及两侧块构成。第 2 颈椎又称枢椎，椎体上有突向上的齿突。第 7 颈椎又称隆椎，棘突长，末端不分叉，皮下易触及，是临床上计数椎骨序数和针灸定穴的标志。

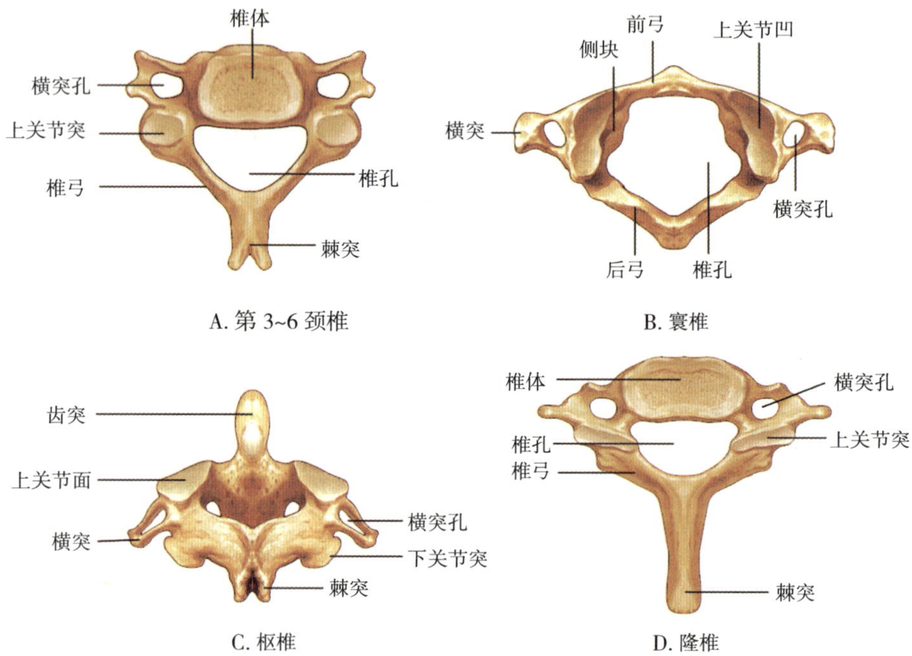

图 4–8　颈椎

2）胸椎：椎体侧面的后部和横突末端的前方有与肋骨相关节的上、下肋凹和横突肋凹（图 4–7）。棘突细长，斜向后下方，相互呈叠瓦状排列。

3）腰椎：椎体最大，椎孔呈卵圆形或三角形，棘突呈板状水平后伸，棘突间隙较宽（图 4–9）。临床常选第 3 ～ 4 或第 4 ～ 5 腰椎间隙做穿刺。

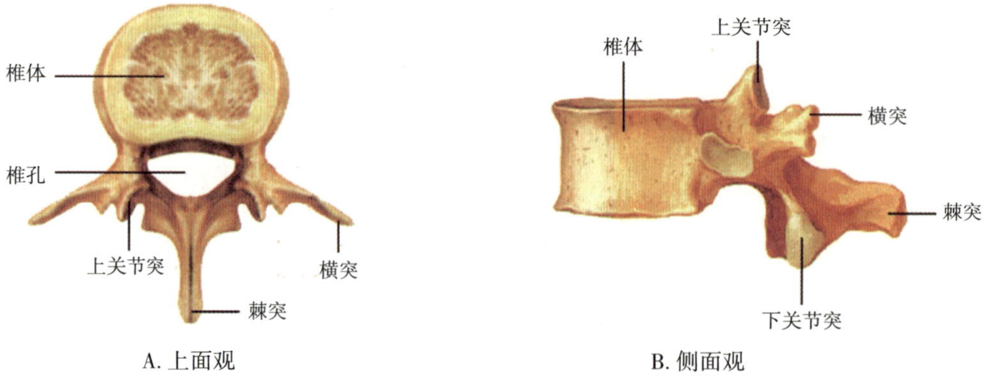

图 4–9　腰椎

4）骶骨：由 5 块骶椎融合而成，呈三角形，底朝上，尖向下（图 4–10）。底的前缘中部向前突出，称岬，是测量骨盆的标志。骶骨的前面光滑凹陷，有 4 对骶前孔；后面粗糙隆起，正中线上有骶正中嵴，嵴外侧有 4 对骶后孔。骶骨两侧面上部各有一个关节面，称耳状面。骶骨内有一纵行管道，称骶管。骶管末端开放为骶管裂孔，骶管裂孔两侧有向下突出的骶角，可在体表触及，是骶管麻醉时确定进针位置的标志。

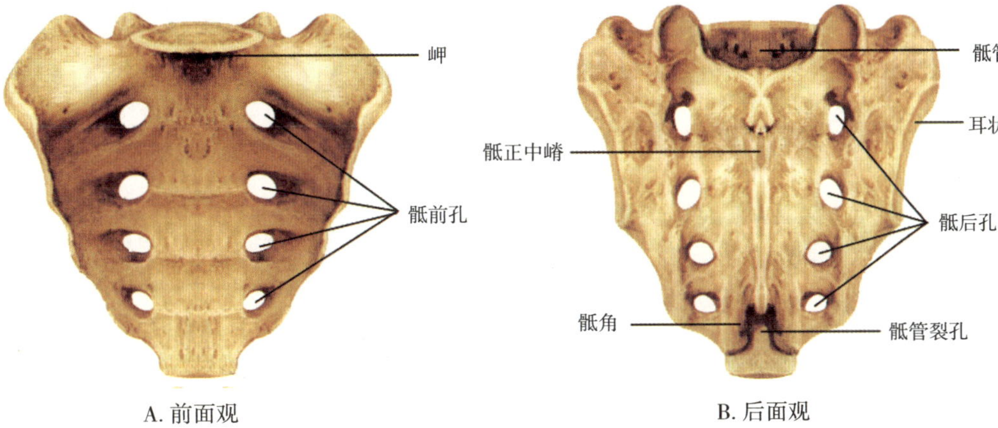

图 4–10 骶骨

5）尾骨：由 3 ~ 4 块退化的尾椎融合而成，上接骶骨，下端游离为尾骨尖（图 4–11）。

2. 胸骨(sternum) 位于胸前壁正中，自上而下分为胸骨柄、胸骨体和剑突三部分（图 4–12）。胸骨柄上缘正中的凹陷，称颈静脉切迹。胸骨柄和胸骨体连接处微向前凸，称胸骨角，在体表可触及。胸骨角两侧平对第 2 肋，是计数肋和肋间隙序数的标志。

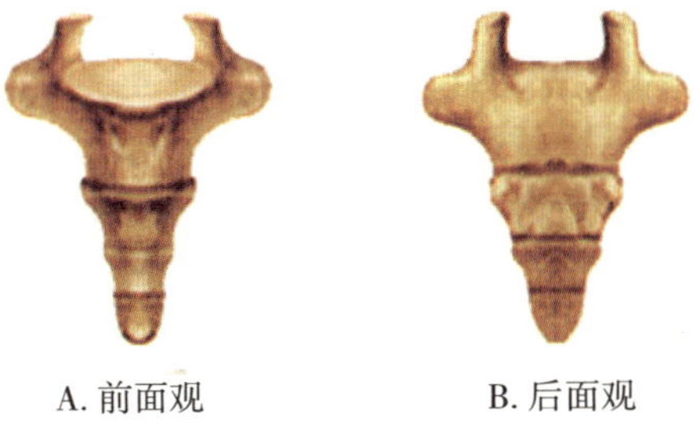

图 4–11 尾骨

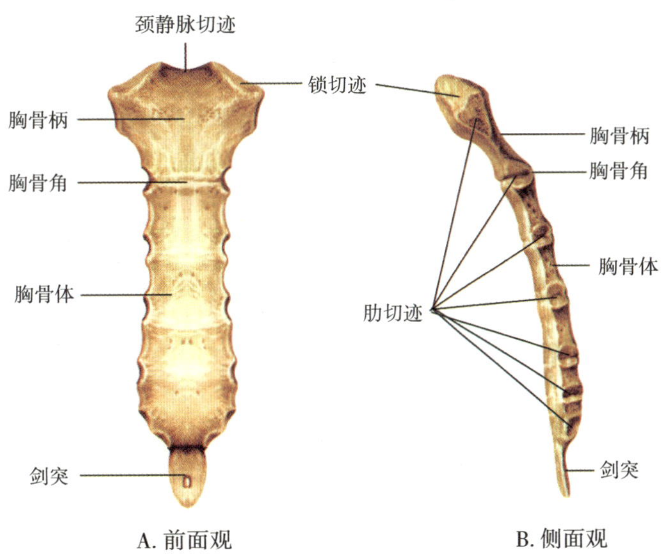

图 4–12 胸骨

相关链接

胸骨角的解剖学意义

胸骨角位置表浅，体表易于触及，是重要的解剖学标志。①两侧平对第 2 肋，是计数肋和肋间隙序数的标志；②胸骨角向后平对第 4 胸椎体下缘，是计数胸椎序数的标志；③平主动脉弓起止平面；④是气管分杈处的高度；⑤平食管第 2 狭窄处；⑥对应心包的上界；⑦平胸导管从右侧向左侧移行高度；⑧是上、下纵隔的分界；⑨平奇静脉跨越右肺根处。这些对应关系在解剖学和临床工作中有着重要的意义。

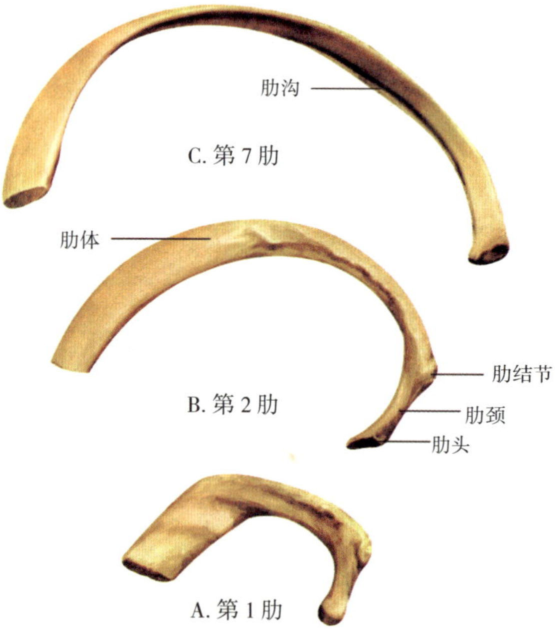

图 4–13　肋骨

3. 肋（ribs）　由肋骨和肋软骨组成，共 12 对（图 4–13）。第 1 ~ 7 对肋的前端直接与胸骨相连，称真肋；第 8 ~ 10 对肋不直接与胸骨相连，称假肋；第 11~12 对肋前端游离于腹壁肌层内，称浮肋。肋骨为细长弓状的扁骨，可分为中部的体和前后两端。肋体内面近下缘处有肋沟，沟内有肋间血管和神经通过。肋软骨为透明软骨，连于各肋骨的前端。

躯干骨的骨性标志：隆椎、骶角、颈静脉切迹、胸骨角和剑突等。

（二）躯干骨的连结

躯干骨借骨连结构成脊柱和胸廓。

1. 脊柱（vertebral column）　由 24 块椎骨、1 块骶骨和 1 块尾骨构成，位于项和背部的正中，上承颅骨，下连髋骨。脊柱有保护脊髓和内脏、支持体重和运动的功能。

（1）椎骨间的连结：椎骨之间借椎间盘、韧带和关节等相连结。

1）椎间盘（intervertebral disc）：是位于相邻的两个椎体之间的纤维软骨盘（图 4–14）。周围由多层呈环行排列的纤维软骨环构成，称纤维环，中央为富有弹性的胶状物质，称髓核。椎间盘有连结椎体、缓冲震荡的作用。其厚薄因部位而异，腰部的椎间盘最厚，颈部次之，中胸部最薄。

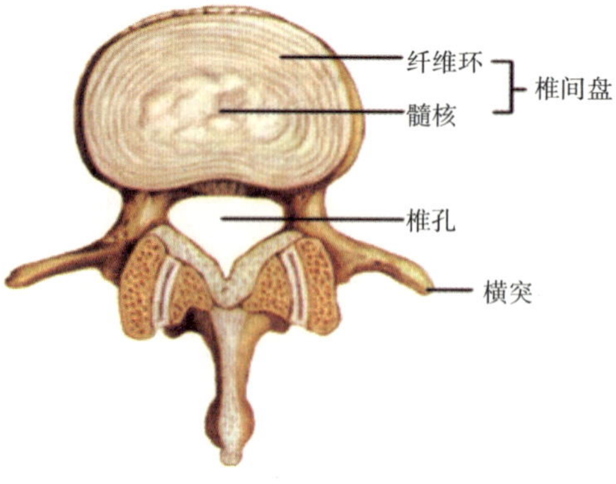

图 4–14　椎间盘

2）韧带：连接椎骨的韧带有长短两类（图 4–15）。长韧带有 3 条：①前纵韧带，位于椎体

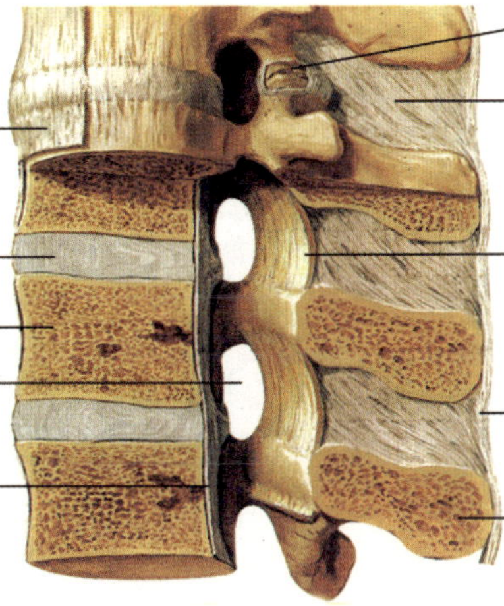

图 4-15 椎骨间的连结

和椎间盘的前方，有防止脊柱过度后伸的作用；②后纵韧带，位于椎体和椎间盘的后方，有防止脊柱过度前屈的作用；③棘上韧带，指连于各椎骨棘突尖端的韧带，有限制脊柱过度前屈的作用，第 7 颈椎以上则变得薄而宽阔，又名项韧带。短韧带有：①黄韧带，连于两相邻椎弓板之间，参与围成椎管；②棘间韧带，连于相邻棘突之间，较薄弱；③横突间韧带，位于相邻横突之间。

3）关节：相邻两椎骨的下、上关节突构成关节突关节（图 4-15），运动幅度很小。寰枕关节由寰椎和枕骨的枕髁构成，可使头做前俯、后仰和侧屈运动。寰枢关节由寰椎和枢椎的齿突构成，可使头部做旋转运动。

（2）脊柱整体观及运动：

1）前面观：椎体自上而下逐渐增大，从骶骨耳状面以下又迅速缩小（图 4-16），与负重有关。

2）后面观：棘突纵行排列成一条直线（图 4-16）。颈椎棘突短而分叉，近水平位；胸椎棘突细长，斜向后下方，呈叠瓦状排列；腰椎棘突呈板状，水平后伸，棘突间隙较大。

3）侧面观：可见脊柱有四个生理弯曲（图 4-16），颈曲和腰曲凸向前，胸曲和骶曲凸向后。这些弯曲可维持人体重心的平衡，增大脊柱的弹性，运动时可减轻对脑和内脏器官的冲击与震荡。

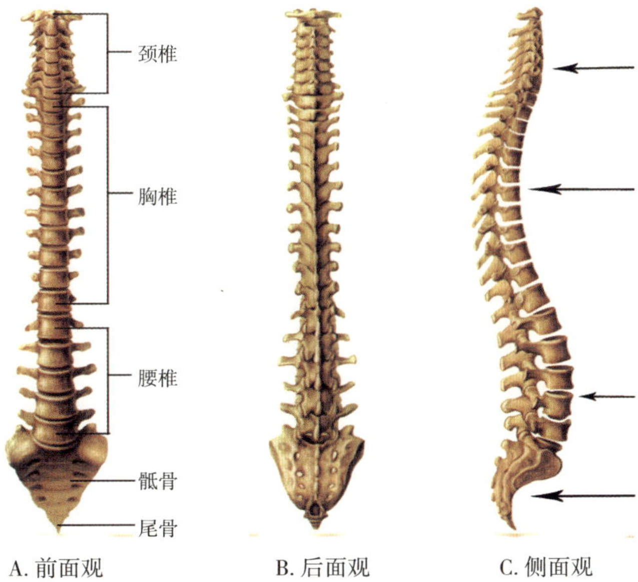

图 4-16 脊柱整体观

4）脊柱的运动：脊柱能做前屈、后伸、侧屈、旋转和环转等运动。由于脊柱的颈、腰部活动灵活，损伤也较多见。

相关链接

腰椎穿刺

腰椎穿刺，简称“腰穿”，是用穿刺针经腰椎棘突间隙刺入椎管内的蛛网膜下隙，抽取脑脊液或向椎管内注射药物的一种诊疗技术。主要用于脑膜炎、脑炎、脑血管病变等神经系统疾病的诊断，以及治疗性鞘内注射药物。穿刺时，病人多取侧卧位，屈髋关节和膝关节，双手紧抱头部使身体呈屈曲状，穿刺针由第 3~4 或第 4~5 腰椎棘突间隙垂直刺入，由浅至深依次经过皮肤、皮下组织、棘上韧带、棘间韧带、黄韧带、硬膜外隙、硬脊膜、蛛网膜，达蛛网膜下隙。

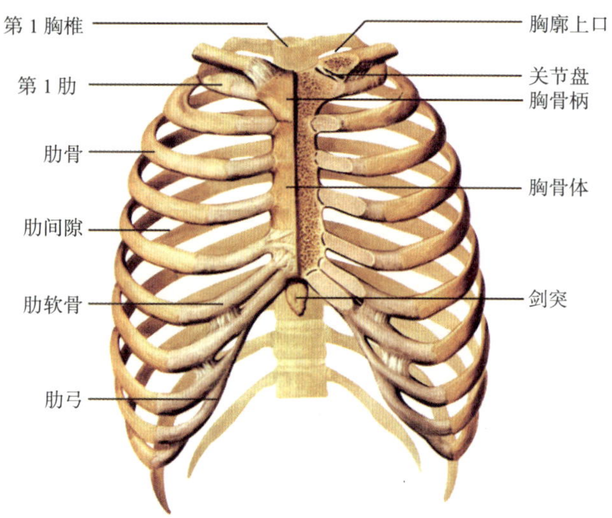

图 4–17 胸廓

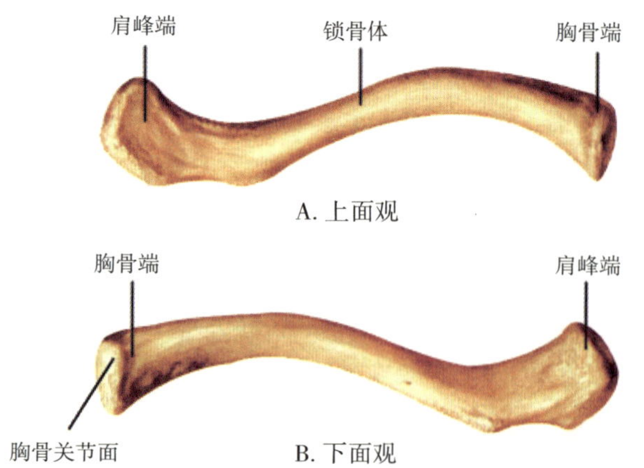

图 4–18 锁骨

2. 胸廓（thorax） 由 12 块胸椎、12 对肋和 1 块胸骨连结而成（图 4–17）。

（1）胸廓的连结：肋的后端与胸椎构成肋椎关节。肋的前端，第 1 对肋与胸骨柄构成软骨连结；第 2 ～ 7 对肋软骨与胸骨外侧构成微动的胸肋关节；第 8 ～ 10 对肋软骨依次连于上位肋软骨的下缘，共同构成左、右肋弓，是触摸肝、脾的重要标志；第 11~12 对肋前端游离。

（2）胸廓的整体观及运动：成人胸廓呈前后略扁的圆锥形，上窄下宽，有上下两口。上口小，由第 1 胸椎、第 1 肋及胸骨柄上缘围成；下口大，由第 12 胸椎、第 12 和第 11 对肋、左右肋弓及剑突围成。两侧肋弓之间的夹角，称胸骨下角。相邻两肋之间的间隙，称肋间隙。

胸廓除有保护和支持功能外，还主要参与呼吸运动。吸气时，在呼吸肌的作用下，肋前端上提，胸骨上升，使胸腔容积增大；呼气时则相反，使胸腔容积缩小。

三、上肢骨及其连结

（一）上肢骨

上肢骨包括锁骨、肩胛骨、肱骨、桡骨、尺骨和手骨，每侧 32 块，共 64 块。

1. 锁骨 位于胸廓前上部的两侧，呈“～”

形弯曲（图 4–18），全长在体表均可摸到。锁骨有一体两端。内侧端粗大，称胸骨端；外侧端扁平，称肩峰端。锁骨内侧 2/3 凸向前，外侧 1/3 凸向后。锁骨的骨折多发生在中、外 1/3 交界处。

2. 肩胛骨 位于胸廓后外上方，为三角形扁骨（图 4–19），可分为二面、三缘和三角。肩胛骨前面微凹，称肩胛下窝；后面上部有一横行隆起的骨嵴，称肩胛冈，其外侧端称肩峰，是肩部的最高点。肩胛冈上下的浅窝分别称冈上窝和冈下窝。上缘短而薄，外侧向前伸出的指状突起，称喙突。内侧缘薄而锐利，邻近脊柱；外侧缘肥厚，邻近腋窝。上角平对第 2 肋；下角平对第 7 肋或第 7 肋间隙，是计数肋和肋间隙序数的标志；外侧角肥厚，上有微凹的关节盂。

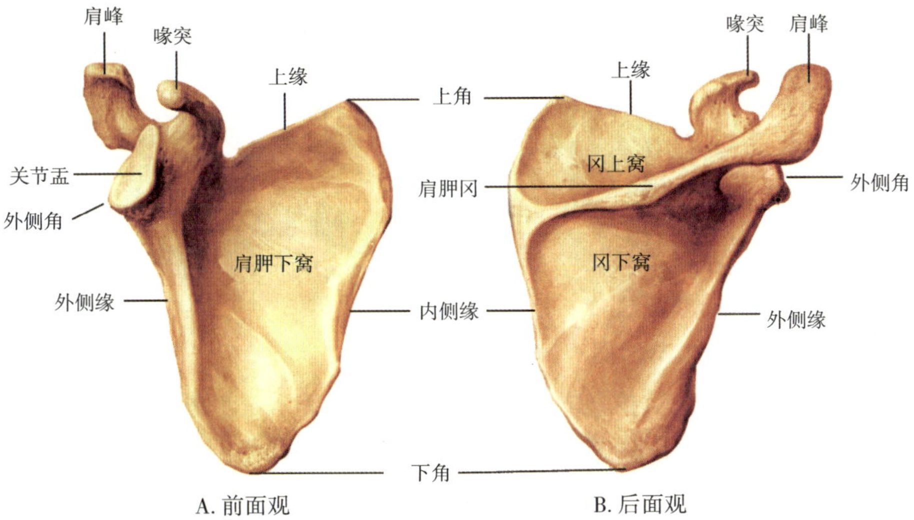

图 4–19 肩胛骨

3. 肱骨 位于臂部，有一体及上下两端（图 4–20）。肱骨上端膨大，朝向内后上方呈半球形，称肱骨头。肱骨头外侧的隆起称大结节，向前的隆起称小结节，两者之间的纵沟称结节间沟。上端与体交界处稍细，称外科颈，此处易发生骨折。肱骨体中部外侧面有粗糙的三角肌粗隆，后面中部有自内上斜向外下的桡神经沟。桡神经沿此沟经过，肱骨中部骨折易伤及桡神经。肱骨下端扁平膨大，外侧部为半球形的肱骨小头，内侧部有滑车状的肱骨滑车，滑车后面的上方有鹰嘴窝。肱骨下端内、外侧的突起，分别称内上髁和外上髁；在内上髁的后下方有尺神经沟，此处骨折易损伤尺神经。

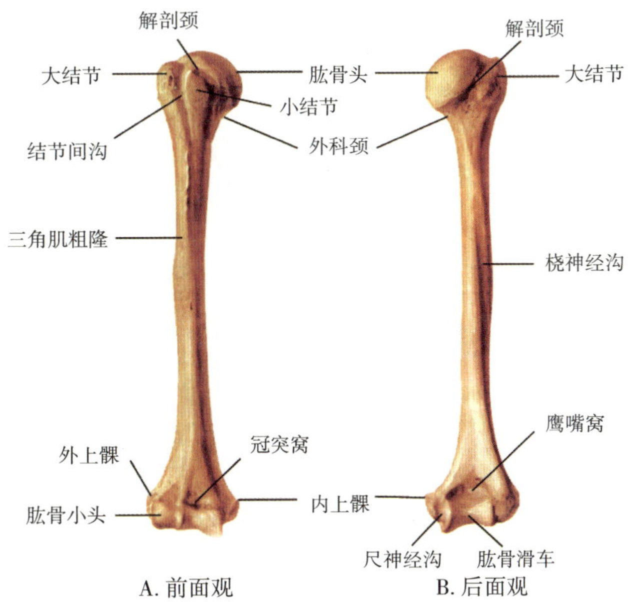

图 4–20 肱骨

4. 尺骨 位于前臂内侧，上端粗大，下端细小，体呈三棱柱状（图 4–21）。尺骨上端前面有一半圆形的深凹，称滑车切迹，切迹后上方和前下方的突起分别称鹰嘴和冠突。尺骨体外侧缘为骨间缘。尺骨下端称尺骨头，其后内侧向下的突起称尺骨茎突。

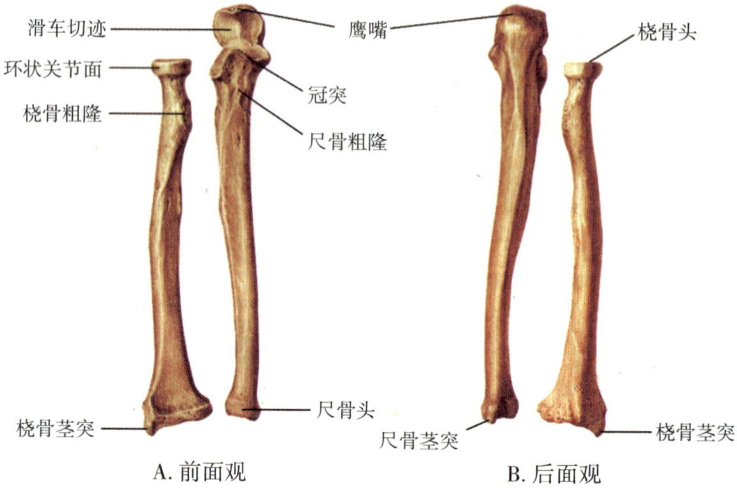

图 4–21　尺骨和桡骨

5. 桡骨 位于前臂外侧，上端稍膨大，称桡骨头（图 4–21）。桡骨头上面有关节凹，周围有环状关节面。桡骨体的内侧缘为薄锐的骨间缘。桡骨下端外侧向下的突起称桡骨茎突。

6. 手骨 包括腕骨、掌骨和指骨三部分（图 4–22）。

（1）腕骨：共 8 块，排成两列，由桡侧至尺侧，近侧列依次是手舟骨、月骨、三角骨和豌豆骨；远侧列依次是大多角骨、小多角骨、头状骨和钩骨。

（2）掌骨：共 5 块，从桡侧向尺侧依次为第 1 ～ 5 掌骨。掌骨近侧端为底，中部为体，远侧端为头。

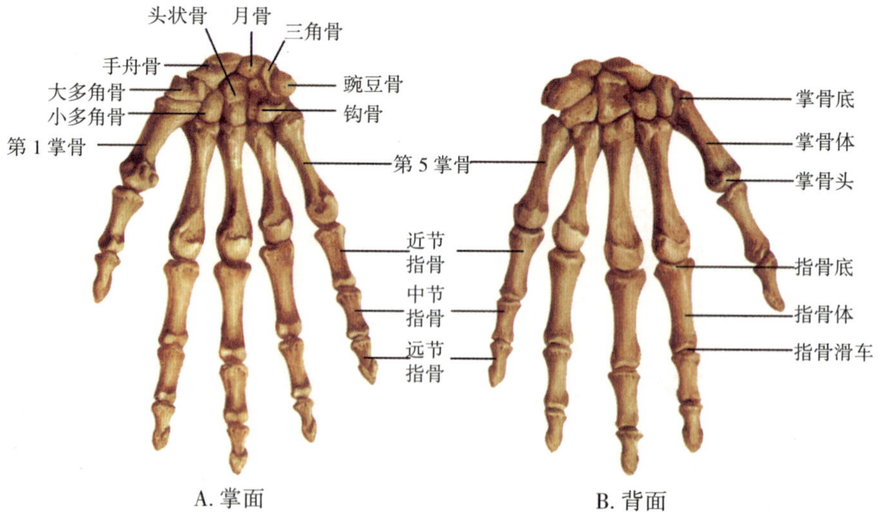

图 4–22　手骨

（3）指骨：共 14 块，拇指只有 2 节指骨，其余各指均为 3 节，称近节指骨、中节指骨和远节指骨。

上肢骨的骨性标志：锁骨、肩胛冈、肩峰、肩胛骨下角、肱骨大结节、内上髁、外上髁、尺神经沟、尺骨鹰嘴、尺骨头、尺骨茎突和桡骨茎突等。

（二）上肢骨的连结

1. 胸锁关节 是上肢骨与躯干骨连结的唯一关节（图 4–23），由胸骨的锁切迹与锁骨的胸骨端及第 1 肋软骨的上缘构成。囊内有关节盘，属微动关节。

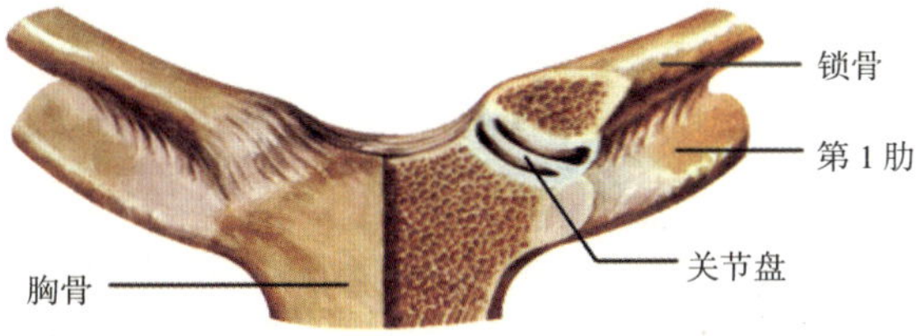

图 4–23　胸锁关节

2. 肩关节（shoulder joint） 由肱骨头与肩胛骨的关节盂构成（图 4–24）。其结构特点是：肱骨头大，关节盂浅而小，关节盂周缘有关节唇；囊内有肱二头肌长头肌腱通过；关节囊薄而松弛，关节囊前、上、后部有肌和肌腱加强，下壁较薄弱，故肩关节脱位时，肱骨头常脱向前下方。肩关节是人体运动最灵活的关节，能做屈、伸、内收、外展、旋转和环转运动。

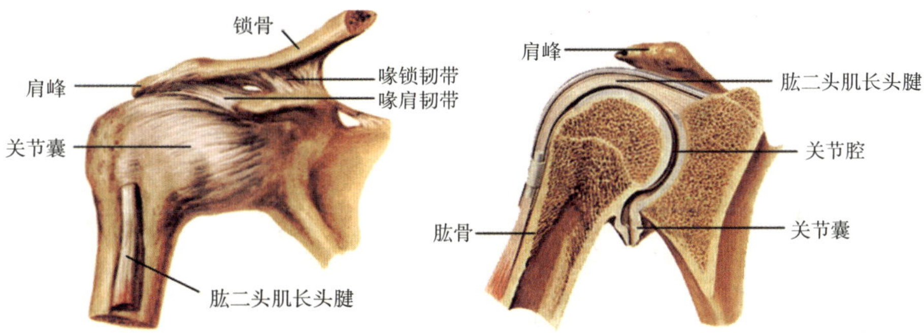

图 4–24　肩关节

3. 肘关节 由肱骨下端和尺、桡骨上端连接而成（图 4–25），它们分别构成肱尺关节、肱桡关节和桡尺近侧关节。其结构特点是：以上三个关节包在一个关节囊内；关节囊的前、后壁薄而松弛，两侧有副韧带加强；桡骨环状关节面周围有桡骨环状韧带，环绕桡骨头。小儿的桡骨头尚在发育，桡骨环状韧带较松弛，在前臂伸直位时，若受到突然猛力牵拉，常可发生桡骨头半脱位。肘关节主要做屈、伸运动。

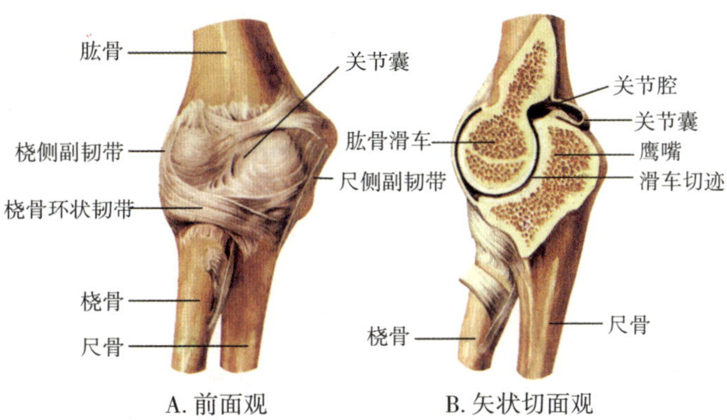

图 4–25　肘关节

相关链接

肘后三角

肱骨内、外上髁和尺骨鹰嘴可在体表轻易触及。当肘关节伸直时，此三点可连成一条直线；当肘关节屈至 90° 时，肱骨内、外上髁和尺骨鹰嘴三点成一尖端朝下的等腰三角形，称肘后三角，临床上常以此来判断肘关节是否脱位。肘关节在伸直情况下，若受暴力如跌倒时，一侧手掌着地，使肱骨下端向前移位，尺骨鹰嘴则向后移位，形成肘关节后脱位，这时三者的位置关系发生改变。

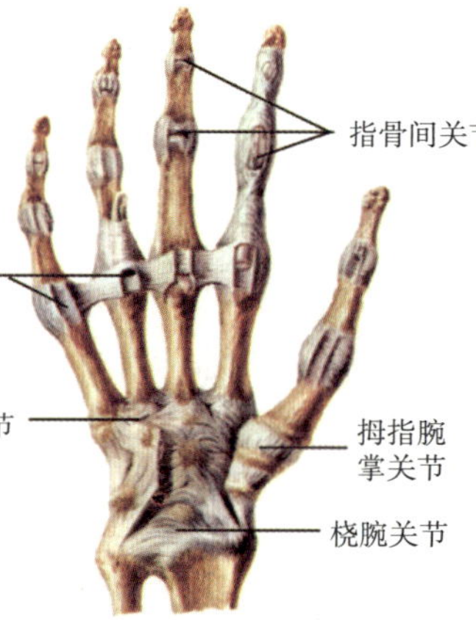

A. 整体观

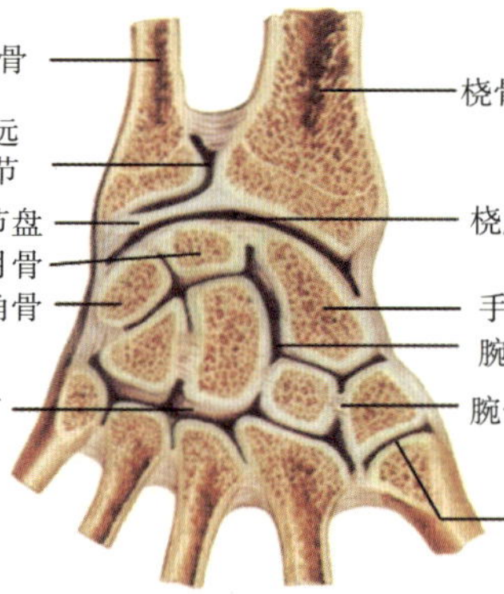

B. 冠状切面观

图 4–26 手关节

4. **前臂骨连结** 包括桡尺近侧关节、前臂骨间膜和桡尺远侧关节。

前臂骨间膜是连结尺骨和桡骨的骨间缘之间的坚韧纤维膜。桡尺近侧关节由桡骨头的环状关节面与尺骨的桡切迹构成。桡尺远侧关节由桡骨的尺切迹和尺骨头组成。桡尺近、远侧关节同时运动时，可使前臂做旋转运动。

5. **手关节** 包括桡腕关节、腕骨间关节、腕掌关节、掌指关节和指骨间关节（图 4–26）。

桡腕关节又称腕关节（wrist joint），由桡骨下端、尺骨下方的关节盘和手舟骨、月骨、三角骨共同构成。关节囊松弛，其前、后及两侧均有韧带加强。可做屈、伸、内收、外展和环转运动。

四、下肢骨及其连结

（一）下肢骨

下肢骨包括髋骨、股骨、髌骨、胫骨、腓骨和足骨，每侧 31 块，共 62 块。

1. **髋骨** 位于盆部，为不规则的扁骨，由髂骨、坐骨和耻骨构成（图 4–27）。幼年时，这三骨借透明软骨相连，至 15 岁后软骨逐渐骨化，融合为髋骨。在融合处的外侧面有一深窝，称髋臼，髋臼下部有坐骨和耻骨围成的闭孔。

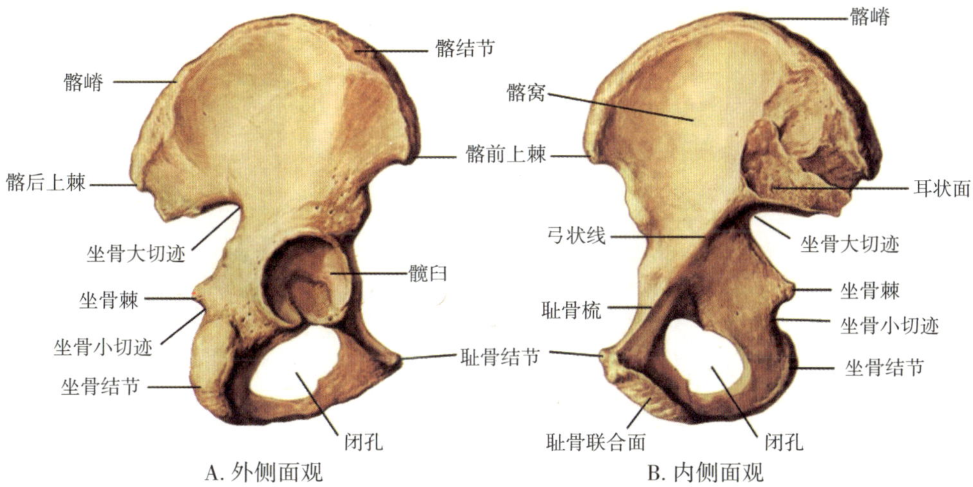

图 4–27 髋骨

（1）髂骨：是髋骨的后上部，其上缘肥厚，称髂嵴。两侧髂嵴最高点的连线平对第4腰椎棘突，是腰椎穿刺的定位标志。髂嵴的前后两端分别为髂前上棘和髂后上棘。在髂前上棘后方 5 ~ 7cm 处，髂嵴外缘向外侧的突起称髂结节，临床上常在此进行骨髓穿刺，抽取红骨髓检查其造血功能。髂骨内面的浅窝称髂窝。髂窝的下界是弧形的骨嵴，称弓状线。髂窝的后下方有耳状面，与骶骨的耳状面形成骶髂关节。

（2）耻骨：是髋骨的前下部，分体和上下两支。两支移行处的内侧粗糙面，称耻骨联合面。耻骨上支的上缘为一锐利的骨嵴，称耻骨梳。其前端有一突起，称耻骨结节。

（3）坐骨：是髋骨的后下部，分体和支两部。坐骨体下部的粗大的隆起称坐骨结节，其后上方的三角形突起称坐骨棘。坐骨棘的上、下方的切迹，分别称坐骨大切迹和坐骨小切迹。

2. 股骨 位于大腿部，是人体最长最粗壮的长骨，分为一体两端（图 4–28）。股骨上端朝向内上方的球形膨大，称股骨头，与髋臼相关节；股骨头中央稍下方有一凹陷，称股骨头凹。股骨头的外下方较细的部分称股骨颈，易发生骨折。股骨颈与体交界处的外上方较大的方形隆起称大转子，内下方隆起称小转子。股骨体上端后面有臀肌粗隆。股骨下端有两个向后突出的膨大，分别称内侧髁和外侧髁，两髁之间的深窝称髁间窝。两髁前方为髌面，与髌骨相接。两髁侧面最突起处，分别称内上髁和外上髁。

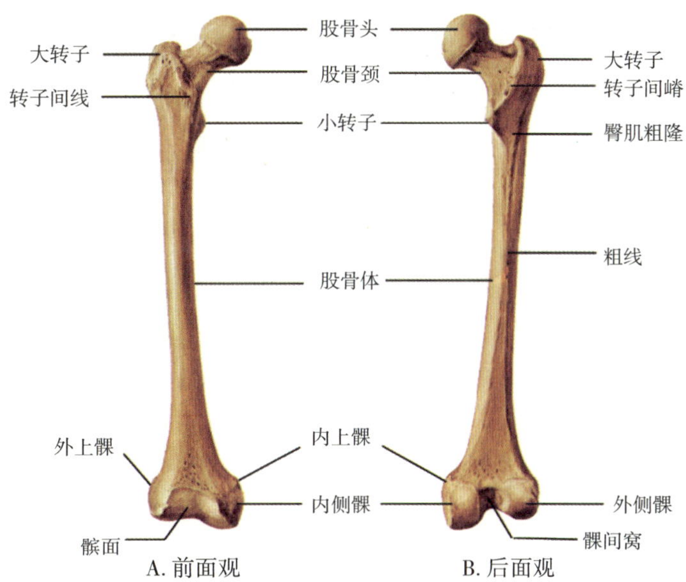

图 4–28 股骨

3. 髌骨 位于股骨下端膝关节的前

方，是全身最大的籽骨（图 4–29），上宽下尖，前面粗糙，后面光滑，为关节面。

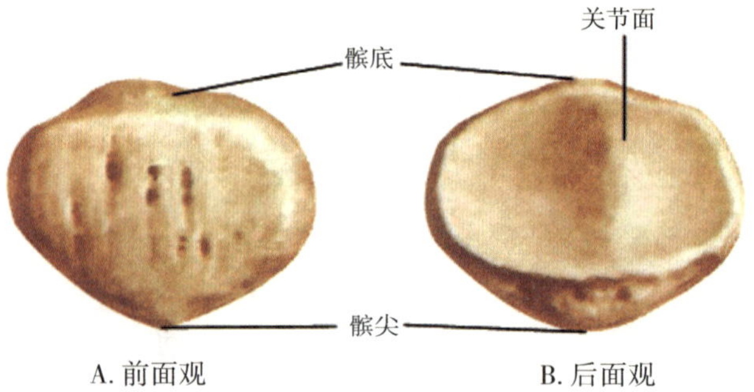

图 4–29　髌骨

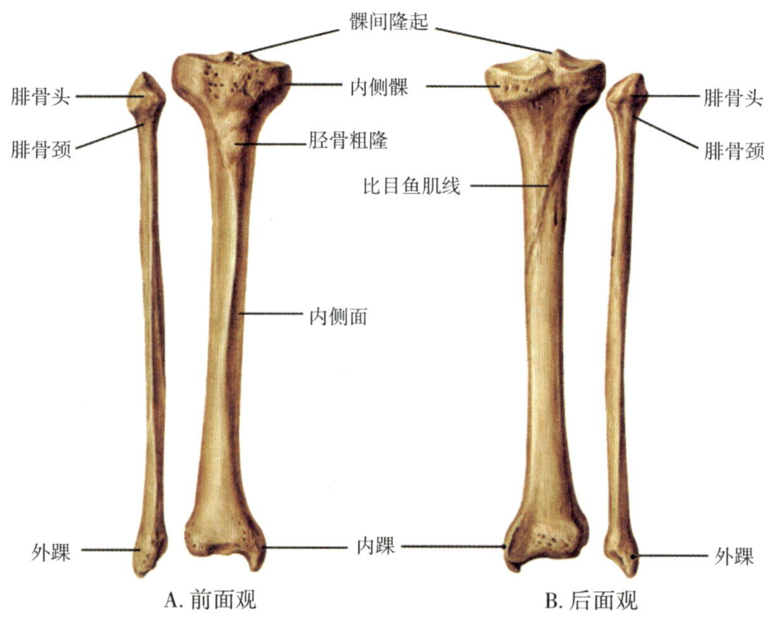

图 4–30　胫骨和腓骨

4. 胫骨　位于小腿内侧（图 4–30），上端膨大，形成内侧髁和外侧髁。两髁之间向上的隆起，称髁间隆起。胫骨上端前面的粗糙隆起，称胫骨粗隆。胫骨下端向内下的突起，称内踝。

5. 腓骨　位于小腿外侧（图 4–30），上端略膨大，称腓骨头。腓骨头下方缩细，称腓骨颈。腓骨下端膨大稍扁，称外踝。

6. 足骨　包括跗骨、跖骨和趾骨（图 4–31）。

（1）跗骨：共 7 块，其中构成足跟的为跟骨，跟骨上方是距骨，距骨前方为足舟骨，舟骨前面由内侧向外侧依次为内侧楔骨、中间楔骨、外侧楔骨和骰骨。

（2）跖骨：共 5 块，由内侧向外侧依次为第 1 ～ 5 跖骨。每块跖骨近端为底，中部为体，远端称头。第 5 跖骨底向后的粗大突起，称第 5 跖骨粗隆。

（3）趾骨：共 14 块，其形态和命名方法与指骨相同。

下肢骨的骨性标志：髂嵴、髂前上棘、髂后上棘、髂结节、耻骨结节、坐骨结节、股骨大转子、髌骨、腓骨头、胫骨粗隆、内踝、外踝、跟骨结节和第 5 跖骨粗隆等。

（二）下肢骨的连结

1. 盆骨的连结

（1）骶髂关节：由骶骨和髂骨的耳状面构成，关节囊厚而紧张，活动性极小。

（2）韧带：骶骨与坐骨之间有两条韧带相连（图 4–32），一条从骶、尾骨侧缘连至坐骨结

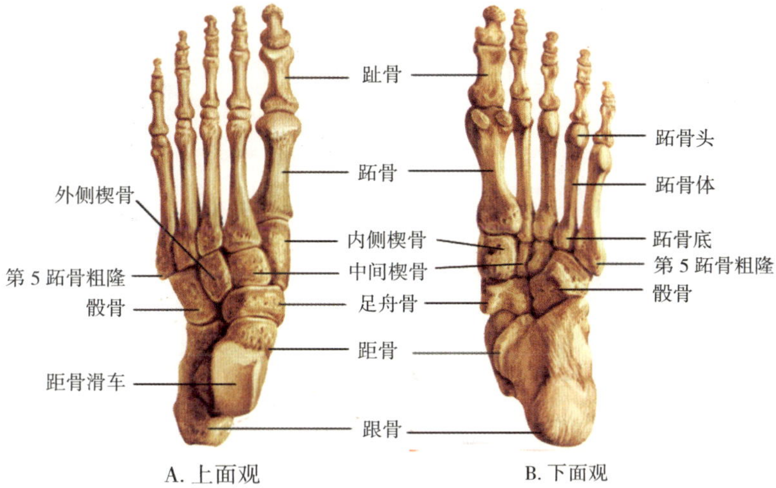

图 4-31　足骨

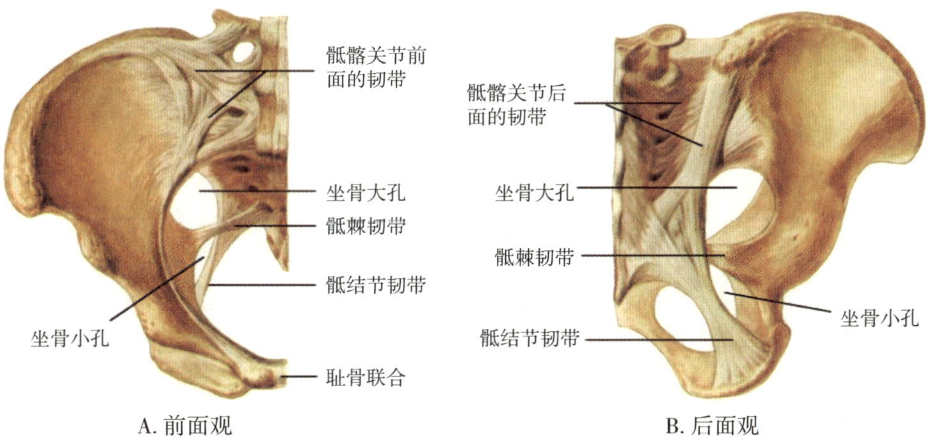

图 4-32　盆骨的连结

节，称骶结节韧带；另一条从骶、尾骨侧缘连至坐骨棘，称骶棘韧带。这两条韧带将坐骨大、小切迹分别围成坐骨大孔和坐骨小孔。

（3）耻骨联合：由两侧耻骨联合面借纤维软骨连结而成（图 4-32）。内有一矢状位裂隙，女性分娩时可轻度分离，暂时性扩大骨盆径线，利于胎儿娩出。

（4）骨盆（pelvis）：由骶骨、尾骨和左、右髋骨连结而成（图 4-33），具有保护盆腔脏器和承受、传递重力的作用。女性骨盆还是胎儿娩出的产道。骨盆借岬、两侧弓状线、耻骨梳、耻骨结节和耻骨联合上缘围成的界线，分为上方的大骨盆和下方的小骨盆。小骨盆有上下两口，上口即界线，下口由尾骨尖、骶结节韧带、坐骨结节、坐骨支、耻骨下支和耻骨联合下缘围成。两口之间的腔称骨盆腔。两侧耻骨下支与坐骨支连成耻骨弓，其间的夹角称耻骨下角。

骨盆

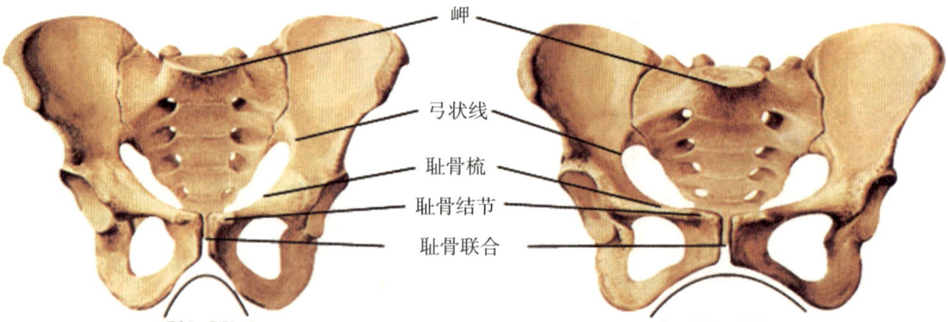

A. 男性　　B. 女性

图 4-33　男、女性骨盆

成年女性由于妊娠和分娩，骨盆形态与男性存在着明显的差异（表 4-1）。

表 4-1　男、女性骨盆的形态差异

项目	男性	女性
外形	窄而长	宽而短
骨盆上口	心形	近似圆形，较大
骨盆下口	较狭小	较宽大
骨盆腔	狭长，呈漏斗形	宽短，呈圆桶形
耻骨下角	70°~75°	90°~100°

2. 髋关节　由股骨头和髋臼构成（图 4-34）。其结构特点是：股骨头大，髋臼深，周缘附有髋臼唇；关节囊厚而坚韧，股骨颈除后外侧部外，都包于囊内，故股骨颈骨折有囊内、囊外之分；关节囊周围有韧带加强，其中以前方的髂股韧带最为强大；关节囊内有股骨头韧带，内含营养股骨头的血管。

髋关节能做屈、伸、收、展、旋内、旋外和环转运动，其运动幅度较肩关节小，但具有较大

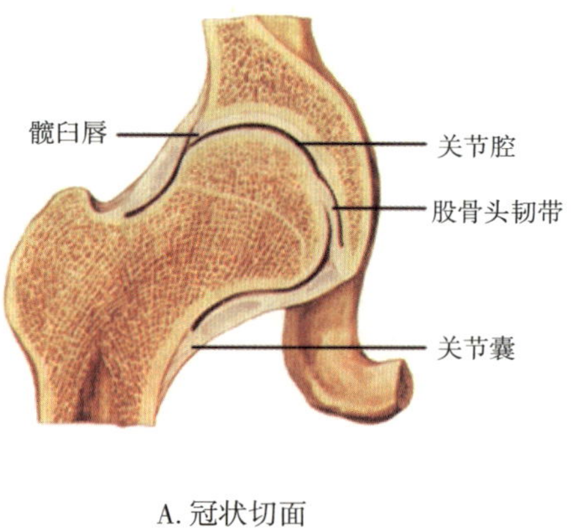

A. 冠状切面

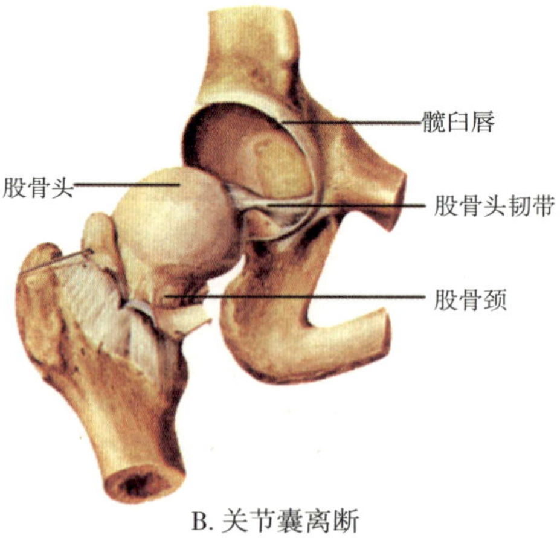

B. 关节囊离断

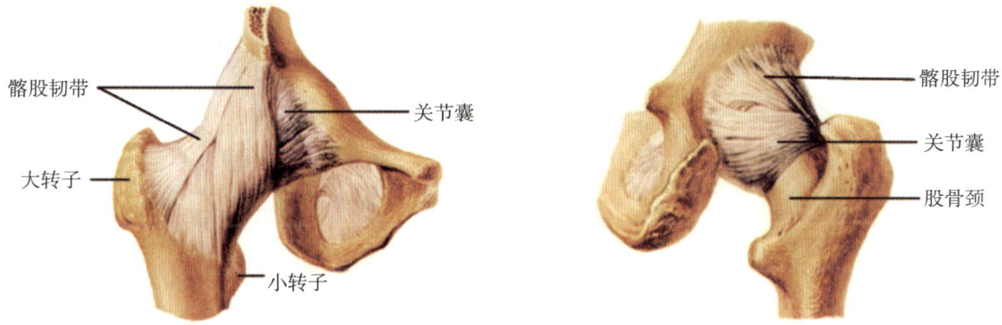

C. 前面观　　D. 后面观

图 4–34 髋关节

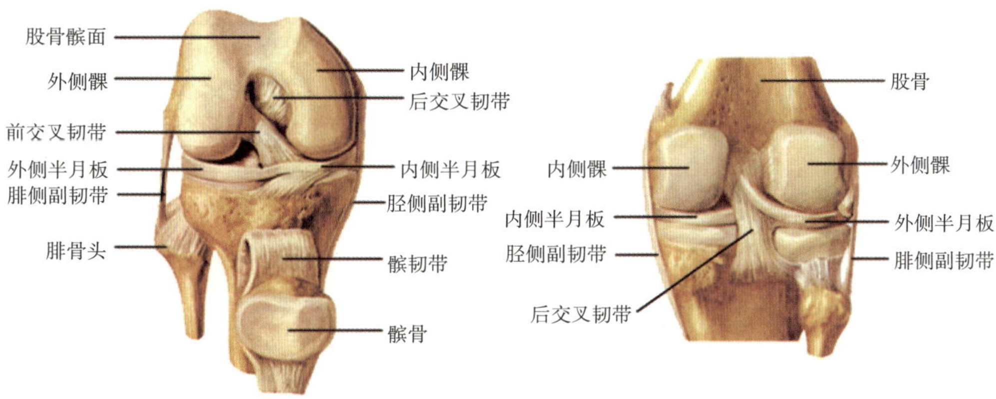

A. 前面观　　B. 后面观

图 4–35 膝关节的内部结构

的稳固性，以适应下肢负重行走功能的需要。

3. 膝关节 由股骨下端、胫骨上端及髌骨共同构成（图 4–35），是人体最大、最复杂的关节。其结构特点是：关节囊宽阔而松弛，关节囊周围有韧带加强，如前方有髌韧带，两侧分别有胫侧副韧带和腓侧副韧带加强；关节囊内有前、后交叉韧带，牢固地连结股骨和胫骨，可限制胫骨的前、后移位；关节囊内有内、外侧半月板（图 4–36），其中内侧呈“C”形，外侧呈“O”形，增强了关节的灵活性和稳固性。膝关节能做屈、伸运动；当膝关节处于半屈位时，还可做轻度的旋外和旋内运动。

4. 小腿骨的连结 胫骨的腓关节面与腓骨头构成微动的胫腓关节，两骨干和下端借小腿间膜及韧带相连，活动度极小。

5. 足关节 包括距小腿关节、跗骨间关节、跗跖关节、跖趾关节和趾骨间关节（图 4–37）。距小腿关节通常称踝关节（ankle joint），由胫、腓骨的下端和距骨构成。踝关节囊前、后壁薄而松弛，两侧有韧带加强，其中外侧韧带较为薄弱，故在足过度内翻时易引起外侧韧带扭伤。踝关节可做背屈（伸）和跖屈（屈）运动，与跗骨间关节协同作用时，可使足内翻和外翻（足底朝向内侧的动作称内翻，足底朝向外侧的动作称外翻）。

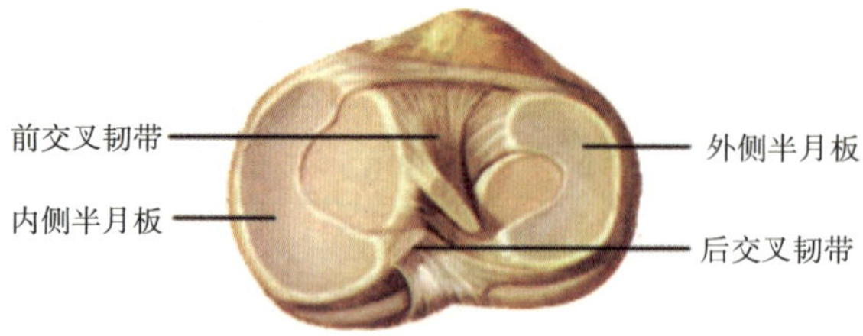

图 4-36　膝关节半月板（上面）

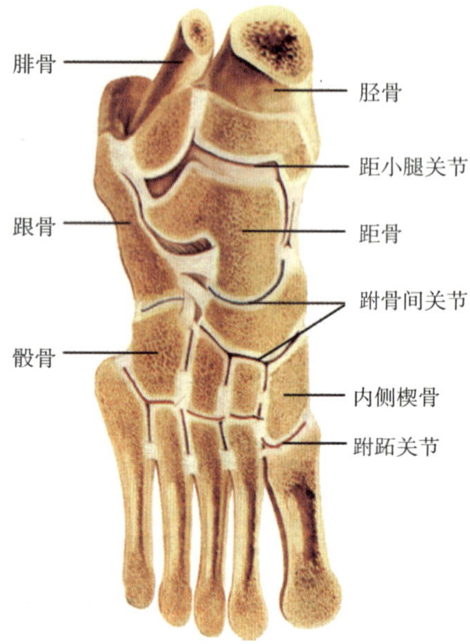

图 4-37　足关节

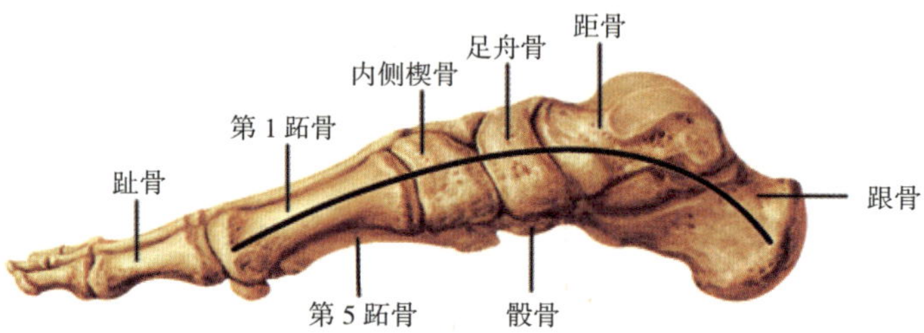

图 4-38　足弓

6. 足弓　足骨借其连结形成凸向上的弓，称足弓（图 4-38），可分为横弓和纵弓。足弓具有弹性，在行走、跑跳和负重时，可缓冲地面对人体的冲击力，还可保护足底的血管、神经。若足部连结结构发育不良或慢性劳损时，足弓则塌陷，称扁平足。

五、颅骨及其连结

颅骨有 23 块（中耳内的 3 对听小骨未计入），互相借骨连结构成颅（skull）。颅骨按所在位置，分为后上部的脑颅骨和前下部的面颅骨。

（一）脑颅骨

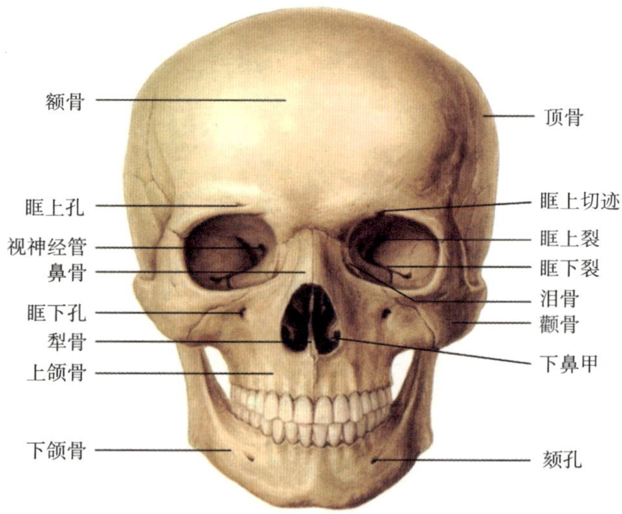

图 4-39　颅前面观

脑颅骨有 8 块（图 4-39，图 4-40），包括颅前方突出的额骨、颅后方突出的枕骨、两者之间的一对顶骨、颅底中部形如蝴蝶的蝶骨、颅底前部的筛骨和颅两侧的一对颞骨。它们共同围成颅腔，容纳脑。

（二）面颅骨

面颅骨有 15 块（图 4-39），其中成对的面颅骨以上颌骨为中心，周围有鼻骨、泪骨、颧骨、腭骨和下鼻甲，不成对的有犁骨、下颌骨和舌骨。面颅骨构成颜面部分，围成眶、骨性鼻腔和骨性口腔。

下颌骨位于面部的前下份，呈马蹄形（图 4-41），分中部的下颌体和两侧的下颌支。下颌体的上缘构成牙槽弓，前外侧面有颏孔。下颌支向上有两个突起，前方的称冠突，后方的称髁突，髁突上端的膨大为下颌头。下颌体与下颌支相交处构成下颌角。

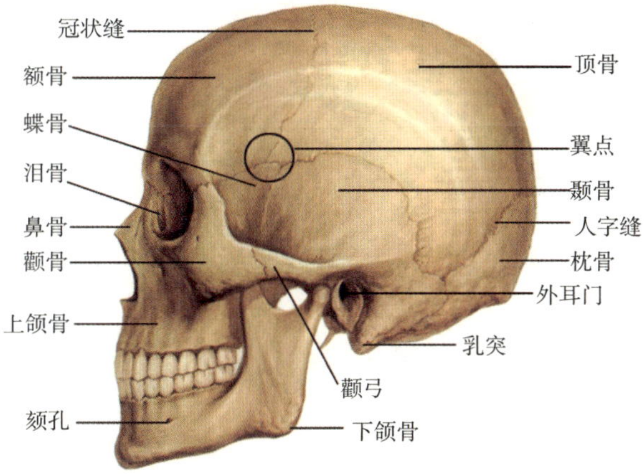

图 4-40 颅侧面观

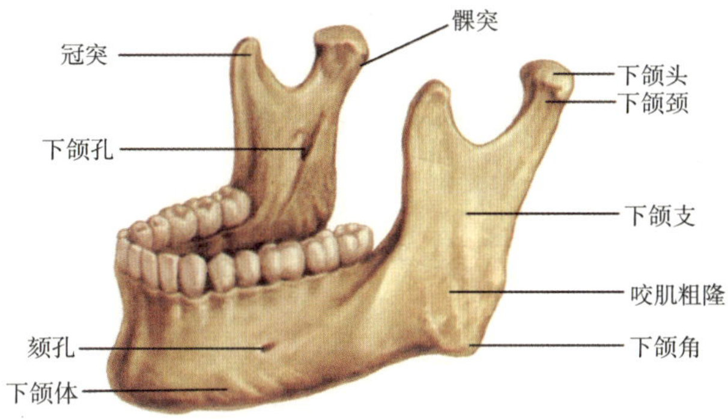

图 4-41 下颌骨

（三）颅的整体观

1. 颅的顶面观 颅顶各骨之间借缝紧密相连。额骨与两侧顶骨之间的缝称冠状缝，左、右顶骨之间的缝称矢状缝，顶骨与枕骨之间的缝称人字缝（图 4-42）。

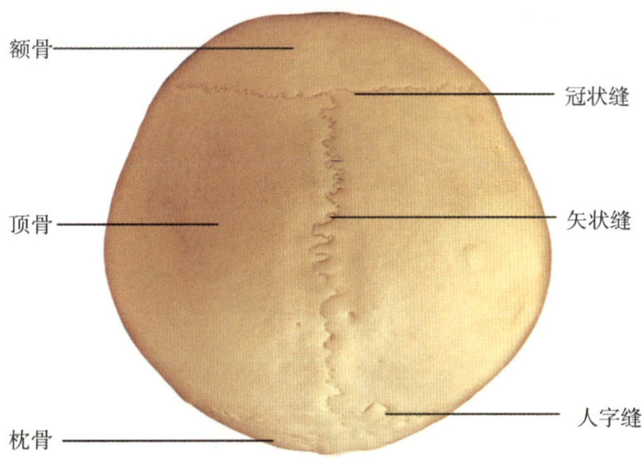

图 4-42 颅顶面观

2. 颅的侧面观 颅侧面的中部有外耳门，其后方向下的突起称乳突，前上方的弓形骨梁称颧弓。颧弓上方的凹陷称颞窝，下方的凹陷称颞下窝。在颞窝的前下部，额、顶、颞、蝶四骨会合处构成“H”形缝，称翼点（pterion）（图 4-40）。此处骨质薄弱，骨折时易损伤其内面的脑膜中动脉的前支，而导致颅内血肿。

3. 颅的前面观 可见眶、骨性鼻腔和骨性口腔（图 4-39）。

（1）眶：呈四棱锥体形，后内方的眶尖有视神经管通颅中窝；前方的眶底称眶口，口的上、下缘分别称眶上缘和眶下缘。眶上缘的内、中 1/3 交界处有眶上孔或眶上切迹，眶下缘中点下方有眶下孔。眶内侧壁前份的窝称泪囊窝，向下经鼻泪管通鼻腔。眶外侧壁后份的上、下方分别有眶上裂和眶下裂。

（2）骨性鼻腔：位于面颅的中央，前经梨状孔与外界相通，后经鼻后孔通咽腔。骨性鼻腔被骨性鼻中隔将其分为左右两部分。鼻腔外侧壁有三片卷曲的骨片（图 4-43），分别称上鼻甲、中鼻甲和下鼻甲。每个鼻甲下方的空间，相应的称上鼻道、中鼻道和下鼻道。上鼻甲后上方的浅窝称蝶筛隐窝。

鼻旁窦是鼻腔周围某些颅骨内的含气空腔，共四对，包括上颌窦、额窦、筛窦和蝶窦，分别

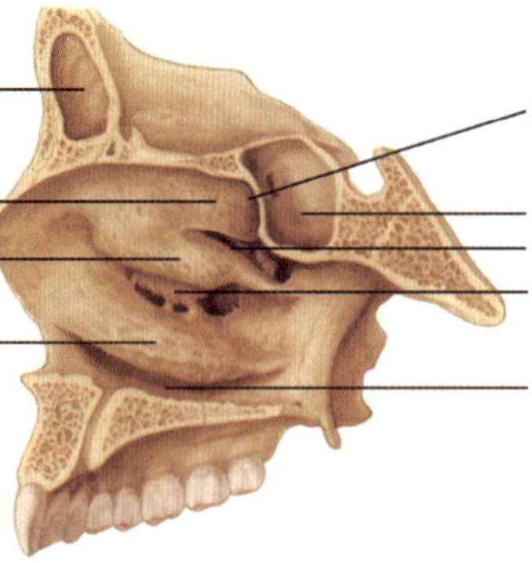

图 4-43　骨性鼻腔外侧壁

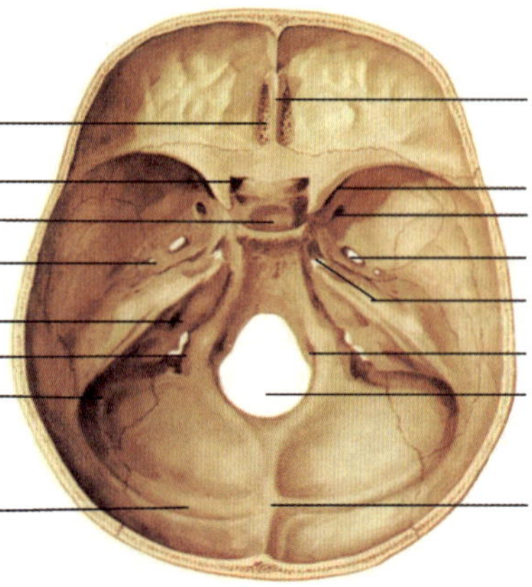

图 4-44　颅底内面观

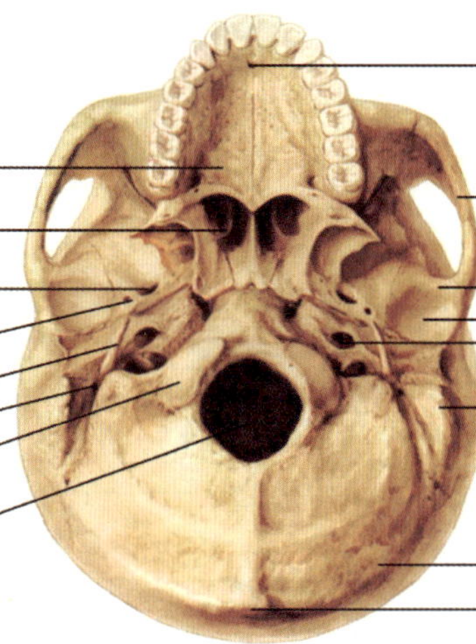

图 4-45　颅底外面观

位于同名骨内，它们都与鼻腔相通。上颌窦最大，与额窦一同开口于中鼻道；筛窦的前、中群开口于中鼻道，后群开口于上鼻道；蝶窦开口于蝶筛隐窝。

（3）骨性口腔：由上颌骨、腭骨和下颌骨构成。

4. 颅底内面观　凹凸不平，由前向后呈阶梯状排列着三个窝（图 4-44）：①颅前窝，中央处有许多小孔，称筛孔，与鼻腔相通；②颅中窝，正中为垂体窝，两侧由前内向后外依次有圆孔、卵圆孔和棘孔；③颅后窝，此窝最深，中部有枕骨大孔，向下通椎管，枕骨大孔的外侧有颈静脉孔等。

5. 颅底外面观　分前后两部（图 4-45）。颅底前部为上颌骨和腭骨构成的骨腭。后部正中是枕骨大孔，孔的后上方正中的粗糙隆起为枕外隆凸。

颅骨的骨性标志：颧弓、翼点、乳突、枕外隆凸和下颌角等。

（四）颅骨的连结

颅骨之间多数借缝、软骨或骨性结合相连结，只有下颌骨与颞骨间以颞下颌关节相连（图 4-46）。颞下颌关节又称下颌关节，由下颌骨的下颌头与颞骨的下颌窝和关节结节构成。其关节腔内有关节盘；关节囊松弛，前部较薄弱，关节易向前脱位。两侧关节必须同时运动，才可使下颌骨上提（闭口）、下降（张口）、前移、后退和侧方运动。

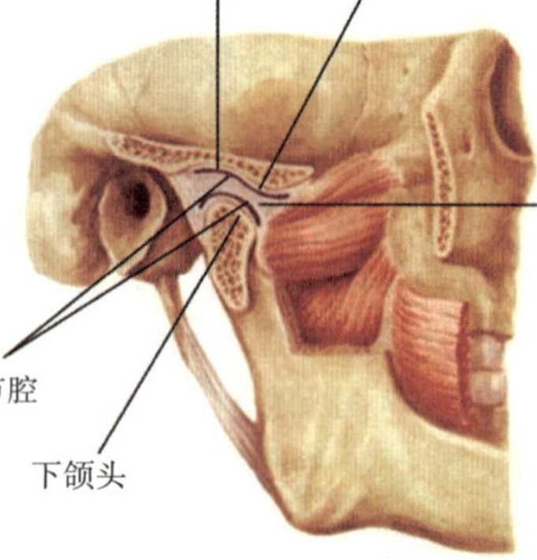

图 4-46　颞下颌关节

（五）新生儿颅的特征

新生儿面颅较小，脑颅相对较大。新生儿颅骨的某些部分没有发育完全，其颅顶各骨之间留有间隙，被结缔组织膜所封闭，称为颅囟（图 4-47）。其中位于矢状缝与冠状缝会合处的颅囟最大，称前囟，菱形，于生后 1~2 岁时闭合；位于矢状缝与人字缝相接处的颅囟，称后囟，三角形，于生后不久即闭合。

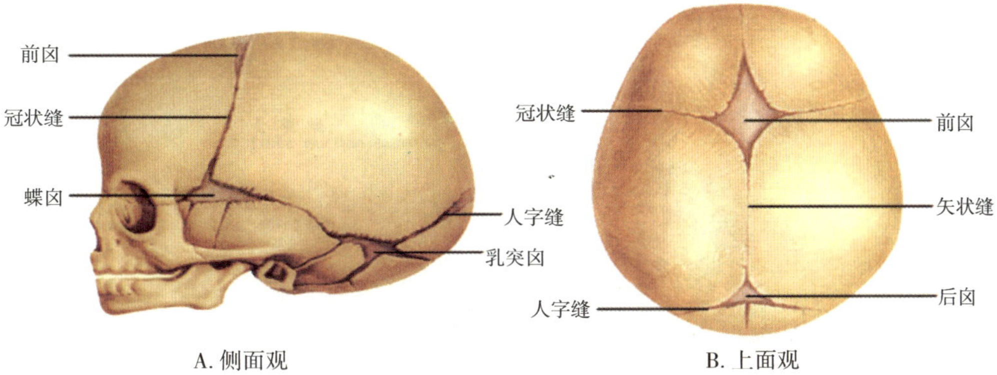

图 4-47　新生儿颅

相关链接

颅囟的临床应用

新生儿颅骨尚未发育完全，骨与骨之间的间隙较大，由结缔组织填补，特别是颅顶各骨之间更为明显，称为颅囟，俗称囟门。主要的颅囟有前囟、后囟各 1 个和蝶囟、乳突囟各 2 个。正常的囟门平坦或稍低于周围的颅骨平面，扪之柔软，可见其随脉搏而跳动。临床上可根据颅囟的异常来判断疾病。例如，前囟饱满，甚至隆起、紧绷，则提示颅内压增高，多见于新生儿颅内出血、脑膜炎、脑炎及脑积水等疾病；前囟凹陷常见于脱水和重度营养不良等情况。另外，在诊治新生儿疾病时，在四肢、头皮及颈部的浅静脉穿刺采血失败后，改用前囟或后囟穿刺取血。

项目二　骨骼肌

问题引入

1. 全身主要的肌肉有哪些？分别属于哪种形态？有什么样的构造？
2. 参与呼吸运动的肌肉有哪些？
3. 人体要想直立，至少要哪些肌肉收缩才能做到？
4. 哪些肌肉收缩可帮你完成引体向上？完成仰卧起坐的肌肉又是哪些呢？
5. 在活体上能够触摸到的肌性标志有哪些？
6. 临床常用于肌内注射的肌有哪些？注射时应注意什么？

一、概述

运动系统的肌均为骨骼肌（skeletal muscle），一般附着于骨，极少数附着于皮肤。骨骼肌分布广泛，全身有 600 多块，约占体重的 40%。每块骨骼肌都具有一定的形态、结构、位置和辅助装置，含有丰富的血管和淋巴管，并接受一定的神经支配，执行一定的功能（图 4–48）。

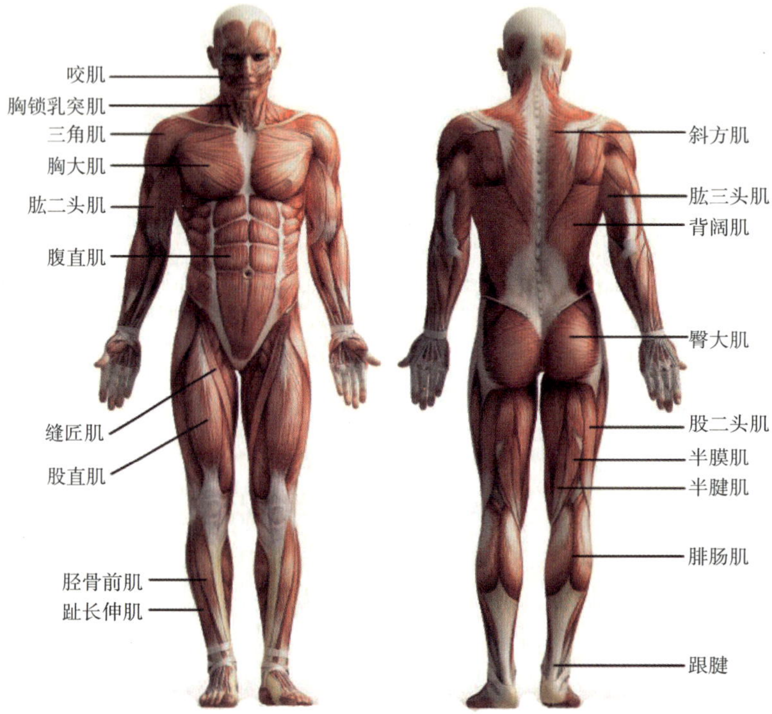

图 4–48　全身骨骼肌

（一）肌的形态和构造

根据肌的外形，可分为长肌、短肌、扁肌和轮匝肌四种（图 4–49）：①长肌，呈长梭形或带状，多分布于四肢；②短肌，短小，多分布于躯干深层；③扁肌，又称阔肌，呈宽阔的薄片状，多分布于躯干浅层；④轮匝肌，呈环形，多位于孔、裂的周围。

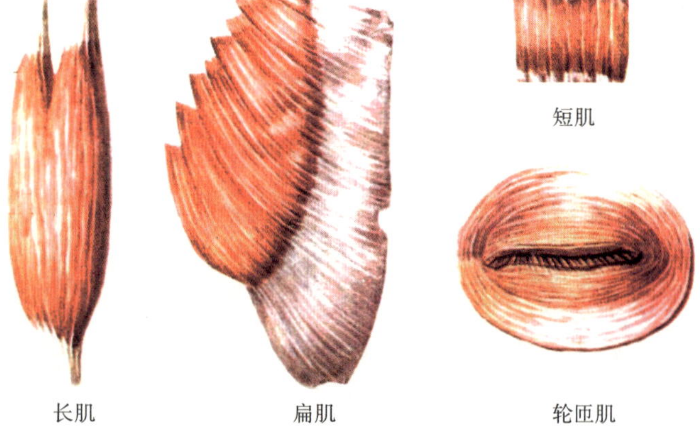

图 4–49　肌的形态

每块肌由肌腹和肌腱构成。肌腹多位于肌的中部，色红柔软，由骨骼肌纤维构成，有收缩能力。肌腱位于肌的两端，色白强韧，由致密结缔组织构成，无收缩功能，起力的传递作用。扁肌的肌腱多薄而宽阔，呈膜状，又称腱膜。

（二）肌的起止、配布和作用

肌通常都越过一个或多个关节，其两端分别附于两块或两块以上的骨。骨骼肌收缩时，一骨的位置相对固定，另一骨的位置相对移动。肌在固定骨上的附着点称起点或定点，在移动骨上的附着点称止点或动点。通常起点靠近身体正中面或四肢的近侧端，反之为止点。肌的定点和动点是相对的，在一定条件下两者可以互换（图 4–50）。

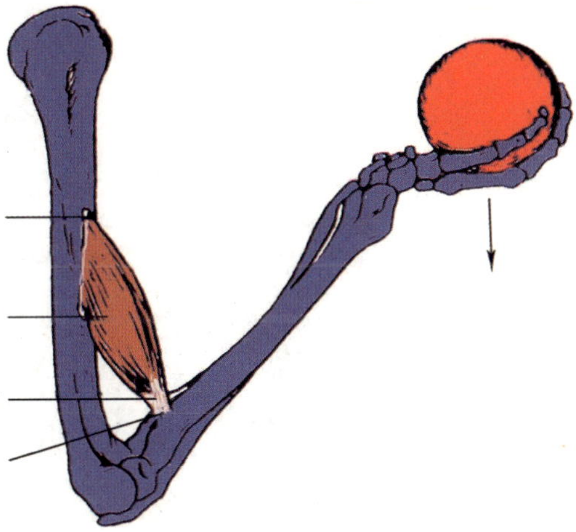

图 4–50 肌的起止

肌的配布与关节的运动轴密切相关。一个运动轴的相对两侧至少配布两块或两组作用相反的肌，互称拮抗肌；在运动轴同一侧，各肌或肌组的作用彼此相同，称协同肌。

（三）肌的辅助结构

骨骼肌的辅助结构有筋膜、滑膜囊和腱鞘等（图 4–51），这些结构位于骨骼肌周围，具有支持、保护和辅助肌活动的作用。

1. 筋膜 可分为浅筋膜和深筋膜。

（1）浅筋膜：位于皮肤深面的疏松结缔组织，又称皮下筋膜或皮下组织，内含脂肪组织、浅血管、皮神经、淋巴管和淋巴结等。浅筋膜有维持体温和保护深部结构的作用。临床上皮下注射即将药物注入此层。

（2）深筋膜：位于浅筋膜深面的致密结缔组织，又称固有筋膜。深筋膜包裹每块肌或肌群，形成肌筋膜鞘或肌间隔；还包绕血管和神经，形成血管神经鞘。深筋膜在腕、踝部增厚，形成支持带，以约束和支持肌腱。

2. 滑膜囊 为封闭的结缔组织扁囊，内含滑液。多位于肌腱与骨面之间，有减少摩擦的作用。

3. 腱鞘 为套在手、足等处长肌腱外面的结缔组织鞘管，包括外层的纤维层和内层的滑膜层。滑膜层为双层套管状。内层又称脏层，包绕于肌腱；外层又称壁层，与纤维层紧贴。两层相互移行，形成一个封闭的腔隙，内有少量滑液。当肌收缩时，腱鞘可约束肌腱，减少腱与骨之间的摩擦。

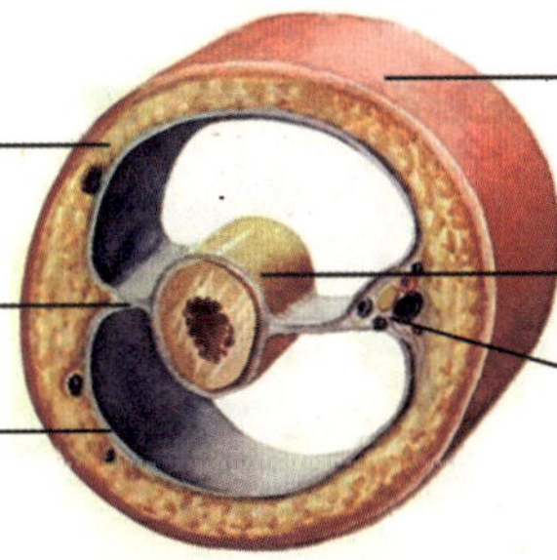

A. 筋膜鞘模式图

B. 腱鞘模式图

图 4–51 筋膜鞘和腱鞘

二、躯干肌

躯干肌包括背肌、胸肌、膈、腹肌和会阴肌。

（一）背肌

背肌位于躯干后面，主要有斜方肌、背阔肌和竖脊肌等（图 4–52）。

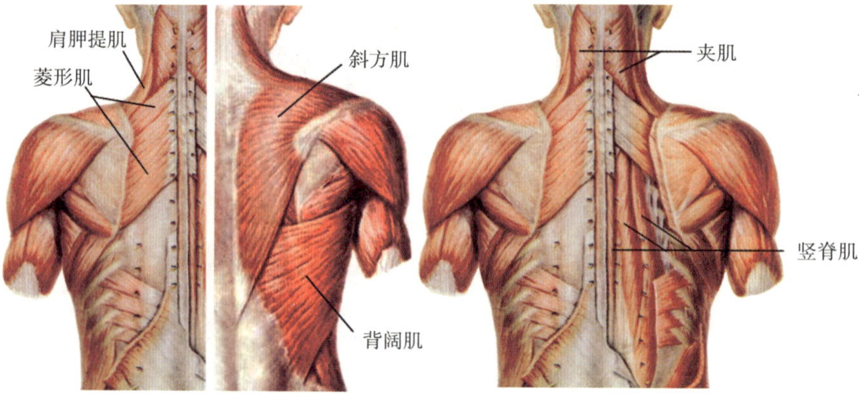

图 4–52　背肌

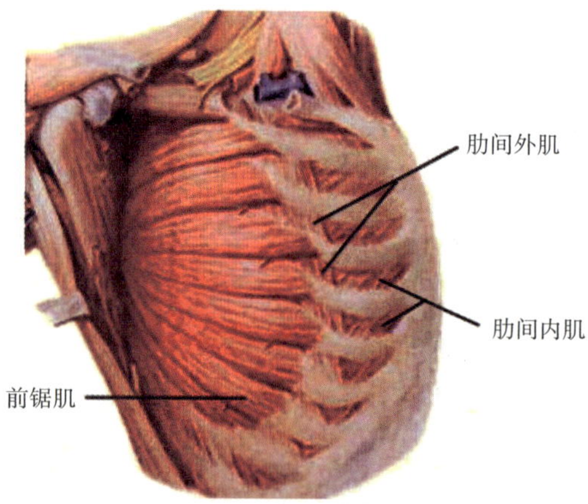

图 4–53　胸肌

1. 斜方肌　位于项部和背上部浅层，一侧为三角形扁肌，两侧合在一起呈斜方形。起自枕外隆凸、项韧带和全部胸椎棘突，止于锁骨外侧 1/3、肩峰和肩胛冈。收缩时，使肩胛骨向脊柱靠拢，上部肌束可上提肩胛骨，下部肌束可下降肩胛骨；肩胛骨固定时，双侧收缩可仰头。

2. 背阔肌　为全身最大的扁肌，位于背下部浅层。起自第 6 胸椎以下的全部椎骨棘突、骶正中嵴和髂嵴的后部，肌束向外上方集中，止于肱骨小结节下方。收缩时，可使臂内收、旋内和后伸；当上肢上举固定时，可引体向上。

3. 竖脊肌　又称骶棘肌，是背肌中最长的肌，纵列于棘突两侧。起自骶骨背面和髂嵴后部，向上止于颞骨乳突，沿途止于各椎骨和肋骨。一侧收缩时使脊柱侧屈，两侧同时收缩时使脊柱后伸和仰头。

（二）胸肌

胸肌参与构成胸壁，主要包括胸大肌、胸小肌、前锯肌和肋间肌等（图 4–53，图 4–54）。

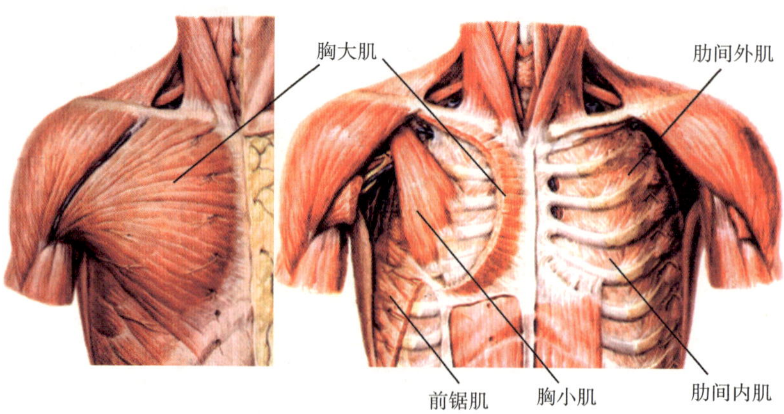

图 4–54 前锯肌、肋间肌

1. 胸大肌 位于胸前壁的上部，起自锁骨内侧半、胸骨和上6位肋软骨，肌束向外上，止于肱骨大结节下方。收缩时，可使臂内收、旋内和前屈；当上肢固定时，可上提躯干，提肋助吸气。

2. 胸小肌 位于胸大肌深面，起自第3~5肋骨，止于肩胛骨喙突。收缩时，拉肩胛骨向前下方；肩胛骨固定时，可提肋助吸气。

3. 前锯肌 位于胸廓侧壁，起自上第8~9肋骨的外面，止于肩胛骨内侧缘和下角。收缩时，可拉肩胛骨向前紧贴胸廓背面；当肩胛骨固定时，可提肋助深吸气。

4. 肋间肌 位于肋间隙内，分浅深两层。浅层肌束斜向前下，称肋间外肌，收缩时可提肋助吸气；深层肌束斜向内上，称肋间内肌，收缩时可降肋助呼气。

（三）膈

膈（diaphragm）位于胸腔、腹腔之间（图4–55），为向上膨隆呈穹隆状的扁肌。其周围部由肌束构成，附着于胸廓下口，中央部为腱膜，称中心腱。膈上有3个裂孔：①主动脉裂孔，位于第12胸椎前方，有主动脉和胸导管通过；②食管裂孔，位于主动脉裂孔的左前上方，约平第10胸椎，有食管和迷走神经通过；③腔静脉孔，位于食管裂孔的右前上方的中心腱内，约平第8胸椎，有下腔静脉通过。

膈是重要的呼吸肌。膈收缩时，膈穹隆下降，胸腔容积扩大，以助吸气；膈舒张时，膈穹隆上升复位，胸腔容积减小，以助呼气。

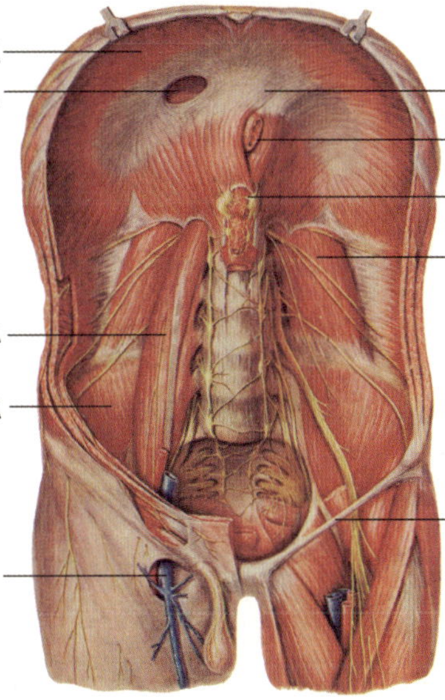

图 4–55 膈及腹后壁

相关链接

参与呼吸运动的肌肉

在平静吸气时，膈收缩致膈穹隆下降，使胸廓的上、下径加大，肋间外肌收缩使肋上提，增加胸廓前、后径和横径，因而胸腔容积扩大，肺容积增大，完成吸气。平静呼气时，膈舒张使膈穹隆上升复位，同时肋间内肌收缩以降肋，胸廓各径缩短，胸腔容积减小，肺容积缩小，完成呼气。用力深吸气时，还有其他肌参与，如胸大肌、前锯肌、胸小肌和斜角肌等，使胸腔容积变得更大。在深呼气时，腹肌更有力地收缩，帮助呼气。

（四）腹肌

腹肌位于胸廓与骨盆之间，主要组成腹壁，包括腹前外侧群和腹后群。

1. 腹前外侧群 构成腹前外侧壁，包括腹直肌、腹外斜肌、腹内斜肌和腹横肌等（图4–56，图4–57）。

（1）腹直肌：位于腹前壁正中线两侧的腹直肌鞘内，为上宽下窄的带状肌，其全长被3 ~ 4

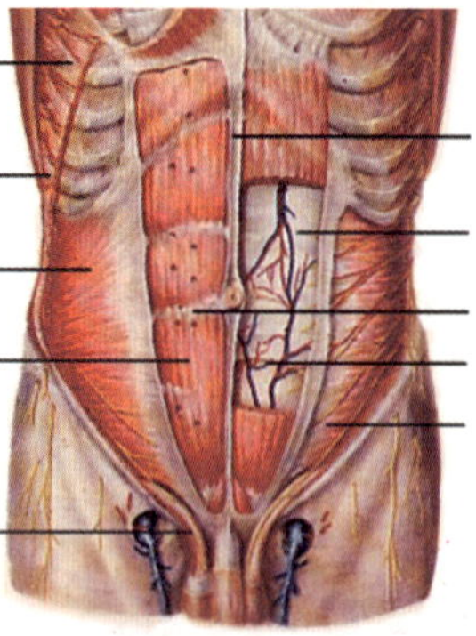

图 4–56　腹前外侧群肌

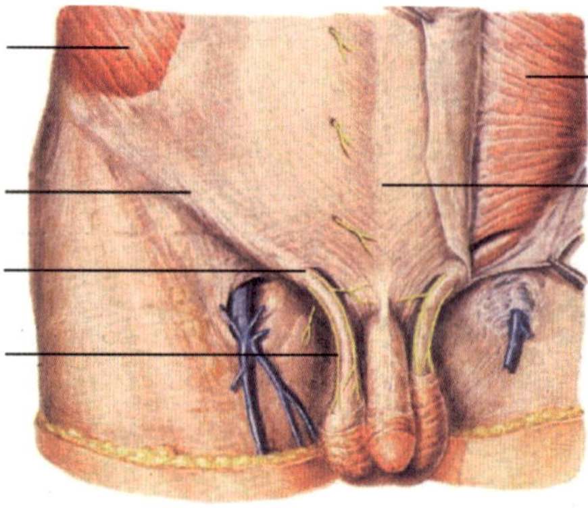

图 4–57　腹前壁肌（下部）

条横行的腱划分成多个肌腹。腹直肌起自耻骨联合与耻骨嵴，止于胸骨剑突及第 5 ~ 7 肋软骨前面。

（2）腹外斜肌：位于腹前外侧壁最浅层，肌束斜向前内下方，至腹直肌外侧缘，移行为腹外斜肌腱膜，参与构成腹直肌鞘的前层，止于白线。腹外斜肌腱膜的下缘卷曲增厚，连于髂前上棘和耻骨结节之间，形成腹股沟韧带。在耻骨结节的外上方，腱膜有一略呈三角形的裂孔，称腹股沟管浅环或皮下环。

（3）腹内斜肌：位于腹外斜肌的深面，肌束自后向前呈扇形散开，在腹直肌的外侧缘移行为腱膜，分前后两层包绕腹直肌，参与形成腹直肌鞘，止于白线。

（4）腹横肌：位于腹内斜肌的深面，肌束横行向内，在腹直肌外侧缘附近移行为腱膜，参与构成腹直肌鞘的后层，止于白线。腹横肌与腹内斜肌的少量肌束一起包绕精索和睾丸，称提睾肌；两肌下部的腱膜相结合，称腹股沟镰，止于耻骨梳。

2. 腹后群　主要有腰大肌和腰方肌（图 4–55）。腰大肌将在下肢肌中叙述。

腰方肌位于腹后壁脊柱的两侧，呈长方形。

腹肌的作用：保护腹腔脏器；收缩时，降肋助呼气，使脊柱前屈、侧屈和旋转；与膈共同收缩，增加腹压，协助排便、咳嗽、呕吐和分娩等活动。

3. 腹肌形成的结构

（1）腹直肌鞘：为包裹腹直肌的纤维性鞘（图 4–58），由腹前外侧壁的三层扁肌腱膜构成，分前后两层。前层完整，由腹外斜肌腱膜与腹内斜肌腱膜的前层组成，后层由腹内斜肌腱膜后层与腹横肌腱膜组成。在脐下 4 ~ 5cm 以下，腹直肌鞘的后层完全转至腹直肌的前方，故鞘后层下缘游离，形成一凸向上的弧形线，称弓状线。

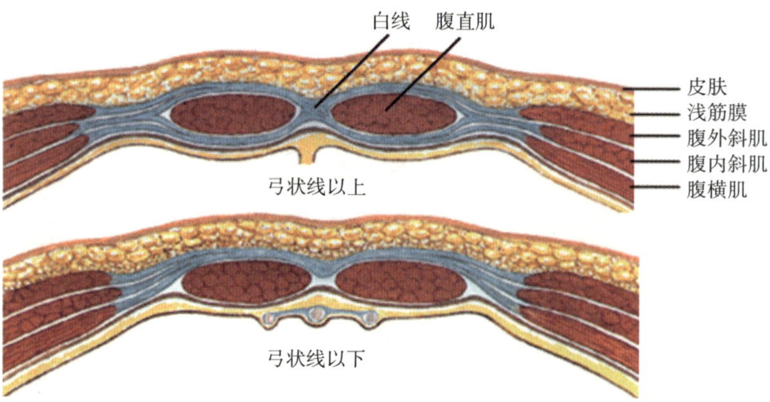

图 4–58　腹直肌鞘

（2）白线：由两侧腹直肌鞘的纤维在正中线交织而成（图 4–56）。白线上宽下窄，坚韧而缺少血管，中部有脐环，是腹壁薄弱处，可发生脐疝。

（3）腹股沟管（inguinal canal）：位于腹股沟韧带内侧半的稍上方，是腹前外侧壁三层扁肌和肌腱之间的一条斜行裂隙，长 4 ~ 5 cm（图 4–59）。管的内口称腹股沟管深环或腹环，外口为腹股沟管浅环。管内男性有精索通过，女性有子宫圆韧带通过。腹股沟管是腹壁的薄弱区，为腹股沟斜疝的好发部位。

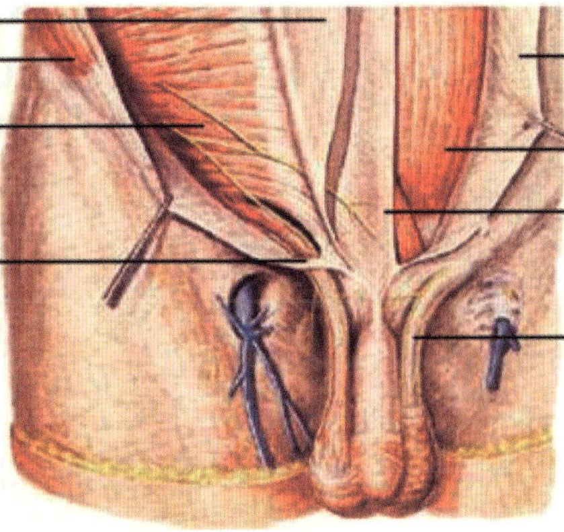

图 4–59 腹股沟管

（4）腹股沟三角：位于腹前外侧壁下部，内侧界是腹直肌外侧缘，外侧界是腹壁下动脉，下界是腹股沟韧带。腹股沟三角也是腹壁的薄弱区。

躯干的肌性标志：竖脊肌、胸大肌、腱划等。

（五）会阴肌

会阴肌又称盆底肌，指封闭小骨盆下口的肌群，主要有会阴深横肌、尿道括约肌和肛提肌、尾骨肌。

三、头肌

头肌分为面肌和咀嚼肌两部分（图 4–60）。

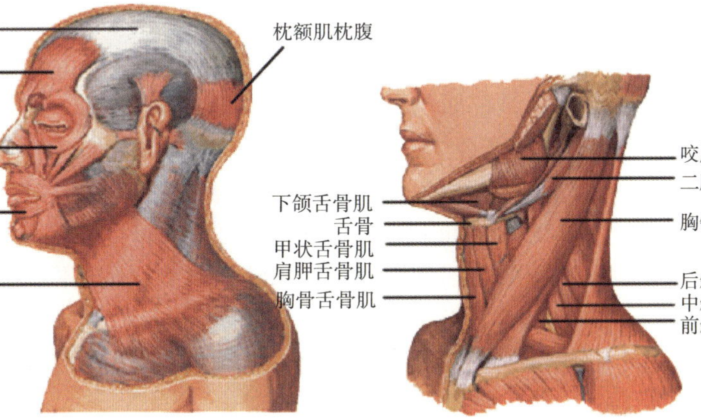

图 4–60 头颈肌

（一）面肌

面肌大多起于颅骨，止于面部皮肤，收缩时能牵动面部皮肤而产生各种表情，故又称表情肌。

1. 枕额肌 位于颅顶中线两侧，有两个肌腹（枕腹和额腹），分别位于枕部和额部皮下，两者之间以帽状腱膜相连。帽状腱膜与颅顶的皮肤和浅筋膜共同构成头皮，而与深部组织连接疏松。

枕额肌收缩时可提眉，并使额部皮肤出现皱纹。

2. 眼轮匝肌和口轮匝肌 两者分别位于睑裂和口裂周围，呈环形，收缩时可闭合睑裂或口裂。

（二）咀嚼肌

咀嚼肌位于颞下颌关节周围，参与咀嚼运动。

1. 咬肌 呈长方形，起自颧弓，止于下颌角外面，收缩时上提下颌骨。

2. 颞肌 呈扇形，起自颞窝，止于下颌骨冠突，收缩时上提下颌骨。

3. 翼内肌 位于下颌支内侧面，止于下颌角内面，收缩时可上提并向前运动下颌骨。

4. 翼外肌 位于颞下窝，止于下颌颈，收缩时可使下颌骨向前并做侧方运动。

头部的肌性标志：咬肌、颞肌等。

相关链接

颅顶的层次结构

颅顶层次由浅入深可分为皮肤、浅筋膜、帽状腱膜及枕额肌、腱膜下疏松结缔组织和颅骨外膜等五层。前三层连接紧密、不易分开，且当头皮撕裂时可一并撕脱，因此临床上把这三层视为一层，称头皮。头皮深面是腱膜下疏松结缔组织，又称腱膜下间隙，为位于帽状腱膜与颅骨外膜之间的薄层疏松结缔组织，是一个较大的潜在间隙。此间隙内有若干导静脉与颅内静脉相通，故颅外感染可能向颅内扩散，临床上常称此间隙为颅顶的“危险区”。

四、颈肌

颈肌按位置可分为颈浅肌、颈前肌与颈深肌三群（图 4–60）。

（一）颈浅肌

1. 颈阔肌 位于浅筋膜中，为扁薄的皮肌，有紧张颈部皮肤和下拉口角的作用。

2. 胸锁乳突肌（sternocleidomastoid） 位于颈部两侧，起自胸骨柄和锁骨的胸骨端，止于颞骨的乳突。该肌一侧收缩，使头向同侧倾斜，面部转向对侧；两侧同时收缩，使头后仰。

（二）颈前肌

1. 舌骨上肌群 位于舌骨与下颌骨及颅底之间，包括二腹肌、下颌舌骨肌、颏舌骨肌和茎突舌骨肌。收缩时可上提舌骨，协助吞咽。

2. 舌骨下肌群 位于舌骨与胸骨及肩胛骨之间，包括胸骨舌骨肌、肩胛舌骨肌、胸骨甲状肌和甲状舌骨肌。收缩时可下降舌骨和喉。

（三）颈深肌

颈深肌位于脊柱颈部的前方和两侧，由前向后依次有前斜角肌、中斜角肌和后斜角肌。它们均起自颈椎横突，其中前、中斜角肌止于第 1 肋，后斜角肌止于第 2 肋。单侧收缩可使颈侧屈；双侧同时收缩，可上提第 1、2 肋，协助深吸气。前、中斜角肌与第 1 肋围成的三角形间隙，称斜角肌间隙，有锁骨下动脉和臂丛通过。

颈部的肌性标志主要是胸锁乳突肌。

五、上肢肌

上肢肌按部位分为肩肌、臂肌、前臂肌和手肌。

（一）肩肌

肩肌分布于肩关节周围，能运动肩关节，并增强肩关节的稳定性。包括三角肌、冈上肌、冈下肌、小圆肌、大圆肌和肩胛下肌（图 4–61）。

三角肌（deltoid） 位于肩部，呈三角形。起自锁骨外侧段、肩峰和肩胛冈，肌束包绕肩关节并逐渐向外下方集中，止于肱骨的三角肌粗隆主要作用是使肩关节外展。三角肌的外上 1/3 部，肌质丰厚，且无重要的血管和神经经过，是肌内注射的常选部位。

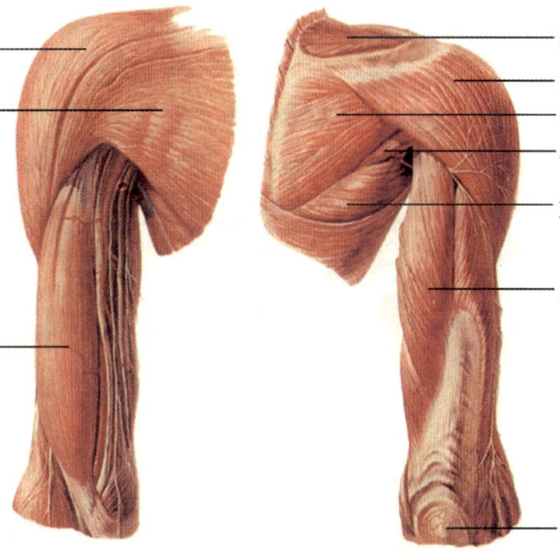

图 4–61 肩肌和臂肌

（二）臂肌

臂肌位于臂部，分前后两群（图 4–61）。

1. 前群 包括肱二头肌、肱肌和喙肱肌。

（1）肱二头肌（biceps brachii）：呈梭形，起端有长短两个头，长头起自肩胛骨关节盂上方，短头起自喙突，两头合成一个肌腹，止于桡骨粗隆。收缩时可屈肘关节，并使前臂旋后。

（2）喙肱肌：位于臂上半部的前内侧，起自肩胛骨的喙突，止于肱骨中部的内侧。收缩时使肩关节前屈并内收。

（3）肱肌：位于肱二头肌下半部深面，起自肱骨，止于尺骨粗隆，可屈肘关节。

2. 后群 肱三头肌（triceps brachii）位于臂后部，起端有三个头，长头起自肩胛骨关节盂下方，内、外侧头均起自肱骨背面，三头合成肌腹，止于尺骨鹰嘴。收缩时可伸肘关节，其长头可助臂后伸和内收。

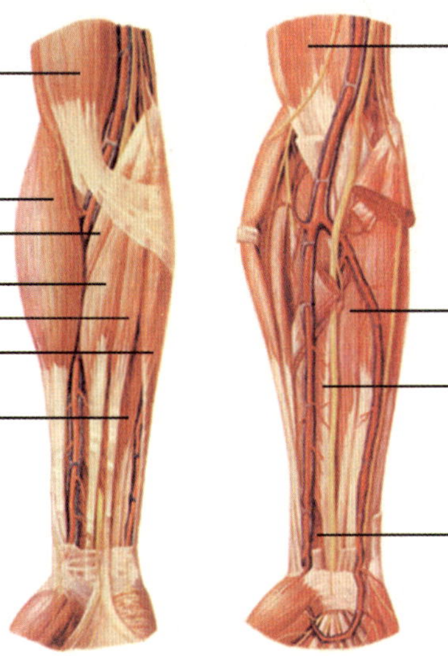

图 4–62 前臂肌前群

（三）前臂肌

前臂肌位于尺、桡骨周围，分前后两群。

1. 前群 位于前臂的前面和内侧，共 9 块，分浅深两层（图 4–62）。

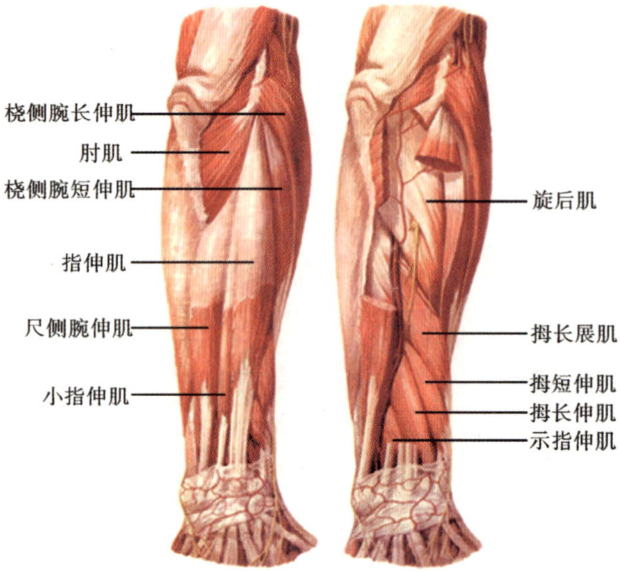

图 4–63　前臂肌后群

（1）浅层：有 6 块，由桡侧到尺侧依次为肱桡肌、旋前圆肌、桡侧腕屈肌、掌长肌、指浅屈肌和尺侧腕屈肌。

（2）深层：有 3 块，包括拇长屈肌、指深屈肌和旋前方肌。

前群肌的主要作用是屈肘关节、桡腕关节、掌指关节和指骨间关节，并可使前臂旋前等。

2. 后群　位于前臂的后面，共 10 块，分浅深两层（图 4–63）。

（1）浅层：有 5 块，由桡侧到尺侧依次为桡侧腕长伸肌、桡侧腕短伸肌、指伸肌、小指伸肌和尺侧腕伸肌。

（2）深层：有 5 块，由外上到内下依次为旋后肌、拇长展肌、拇短伸肌、拇长伸肌和示指伸肌。

后群肌的主要作用是伸肘关节、桡腕关节、掌指关节和指骨间关节，并可使前臂旋后等。

（四）手肌

手肌位于手部，分为外侧、中间和内侧 3 群（图 4–64）。外侧群在拇指侧形成一隆起，称鱼际，可使拇指做内收、外展、屈和对掌运动；中间群可使第 2、3、4 指做内收和外展运动；内侧群共同形成小鱼际，其主要作用是使小指屈和外展。

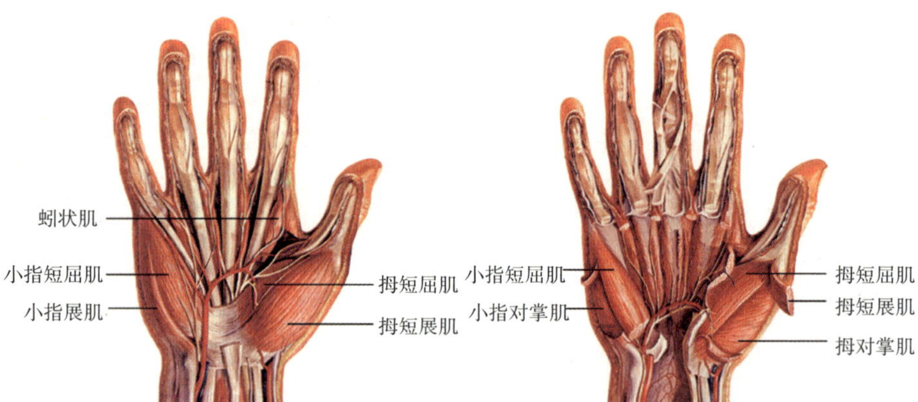

图 4–64　手肌

（五）上肢的局部结构

1. 腋窝　位于胸外侧壁和臂上部之间，是由肌围成的锥体形腔隙。腋窝内有神经、血管和淋巴结等。临床上常在此测量体温。

2. 肘窝　位于肘关节前方的三角形凹窝。外侧界为肱桡肌，内侧界为旋前圆肌，上界为肱骨内、外上髁之间的连线。窝内有血管和神经通过。

上肢的肌性标志：三角肌、肱二头肌、肱二头肌肌腱、桡侧腕屈肌肌腱、掌长肌肌腱、尺侧腕屈肌肌腱、鱼际和小鱼际等。

六、下肢肌

下肢肌按部位分为髋肌、大腿肌、小腿肌和足肌。

（一）髋肌

髋肌分布于髋关节的周围，主要运动髋关节。可分为前后两群。

1. 前群 包括髂腰肌和阔筋膜张肌。

（1）髂腰肌：由髂肌和腰大肌结合而成，分别起自髂窝、腰椎体侧面和横突，两肌向下会合后，止于股骨小转子。收缩时可使髋关节前屈和旋外；下肢固定时，可使躯干和骨盆前屈（图 4–55）。

（2）阔筋膜张肌：起自髂前上棘，向下移行为髂胫束，止于胫骨外侧髁。收缩时可屈髋关节，并紧张阔筋膜。

2. 后群 主要位于臀部，又称臀肌（图 4–65）。

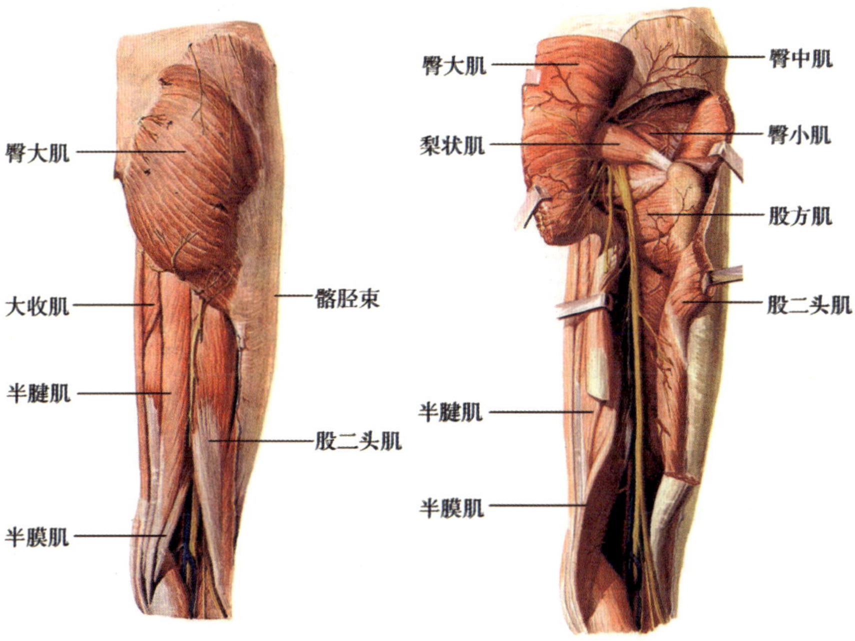

图 4–65 髋肌和大腿肌（后群）

（1）臀大肌（gluteus maximus）：位于臀部皮下，大而肥厚，略呈方形。起自骶骨和髂骨的外面，止于股骨臀肌粗隆。收缩时可使大腿后伸并旋外；下肢固定时，能伸直躯干，是维持人体直立的重要肌肉。其外上部为肌内注射的常选部位。

（2）臀中肌和臀小肌：均起自髂骨外面，止于股骨大转子。收缩时可外展髋关节。

（3）梨状肌：起自骶骨前面，穿坐骨大孔止于股骨大转子，将坐骨大孔分成梨状肌上孔和梨状肌下孔，孔内有血管和神经通过。收缩时可使髋关节旋外和外展。

相关链接

臀大肌注射术

肌内注射是护理工作中常用的操作技术。臀大肌呈四边形，较大，厚 1 ~ 3cm，外上部血管和神经少，是临床上成人肌内注射最常选的部位。臀肌注射术的定位方法常用十字法和连线法。十字法：从臀裂顶点向外画一水平横线，再通过髂嵴最高点向下作一垂线，两线十字交叉，将臀部分为四区，臀部外上 1/4 区为臀肌注射的最佳部位。连线法：将髂前上棘至骶尾骨连结处作一连线，将此线分为三等份，其外上 1/3 为注射安全区。

（二）大腿肌

大腿肌位于股骨周围，分前群、内侧群和后群。

1. 前群 位于大腿前面，包括缝匠肌和股四头肌（图 4–66）。

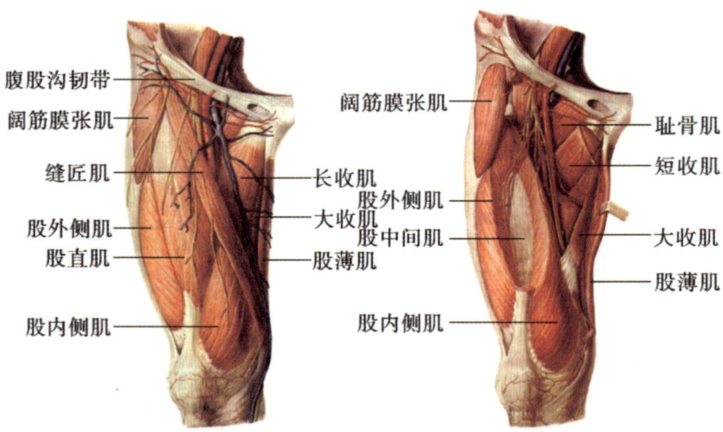

图 4–66 大腿肌前群和内侧群

（1）缝匠肌：是全身最长的肌，呈扁带状，起自髂前上棘，斜向内下方，止于胫骨上端内侧面。收缩时可屈髋关节和膝关节。

（2）股四头肌（quadriceps femoris）：为全身体积最大的肌，有 4 个头，即股直肌、股内侧肌、股外侧肌和股中间肌。股直肌起自髂前下棘，其余 3 头均起自股骨；4 头向下形成肌腱，包绕髌骨延续为髌韧带，止于胫骨粗隆。其主要作用是伸膝关节，股直肌还可屈髋关节。

2. 内侧群 位于大腿的内侧，共 5 块，分层排列（图 4–66）。浅层由外向内有耻骨肌、长收肌和股薄肌，中层为短收肌，深层为大收肌。各肌均起自耻骨支和坐骨支等，除股薄肌止于胫骨上端内侧外，其余 4 肌均止于股骨。收缩时可使髋关节内收。

3. 后群 位于大腿后面，有股二头肌、半腱肌和半膜肌（图 4–65）。收缩时均可伸髋关节，并屈膝关节。

（1）股二头肌（biceps femoris）：位于大腿后部外侧，长头起自坐骨结节、短头起自股骨，止于腓骨头。

（2）半腱肌和半膜肌：位于大腿后部内侧，均起自坐骨结节，分别止于胫骨上端内侧和胫骨内侧髁后面。

（三）小腿肌

小腿肌位于胫、腓骨周围，分为前群、外侧群和后群。

1. 前群　前群位于小腿外侧，共 3 块，由内侧向外侧依次为胫骨前肌、踇长伸肌和趾长伸肌（图 4–67）。该肌群收缩时均可伸踝关节，胫骨前肌还可使足内翻，踇长伸肌和趾长伸肌分别伸踇趾和伸第 2~5 趾。

2. 外侧群　位于腓骨外侧，包括腓骨长肌和腓骨短肌（图 4–67）。两肌均起自腓骨，经外踝后方至足底，腓骨长肌止于内侧楔骨和第 1 跖骨底，腓骨短肌止于第 5 跖骨粗隆。该肌群可屈踝关节，并使足外翻。

3. 后群　后群位于小腿后方，分浅深两层（图 4–68）。

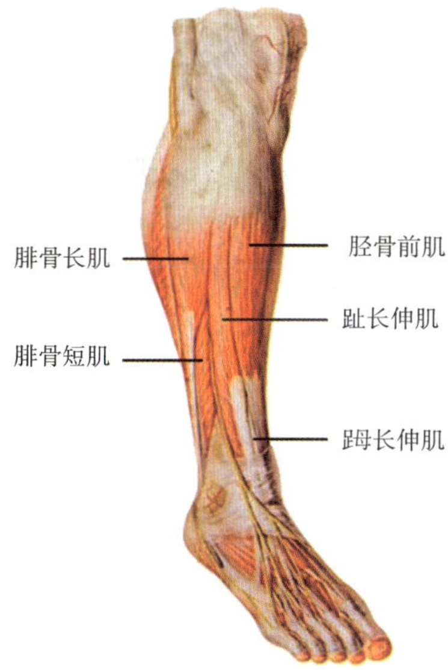

图 4–67　小腿肌前群和外侧群

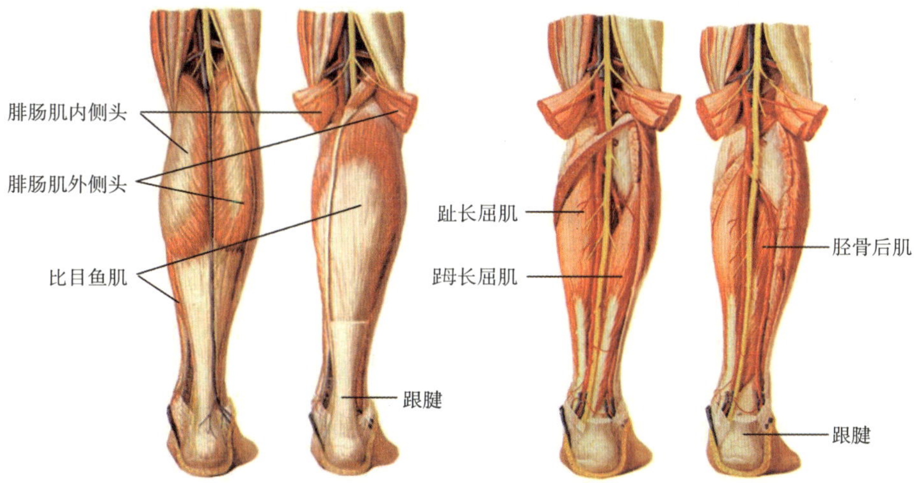

图 4–68　小腿肌后群

（1）浅层：为强大的小腿三头肌（triceps surae），由浅层的腓肠肌和深层的比目鱼肌合成。腓肠肌的内、外侧头分别起自股骨内、外侧髁，比目鱼肌起自胫腓骨上端；三头会合后，向下移行为粗大的跟腱，止于跟骨结节。收缩时可屈膝关节和屈踝关节；站立时能固定膝关节和踝关节，是维持人体直立的重要肌肉。

（2）深层：主要有 3 块，由内侧到外侧依次为趾长屈肌、胫骨后肌和踇长屈肌。该肌群收缩时均可屈踝关节，并分别屈第 2~5 趾、足内翻和屈踇趾。

（四）足肌

足肌分为足背肌和足底肌。足背肌较弱小，足底肌分为内侧、中间和外侧 3 群，收缩时可运动足趾和维持足弓。

（五）下肢的局部结构

1. 股三角 位于大腿前内侧的上部（图 4–66）。上界为腹股沟韧带，外侧界为缝匠肌内侧缘，内侧界为长收肌内侧缘。股三角内由外向内依次排列有股神经、股动脉和股静脉等。

2. 腘窝 是位于膝关节后面的一个菱形窝。窝的上外侧界为股二头肌，上内侧界为半腱肌和半膜肌，下内、外侧界为腓肠肌的内、外侧头。腘窝内有血管和神经通过。

下肢的肌性标志：腹股沟韧带、臀大肌、股四头肌、髌韧带、股二头肌肌腱和跟腱等。

小结

运动系统是占人体体重最大的系统，由骨、骨连结和骨骼肌组成。骨在运动中起杠杆作用，全身骨共有 206 块，按部位可分为颅骨、躯干骨和四肢骨，按形态可分为长骨、短骨、扁骨和不规则骨。骨由骨质、骨膜和骨髓构成。骨与骨之间的连结结构称骨连结，有直接连结和间接连结两种。间接连结又称关节。关节由关节面、关节囊和关节腔 3 个基本部分构成，辅助结构有韧带、关节盘和关节唇。关节运动灵活，可做屈伸、收展、旋转和环转等运动。骨骼肌是运动系统的动力部分，在人体内分布广泛且形态多样，按外形可分为长肌、短肌、扁肌和轮匝肌 4 种。骨骼肌常以两端附着于 2 块或 2 块以上的骨，中间越过一个或多个关节。固定骨上的称起点，移动骨上的称止点，在一定条件下，起、止点可以互换。肌的结构有肌腹和肌腱，辅助结构有筋膜、滑膜囊和腱鞘。

复习思考题

1. 根据骨的外形，骨可分为哪几类？各举一例。
2. 计数肋和椎骨序数的体表标志有哪些？如何计数？
3. 比较颈椎、胸椎和腰椎的主要特点。
4. 试述椎间盘的形态结构、功能和临床意义。
5. 如何从结构和运动形式上区别肩关节与髋关节、肘关节与膝关节？
6. 试述骨盆的组成及男、女性骨盆的区别。
7. 参与呼吸运动的肌肉有哪些？
8. 腹直肌鞘是如何构成的？
9. 三角肌和臀大肌各位于何处？有何作用？

（李玉彬）

模块五 消化系统

知识目标

1. 掌握消化系统的组成，上、下消化道的概念；熟悉腹部的分区。

2. 熟悉口腔的境界、分部，了解牙的一般形态、构造、牙周组织，了解舌的一般形态、结构，了解三对大唾液腺的名称、位置、腺管开口部位，掌握咽的位置、沟通关系、分部及各部主要结构名称，掌握食管三个狭窄的位置及其临床意义，熟悉胃的位置、形态、分部、组织结构特点，了解小肠的位置、分部、组织结构特点，了解大肠的分部、各部位置，掌握阑尾根部的体表投影，熟悉直肠的弯曲、肛管的结构。

3. 掌握肝的位置，熟悉肝的形态及组织结构，掌握胆囊底的体表投影，熟悉输胆管道的组成、胆汁排出的途径，熟悉胰的位置，了解胰的形态及组织结构。

4. 熟悉腹膜与腹膜腔的概念，了解腹膜与脏器的关系以及腹膜形成的结构，掌握腹膜陷凹。

技能目标

1. 做消化管、消化腺和腹膜的大体实验，熟练地说出消化器官的名称，会准确定位消化器官的位置。

2. 熟练地利用显微镜观察胃、小肠黏膜、肝、胰的光镜结构。

项目一 概述

问题引入

1. 食物进入体内要经过哪些器官？

2. 腹部如何分区？

一、消化系统的组成和功能

消化系统（digestive system）由消化管和消化腺两部分组成（图 5-1）。消化管是从口腔到肛门粗细不等的迂曲的管道，依次为口腔、咽、食管、胃、小肠（十二指肠、空肠、回肠）和大肠（盲肠、阑尾、结肠、直肠、肛管）。临床上通常将口腔到十二指肠之间的消化管称为上消化道，空肠及其以下的部分称为下消化道。消化腺包括大消化腺和小消化腺。大消化腺是独立的器官，所分泌的消化液经导管流入消化管腔内，如大唾液腺、肝和胰。小消化腺是分布于消化管壁内的小腺体，如胃腺和肠腺等。

消化系统的主要功能是消化食物、吸收营养物质和排出食物残渣。

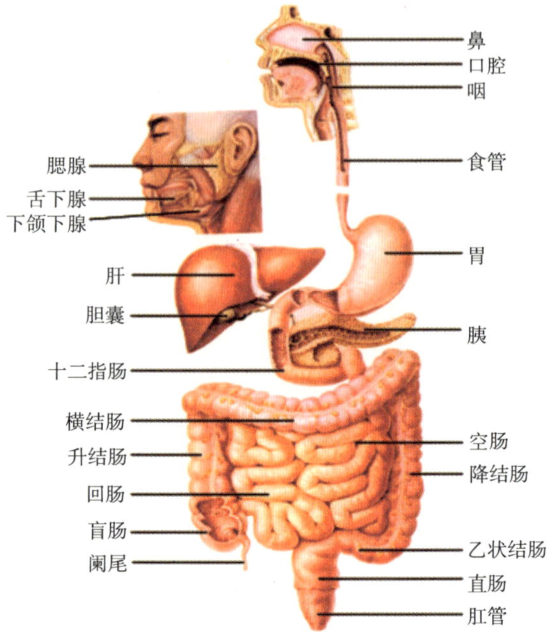

图 5-1 消化系统模式图

二、胸部标志线和腹部分区

为了描述各器官的正常位置和体表投影，通常在胸、腹部体表确定若干标志线和划分一些区域（图 5-2）。

（一）胸部标志线

1. **前正中线** 沿身体前面正中所作的垂线。

2. **胸骨线** 沿胸骨最宽处的外侧缘所作的垂线。

3. **锁骨中线** 经锁骨中点所作的垂线，相当于通过男性乳头的垂线（乳头线）。

4. **腋前线** 经腋前襞向下所作的垂线。

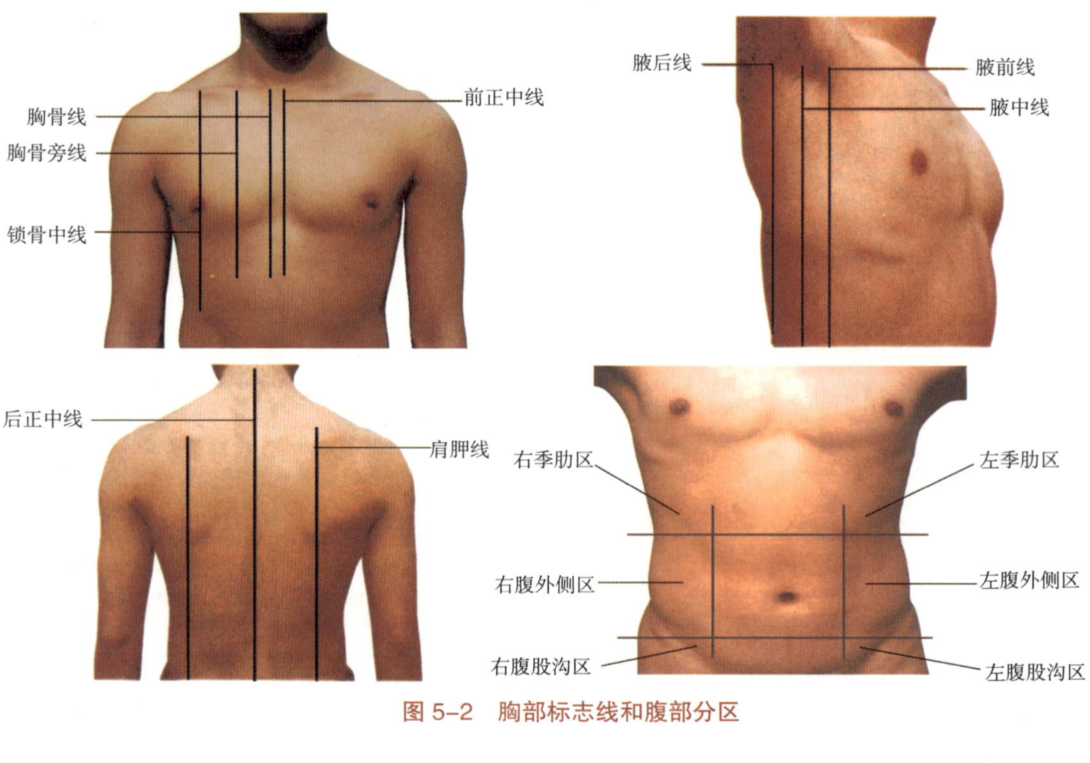

图 5-2 胸部标志线和腹部分区

5. 腋后线 经腋后襞向下所作的垂线。

6. 腋中线 通过腋前、腋后线间连线的中点所作的垂线。

7. 肩胛线 经肩胛下角所作的垂线。

8. 后正中线 沿身体后面正中所作的垂线。

（二）腹部分区

1. 九分法 在腹部前面通常用两条横线和两条纵线，将腹部分为九个区。两条横线分别是通过左、右肋弓最低点的连线和通过左、右髂结节的连线，两条纵线分别是通过左、右腹股沟韧带中点所作的垂线。以上四条线将腹部分为九个区：即上部的腹上区和左、右季肋区，中部的脐区和左、右腹外侧区，下部的腹下区和左、右腹股沟区（髂区）。

2. 四分法 临床上常用的简易方法是通过脐分别作水平线和垂线，将腹部分为左上腹、右上腹、左下腹和右下腹四个区。

项目二 消化管

问题引入

1. 人一生中有几组牙齿？正常成人牙齿有多少颗？如何命名？
2. 为什么吃饭时不能大声说笑？
3. 能凭印象画出胃药广告中胃的大体形态吗？
4. 急性阑尾炎时，疼痛往往发生在哪个部位？

一、消化管壁的一般结构

除口腔和咽外，消化管各部组织结构相似，管壁由内向外分为黏膜、黏膜下层、肌层和外膜四层（图 5-3）。

（一）黏膜

黏膜位于管壁最内层，自内向外由上皮、固有层和黏膜肌层组成，是消化管各段结构差异最大、功能最重要的部分。

1. 上皮 衬于消化管腔面。消化管的两端（口腔、咽、食管和肛管下部）为复层扁平上皮，耐摩擦，以保护功能为主；其余为单层柱状上皮，以消化吸收功能为主。

2. 固有层 位于上皮深面，为疏

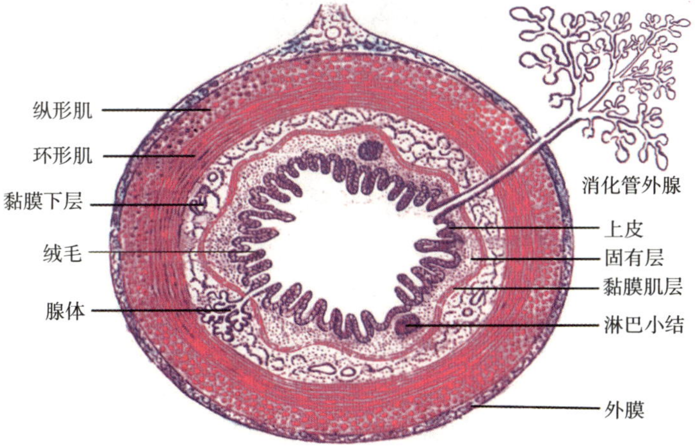

图 5-3 消化管壁一般结构模式图

松结缔组织，含有血管、神经、淋巴管。胃肠富含黏膜腺和淋巴组织。

3. 黏膜肌层 为薄层平滑肌，其收缩可促进固有层内腺体的分泌和血液运行，利于物质吸收和转运。

（二）黏膜下层

黏膜下层由疏松结缔组织构成，内含小血管、淋巴管和黏膜下神经丛。食管和十二指肠有黏膜下腺。

在消化管的某些部位（如食管、胃和小肠），黏膜和部分黏膜下层共同向管腔面突起，形成皱襞，增加了腔面的表面积。

（三）肌层

口腔、咽、食管上段和肛门外括约肌为骨骼肌，其余部位为平滑肌。肌层一般分为内环、外纵两层，在某些部位，环形平滑肌可增厚形成括约肌。

（四）外膜

外膜由薄层结缔组织构成者称纤维膜，主要分布在食管和肛管的外膜，具有连接、固定作用；其他部位由结缔组织和间皮共同构成者称浆膜，其表面光滑，利于胃肠活动。

二、口腔

口腔（oral cavity）是消化管的起始部，向前经口裂与外界相通，向后经咽峡与咽相续。口腔上壁为腭，下壁为口腔底，前壁为唇，两侧壁为颊。口腔借上、下牙弓分为口腔前庭和固有口腔两部分（图 5–4）。当上、下颌牙咬合时，口腔前庭仅能借第三磨牙后面的间隙与固有口腔相通。临床上对牙关紧闭的病人可经此间隙插管或注入营养物质。

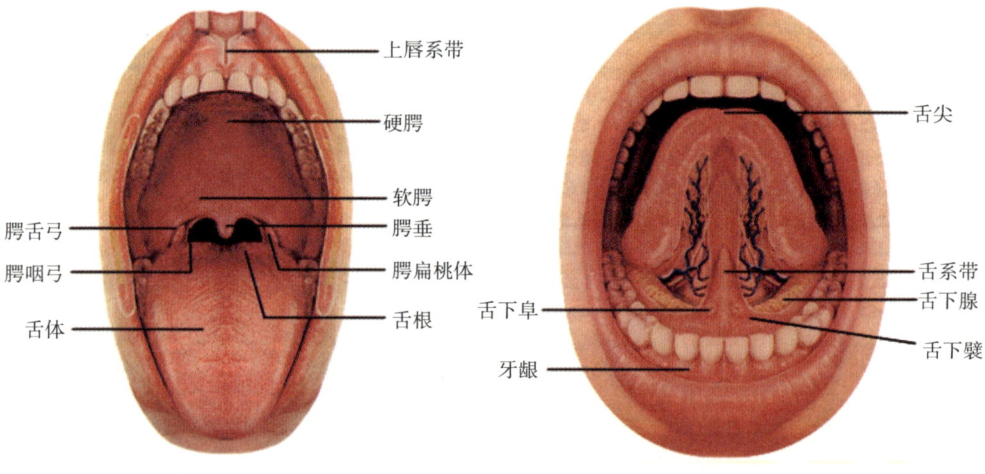

图 5–4 口腔和咽峡

（一）唇和颊

唇分为上唇和下唇，两唇之间的裂隙称口裂，口裂两端为口角。上唇外面正中有一纵行浅沟，称为人中，其中、上 1/3 交界处为人中穴，可用于解救昏厥病人。上、下唇的游离缘因富含毛细血管而呈红色，当机体缺氧时，可变为暗红色至紫色，临床上称为发绀。

颊为口腔的两侧壁，在上颌第二磨牙相对的颊黏膜处，有一较小的黏膜隆起，称腮腺管乳头，腮腺管开口于此。在上唇外面两侧与颊部交界处，各有一弧形的浅沟，称鼻唇沟，发生面瘫时，鼻唇沟会变浅或消失。

（二）腭

腭呈穹隆状，构成口腔的顶，鼻腔的底。腭前 2/3 由骨腭覆盖黏膜构成，称硬腭；后 1/3 由肌、肌腱和黏膜构成，称软腭。软腭后缘游离，其正中部有垂向下方的突起，称腭垂。自腭垂向两侧形成前后两对弓形黏膜皱襞，前方的一对向下续于舌根外侧，称腭舌弓；后方的一对向下延伸至咽侧壁，称腭咽弓。腭垂、两侧的腭舌弓和舌根共同围成咽峡，是口腔与咽的分界。软腭后部结构松弛、塌陷可导致打鼾。

（三）牙

牙（teeth）是人体内最坚硬的器官，嵌于上、下颌骨的牙槽内（图 5–5）。具有咀嚼食物和辅助发音等作用。

1. 牙的形态 每个牙在外形上分为三部分：牙冠，露于口腔；牙根，嵌于牙槽内；牙颈，介于两者之间，被牙龈覆盖（图 5–5）。

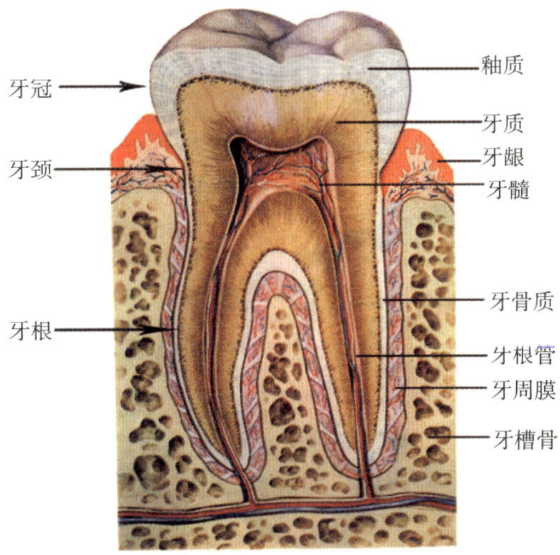

图 5–5　牙的形态和构造

2. 牙的构造 牙主要由牙质、牙釉质、牙骨质和牙髓构成（图 5–5）。牙质构成牙的主体；釉质覆于牙冠部的牙质表面，是人体内最坚硬的组织；牙骨质包在牙颈和牙根部的牙质表面。牙内部有一空腔，称牙腔，容纳牙髓。牙髓由结缔组织、血管、神经和淋巴管组成。牙髓发炎时常引起剧烈疼痛。

3. 牙的种类与排列 人的一生有两组牙，即乳牙和恒牙。乳牙一般在出生后 6 个月开始萌出，3 岁左右出齐，共 20 颗，包括乳切牙、乳尖牙和乳磨牙。6 岁左右乳牙逐渐脱落，恒牙相继萌出；恒牙全部出齐共 32 颗，包括切牙、尖牙、前磨牙和磨牙。除第三磨牙外，其他各牙在 14 岁左右出齐。而第三磨牙在 17 ~ 25 岁或更迟时间萌出或终身不萌出，故称迟牙或智齿。

乳牙和恒牙均以各自固定的排列形成牙列。乳牙一般用罗马数字Ⅰ ~ Ⅴ表示，恒牙用阿拉伯数字 1 ~ 8 表示。牙的形态、名称表示见图 5–6、图 5–7。

临床上对牙的记录多采用牙式：以“十”记号划分成四区，表示左、右侧及上、下颌牙的位置。如 $\underline{|4}$ 表示左上颌第 1 前磨牙。

4. 牙周组织 位于牙根及牙颈周围，包括牙槽骨、牙周膜和牙龈（图 5–5），对牙具有保护、固定和支持作用。牙槽骨即构成牙槽的骨质。牙周膜是连于牙根与牙槽骨之间的致密结缔组织膜，有固定牙根的作

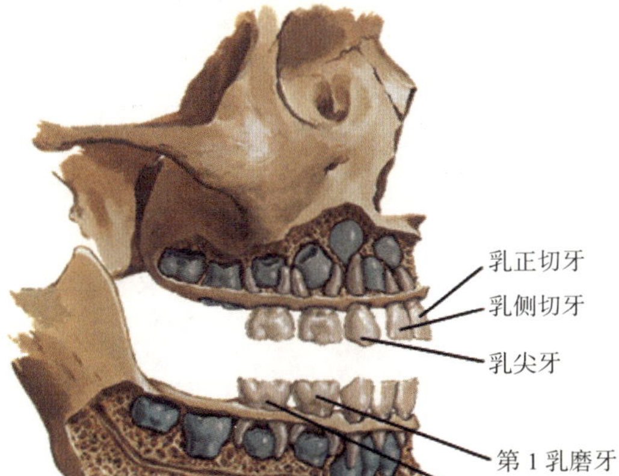

图 5–6　乳牙

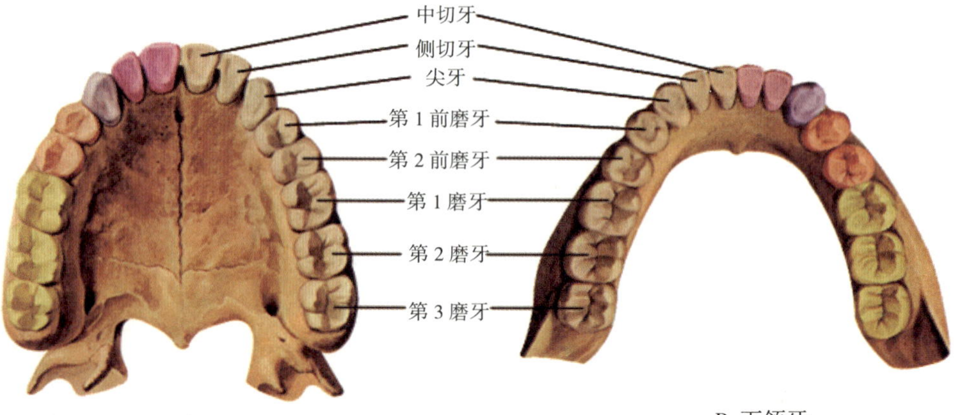

图 5-7　恒牙

用。牙龈是包被牙槽弓和牙颈表面的口腔黏膜，富含血管，色淡红，坚韧而有弹性。某些牙周疾病，可引起牙龈出血、牙松动和牙龈萎缩等，故必须注意口腔卫生。疾病时更应重视口腔护理。

（四）舌

舌（tongue）位于口腔底，由舌肌被覆黏膜构成，具有搅拌食物、协助吞咽、感受味觉和辅助发音等功能（图 5-8）。

1. 舌的形态 舌分上下两面（图 5-4）。上面称舌背，其后部可见“∧”形的界沟，将舌分为前 2/3 的舌体和后 1/3 的舌根。舌体的前端较狭窄，称舌尖。舌下面的正中线上有一连于口腔底前部的黏膜皱襞，称舌系带。如舌系带过短，可影响舌的运动，导致吐字不清。舌系带根部两侧各有一个圆形隆起，称舌下阜。舌下阜后外侧的斜行黏膜皱襞称舌下襞，其深面有舌下腺等结构。

2. 舌黏膜 位于舌的表面，呈淡红色。在舌背和舌侧缘的黏膜上有许多小突起，称舌乳头（图 5-8）。按舌乳头形态可分为丝状乳头、菌状乳头、叶状乳头和轮廓乳头四种。丝状乳头数量最多，呈白色丝绒状，能感受一般感觉；菌状乳头形体较大，数目较少，呈红色，散在于丝状乳头之间；轮廓乳头最大，排列于界沟前方，其中央隆起，周围有环状沟；叶状乳头，为叶片状的黏膜皱襞，位于舌侧缘的后部。除丝状乳头外，其他乳头黏膜上皮中含有味蕾，为味觉感受器，能感受酸、甜、苦、辣、咸等味觉刺激。

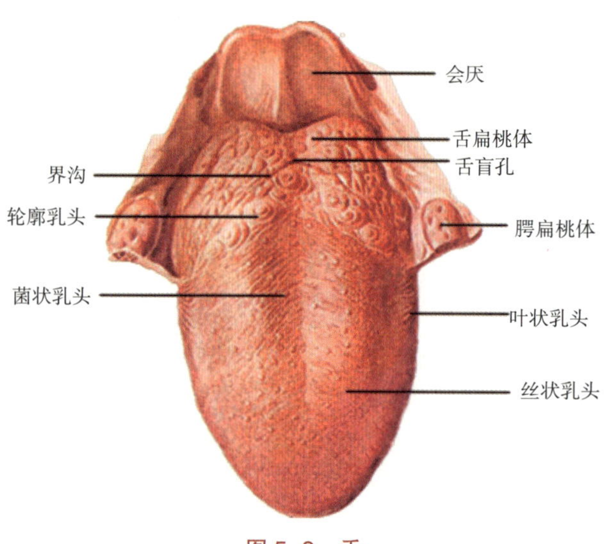

图 5-8　舌

3. 舌肌 为骨骼肌，分舌内肌和舌外肌。舌内肌起、止点均在舌内，构成舌的主体，收缩时可改变舌的形态。舌外肌起于舌外，止于舌内，收缩时可改变舌的位置。其中颏舌肌在临床上最重要（图 5-9），该肌起于下颌体后面中部，肌纤维向后上呈扇形铺开，止于舌中线两侧。两侧颏舌肌同时收缩时，舌前伸；一侧收缩时，舌尖伸向对侧。若一侧颏舌肌瘫痪，患者伸舌时，舌尖偏向瘫痪侧。

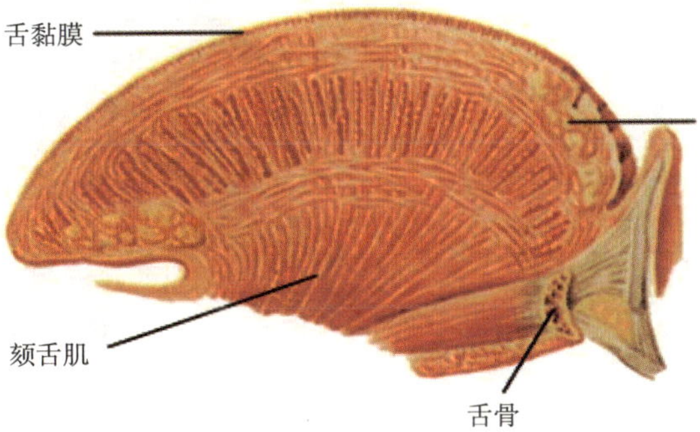

图 5-9 舌的纵切面

相关链接

舌苔

正常人的舌背上有一层薄白而湿润的苔状物，称舌苔。舌苔由脱落的角化上皮、唾液、细菌和食物碎屑等组成。舌苔的厚薄和色泽在一定程度上反映了机体的生理和病理变化，故常作为临床诊断疾病的依据。

（五）口腔腺

口腔腺又称唾液腺，位于口腔周围，具有分泌唾液、湿润口腔黏膜及帮助消化的作用。唾液腺分大小两类，腮腺、下颌下腺、舌下腺为大唾液腺（图 5-10），分布于口腔黏膜的小腺体，如唇腺、颊腺为小唾液腺。

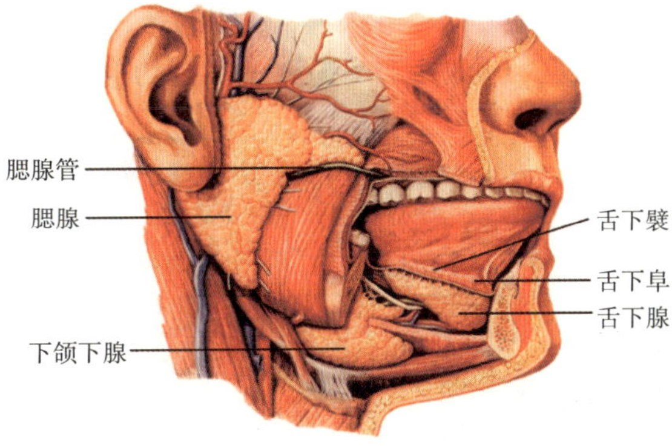

图 5-10 口腔腺

1. 腮腺 是最大的一对唾液腺，略呈锥形，位于耳郭的前下方，腮腺管开口于平对上颌第二磨牙颊黏膜上的腮腺管乳头。

2. 下颌下腺 位于下颌骨体内面，呈卵圆形。下颌下腺导管开口于舌下阜。

3. 舌下腺 位于舌下襞的深面，其大导管开口于舌下阜，小导管开口于舌下襞。

三、咽

咽(pharynx)是消化管和呼吸道的共同通道，为前后略扁的漏斗状肌性管道，位于颈椎的前方，上抵颅底，下至第 6 颈椎体下缘续于食管，成人全长约 12cm（图 5-11）。咽的后壁及侧壁完整，而前壁不完整，分别与鼻腔、口腔和喉腔相通（图 5-12）。以软腭游离缘和会厌上缘平面为界，可将咽分为鼻咽、口咽和喉咽三部分。

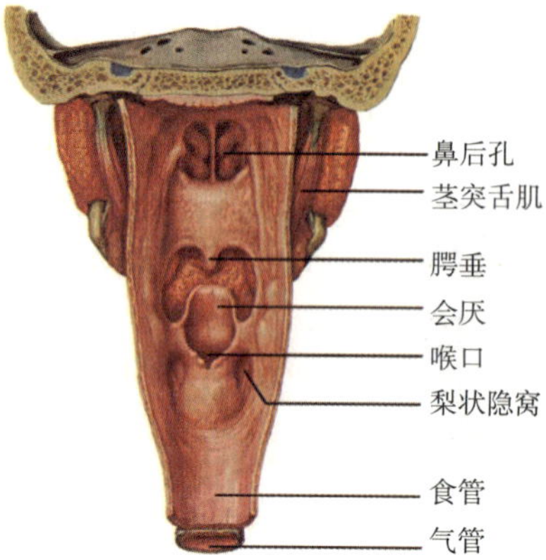

图 5-11　头颈部正中矢状切面

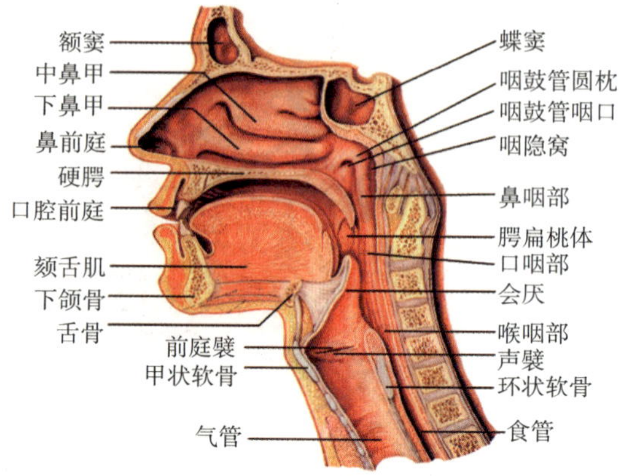

图 5-12 咽腔（后壁切开）

（一）鼻咽

鼻咽位于颅底与软腭游离缘平面之间，向前经鼻后孔通鼻腔。在鼻咽的两侧壁，相当于下鼻甲后方约 1cm 处，有咽鼓管咽口，鼻咽腔经此口与中耳鼓室相通。咽鼓管咽口的前、上和后方有明显的隆起，称咽鼓管圆枕。其后上方与咽后壁之间有一凹陷，称咽隐窝，是鼻咽癌的好发部位。

（二）口咽

口咽位于软腭游离缘与会厌上缘平面之间，向前经咽峡与口腔相通，上续鼻咽，下接喉咽。外侧壁上腭舌弓与腭咽弓之间有一凹陷，称扁桃体窝，容纳腭扁桃体。

咽后上方的咽扁桃体、两侧的腭扁桃体和舌扁桃体，共同围成一个淋巴组织环，称咽淋巴环，对消化道和呼吸道具有重要的防御功能。

（三）喉咽

喉咽位于会厌上缘平面以下，至第 6 颈椎体下缘处与食管相续，其前端经喉口与喉腔相通。在喉口两侧各有一深窝，称梨状隐窝，是异物容易滞留的部位。

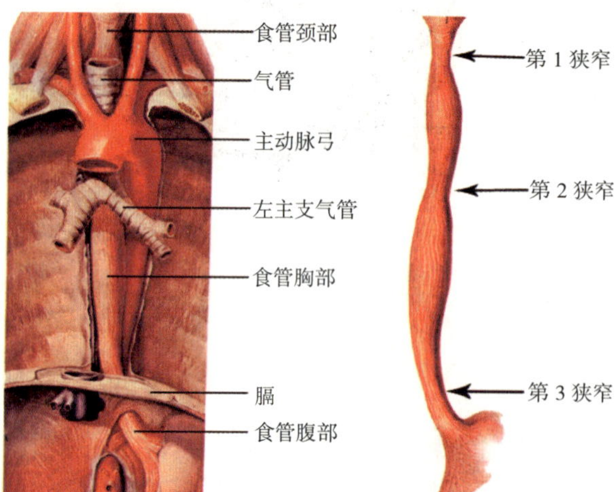

图 5-13　食管的位置及狭窄

四、食管

（一）食管的位置和分部

食管（esophagus）为一前后扁平的肌性管道，上端在第 6 颈椎体下缘处与咽相接，下端约平第 11 胸椎体左侧与胃的贲门相连，长约 25cm。食管全长沿脊柱前方下降，经胸廓上口入胸腔，穿膈的食管裂孔进入腹腔。食管按行程可分为颈部、胸部和腹部三部分（图 5-13）。

（二）食管的狭窄

食管全长有三处生理性狭窄：第 1 狭窄位于食管起始处，距中切牙约 15cm；第 2 狭窄位于食管与左主支气管交叉处，距中切牙约 25cm；第 3 狭窄位于食管穿膈的食管裂孔处，距中切牙约 40cm。这三处狭窄是食管内异物易滞留的部位，也是食管癌的好发部位。临床上进行食管插管时，必须注意这三处狭窄（图 5–13）。

（三）食管壁的组织结构特点

食管由内向外依次为黏膜、黏膜下层、肌层和纤维膜(图5–14)。食管壁内面有7 ~ 10条纵行的黏膜皱襞。黏膜上皮为复层扁平上皮，对深层结构有保护作用。黏膜下层含有较多食管腺，分泌黏液，起润滑作用。肌层在食管上 1/3 段为骨骼肌，下 1/3 段为平滑肌，中 1/3 段由骨骼肌和平滑肌混合构成。

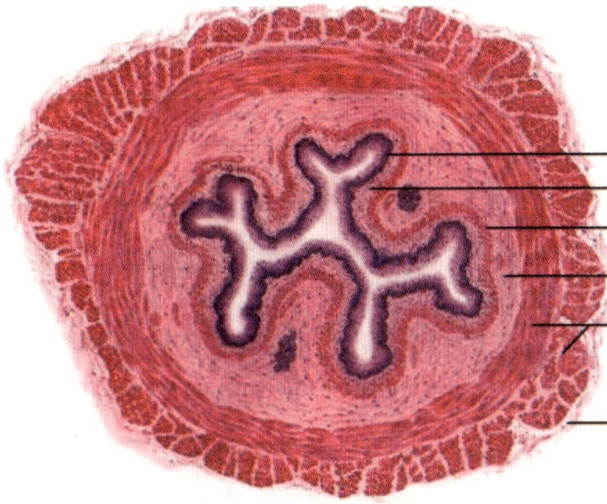

图 5–14 食管壁的微细结构

五、胃

胃（stomach）是消化管中最膨大的部分，上接食管，下续十二指肠。成人胃的容量约为 1 500ml。胃有容纳食物、分泌胃液和初步消化食物的功能。

（一）胃的形态和分部

胃有两口、两弯和两壁。胃的入口称贲门，与食管相连；胃的出口称幽门，与十二指肠相接。胃上缘较短且凹，称胃小弯，朝向右上方，其最低点明显折转处称角切迹；胃下缘较长而凸，称胃大弯，朝向左下方。两壁，即前壁和后壁（图 5–15）。

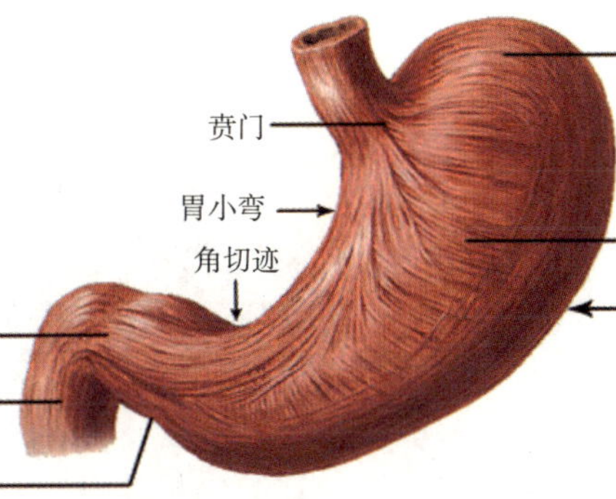

图 5–15 胃的形态和分部

胃可分为四部。贲门周围的部分称贲门部，其界域不明显；贲门平面向左上方膨出的部分称胃底；胃底与角切迹之间的部分称胃体；角切迹与幽门之间的部分称幽门部，临床常称此部为胃窦。在幽门部的大弯侧有一不明显的浅沟，称中间沟，此沟将幽门部分为左侧的幽门窦和右侧较窄的幽门管。胃溃疡和胃癌多发生于幽门窦近胃小弯处。

（二）胃的位置和毗邻

胃在中等程度充盈时，大部分位于左季肋区，小部分位于腹上区。胃前壁的右侧部与肝左叶相邻，左侧部与膈相贴，并被左肋弓遮盖。胃前壁的中间部分位于剑突下方，直接与腹前壁相贴，是临床上进行胃触诊的部位。胃后壁邻近横结肠、左肾、左肾上腺和胰。胃底与膈、脾相邻（图 5–16）。

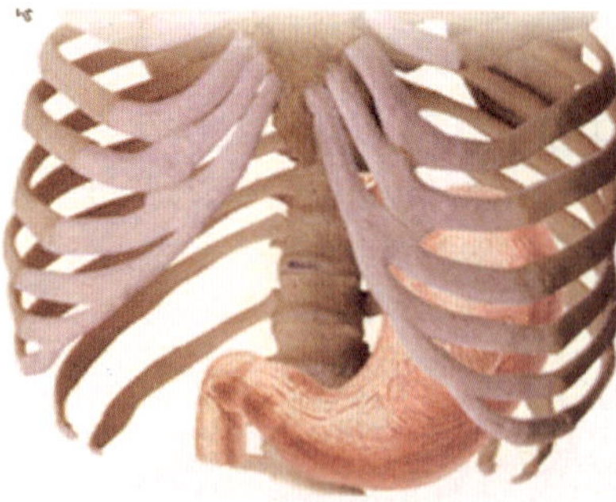

A. 胃的位置

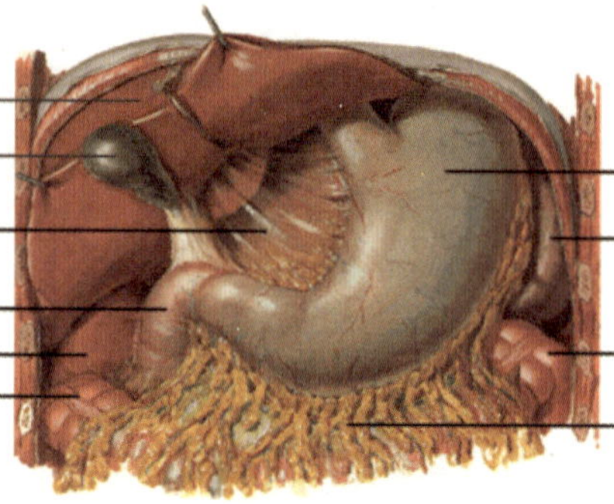

B. 胃前面的毗邻

图 5-16　胃的位置及胃前面的毗邻

（三）胃壁的组织结构特点

胃壁由黏膜、黏膜下层、肌层和浆膜组成（图 5-17）。其主要结构特点为：①胃黏膜呈淡红色，在胃空虚时，形成许多皱襞。黏膜表面有许多针状小窝，称胃小凹，小凹底部有胃腺开口。②黏膜的上皮为单层柱状上皮，能分泌黏液，覆盖于上皮表面，对胃黏膜具有重要的保护作用。③胃小凹底部上皮向固有层下陷，形成管状的胃腺；其中位于胃底和胃体的腺体称胃底腺（图 5-18），数量较多，是分泌胃液的主要腺体。胃底腺细胞主要包括三种：主细胞（胃酶细胞），分泌胃蛋白酶原，后者经盐酸激活成为有活性的胃蛋白酶，参与蛋白质的分解；壁细胞（盐酸细胞），分泌盐酸，其具有杀菌和激活胃蛋白酶原的作用，此外壁细胞还能分泌内因子，促进回肠对维生素

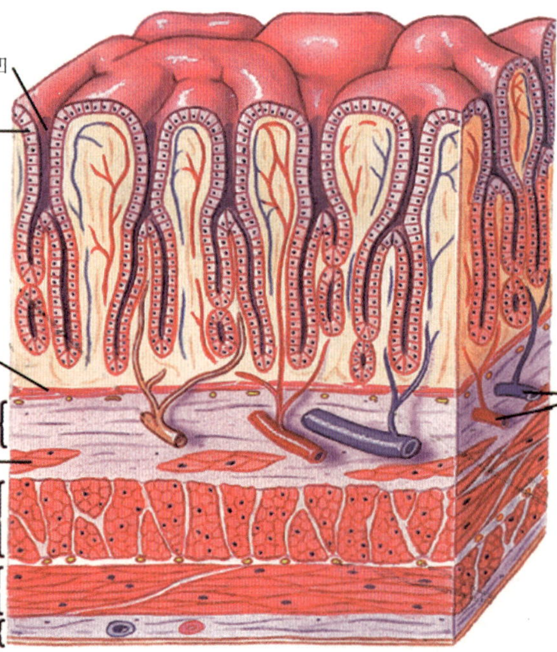

图 5-17　胃壁微细结构模式图

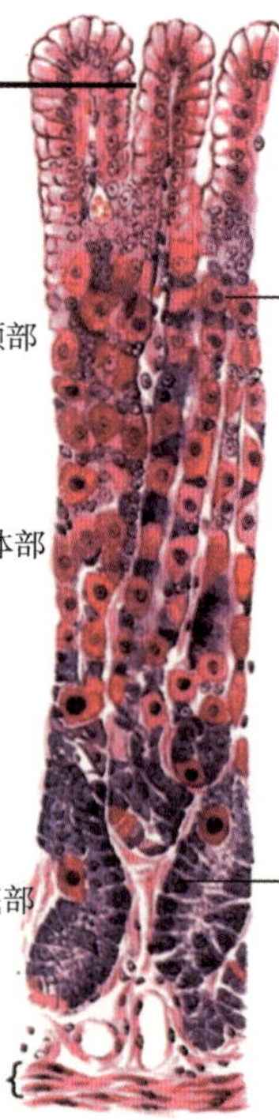

图 5-18　胃底腺模式图

B_{12} 的吸收；颈黏液细胞分泌黏液，保护胃黏膜。④胃的肌层较厚，由内斜、中环、外纵三层平滑肌构成。在幽门处环形肌增厚，形成幽门括约肌，黏膜在此处增厚，形成幽门瓣。两者有延缓胃内容物排空和防止肠内容物反流至胃的作用。

相关链接

插胃管（上消化道）术的护理实用解剖要点

插胃管术是一项重要的护理操作技术，用于鼻饲、洗胃、胃肠减压及抽取胃液等。其插入途径及护理实用解剖要点有：①胃管由口腔或鼻腔插入，经咽、食管进入胃内；②成人插入胃管的长度为 45 ～ 55cm；③经鼻腔插胃管时，应避开鼻中隔前下部的易出血区，先向上、后平行、再向后下缓慢插入；④从鼻咽部开始嘱咐病人做吞咽动作，使胃管能顺利地通过食管，操作过程应注意动作轻柔，避免损伤食管黏膜及引起逆反蠕动；⑤插入过程中如发生呛咳、呼吸困难、发绀等情况，表示误插入气管，应立即拔出，休息片刻再重新操作。

六、小肠

（一）小肠的分部

小肠（small intestine）是消化管中最长的一段，是消化食物和吸收营养物质的重要器官，起于幽门，下端续接盲肠，成人全长 5 ～ 7m，可分为十二指肠、空肠和回肠三部分（图 5-1）。

1. 十二指肠 十二指肠为小肠起始段，长约 25cm；除起始部和终末端外，其余部分几乎紧贴腹后壁，活动度较差。十二指肠呈“C”形弯曲，从右侧包绕胰头，可分为上部、降部、水平部和升部四部分（图 5-19）。

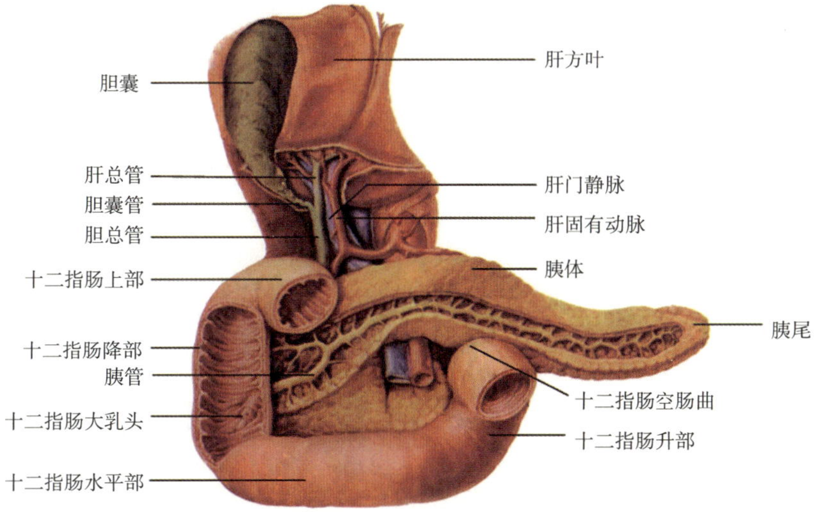

图 5-19 胰、十二指肠和肝外胆道

（1）上部：长约 5cm，起自幽门，行向右后方，至胆囊颈附近急转向下移行为降部。起始部的肠管管壁较薄，黏膜光滑无皱襞，称十二指肠球，是十二指肠溃疡及穿孔的好发部位。

（2）降部：长 7 ~ 8cm，在第 1 ~ 3 腰椎及胰头的右侧下行，至第 3 腰椎体的右侧弯向左侧，移行为水平部。降部后内侧壁有一纵行黏膜皱襞，称十二指肠纵襞；其下端的圆形隆起称十二指肠大乳头，是胆总管和胰管的共同开口处。

（3）水平部：长 10cm，横行向左越过下腔静脉和腹主动脉前方，至第 3 腰椎左侧移行为升部。

（4）升部：长 2 ~ 3cm，斜向左上方至第 2 腰椎体左侧，再向前下折转续接空肠。十二指肠与空肠转折处形成的弯曲称十二指肠空肠曲，被十二指肠悬韧带固定于腹后壁。十二指肠悬韧带，临床上称之为 Treitz 韧带，可作为手术时确认空肠起始的标志。

2. 空肠与回肠 空肠起自于十二指肠空肠曲，回肠末端续接盲肠。空肠和回肠相互延续呈袢状，盘曲于腹腔的中、下部，临床称小肠袢。空肠和回肠之间无明显界限，但主要特征有所不同（表 5–1）。

表 5–1 空肠和回肠比较表

项目	空 肠	回 肠
位置	腹腔左上部	腹腔右下部
长度	占空、回肠的近侧 2/5	占空、回肠的远侧 3/5
管径	大	小
管壁	厚	薄
血管	丰富	较少
环状皱襞	高而密	低而疏
淋巴滤泡	孤立淋巴滤泡	集合淋巴滤泡

（二）小肠壁的组织结构特点

小肠是进行消化吸收的主要部位。小肠壁由内向外依次为黏膜、黏膜下层、肌层和外膜（图 5–20，图 5–21，图 5–22），其结构有与其功能相适应的特点。

1. 环状皱襞 小肠腔面可见大量的环状皱襞，以十二指肠降部和空肠上段最为发达。

2. 肠绒毛 黏膜表面有许多肠绒毛，是上皮和固有层共同向肠腔形成的指状突起，为小肠特有的结构。肠绒毛上皮为单层柱状上皮，由吸收细胞、杯状细胞和内分泌细胞组成。其中吸收细胞数量最多，其游离面有大量微绒毛密集排列，形成光镜下可见的纹状缘。绒毛中轴的固有层内有 1 ~ 2 条纵行的中央乳糜管（毛细淋巴管）、丰富的有孔毛细血管和少量的纵行平滑肌细胞。平滑肌细胞收缩使绒毛变短，有助于物质的消化吸收和淋巴与血液的运行。

环状皱襞、肠绒毛和微绒毛使小肠内表面积扩大约 600 倍，有利于小肠对营养物质的吸收。

3. 小肠腺 是肠黏膜上皮陷入固有层形成的管状腺，其开口于相邻绒毛根部之间。肠腺主要由柱状细胞、杯状细胞和帕内特细胞（Paneth cell）组成。在十二指肠黏膜下层内还有十二指肠腺，能分泌碱性黏液，可保护十二指肠黏膜免受酸性胃液的侵蚀。

4. 淋巴组织 小肠固有层内散布淋巴组织，是小肠重要的防御结构。淋巴组织在小肠各段的分布有所不同：在十二指肠分布较疏散，空肠有较多的孤立淋巴滤泡，回肠则主要形成集合淋巴滤泡。

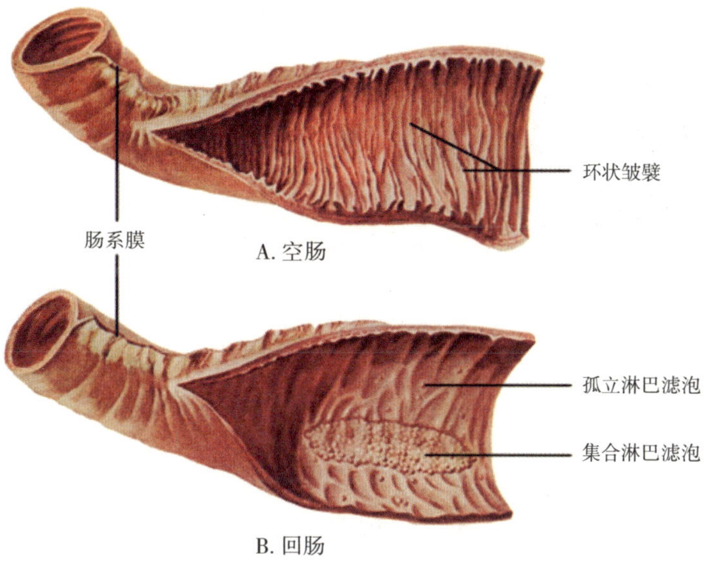

图 5-20　空、回肠黏膜

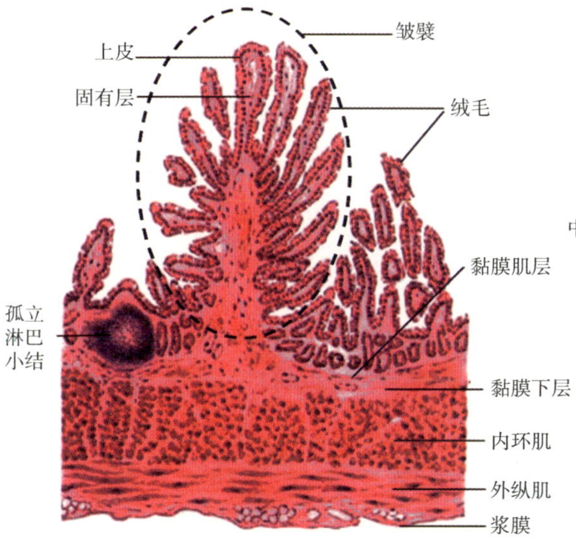

图 5-21　空肠纵切面

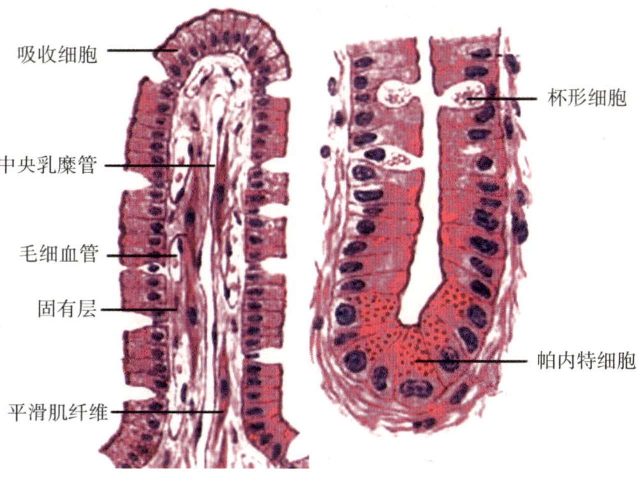

图 5-22　小肠绒毛和小肠腺

七、大肠

大肠（large intestine）是消化管的最下段，长约 1.5m，起自回肠末端，止于肛门。全程围绕于空、回肠的周围，可分为盲肠、阑尾、结肠、直肠和肛管五部分（图 5-1）。大肠的主要功能是吸收水分、无机盐和形成粪便。

大肠管径较粗，管壁较薄，除阑尾、直肠和肛管外，盲肠和结肠在外形上有三个特征性结构（图 5-23）：

1. 结肠带 由肠壁的纵行平滑肌增厚形成，共三条，沿肠管的长轴平行排列，汇集于阑尾根部。

2. 结肠袋 是肠壁向外呈囊袋状膨出的部分。

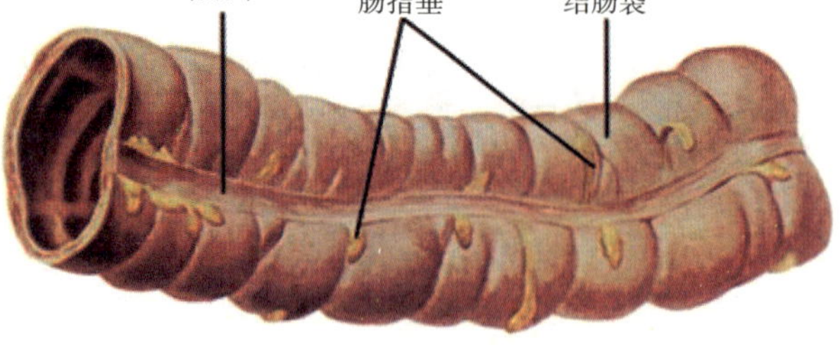

图 5-23　盲肠和结肠的特征结构

3. **肠脂垂**　是沿结肠带两侧分布，由脂肪组织聚集形成的大小不同、形态各异的突起。

（一）盲肠

盲肠为大肠的起始部，一般位于右髂窝内，长 6 ~ 8cm。盲肠上续升结肠，下端为盲端，左接回肠。回肠末端突入盲肠内，其开口称回盲口。此处肠壁环形平滑肌增厚，并覆以黏膜而形成上下两片唇样的皱襞，称回盲瓣。此瓣既可控制小肠内容物进入盲肠的速度，也可防止大肠内容物向回肠反流（图 5-24）。

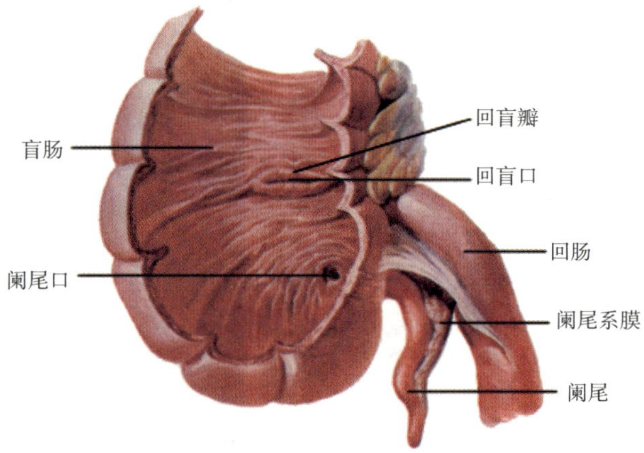

图 5-24　盲肠和阑尾

（二）阑尾

阑尾是盲肠下端后内侧壁向外延伸出的一条蚓状盲管（图 5-24），长 5 ~ 7cm。阑尾多位于右髂窝内，因远端游离，其位置变化较大，但根部位置比较固定。其体表投影约在脐与右髂前上棘连线的中、外 1/3 交点处，称麦氏点。急性阑尾炎时，此处可有明显压痛。由于盲肠的三条结肠带会聚于阑尾根部，故临床手术时，可循结肠带追踪寻找阑尾。

（三）结肠

结肠是介于盲肠与直肠之间的一段大肠，包绕在空、回肠周围，根据行程特点分为升结肠、横结肠、降结肠和乙状结肠四部分（图 5-1）。

1. **升结肠**　起于盲肠，沿右腹外侧区上行，至肝右叶下方转向左形成结肠右曲（又称肝曲），移行于横结肠。

2. **横结肠**　起自结肠右曲，向左横行至脾下方转折向下形成结肠左曲（又称脾曲），续于降结肠。

3. **降结肠**　起自结肠左曲，沿左腹外侧区下行，至左髂嵴处移行为乙状结肠。

4. **乙状结肠**　于左髂嵴处起于降结肠，在左髂窝内呈“乙”字形弯曲，至第 3 骶椎平面续于直肠。乙状结肠是憩室和肿瘤的好发部位。

（四）直肠

直肠位于盆腔的后部，沿骶、尾骨的前部下行，穿盆膈与肛管相连，全长 10 ~ 14cm。直肠并不直，在矢状面上有两个明显的弯曲：上部的弯曲与骶骨的弯曲一致，凸向后，称直肠骶曲，其最凸处距肛门 7 ~ 9cm；下部的弯曲在尾骨尖的前方转向后下，形成凸向前的弯曲，称直肠会阴曲，其最凸处距肛门 3 ~ 5cm（图 5-25，图 5-26）。

直肠下段的肠腔显著膨大，称直肠壶腹。直肠内面常有上、中、下三个半月形皱襞，称直肠横襞，有承托粪便的作用。中直肠横襞最大，位置最恒定，位于直肠壶腹的右前壁上，距肛门约7cm。临床上做直肠镜、乙状结肠镜检查时，应注意直肠的弯曲与横襞，以免损伤肠壁。

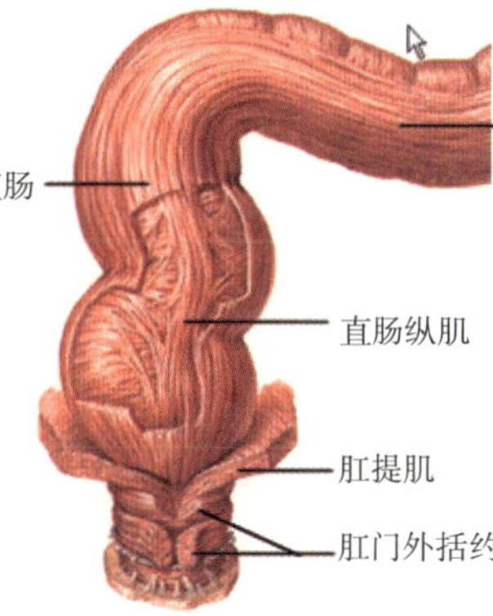

图 5-25　直肠

（五）肛管

肛管是盆膈以下的消化管，上接直肠，下端终于肛门，长约4cm（图5-26）。

肛管内面有6～10条纵行黏膜皱襞，称肛柱。各肛柱下端彼此借半月形的黏膜皱襞相连，称肛瓣。每个肛瓣与相邻的两个肛柱下端之间围成的小陷窝称肛窦，窦内常有粪便存积，若感染易导致肛窦炎。

各肛柱的下端和肛瓣连成锯齿状的环行线称齿状线，此线是黏膜和皮肤的分界标志，亦是区分内、外痔的标志。

肛管和肛门的周围分布有肛门内、外括约肌。肛门内括约肌是直肠的环行平滑肌在肛管部增厚形成，可协助排便，但无明显括约肛门的作用。在肛门内括约肌的周围，分布有由骨骼肌构成的肛门外括约肌，有较强的括约肛门和控制排便的功能。

肛门（anus）是肛管的末端开口，呈矢状裂隙，通常处于紧闭状态。肛门周围皮肤富有色素，呈暗褐色，并有汗腺和丰富的皮脂腺。

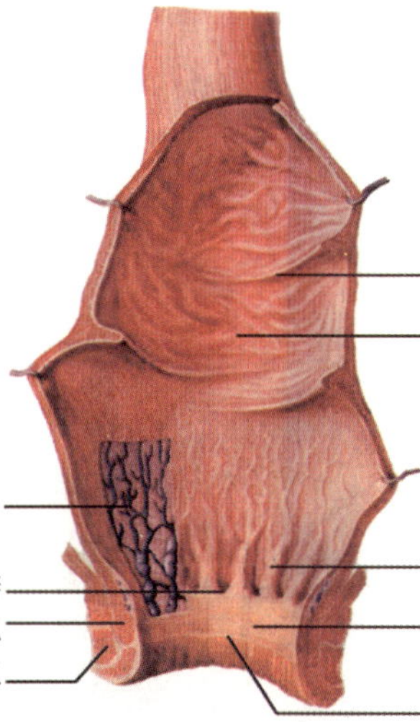

图 5-26　直肠和肛管

相关链接

灌肠（下消化道）术的护理实用解剖要点

临床上常运用灌肠术，将一定量的液体经肛门灌入大肠或由肠道供给药物。其插入途径及护理实用解剖要点有：①病人通常取左侧卧位插管（阑尾炎肠道给药取右侧卧位）；②以脐方向为准，插入3～4cm后转向上后，插入7cm左右再转向左后，以避开直肠矢状面上的骶曲、会阴曲和冠状面上的3个不太明显的侧曲；③操作应缓慢轻柔，以免损伤直肠黏膜。

项目三 消化腺

问题引入

1. 新鲜动物肝脏的形态、颜色、质地如何？
2. 胆汁的产生部位是哪里？
3. 胆囊炎时，疼痛往往发生在哪个部位？

一、肝

肝（liver）是人体最大的消化腺，也是人体最大的腺体。血供丰富，呈红褐色，质软而脆。肝主要有分泌胆汁、参与代谢、解毒、防御等功能，胚胎时期还有造血功能。

（一）肝的位置

肝大部分位于右季肋区和腹上区，小部分位于左季肋区。肝上界与膈穹隆一致，其最高点在右侧相当于右锁骨中线与第5肋的交点，左侧相当于左锁骨中线与第5肋间隙的交点。肝的下界，右侧与右肋弓一致，中部超出剑突下3～5cm，左侧被左肋弓掩盖。7岁以下儿童，因腹腔容积小，肝体积相对较大，肝下界常低于右肋弓下1.5～2cm。肝的位置随膈的运动而上下移动，在平静呼吸时，肝可上下移动2～3cm。

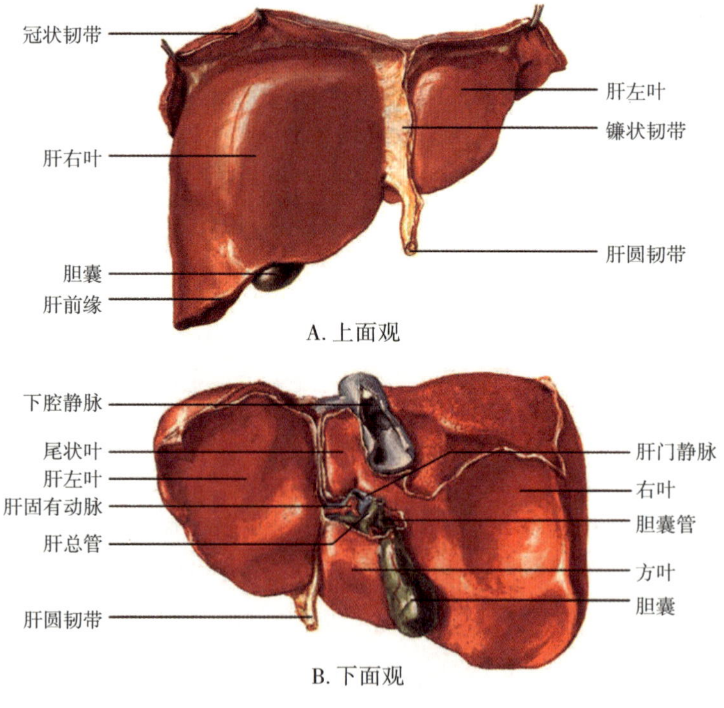

图5-27　肝的形态

（二）肝的形态

肝呈不规则的楔形，常分为前后两缘和上下两面（图5-27）。

肝前缘锐利，后缘钝圆。肝上面隆凸与膈相邻，又称膈面。膈面被矢状位的镰状韧带分为左右两叶。肝下面凹凸不平与腹腔脏器相邻，又称脏面。脏面有略呈“H”形的三条沟，即两条矢状位的纵沟和位于纵沟之间的一条横沟。横沟又称肝门，是肝管、肝固有动脉、肝门静脉、神经、淋巴管等出入肝的部位。右纵沟的前部凹陷称胆囊窝，容纳胆囊。肝的脏面借“H”形的沟将其分为 4 叶：肝左叶、肝右叶、方叶和尾状叶。

（三）肝的组织结构

肝的表面被覆致密结缔组织被膜，肝门处的结缔组织随血管、神经和肝管的分支伸入肝内，将肝实质分隔成许多肝小叶。相邻肝小叶之间有肝门管区（图 5-28）。

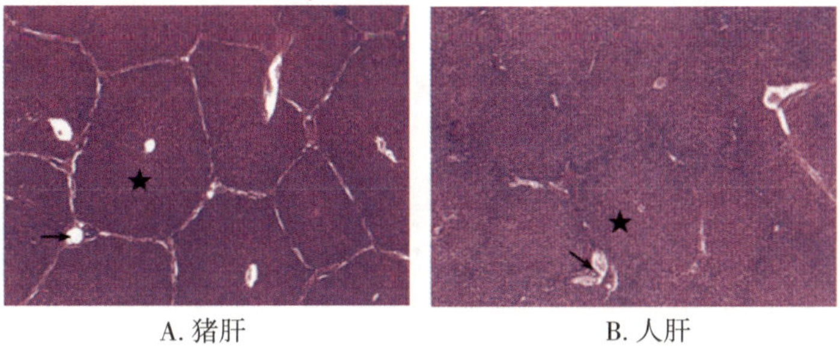

图 5-28 肝的组织结构（低倍）

1. 肝小叶 呈不规则多面棱柱体，是肝的基本结构和功能单位（图 5-28，图 5-29）。成人肝有 50 万～100 万个肝小叶。每个肝小叶中央有一条纵行的中央静脉，肝细胞以此为中心呈放射状排列，形成肝板。肝板在切面上呈索状，又称肝索。肝细胞体积较大，呈多边形，细胞质含有各种细胞器及糖原、脂滴等包含物，参与完成肝的各种功能（图 5-30，图 5-31）。肝板之间的腔隙称肝血窦，其通透性大，窦内有肝巨噬细胞（Kupffer 细胞），具有很强的吞噬功能。肝血窦内皮细胞与相邻的肝细胞之间狭小的间隙，称窦周隙，隙内充满由肝血窦渗出的血浆，是肝细胞与血液之间进行物质交换的场所。相邻肝细胞之间形成胆小管，其管壁由相邻肝细胞的胞膜局部凹陷围成。胆小管在肝板内互相连接成网状，肝细胞分泌的胆汁进入其内，并从肝小叶的中央流向周边，在肝门管区汇入小叶间胆管。

2. 肝门管区 相邻肝小叶之间呈三角形或椭圆形的结缔组织小区，称肝门管区，区内有小叶间动脉、小叶间静脉和小叶间胆管伴行通过（图 5-32）。

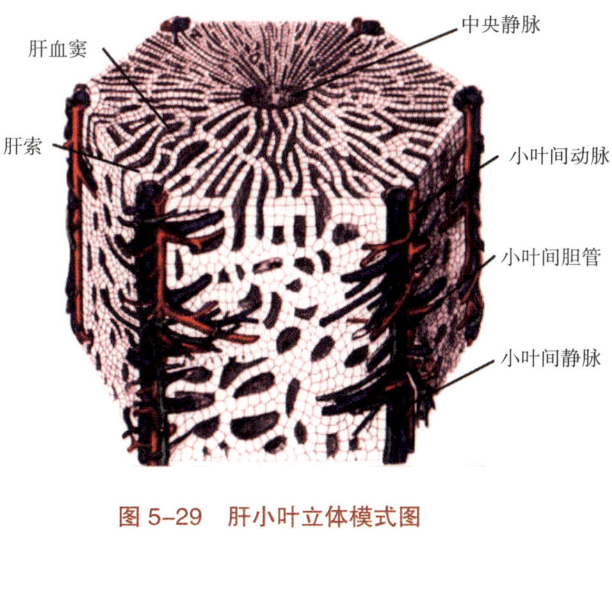

图 5-29 肝小叶立体模式图

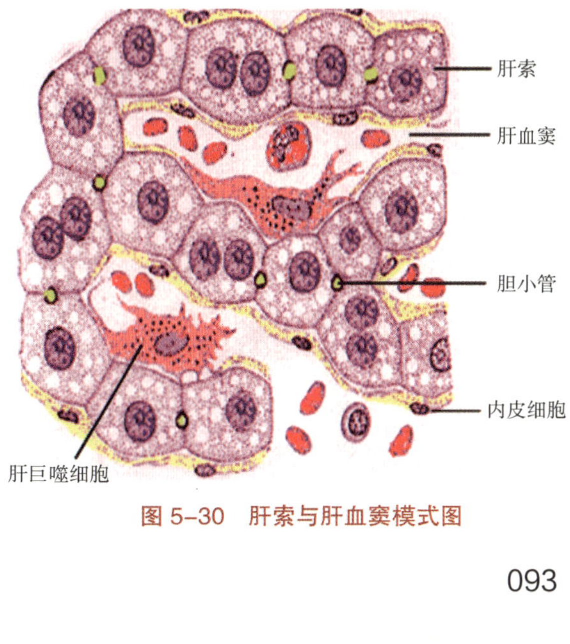

图 5-30 肝索与肝血窦模式图

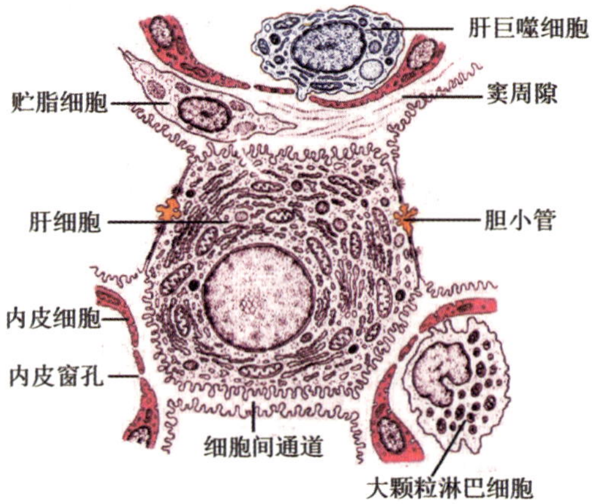

图 5-31　肝细胞与胆小管、肝血窦、窦周隙相互关系模式图

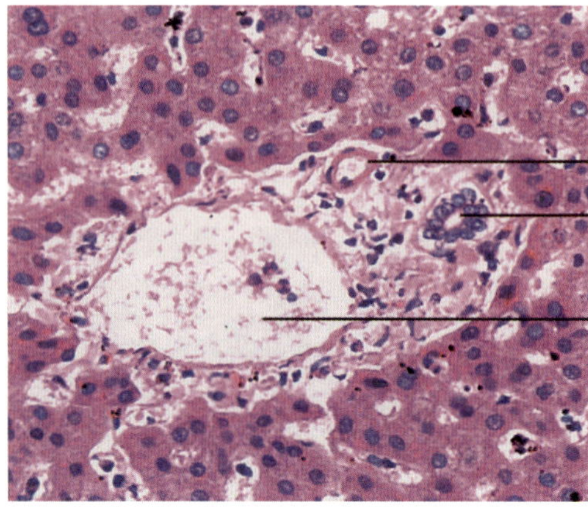

图 5-32　肝门管区

3. 肝内血液循环　肝的血液有两个来源：肝固有动脉，是肝的营养性血管；肝门静脉，是肝的功能性血管。两者入肝后反复分支，分别形成小叶间动脉和小叶间静脉，其血液都注入肝血窦，然后从肝小叶四周缓慢地汇入中央静脉。数条中央静脉离开肝小叶汇合成小叶下静脉，小叶下静脉独立走行于小叶间结缔组织内，最后汇合成肝静脉出肝，注入下腔静脉。因此肝的血液流向具有“二进一出”的特点。

肝内血液循环途径：

肝固有动脉 ⟶ 小叶间动脉
（营养血）
肝门静脉 ⟶ 小叶间静脉
（功能血）

} ⟶ 肝血窦 ⟶ 中央静脉 ⟶ 小叶下静脉 ⟶ 肝静脉 ⟶ 下腔静脉
（物质交换、代谢、解毒等）

（四）胆囊和输胆管道

1. 胆囊（gallbladder）　位于右季肋区肝下面的胆囊窝内，容量为 40 ~ 60ml，具贮存和浓缩胆汁的功能。胆囊呈长梨形，可分为胆囊底、胆囊体、胆囊颈、胆囊管四部分（图 5-27，图 5-33）。胆囊底是胆囊突向前下方的盲端，常露出于肝下缘，与腹前壁相贴。胆囊底的体表投影在右锁骨中线或腹直肌外侧缘与右肋弓交点稍下方。胆囊炎时，此处可有明显压痛。

输胆管道

2. 输胆管道　是将肝细胞产生的胆汁输送到十二指肠腔的管道，分肝内和肝外胆道两部分。肝内胆道包括胆小管和小叶间胆管，肝外胆道包括肝左管、肝右管、肝总管、胆囊和胆总管（图 5-33）。

肝左管、肝右管分别由肝内的小叶间胆管逐渐汇合而成，出肝门后汇合成一条肝总管。肝总管与胆囊管汇合成胆总管。胆总管经十二指肠上部后方，下行至十二指肠降部与胰头之间，与胰管汇合，共同开口于十二指肠大乳头。汇合处管腔稍膨大，称肝胰壶腹（Vater 壶腹），其周围有增厚的环行平滑肌环绕，称肝胰壶腹括约肌（Oddis 括约肌），可控制胆汁和胰液的排出（图 5-33）。

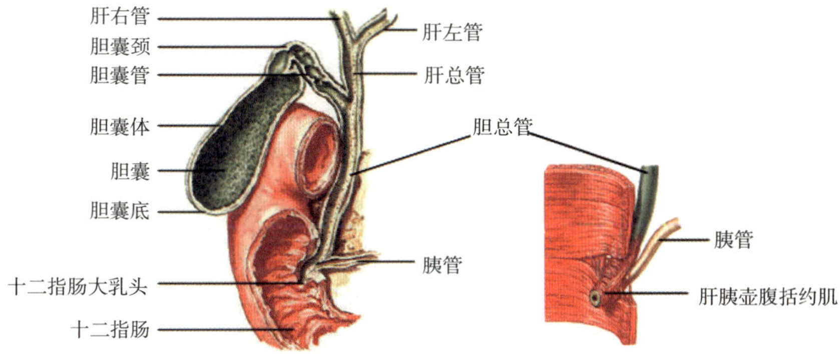

图 5-33 输胆管道及胰管

3. 胆汁的产生和排出途径 空腹时即非消化期，由于肝胰壶腹括约肌收缩，肝细胞分泌的胆汁由肝内胆道经肝左管和肝右管、肝总管、胆囊管入胆囊贮存和浓缩；进食后即消化期，胆囊收缩，肝胰壶腹括约肌舒张，胆囊内的胆汁经胆囊管与肝细胞分泌的胆汁汇合后由胆总管排入十二指肠。

胆汁的产生与排出途径：

肝细胞分泌胆汁→胆小管→小叶间胆管→肝左、右管→肝总管→胆总管→

↘ ↗
胆囊管
（未进食）↓ ↑（进食）
胆囊

十二指肠大乳头→十二指肠腔

二、胰

胰（pancreas）是人体第二大消化腺，在消化过程中起重要作用。

（一）胰的位置和形态

胰的位置较深，位于胃的后方，在第 1、2 腰椎水平横贴于腹后壁。胰呈长棱柱形，质地柔软，灰红色，分为胰头、胰体、胰尾三部分（图 5–19）。胰的右端膨大，称胰头，被十二指肠环抱；左端较细，邻近脾门，称胰尾；中间部呈棱柱状，为胰体。在胰实质内有一条自胰尾向胰头走行的管道，称胰管，沿途收纳许多小管，最后在十二指肠降部的后内侧壁与胆总管汇合成肝胰壶腹后，开口于十二指肠大乳头（图 5–33）。

（二）胰的组织结构

胰的表面被覆薄层结缔组织被膜，结缔组织伸入胰的实质内将其分隔为许多小叶。每个小叶的实质又分为外分泌部和内分泌部（图 5–34）。外分泌部占胰的大部分，由腺泡和导管构成，分泌胰液，经胰管排入十二指肠。胰液是重要的消化液，含多种消化酶，参与糖、脂肪、蛋白质的消化。胰的内分泌部即胰岛，是由内分泌细胞组成的细胞团，其大小不等，散在于腺泡之间，以胰尾为多。胰岛主要有 A、B、D、PP 四种细胞。其中 A 细胞分泌胰高血糖素，可使血糖升高；B 细胞最多，分泌胰岛素，可使血糖降低（图 5–35）。

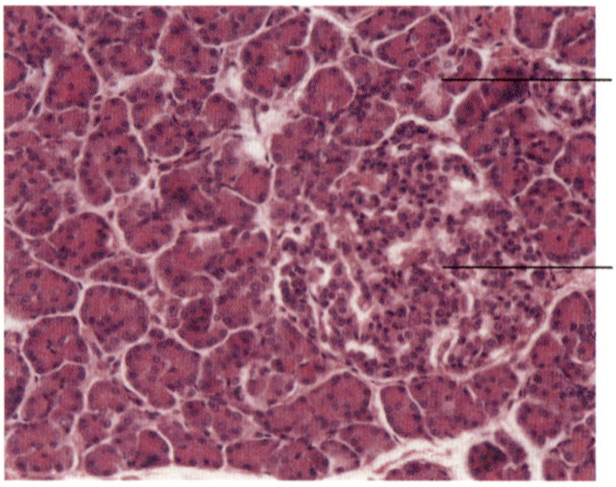

图 5-34　胰的组织结构

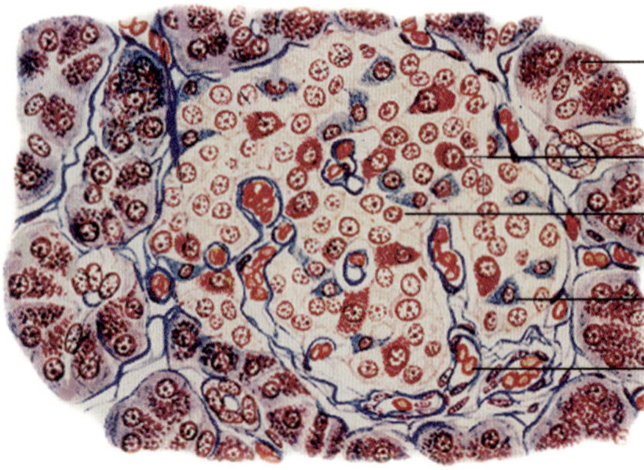

图 5-35　胰内分泌部

相关链接

急性胰腺炎

急性胰腺炎是多种病因导致胰酶在胰腺内被激活后引起胰腺组织自身消化、水肿、出血甚至坏死的炎症反应。临床以急性上腹痛、恶心、呕吐、发热和血胰酶增高等为特点。病变程度轻重不等，轻者以胰腺水肿为主，临床多见，病情常呈自限性，预后良好，又称为轻症急性胰腺炎。少数重者的胰腺出血坏死，常继发感染、腹膜炎和休克等，病死率高，称为重症急性胰腺炎。

项目四 ▶▶ 腹膜

问题引入

1. 腹膜腔与腹腔的区别是什么？
2. 为什么饭后不能剧烈活动？

一、腹膜与腹膜腔

腹膜（peritoneum）是覆盖于腹、盆壁内面和腹、盆腔脏器表面的一层薄而光滑的浆膜，由间皮和少量结缔组织构成。根据分布不同，将衬贴于腹、盆壁内面的腹膜称壁腹膜，被覆于腹、盆腔脏器表面的腹膜称脏腹膜。壁腹膜和脏腹膜相互移行，共同围成不规则的潜在性腔隙，称为腹膜腔（peritoneal cavity）。男性腹膜腔是密闭的间隙，女性腹膜腔则借生殖管道与外界相通。因此，女性腹膜腔感染机会高于男性（图 5-36）。

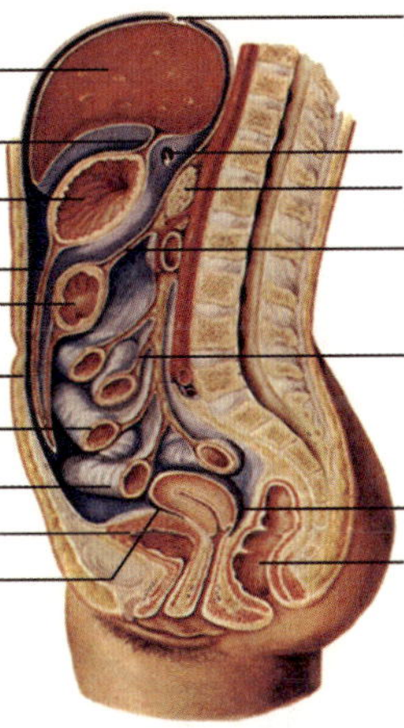

图 5-36 腹膜示意图（正中矢状面，女）

正常情况下，腹膜分泌少量浆液，可润滑脏器，减少脏器活动时相互间的摩擦；腹膜还具有吸收、支持固定、修复和防御等功能。上腹部的腹膜吸收能力比下腹部强，因此临床上对腹膜炎或腹部手术后的患者多采用半卧位，以减缓腹膜对毒素的吸收。

相关链接

腹腔与腹膜腔

腹腔与腹膜腔在解剖学上是两个既不同又相关的概念。腹腔是指膈以下、盆膈以上，腹前外侧壁和腹后壁之间的腔。腹膜腔仅指壁腹膜与脏腹膜之间的腔隙，腔内含有少量浆液。腹、盆腔脏器均位于腹腔之内、腹膜腔之外。临床上肾和膀胱等手术，常在腹膜外进行，不用经过腹膜腔，以免造成腹膜腔的感染和术后粘连。

二、腹膜与脏器的关系

根据脏器被腹膜覆盖的范围不同，可将腹、盆腔脏器归为三种类型（图 5-36，图 5-37）：

（一）腹膜内位器官

脏器表面几乎都被腹膜覆盖。这类器官活动性较大，如胃、十二指肠上部、空肠、回肠、盲肠、阑尾、横结肠、乙状结肠、卵巢、输卵管和脾等。

（二）腹膜间位器官

脏器表面三面或大部分被腹膜覆

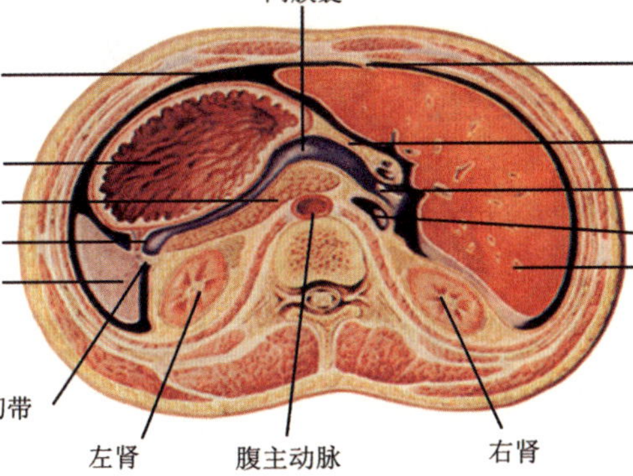

图 5-37 腹膜横切面（通过网膜孔）

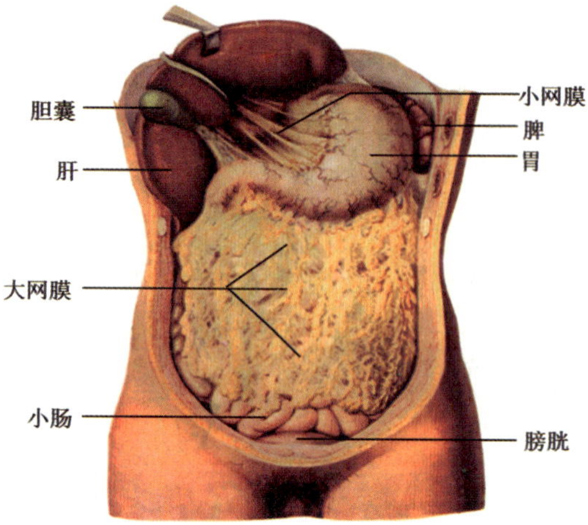

图 5–38　网膜

盖。这类器官活动性较小，如肝、胆囊、升结肠、降结肠、直肠上段、空虚的膀胱和子宫等。

（三）腹膜外位器官

脏器只有一面被腹膜覆盖。这类器官位置固定，几乎不能活动，如胰、肾、肾上腺、输尿管及十二指肠降部、水平部和升部等。

三、腹膜形成的结构

腹膜在腹、盆腔脏器之间以及脏器与腹、盆腔壁之间相互移行的过程中，形成网膜、系膜、韧带、陷凹等结构（图 5–36，图 5–37，图 5–38）。这些结构不仅对器官起着连接和固定的作用，也是血管、神经出入器官的途径。

（一）网膜

1. 小网膜　是自肝门向下移行于胃小弯和十二指肠上部的双层腹膜结构，包括左部从肝门连至胃小弯的肝胃韧带和右部从肝门连至十二指肠的肝十二指肠韧带。在肝十二指肠韧带内有胆总管、肝固有动脉和肝门静脉等重要结构。小网膜右缘游离，其后方为网膜孔。

小网膜和胃后壁的后方有一窄隙，称网膜囊，它是腹膜腔的一部分，又称小腹膜腔。网膜孔是网膜囊通向腹膜腔其他部分的唯一通道。

2. 大网膜　是胃大弯连至横结肠的四层腹膜结构。它形似围裙，悬覆于横结肠和空、回肠的前方。大网膜具有防御功能，当腹腔脏器发生炎症或穿孔时，大网膜可向病灶处移动，并包裹病灶。小儿的大网膜较短，下腹部的炎性病灶不易被大网膜包裹，炎症易扩散。

（二）系膜

系膜是脏腹膜和壁腹膜相互移行所形成的将肠管连至腹后壁的双层腹膜结构。系膜除起到悬挂作用外，还有出入器官的血管、神经、淋巴管等结构通过，如肠系膜、阑尾系膜、横结肠系膜、乙状结肠系膜等。系膜的形成使肠管具有较大的活动度，对消化和吸收有促进作用，但活动异常时也易发生肠扭转。

（三）韧带

韧带是连于脏器与腹、盆壁之间或相邻脏器之间的双层腹膜结构，对脏器有固定作用。主要有肝镰状韧带、冠状韧带、胃脾韧带和脾肾韧带等。

（四）隐窝和陷凹

1. 肝肾隐窝　位于肝右叶下面与右肾和结肠右曲之间，仰卧时为腹膜腔最低处，为液体易于积聚的部位。

2. 陷凹　腹膜在盆腔脏器之间移行，形成较大而恒定的腹膜陷凹（图 5–36）。男性在直肠与膀胱之间有直肠膀胱陷凹；女性在膀胱与子宫之间有膀胱子宫陷凹，在直肠与子宫之间有直肠子宫陷凹（Douglas 腔）。男性的直肠膀胱陷凹和女性的直肠子宫陷凹是半卧位或坐位时腹膜腔的最低点，如腹膜腔内有积液或积血时，常积聚在这些陷凹中。

小结

消化系统由消化管和消化腺两部分组成。消化管包括口腔、咽、食管、胃、小肠和大肠。消化腺包括大消化腺和小消化腺。除口腔和咽外，消化管壁分为四层，由内向外依次是黏膜、黏膜下层、肌层和外膜。口腔是消化管的起始部分，分为口腔前庭和固有口腔；咽是呼吸道和消化道的共同通道，分为鼻咽、口咽和喉咽；食管连于咽和胃之间，有三处生理狭窄；胃是消化管中最膨大的部分；小肠是食物消化和吸收的主要场所，包括十二指肠、空肠和回肠；大肠是消化管的最后一段，分为盲肠、阑尾、结肠、直肠和肛管五部分。人体内最大的消化腺是肝脏，它的基本结构和功能单位是肝小叶；胆囊具有贮存和浓缩胆汁的作用，分为胆囊底、胆囊体、胆囊颈和胆囊管四部分；胰是人体第二大消化腺，分为胰头、胰体和胰尾三部分。腹膜是覆盖于腹、盆腔壁内面和腹、盆腔脏器表面的浆膜，腹膜可以形成网膜、系膜、韧带、隐窝和陷凹等结构。

复习思考题

1. 试述消化系统的组成和功能。
2. 插胃管时要经过食管哪几个狭窄？这些狭窄各位于何处？
3. 简述胃的位置、形态和分部。
4. 分别说出阑尾根部和胆囊底的体表投影。
5. 简述肝的位置及上、下界的体表定位。
6. 胆汁是何器官产生的？又是如何排入十二指肠的？
7. 什么是腹膜腔？男、女性腹膜腔的最低点在何处？有何临床意义？

（吉燕南）

模块六 呼吸系统

知识目标

1. 掌握呼吸系统的组成和功能。
2. 掌握呼吸道的组成，上、下呼吸道的概念；了解鼻腔的分部、鼻道形态、鼻腔黏膜特点；熟悉鼻旁窦的名称和位置；了解喉的位置、构成，掌握喉腔的分部；掌握气管的位置及左、右主支气管的形态区别，了解气管切开的部位。
3. 熟悉肺的位置、形态、分叶，掌握肺小叶、呼吸膜。
4. 掌握胸膜、胸膜腔和肋膈隐窝，熟悉壁胸膜下界与肺下界的体表投影，了解纵隔的概念和分区。

技能目标

1. 会指认鼻旁窦的位置。
2. 会辨认左、右主支气管的形态。
3. 会指认肺的位置，辨认左、右肺的形态。

呼吸系统（respiratory system）由呼吸道和肺组成（图 6-1）。呼吸道是传送气体的管道，肺是完成气体交换的器官。呼吸系统的主要功能是进行气体交换，即吸入氧气、呼出二氧化碳，保证人体新陈代谢的顺利进行；此外，还兼有嗅觉、发音、内分泌等功能。

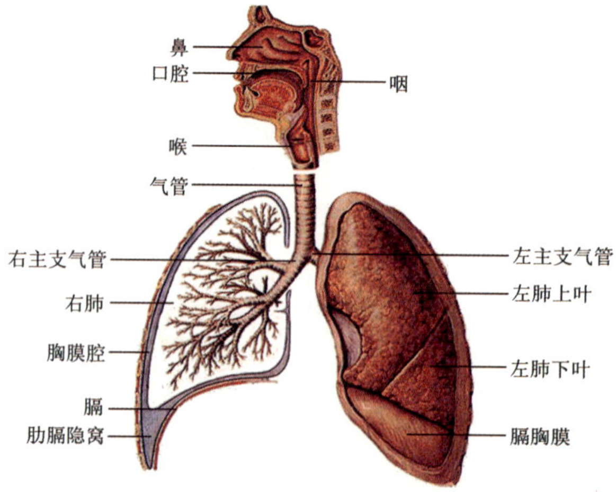

图 6-1　呼吸系统概观

项目一 呼吸道

问题引入

1. 呼吸时，从外界吸入的新鲜空气依次经过何途径到达肺？
2. 感冒时，经常会有哪些症状出现？它涉及哪些器官？
3. 吃饭时，边谈笑边进餐是否合理？为什么？

呼吸道(respiratory tract)包括鼻、咽、喉、气管和各级支气管。临床上将鼻、咽、喉称上呼吸道，气管、主支气管及以下分支称下呼吸道。

相关链接

急性上呼吸道感染

急性上呼吸道感染是临床最常见的一种感染性疾病，有70%～80%由病毒引起，是鼻腔、咽或喉部急性炎症的概称。症状为咽部不适或咽痛，继之流涕、鼻塞、打喷嚏、咳嗽、肢体酸痛、乏力、头痛，有时伴有不同程度的发热。病程3～7天多能自愈，但亦可持续数周以上。

一、鼻

鼻（nose）是呼吸道的起始部，也是嗅觉器官，并辅助发音。鼻可分为外鼻、鼻腔和鼻旁窦三部分。

（一）外鼻

外鼻位于面部中央，以骨和软骨为支架，外覆皮肤，内衬黏膜，呈三棱锥形。外鼻上端位于两眼间狭窄的部分称鼻根，鼻根向下延成鼻背，鼻背的下端隆起为鼻尖，鼻尖两侧的弧形隆起称鼻翼，呼吸困难的病人可出现鼻翼翕动。鼻尖和鼻翼的皮肤因富含皮脂腺和汗腺，为痤疮、酒渣鼻和疖肿的好发部位。

（二）鼻腔

鼻腔是由骨和软骨围成的腔，内衬皮肤和黏膜，并被鼻中隔分为左右两半。鼻腔向前借鼻孔通外界，向后经鼻后孔通鼻咽。每侧鼻腔以鼻阈为界，分为鼻前庭和固有鼻腔两部分。

1. **鼻前庭** 由鼻翼围成，内面衬以皮肤，生有鼻毛，以阻挡灰尘和净化空气。鼻前庭皮肤富有皮脂腺和汗腺，是疖肿的好发部位。

2. **固有鼻腔** 位于鼻阈后上方，是鼻腔的主要部分，由骨性鼻腔内衬黏膜构成。

（1）鼻中隔：由筛骨垂直板、犁骨及鼻中隔软骨覆以黏膜而成（图 6–2），是左、右鼻腔的内侧壁。鼻中隔多不居中，常偏向一侧。鼻中隔前下部血管丰富，位置表浅，外伤或干燥刺激易引起出血，故称易出血区（Little 区）。

（2）鼻腔外侧壁：鼻腔外侧壁形态复杂，自上而下有三个被覆黏膜的上、中、下鼻甲突向鼻腔。在三个鼻甲下方各有一裂隙，分别称为上、中、下鼻道（图 6–3）。在上鼻甲的后上方与鼻腔顶壁之间有一凹陷，称蝶筛隐窝。下鼻道前部有鼻泪管的开口。

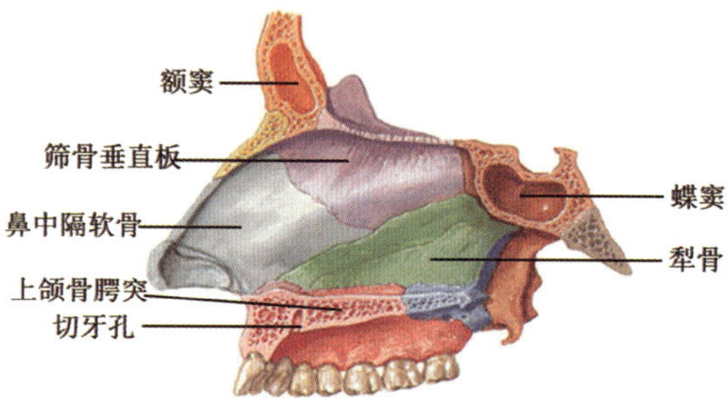

图 6–2　鼻中隔

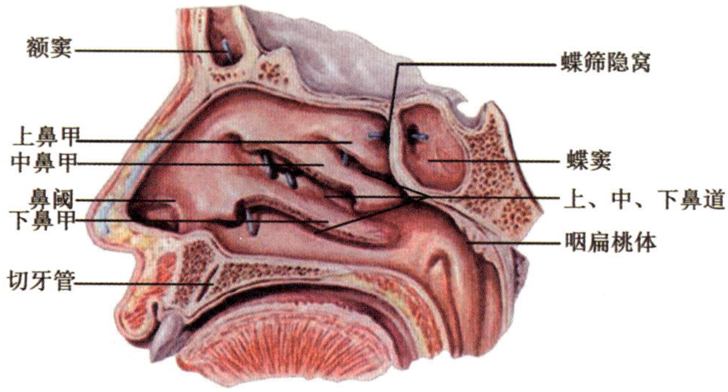

图 6–3　鼻腔的外侧壁

（3）鼻黏膜：按黏膜的结构和功能不同，可分为嗅区和呼吸区。嗅区是上鼻甲内侧面及与其相对的鼻中隔上部的鼻黏膜，活体呈苍白或淡黄色，内含嗅细胞，具有嗅觉功能。呼吸区为嗅区以外的大部分黏膜，含有丰富的血管、腺体和纤毛，可对吸入的空气起温暖、湿润和净化作用。

（三）鼻旁窦

鼻旁窦又称副鼻窦，由骨性鼻旁窦内衬黏膜构成，可调节吸入空气的温度和湿度，对发音起共鸣作用。鼻旁窦共 4 对，即上颌窦、额窦、筛窦和蝶窦，分别位于同名的颅骨内。由于鼻旁窦的黏膜在窦口处与鼻黏膜相延续，故鼻腔的炎症可蔓延至鼻旁窦。上颌窦、额窦、筛窦前群和中群均开口于中鼻道，筛窦后群开口于上鼻道，蝶窦开口于蝶筛隐窝。上颌窦是鼻旁窦中最大的一对，因其在中鼻道的开口高于窦底，分泌物不易排出，故临床上鼻旁窦的炎症中以上颌窦慢性炎症最为多见。

二、咽

咽是消化道和呼吸道的共同通道。（具体介绍见消化系统）

三、喉

喉（larynx）既是呼吸的管道，又是发音的器官。它位于颈前部正中，喉咽的前方，成人喉相当于第 3 ~ 6 颈椎高度。它上连舌骨，下续气管，喉两侧有颈部的大血管、神经及甲状腺侧叶等。喉的活动性较大，可随吞咽或发音而上下移动。

喉主要以软骨为基础，内衬黏膜，并借关节、韧带和肌肉连结成整体。

（一）喉软骨及其连结

喉软骨构成喉的支架，由不成对的甲状软骨、环状软骨、会厌软骨和成对的杓状软骨等构

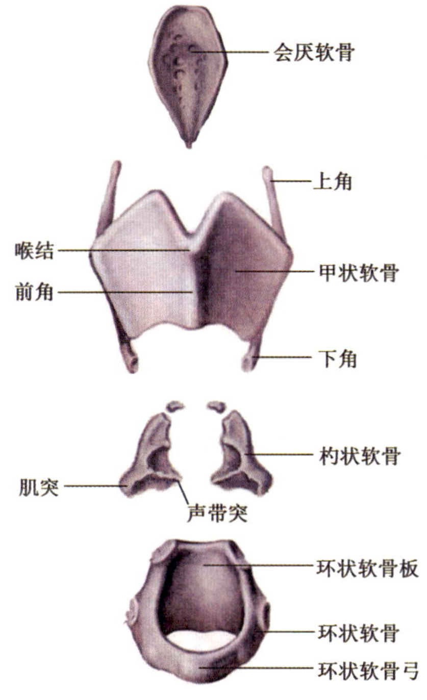

图 6–4 喉软骨

成（图 6–4，图 6–5）。

1. 甲状软骨 位于舌骨下方，是喉软骨中最大的一块，由左右两块近似方形的软骨板在前方融合而成。融合处称前角，其上端向前突出，称喉结，在成年男性特别明显，是颈部的重要标志。甲状软骨板的后缘游离，分别向上、向下发出一对突起。上方的一对称为上角，借韧带与舌骨相连；下方的一对称为下角，与环状软骨构成环甲关节。

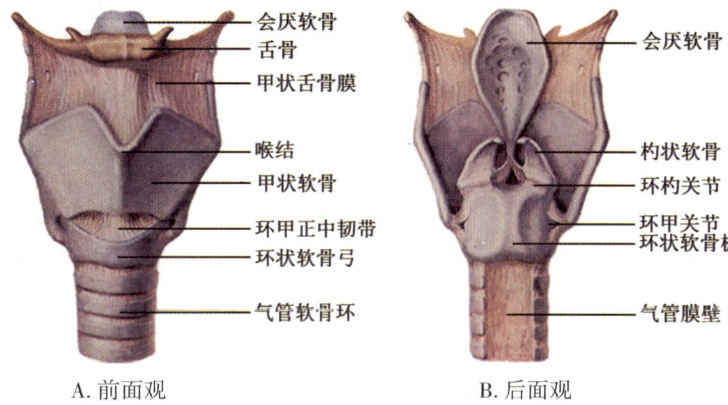

图 6–5 喉的连结

2. 环状软骨 位于甲状软骨下方，形似指环。前部低窄，称环状软骨弓；后部高宽，称环状软骨板。环状软骨弓平对第 6 颈椎，是颈部的重要标志之一。环状软骨是呼吸道中唯一完整的软骨环，对维持呼吸道的通畅有重要作用，损伤后易引起喉狭窄。

3. 会厌软骨 位于甲状软骨的后上方，形似树叶，上宽下窄。其上端游离，下端借韧带连于甲状软骨前角内面。会厌软骨外覆黏膜构成会厌，是喉口的活瓣。吞咽时，喉上提，会厌封闭喉口，防止食物误入喉腔。

4. 杓状软骨 位于环状软骨板上缘两侧，左右各一，形似三棱锥体，其尖向上，底朝下，与环状软骨板上缘构成环杓关节。每侧杓状软骨底的前端与甲状软骨前角内面都有声韧带附着，声韧带是构成声带的基础。

相关链接

环甲正中韧带的临床意义

环甲正中韧带位于喉前部，紧张于甲状软骨上缘和环状软骨弓上缘中部之间。当急性喉阻塞时，可在此做喉腔穿刺或切开，建立暂时气道，以挽救病人的生命。

（二）喉肌

喉肌属于骨骼肌，按功能可分为两群。一群作用于环甲关节，通过紧张或松弛声带，调节音调的高低；另一群作用于环杓关节，通过开大或缩小声门裂，控制发音的强弱（图 6–6 ）。

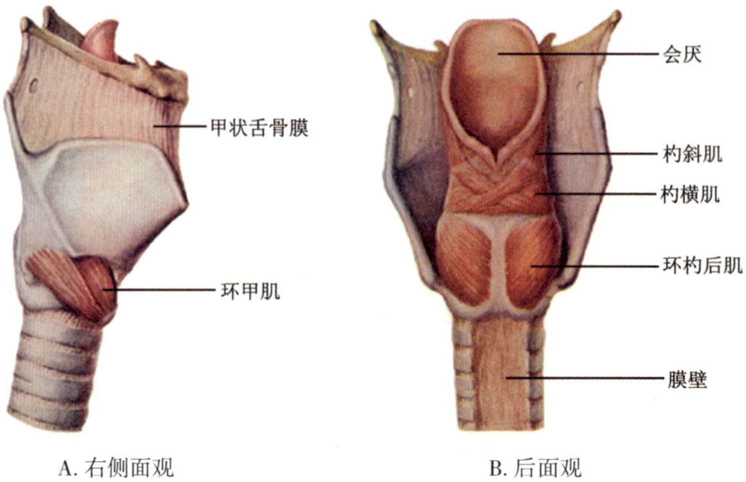

图 6–6　喉肌

（三）喉腔

喉腔是以喉软骨为支架围成的腔隙，其内面衬以黏膜，向上经喉口通喉咽，向下通气管。在喉腔中部的两侧壁上有上下两对黏膜皱襞，呈前后走向。上方的一对称前庭襞，其间的裂隙称前庭裂；下方的一对称声襞，与深部的声韧带和声带肌共同构成发音的重要结构，即声带。两侧声襞之间的裂隙，称声门裂，是喉腔最狭窄的部位（图 6–7，图 6–8）。

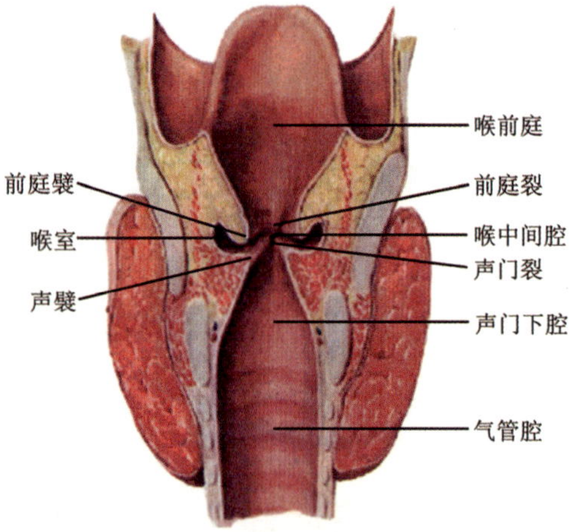

图 6–7　喉腔冠状切面

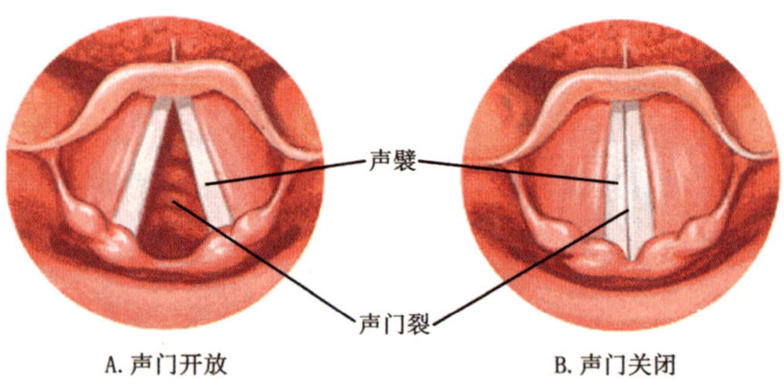

图 6–8　声韧带

喉腔借前庭裂和声门裂分为上、中、下三部分。喉口至前庭裂平面之间的部分称喉前庭。前庭裂和声门裂之间的部分称喉中间腔，其向两侧突出的隐窝称喉室。声门裂至环状软骨下缘之间的部分称声门下腔，此区黏膜下组织疏松，炎症时易发生水肿。婴幼儿喉腔较窄小，常因喉水肿引起喉阻塞，造成呼吸困难。

相关链接

人工呼吸

对昏迷患者或心跳停止患者在排除气道异物时，采用徒手方法使呼吸道畅通后，如无自主呼吸，则实施口对口人工呼吸。这是借助急救者吹气的力量，使气体被动吹入肺泡，以保证不间断地向患者供氧；通过肺的间歇性膨胀，以达到维持肺泡通气和氧合作用，从而减轻组织缺氧和二氧化碳潴留，防止重要器官因缺氧造成不可逆性损伤。

四、气管与主支气管

气管和主支气管是连接喉与肺之间的管道(图 6–9)，均由“C”形的气管软骨借韧带连接而成，气管软骨的缺口由平滑肌和结缔组织封闭。

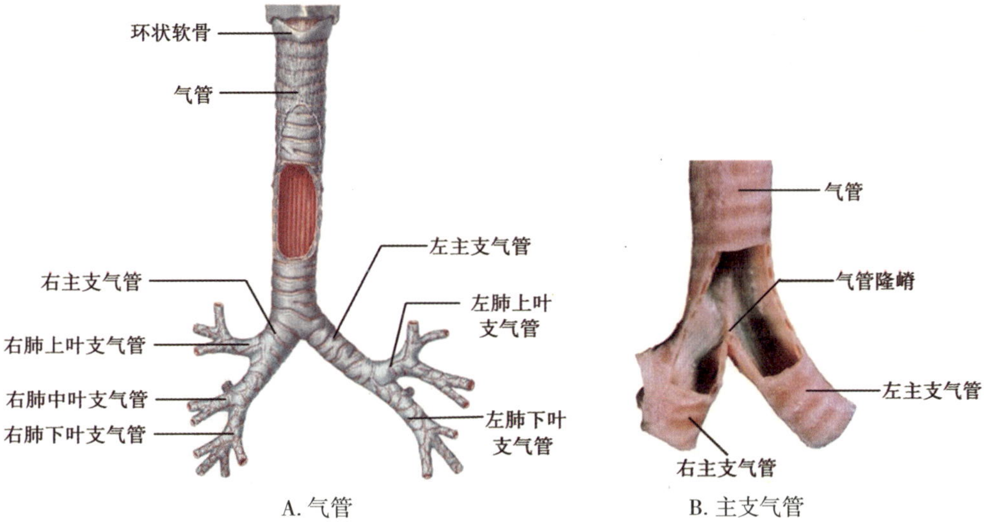

图 6–9　气管与主支气管

(一) 气管

气管(trachea)由 16 ~ 20 个“C”形的气管软骨环构成，位于食管前方。气管上端接环状软骨，沿颈前正中下行入胸腔，在胸骨角平面分为左、右主支气管，其分叉处称气管杈。在气管杈内面有一向上凸的半月状隆嵴，称气管隆嵴，稍偏左，是支气管镜检查的定位标志。

按气管的行程与位置，可分为颈部和胸部。颈部位置表浅，在颈静脉切迹上方可摸到。临床遇急性喉阻塞时，常在第 3~5 气管软骨环前方进行气管切开术。

(二) 主支气管

主支气管是气管杈至肺门之间的管道，左右各一，自气管在胸骨角平面分出后，行向外下方，经左、右肺门入肺。左主支气管细长，走行较倾斜；右主支气管较粗短，走行较垂直，加之气管隆嵴偏左，故进入气管的异物多坠入右主支气管。

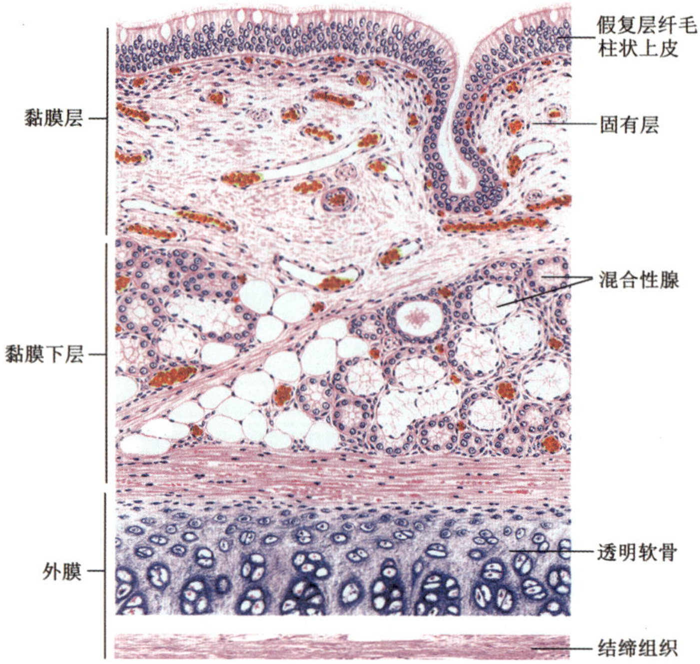

图 6–10　气管和主支气管微细结构模式图

（三）气管和主支气管的组织结构

气管和主支气管的管壁由内向外依次分为黏膜、黏膜下层和外膜三层（图 6–10）。

1. 黏膜　由上皮和固有层组成。上皮为假复层纤毛柱状上皮，内有大量杯状细胞。固有层由富含弹性纤维的结缔组织构成，有小血管、腺导管和散在的淋巴组织等。

2. 黏膜下层　为疏松结缔组织，与固有层和外膜无明显界限，内含较多的血管、淋巴管和混合性气管腺。

杯状细胞、黏膜下层内气管腺所分泌的黏液，覆盖在上皮的表面，能黏附尘埃、病菌等异物，经上皮纤毛有节律地向咽部摆动，将异物排出。

3. 外膜　主要由透明软骨和疏松结缔组织构成。软骨缺口处由结缔组织相连，内有弹性纤维组成的韧带和平滑肌束。

相关链接

气管插管

气管插管是指将一特制的气管内导管经声门置入气管的技术。这一技术能为气道通畅、通气供氧、呼吸道吸引和防止误吸等提供最佳条件。紧急气管插管技术已成为心肺复苏及伴有呼吸功能障碍的急危重症患者抢救过程中的重要措施，是医务人员必须熟练掌握的基本技能，对抢救患者生命、降低病死率起到至关重要的作用。

项目二 ▶▶ 肺

问题引入

1. 肺的位置在哪儿？形态结构是什么样的？
2. 肺泡是什么？肺泡外面的毛细血管起什么作用？
3. 为什么说吸烟有害健康？

肺（lung）是呼吸系统进行气体交换的器官。幼儿肺呈淡红色，随着年龄增长，由于吸入的灰尘的沉积，颜色逐渐变为暗灰色，并出现许多蓝黑色斑点。肺组织柔软，富有弹性。因其含有空气，比重小于1，能浮在水中，而未经呼吸的肺，入水则下沉。法医常借此鉴别胎儿系生前或生后死亡。

一、肺的位置和形态

（一）肺的位置

肺位于胸腔内，膈的上方，纵隔两侧，左右各一。由于膈的右侧较左侧为高，以及心脏位置偏左，故右肺较宽短，左肺较狭长。

（二）肺的形态

肺形似半个圆锥形，具有一尖（肺尖）、一底（肺底）、两面（外侧面、内侧面）和三缘（前缘、后缘和下缘）（图6–11，图6–12）。

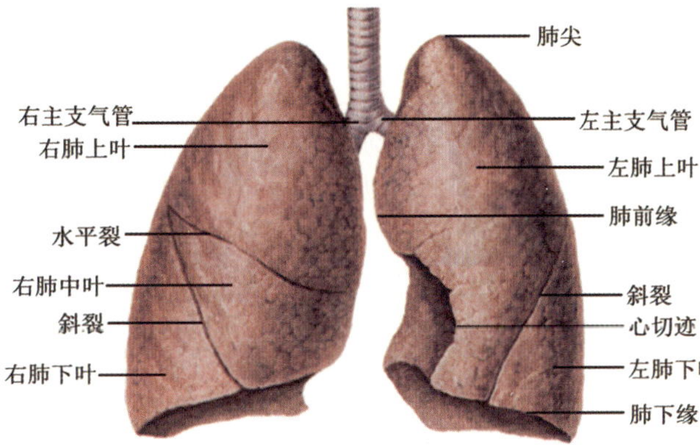

图6–11 肺（前面）

肺尖圆钝，经胸廓上口突入颈根部，高出锁骨内侧1/3上方2～3cm。肺底位于膈上方，向上凹，故又称膈面。肋面隆凸，邻接肋和肋间肌。内侧面邻贴纵隔，又称纵隔面，其中部凹陷，称肺门（hilum of lung），是主支气管、肺动脉、肺静脉、淋巴管和神经等出入肺的部位。这些出入肺门的结构被结缔组织包绕，构成肺根。肺的前缘薄而锐利，左肺前缘下部有心切迹。肺的后缘圆钝，肺的下缘亦较薄锐。

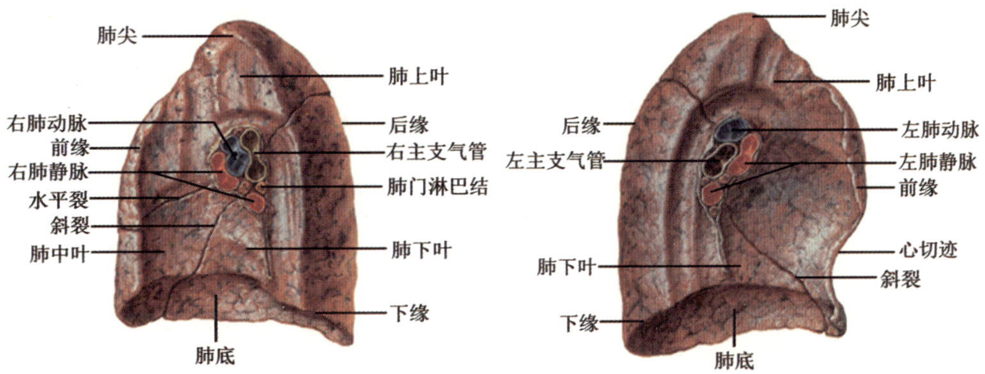

A. 右肺　　B. 左肺

图6–12 肺内侧面

（三）肺的分叶

左肺被一条由后上斜向前下的斜裂分为上下两叶。右肺除有相应的斜裂外，还有一条近于水平方向的水平裂，故右肺被分为上、中、下三叶。

二、肺内支气管和支气管肺段

主支气管进入肺门后，左主支气管分上下两支，右主支气管分上、中、下三支，进入相应的肺叶，构成肺叶支气管。肺叶支气管在各肺叶内再分为肺段支气管，此后在肺内反复分支，呈树枝状，称支气管树。每个肺段支气管及其分支和所属的肺组织，称支气管肺段，简称肺段。肺段呈圆锥形，其尖朝向肺门，底朝向肺表面。当肺段支气管阻塞时，此段的空气进出受阻。根据这些特点，临床上可做定位诊断或做肺段切除术。

三、肺的组织结构

肺的表面有一层光滑的浆膜，即胸膜的脏层。肺内部可分为实质和间质两部分。肺实质包括肺内支气管树和肺泡，肺间质是指肺内结缔组织、血管、淋巴管和神经等结构。根据功能不同，肺实质可分为导气部和呼吸部（图 6–13）。

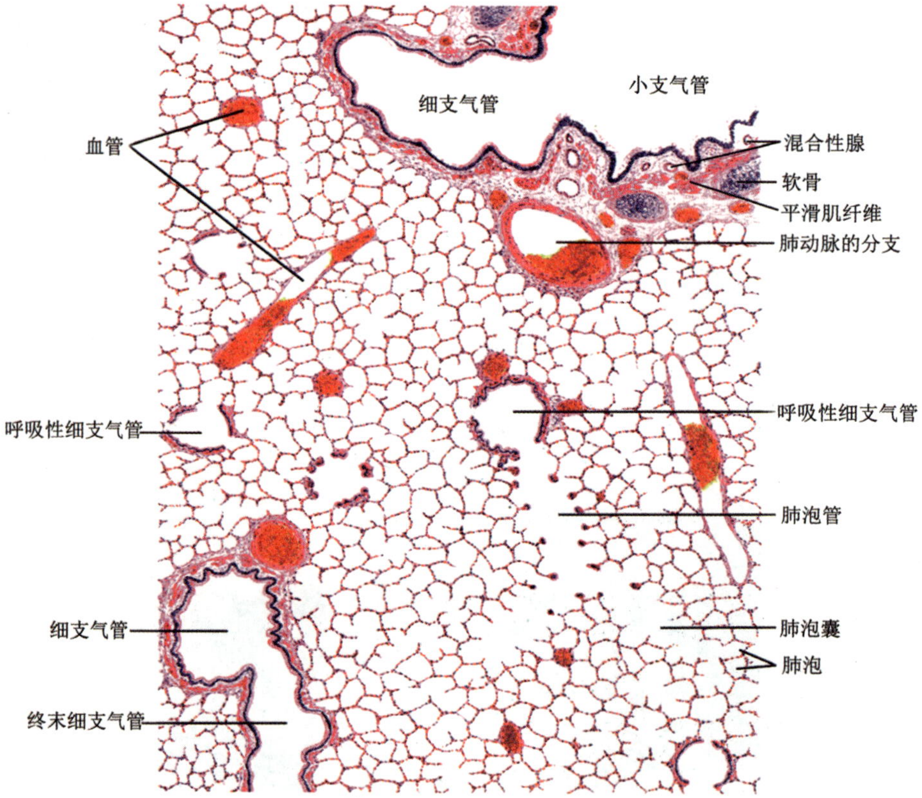

图 6–13　肺的组织结构模式图

（一）肺导气部

肺导气部包括肺叶支气管、肺段支气管、小支气管、细支气管和终末细支气管。肺导气部只能输送气体，不能进行气体交换。肺段支气管的分支称为小支气管。直径小于 1mm 的小支气管称为细支气管。每一细支气管连同其各级分支和肺泡构成一个肺小叶（图 6–14）。临床上小叶性肺炎系指肺小叶范围内的病变。

肺导气部各级支气管管壁的组织结构与主支气管基本相似，但随着管腔渐小、管壁渐薄，管壁的结构出现了以下变化：上皮由假复层纤毛柱状上皮逐渐移行为单层纤毛柱状上皮或单层柱状上皮；杯状细胞和腺体逐渐减少，最后消失；外膜中的软骨碎片逐渐减少至消失；平滑肌逐渐增多，最终形成完整的平滑肌环。

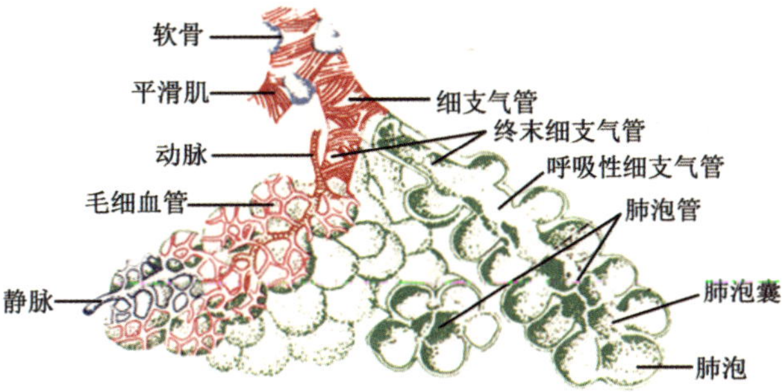

图 6-14 肺小叶

（二）肺呼吸部

肺呼吸部是气体交换的部分，包括呼吸性细支气管、肺泡管、肺泡囊和肺泡。

1. 呼吸性细支气管 为终末细支气管的分支。其管壁很薄，有少量肺泡开口。管壁上皮为单层立方上皮，黏膜下有少量平滑肌。

2. 肺泡管 为呼吸性细支气管的分支。管壁上布满肺泡开口，自身的管壁结构很少，仅存在于相邻肺泡开口之间，此处在切片上呈结节状膨大。膨大处表面覆有单层立方上皮或扁平上皮，深面有少量平滑肌束和弹性纤维。

3. 肺泡囊 为数个肺泡共同开口的管腔。相邻肺泡开口之间已无平滑肌，仅有少量结缔组织，故切片中无结节状膨大。

4. 肺泡（pulmonary alveoli） 为半球形囊泡，直径约为 200 μm，开口于肺泡囊、肺泡管或呼吸性细支气管，是进行气体交换的场所。成人两肺有 3 亿 ~ 4 亿个肺泡，吸气时总表面积可达 140 m^2。肺泡壁极薄，由肺泡上皮构成。相邻肺泡壁之间的结缔组织称肺泡隔。

肺泡

（1）肺泡上皮：上皮细胞为单层上皮，由Ⅰ型肺泡细胞和Ⅱ型肺泡细胞组成（图 6-15）。

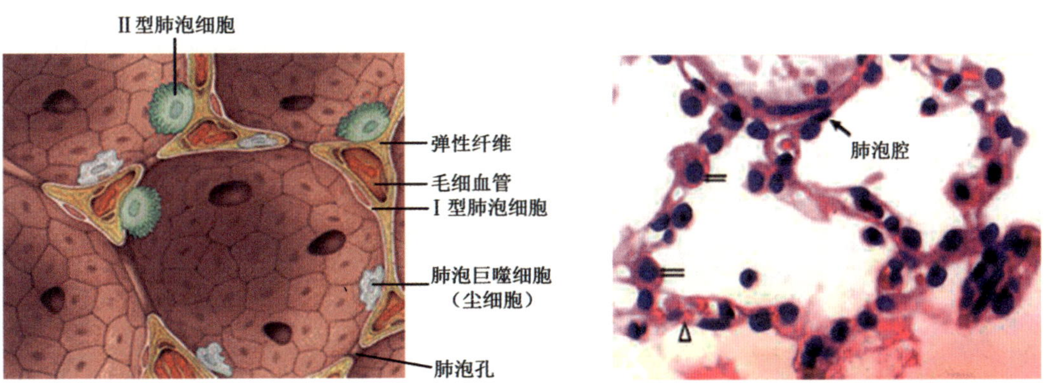

A. 模式图

B. 光镜图（高倍，HE）

（↑ Ⅰ型肺泡细胞，↑↑Ⅱ型肺泡细胞，△毛细血管）

图 6-15 肺泡上皮

1）Ⅰ型肺泡细胞：为单层扁平细胞，覆盖肺泡腔面的 97%，为气体交换提供了薄而广的表面积。

2）Ⅱ型肺泡细胞：为单个圆形或立方形细胞，嵌于Ⅰ型肺泡细胞之间。Ⅱ型肺泡细胞能分泌表面活性物质，覆盖于肺泡上皮表面，可降低肺泡表面张力，防止肺泡塌陷，稳定肺泡直径。

（2）肺泡隔：为相邻肺泡之间的薄层结缔组织，其内有丰富的毛细血管网、弹性纤维和肺巨噬细胞等。肺泡隔中的毛细血管与肺泡壁紧贴，有利于肺泡内的 O_2 与血液中的 CO_2 进行交换；肺泡隔中的弹性纤维有助于肺泡扩张后的回缩；肺泡隔中的巨噬细胞能吞噬吸入的灰尘、细菌、异物及渗出的红细胞。吞噬大量尘粒后的肺巨噬细胞称尘细胞。

（3）气－血屏障（blood-air barrier）：肺泡与肺泡隔毛细血管内的血液之间进行气体交换所通过的结构，称气－血屏障，又称呼吸膜。它由肺泡表面活性物质、Ⅰ型肺泡细胞与基膜、薄层结缔组织、毛细血管基膜与内皮构成（图 6-16）。气－血屏障很薄，总厚度为 0.2 ～ 0.5μm。

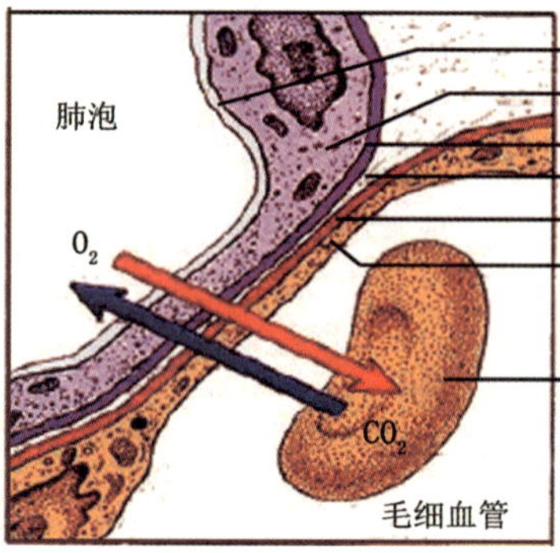

图 6-16　气－血屏障

相关链接

透明膜病

早产儿因Ⅱ型肺泡细胞分化不良，不能分泌肺泡表面活性物质，肺泡表面张力增大，致使出生时肺不张和肺泡内表面透明膜病变形成，导致新生儿呼吸窘迫征，甚至引起死亡。因此，对早产儿应加强护理。

四、肺的血管

肺的血管根据功能和来源可分为两套：一套与肺的气体交换有关，为肺的功能性血管，由组成肺循环的肺动、静脉组成；肺动脉入肺后，随着支气管的分支而分支，到肺泡形成毛细血管网，经气体交换，汇集成小静脉，再逐渐汇集，最后形成肺静脉出肺。另一套是营养肺组织的血管，为肺的营养性血管，由组成体循环的支气管动、静脉组成，营养肺组织。

项目三 ▶▶ 胸膜和纵隔

问题引入

1. 胸膜腔与胸腔是同一结构吗？
2. 气胸是怎么形成的？为什么？
3. 听过胸腔积液吗？这种液体是在肺的内部吗？
4. 对有胸腔积液的病人在何处进行胸膜腔穿刺术？为什么？

一、胸腔、胸膜与胸膜腔的概念

（一）胸腔

胸腔由胸廓与膈围成。上界为胸廓上口，与颈部通连；下界借膈与腹腔分隔，胸腔中部为纵隔，两侧部容纳左、右肺。

（二）胸膜

胸膜（pleura）是一层薄而光滑的浆膜，可分为互相移行的脏胸膜和壁胸膜两部分。脏胸膜即覆盖在肺表面的浆膜，与肺实质紧密结合，并折入肺裂内；壁胸膜衬贴于胸壁内面、膈上面和纵隔两侧，依其贴附的部位可分为肋胸膜、膈胸膜、纵隔胸膜和胸膜顶四部分（图 6–17，图 6–18）。

（三）胸膜腔

脏胸膜与壁胸膜在肺根处互相移行，形成左、右互不相通的密闭的潜在性腔隙，称胸膜腔。胸膜腔内呈负压，含有少量浆液，可减少呼吸时脏、壁胸膜间的摩擦。肋胸膜与膈胸膜转折处形成的半环形间隙称肋膈隐窝，是胸膜腔的最低部位。胸膜腔积液首先集聚于此，故肋膈隐窝是临床上胸膜腔穿刺或引流常选用的部位。

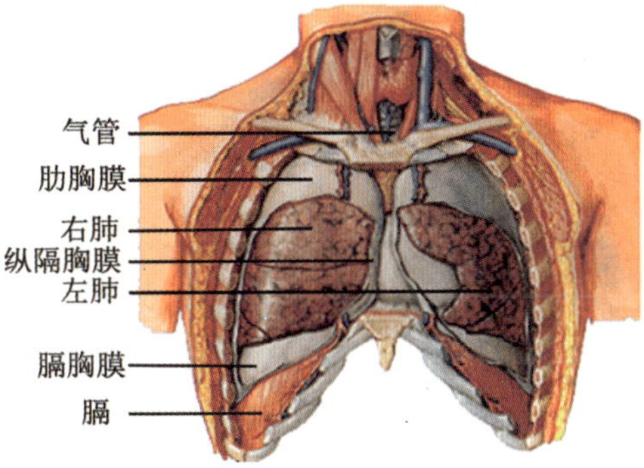

图 6–17 肺与胸膜

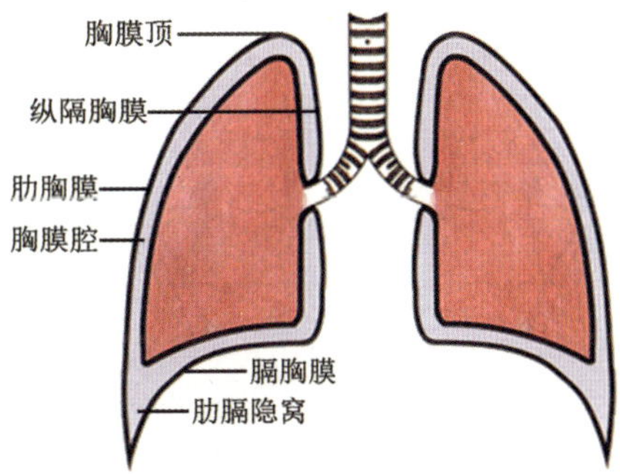

图 6–18 胸膜示意图

二、胸膜下界与肺下缘的体表投影

胸膜下界的体表投影是指肋胸膜与膈胸膜之间的折返线在体表的投影位置。右侧起自第 6 胸肋关节处，左侧起自第 6 肋软骨的后方，均行向外下，在锁骨中线处与第 8 肋相交，在腋中线处与第 10 肋相交，在肩胛线处与第 11 肋相交，在脊柱旁平对第 12 胸椎棘突高度（图 6–19，图 6–20）。

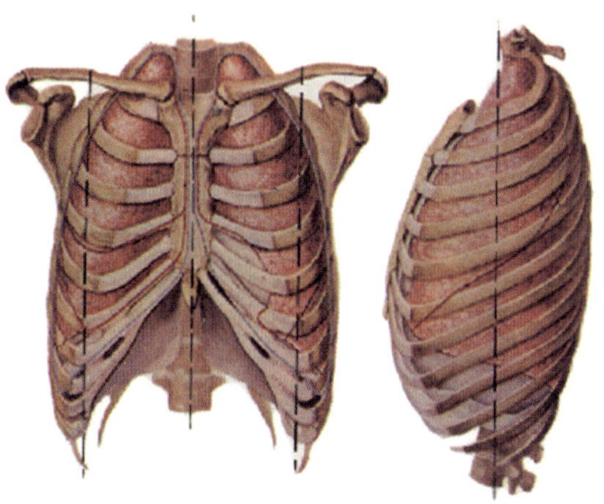
A. 前面观　B. 左侧观

图 6–19 肺与胸膜的体表投影（1）

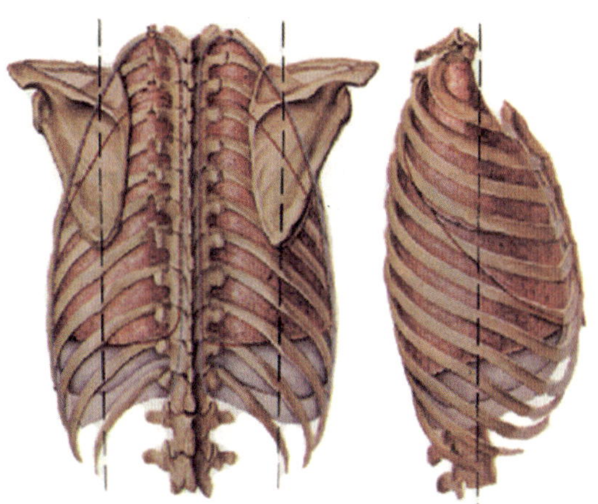
A. 后面观　B. 右侧观

图 6–20 肺与胸膜的体表投影（2）

肺下缘的体表投影约高出胸膜下界 2 个肋（表 6–1）。当深呼吸时，两肺的下界均可向上、下移动 2 ~ 3cm。

表 6–1 肺和胸膜下界的体表投影

	锁骨中线	腋中线	肩胛线	后正中线
肺下缘	第 6 肋	第 8 肋	第 10 肋	第 10 胸椎棘突
胸膜下界	第 8 肋	第 10 肋	第 11 肋	第 12 胸椎棘突

三、纵隔

纵隔(mediastinum)是两侧纵隔胸膜之间所有器官、结构和结缔组织的总称(图 6–21，图 6–22)。其前界为胸骨，后界为脊柱胸段，两侧界为纵隔胸膜，上界为胸廓上口，下界为膈。

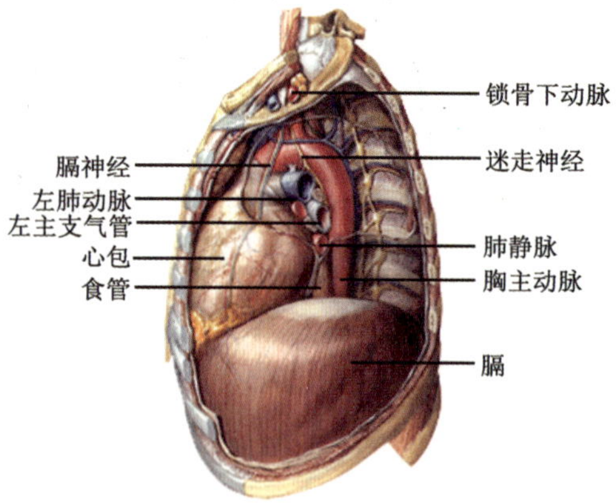

图 6–21 纵隔左侧面观

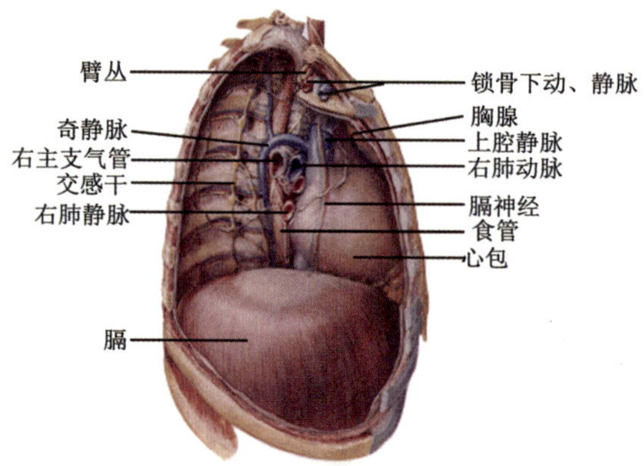

图 6–22 纵隔右侧面观

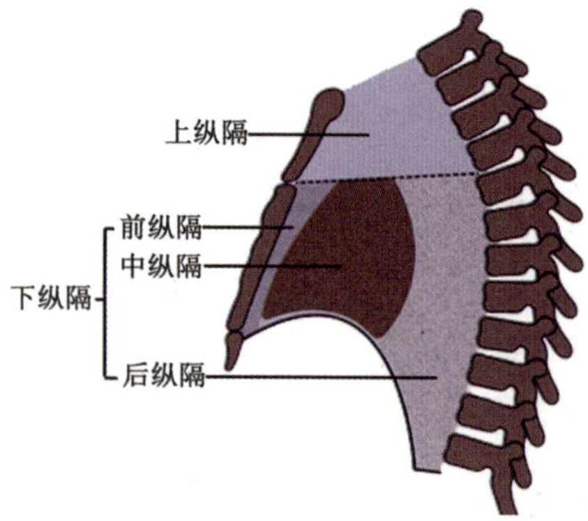

图 6–23 纵隔分区

纵隔通常以胸骨角平面（平对第 4 胸椎体下缘）为界，将纵隔分为上纵隔和下纵隔。下纵隔再以心包为界分为三部分：胸骨与心包前壁之间的部分为前纵隔，心与大血管所在的部位为中纵隔，心包后壁与脊柱胸部之间的部分为后纵隔（图 6–23）。

小结

呼吸系统由呼吸道和肺两大部分组成。主要功能是进行机体与外界环境之间的气体交换——吸入氧，排出二氧化碳。鼻是呼吸道的起始部，分为外鼻、鼻腔和鼻旁窦三部分。鼻旁窦有四对：上颌窦、额窦、筛窦和蝶窦。喉软骨构成喉的支架，包括单个的甲状软骨、环状软骨、会厌软骨和成对的杓状软骨。喉腔两侧壁中部有前庭襞、声襞。喉腔分为三部分：喉前庭、喉中间腔、声门下腔。气管位于食管前方，在胸骨角平面分为左、右主支气管。临床常在第3~5气管软骨环处施行气管切开术。左主支气管细长、水平，右主支气管粗短、陡直。两肺外观均略呈圆锥形，分一尖、一底、两面和三缘。左肺分为上下两叶，右肺分为上、中、下三叶。肺的组织结构包括呼吸性细支气管、肺泡管、肺泡囊、肺泡等。两层胸膜在肺根处相互移行所形成的密闭腔隙称胸膜腔。两侧胸膜腔互不相通。纵隔是两侧纵隔胸膜之间全部器官、组织的总称。

复习思考题

1. 临床上鼻窦炎以上颌窦炎发病率最高，为什么？
2. 气管腔内异物易坠入哪侧主支气管？为什么？
3. 请用箭头表示外界空气与肺泡毛细血管之间进行气体交换所经过的结构。
4. 比较胸膜下界与肺下缘的体表投影。

（吴军）

模块七 泌尿系统

知识目标

1. 掌握泌尿系统的组成和功能。
2. 了解肾的形态、位置、被膜，熟悉肾的剖面构造，掌握肾单位、滤过膜、球旁复合体，了解肾的血液循环特点。
3. 了解输尿管的起止、走行，熟悉输尿管的分段、狭窄。
4. 熟悉膀胱的位置、毗邻，熟悉膀胱壁的构造和膀胱三角，了解膀胱与腹膜的关系。
5. 熟悉女性尿道的特点。

技能目标

1. 能在泌尿系统大体标本上说出泌尿器官的名称和位置。
2. 会观察光镜下的肾皮质的组织结构。

泌尿系统（urinary system）由肾、输尿管、膀胱和尿道组成（图 7-1）。其主要功能是排出机体代谢过程中产生的废物和多余的水，保持机体内环境的平衡和稳定。肾生成尿液，输尿管将尿液运输至膀胱贮存，尿液最终由尿道排出体外。

项目一 肾

问题引入

1. 听说过尿毒症吗？想一想该病损害的是哪个器官？
2. 肾位于什么地方？
3. 尿液是怎样形成的？

肾不仅是产生尿液的器官，也是调节体液、维持电解质平衡的重要器官。当肾功能发生障碍时，代谢废物就会蓄积于体内，破坏细胞和组织的生存环境，影响机体新陈代谢的正常进行，就会产生相应的病变，严重时可出现尿毒症，危及生命。

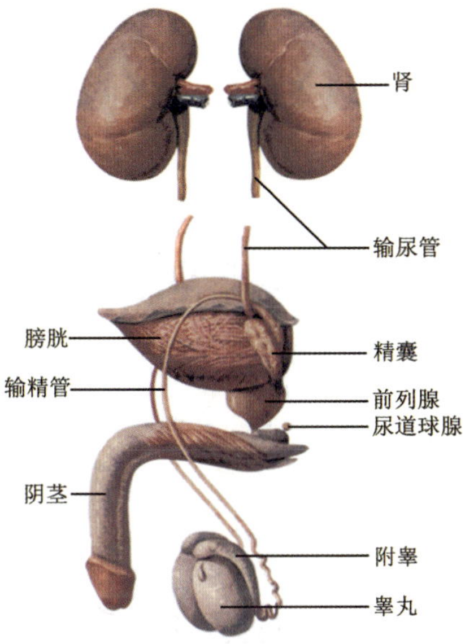

图 7-1 男性泌尿生殖系统概观

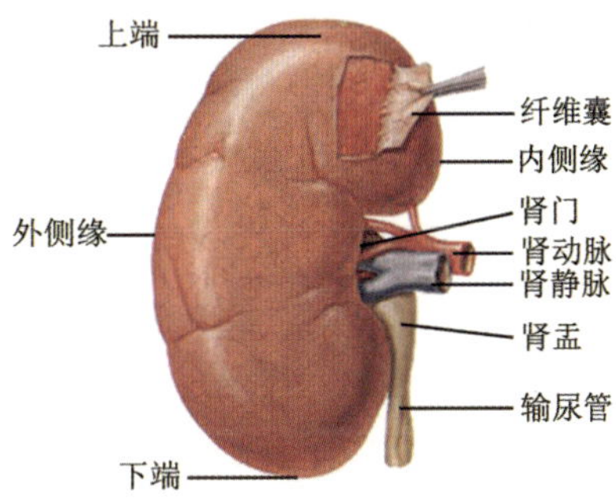

图 7-2 肾的形态

一、肾的形态

肾（kidney）为成对的红褐色实质性器官，质地柔软，形似蚕豆，表面光滑。肾可分上下两端、前后两面和内外侧两缘（图 7-2）。肾的外侧缘隆凸；内侧缘中部凹陷，称肾门，是肾动脉、肾静脉、肾盂、神经及淋巴管等出入肾的部位。出入肾门的结构被结缔组织包裹，称肾蒂。由于下腔静脉比较靠近右肾，所以右肾蒂较短，导致右肾手术难度相对较大。自肾门向肾内凹陷形成的腔隙称肾窦，容纳肾小盏、肾大盏、肾盂、肾血管和脂肪等。

二、肾的位置

肾紧贴腹后壁的上部，脊柱的两侧，属于腹膜外位器官。左肾上端平第 11 胸椎体下缘，下端平第 2 腰椎体下缘，第 12 肋斜过左肾后面中部；右肾由于受肝的影响，比左肾低 1 ~ 2cm，上端平第 12 胸椎体上缘，下端平第 3 腰椎体上缘，第 12 肋斜过右肾后面上部（图 7-3）。肾门约平第 1 腰椎体，距正中线约 5cm。肾门在腹后壁的体表投影，一般在竖脊肌外侧缘与第 12 肋的夹角处，临床上称肾区，又称肋脊角（图 7-4）。某些肾病患者，触压或叩击此区可有明显疼痛。肾的位置，一般女性略低于男性，儿童低于成人，新生儿肾可达髂嵴附近。

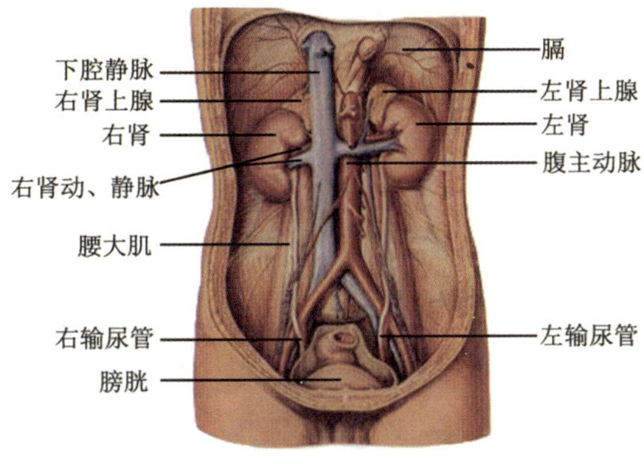

图 7-3 肾的位置

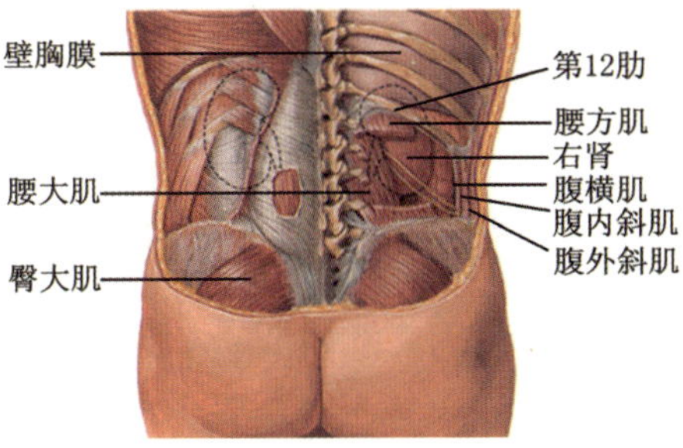

图 7-4 肾的体表投影与肋脊角

相关链接

肾区叩击痛

当患者有肾炎、肾盂肾炎、肾结石及肾周围炎时，肾区可有不同程度的叩击痛。疼痛多表现为局部胀痛，其发生机制可能为炎症、结石等因素使肾盂、输尿管内张力增高或肾包膜受到牵张刺激所致。

三、肾的被膜

肾的表面由内向外有三层被膜，即纤维囊、脂肪囊、肾筋膜（图 7–5）。肾纤维囊与肾连接疏松，易于剥离，但当肾病变时，肾纤维囊与肾实质粘连，不易剥离。脂肪囊又称肾床，对肾起到支持和保护作用，临床上行肾囊封闭时，药物即注入该层。肾筋膜分前后两层包裹肾和肾上腺，两层在肾上腺的上方和肾的外侧缘相互融合，而在肾的下方两层是分开的，其间有输尿管通过。肾的正常位置依靠被膜、肾血管、肾的邻近器官和腹内压等来固定和维持，当肾的固定装置不健全时，常可引起肾移位。

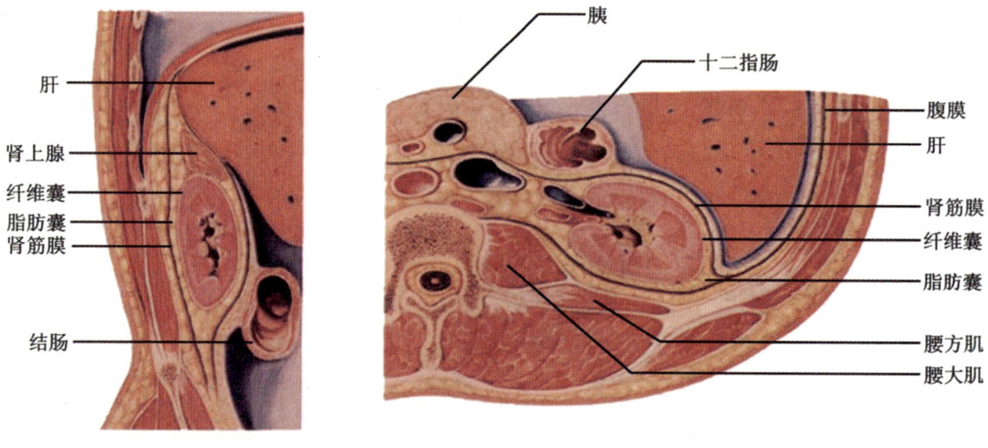

图 7–5　肾的被膜

相关链接

肾囊封闭术

肾囊封闭术是通过穿刺的方法，把普鲁卡因等药物注入肾脂肪囊，调节自主神经功能，以达到消除疼痛等目的的一项治疗技术。主要用于治疗急性无尿症、功能性尿潴留、麻痹性肠梗阻、术后腹胀、肾痛等。进针部位选择在腰背部竖脊肌外侧缘与第 12 肋交点下方约 1cm 处，由浅到深进针依次经过皮肤、浅筋膜、背阔肌、胸腰筋膜、腹横肌起始腱膜、腰方肌、肾筋膜，达肾脂肪囊。

四、肾的剖面结构

在肾的冠状切面上，可见肾实质分为：①肾皮质，位于周围部，呈红褐色，主要由肾小体和肾小管构成；肾皮质深入肾髓质内的部分称为肾柱。②肾髓质，位于中央部，呈淡红色，由15 ~ 20个肾锥体组成（图7–6）。肾锥体呈锥体形，底部朝向肾皮质，尖端朝向肾窦，称肾乳头，其顶端有许多乳头孔，开口于肾小盏。包绕在肾乳头周围的漏斗状膜性管道称肾小盏，共7 ~ 8个；2 ~ 3个肾小盏汇合成一个肾大盏，2 ~ 3个肾大盏汇合成漏斗状的肾盂，肾盂出肾门弯行向下移行为输尿管。

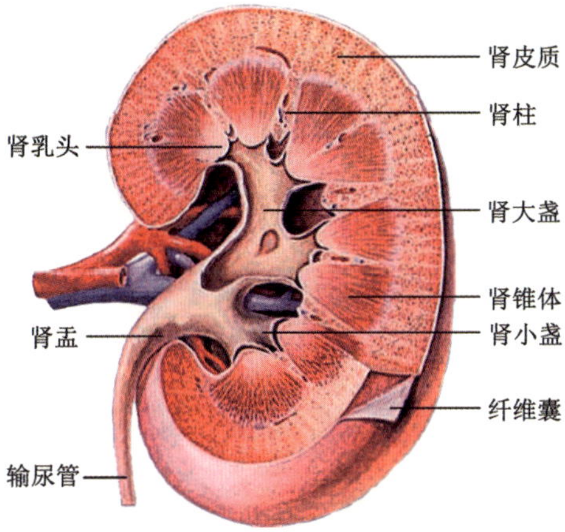

图7–6　肾的冠状切面

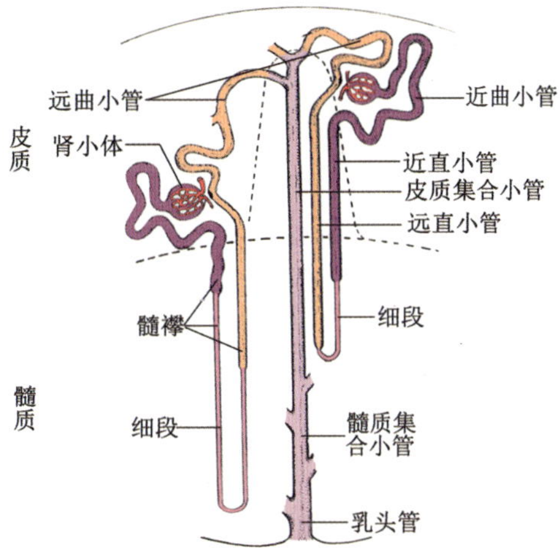

图7–7　肾单位、集合管系模式图

五、肾的组织结构

肾分为实质和间质。肾实质由肾单位和集合管两部分构成，其间有少量结缔组织、血管、淋巴管和神经等构成肾间质（图7–7）。肾实质的组成简示如下：

- 泌尿小管
  - 肾单位 100万 ~150万个
    - 肾小体
      - 血管球
        - 入球小A
        - Cap网
        - 出球小A
      - 肾小囊
        - 壁层
        - 脏层
        - （壁层、脏层之间）肾小囊腔
    - 肾小管
      - 近端小管
        - 近曲小管
        - 近直小管
      - 细段
      - 远端小管
        - 远直小管
        - 远曲小管
  - 集合小管

（一）肾单位

肾单位是肾生成尿液的结构和功能单位。每个肾有 100 万 ~ 150 万个肾单位，每个肾单位分肾小体和肾小管两部分。

1. 肾小体 肾小体呈球形，又称肾小球，位于肾皮质和肾柱内。肾小体有两极：微动脉出入的一端称血管极；另一端在血管极的对侧，与肾小管相连接，称尿极。每个肾小体由血管球和肾小囊两部分组成（图 7–8，图 7–9）。

（1）血管球：是包在肾小囊中的一团盘曲的有孔毛细血管，由一条入球微动脉从血管极处突入肾小囊内反复分支形成，继而又汇成一条出球微动脉，从血管极处离开肾小囊。

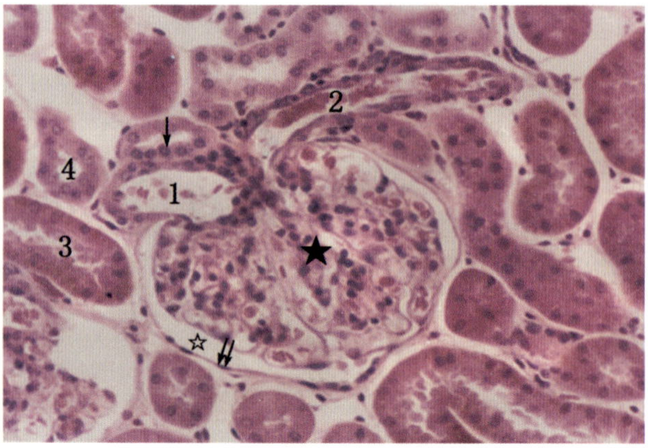

1 入球微动脉　2 出球微动脉　3 近曲小管　4 远曲小管
★ 血管球　☆ 肾小囊腔　↓ 致密斑　⇊ 肾小囊壁层

图 7–8　肾皮质微细结构

（2）肾小囊：是肾小管起始部膨大凹陷而成的双层囊，囊内有血管球。囊壁分脏、壁两层，两层之间的腔隙称肾小囊腔，与肾小管相通。肾小囊的壁层由单层扁平上皮构成，与近曲小管相续；脏层由足细胞构成，它伸出指状突起，相互交错，贴在毛细血管的外面，突起之间有裂隙，裂隙上覆盖有薄层裂孔膜。

当血液流经血管球时，血浆中大部分物质经有孔的毛细血管内皮、基膜和足细胞的裂孔膜滤入肾小囊腔，这三层结构称为滤过膜（filtration membrane），或称滤过屏障（filtration barrier）（图 7–10）。滤入肾小囊腔的滤液称原尿，原尿除不含大分子的蛋白质外，其成分与血浆相似。

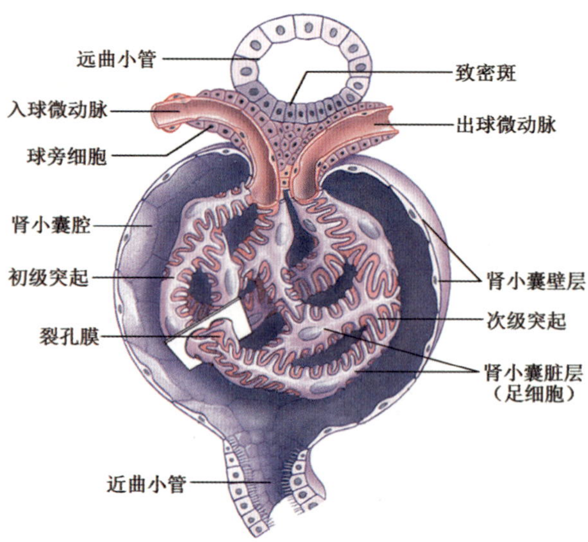

图 7–9　肾小体模式图

肾单位

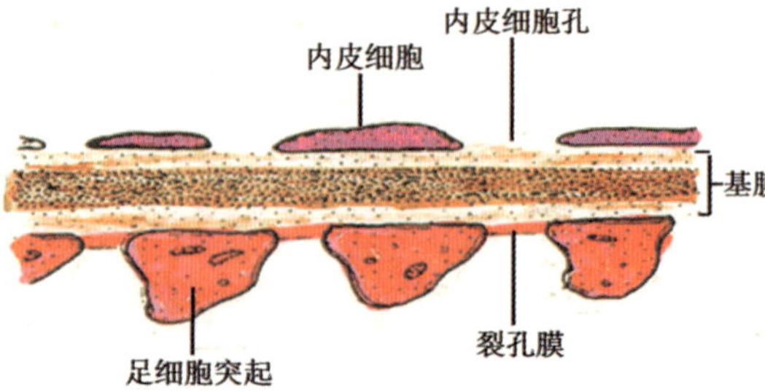

图 7–10　滤过膜（血尿屏障）示意图

相关链接

尿毒症

在成人，一昼夜两肾可形成原尿约 180L（每分钟 125ml）。在病理情况下，如炎症或缺氧，可使滤过膜的通透性增加，致血浆大分子蛋白质甚至血细胞均可通过滤过膜漏出，出现蛋白尿或血尿。如肾小球发生大量硬化，滤过膜的通透性即可降低或消失，则血液中代谢产物就会滞留在体内，导致机体中毒而称为尿毒症。

2. 肾小管 肾小管是由单层上皮细胞围成的一条细长而弯曲的管道，分为近端小管、细段和远端小管三部分，具有重吸收原尿中的某些成分和分泌、排泄等作用（图 7-11）。

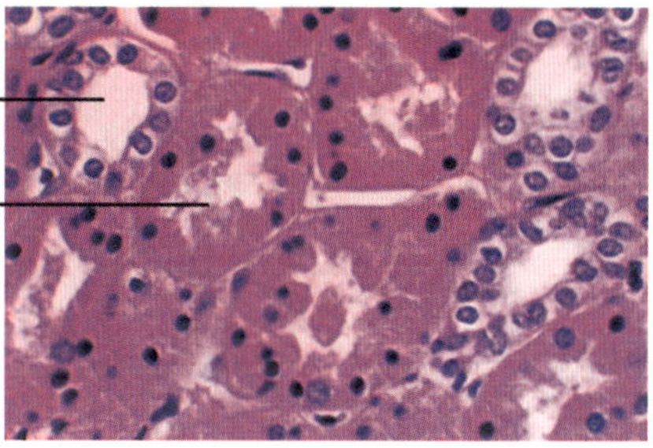

图 7-11 近端小管和远端小管

（1）近端小管：是肾小管中最长最粗的一段，分为曲部与直部。管壁由单层立方或锥体形细胞构成，细胞分界不清，胞质嗜酸性，核圆形靠近基底部，腔面有刷状缘。近端小管曲部又称近曲小管，其管壁与肾小囊的壁层相续；近端小管直部细胞较矮，刷状缘不发达。近端小管是重吸收的主要部位。

（2）细段：由单层扁平上皮构成，胞质着色较浅，腔面无刷状缘，管壁薄，有利于水和电解质透过。

（3）远端小管：分为直部和曲部。管壁为单层立方上皮，细胞分界清楚，胞质着色浅，核圆形位于中央，腔面无刷状缘。远端小管直部、细段和近端小管直部共同构成“U”形襻状结构，称髓襻，与尿液浓缩有密切关系；远端小管曲部，又称远曲小管，是离子交换的重要部位，对维持体液的酸碱平衡起重要作用。

（二）集合管

集合管续接于远曲小管的末端，沿途不断汇集其他远端小管，再经肾髓质行至肾乳头，改称乳头管，以乳头孔开口于肾小盏。从集合管到乳头管，管径逐渐变粗，管壁逐渐变厚，管壁上皮逐渐由矮立方形变为高柱状。集合管有重吸收和分泌、排泄功能。

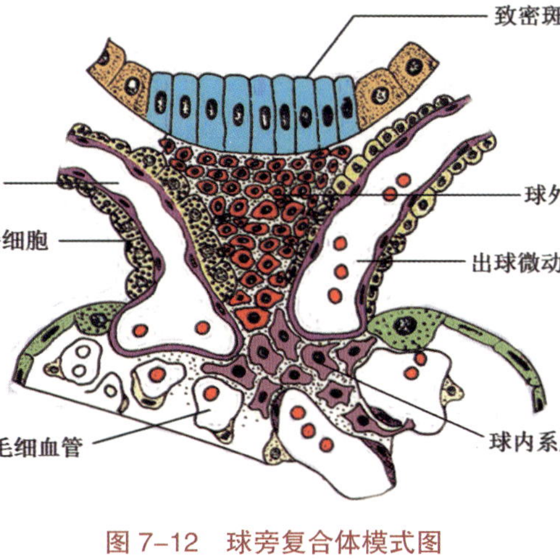

图 7-12 球旁复合体模式图

（三）球旁复合体

球旁复合体主要包括球旁细胞、致密斑和球外系膜细胞等（图 7-12）。

1. 球旁细胞 位于入球微动脉接近肾小球处，由血管壁平滑肌细胞变为立方形细胞，胞质内含分泌颗粒，能分泌肾素。

2. 致密斑 位于远曲小管邻近肾小球一侧，由管壁上皮细胞变成高柱状细胞，排列紧密，细胞核多位于细胞顶部。一般认为，致密斑是钠离子感受器，能调节球旁细胞分泌肾素。

3. 球外系膜细胞 又称极垫细胞，是位于血管极三角区内的一群细胞，可能起“信息”传递作用。

六、肾的血液循环特点

肾的血液循环有两大作用：一是营养肾组织；二是参与尿的生成。

肾的血液循环特点有：①肾动脉直接发自腹主动脉，压力高，血流量大。②入球微动脉较出球微动脉粗，使血管球内压力高，有利于血液滤过。③肾内动脉形成两次毛细血管：一是形成血管球，有利于原尿的形成；二是出球微动脉在肾小管周围形成毛细血管网，有利于肾小管和集合管的重吸收。④直小血管与髓襻伴行，有利于肾小管和集合管的重吸收及尿的浓缩。

项目二 输尿管、膀胱和尿道

问题引入

1. 根据输尿管的名字，想一想它有何功能？是一个怎样的管道？
2. 你见过血尿吗？可能来自何处？肾结石易嵌顿在哪里？
3. 膀胱有何作用？想一想它应该是怎样的结构？
4. 膀胱肿瘤好发于哪里？为什么？
5. 为何女性比男性容易发生尿路感染？

一、输尿管

输尿管（ureter）左右各一，为细长的肌性管道，属腹膜外位器官，全长 25 ~ 30cm，直径 0.5 ~ 1cm，输尿管通过节律性蠕动，可将尿液运输至膀胱。

（一）输尿管的行程与分部

输尿管依其行程可分为腹部、盆部、壁内部三部分（图 7–3）。输尿管腹部起于肾盂下端，沿腰大肌前面下行达小骨盆入口；在此处，越过髂总动脉分叉处，移行为输尿管盆部，进入盆腔；行至膀胱底的外上角，斜穿膀胱壁，长约 1.5cm，此段为壁内部，当膀胱充盈时，壁内部受到压迫而使管腔闭合，从而阻止了膀胱内的尿液逆流。

（二）输尿管的狭窄

输尿管的管径粗细不等，全长有三处生理性狭窄：第一狭窄位于肾盂与输尿管移行处；第二狭窄位于小骨盆入口，输尿管与髂血管交叉处；第三狭窄为输尿管斜穿膀胱壁处。这些狭窄是结石易嵌顿的部位。若结石嵌入后造成输尿管损伤，可伴有血尿。

相关链接

输尿管压痛点

输尿管压痛点有三处：①上输尿管点，在腹直肌外缘平脐处；②中输尿管点，在腹直肌外缘平髂前上棘处，相当于输尿管第二狭窄处；③下输尿管点，为输尿管穿膀胱壁处，即输尿管的第三狭窄处，此点压痛法需用直肠指诊，男性约在前列腺的外上方。当输尿管疾病，如急性化脓性炎症、结核或结石等，上述各点可有压痛。

二、膀胱

膀胱（urinary bladder）是贮存尿液的囊状肌性器官。正常成人的膀胱容量为 300 ~ 500ml，最大可达 800ml，女性膀胱容量较男性小，新生儿膀胱容量约为成人的 1/10。

（一）膀胱的形态和位置

膀胱的形态和位置因其充盈程度不同而异，膀胱充盈时呈卵圆形，而膀胱空虚时呈三棱锥体形。其尖朝向前上方，称膀胱尖；底朝向后下方，称膀胱底；尖与底之间的部分称膀胱体；膀胱的最下部叫膀胱颈，借尿道内口通尿道（图 7–13）。

膀胱为腹膜间位器官，空虚时位于小骨盆腔内。其前方为耻骨联合；后方在男性与精囊、输精管壶腹、直肠相邻，在女性与子宫颈和阴道相邻。膀胱的下方在男性为前列腺，在女性为尿生殖膈。

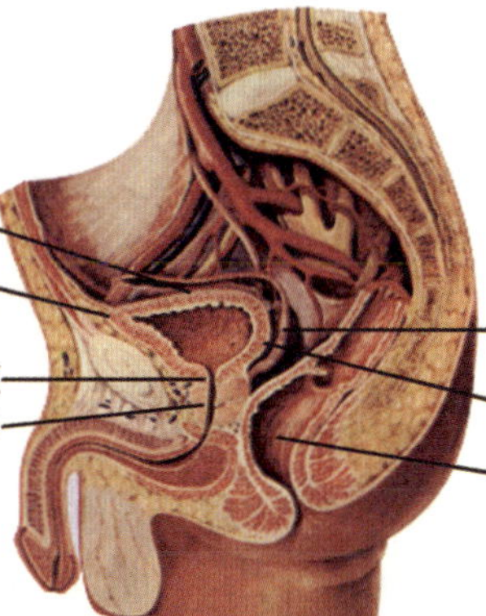

图 7–13　男性盆腔矢状切面

（二）膀胱壁的组织结构

膀胱壁由黏膜、肌层和外膜三层构成。

1. 黏膜　黏膜上皮为变移上皮。膀胱内面的黏膜，由于膀胱肌层的收缩会形成许多皱襞，当膀胱充盈时，皱襞会减少甚至消失。但在膀胱底的内面，两输尿管口与尿道内口之间的三角区域，无论膀胱空虚还是充盈时，黏膜表面始终光滑无皱襞，此区称膀胱三角（trigone of bladder，图 7–14）。膀胱三角是炎症、结核和肿瘤的好发部位。两输尿管口之间的横行皱襞称输尿管间襞，其在膀胱镜下呈一苍白带，是寻找输尿管口的标志。

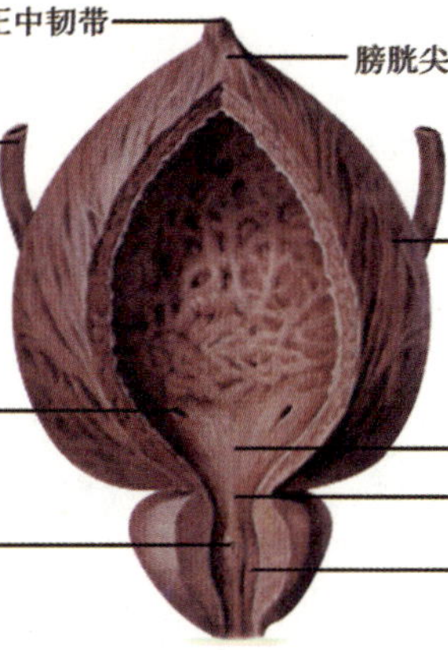

图 7–14　膀胱的内面观

2. 肌层　肌层厚，由内纵、中环、外纵三层平滑肌构成，又称逼尿肌。尿道内口有环形的膀胱括约肌（尿道内括约肌）。

3. 外膜 在膀胱上面和后面的外膜为浆膜（即脏腹膜），其余部分的外膜为纤维膜。

相关链接

膀胱穿刺

空虚膀胱的膀胱尖不高于耻骨联合上缘，而充盈的膀胱其膀胱尖会上升至耻骨联合以上，由腹前壁折向膀胱上面的腹膜也随之上升，使膀胱的前壁直接贴于腹前壁，此时在耻骨联合上缘行膀胱穿刺，可避免损伤腹膜和污染腹膜腔（图 7–14）。穿刺点一般选择在耻骨联合上缘正中部，此处腹前壁的一般平均厚度为 2 ~ 3cm，穿刺由浅入深依次经过皮肤、浅筋膜、腹白线、腹横筋膜、膀胱壁达膀胱腔。

三、尿道

尿道是将膀胱内尿液排至体外的一段肌性管道，起于尿道内口，止于尿道外口。男性尿道兼具有排尿和排精功能，其解剖结构将在男性生殖系统详细描述。

女性尿道（female urethra）长 3 ~ 5cm，紧贴阴道前壁，起于膀胱的尿道内口，穿过尿生殖膈，止于阴道前庭的尿道外口（图 7–15）。尿生殖膈内有尿道阴道括约肌，此肌可控制排尿。与男性尿道比较，女性尿道具有短、宽、直的特点，后方又邻阴道和肛门，故易引起泌尿系逆行性感染。

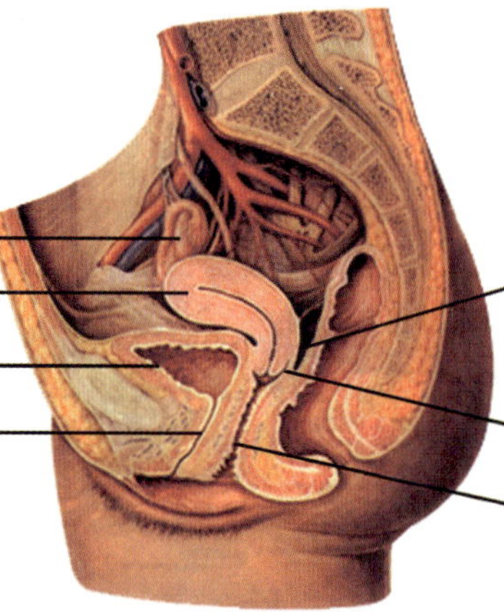

图 7–15　女性盆腔正中矢状切面

小结

泌尿系统由肾、输尿管、膀胱和尿道组成。肾是人体产生尿液的重要器官，位于腹后壁，脊柱的两侧，属腹膜外位器官。肾形似蚕豆，其内侧缘中部的凹陷称肾门，是肾的血管、肾盂、神经和淋巴管等出入的部位。肾实质表面由内到外有纤维囊、脂肪囊和肾筋膜三层被膜，它们对维持肾的正常位置起重要作用。肾实质由肾单位和集合管组成。肾单位是肾的结构和功能单位，包括肾小体和肾小管。输尿管是输送尿液的细长的肌性器官，可分为腹部、盆部和膀胱壁内部，全长有三个生理性狭窄，是结石易停留之处。膀胱是贮存尿液的囊状肌性器官，其内壁上在两侧输尿管口与尿道内口之间有膀胱三角，是膀胱肿瘤、结核的好发之处。与男性尿道相比，女性尿道具有短、宽、直的特点。

复习思考题

1. 试述肾的位置、外形和冠状剖面结构。
2. 何谓肾单位？它由哪几部分构成？
3. 解释肾区、滤过膜和膀胱三角。
4. 肾脏产生的结石要排出体外，依次要经过哪些结构？在哪些地方易滞留？
5. 为何膀胱高度充盈时，沿耻骨联合上缘进行膀胱穿刺可不伤及腹膜？

（吴迪）

模块八 生殖系统

知识目标

1. 熟悉生殖系统的组成和功能。
2. 掌握男性生殖器官的组成，了解睾丸的位置、形态和组织结构，了解附睾、输精管和射精管，了解精子产生的部位及排出途径，了解男性外生殖器和附属腺，熟悉前列腺的位置，掌握男性尿道的长度、分部、三个狭窄和两个弯曲及其临床意义，了解男性外生殖器。
3. 掌握女性生殖器官的组成，了解卵巢的位置、形态和组织结构，了解输卵管的位置、形态和分部，掌握子宫的形态、位置和分部，了解阴道的位置、形态，了解女性外生殖器。
4. 了解乳房的位置、形态和组织结构，了解广义会阴和狭义会阴。

技能目标

1. 能在模型或标本上说出生殖器官的名称和位置。
2. 运用所学知识进行导尿术的护理实践模拟应用。
3. 具有运用生殖系统的解剖知识分析解决临床相关问题及进行妇幼保健和计划生育宣教的能力。

生殖系统（reproductive system）分为男性生殖器官和女性生殖器官。其主要功能是产生生殖细胞，繁衍后代，延续种族；分泌性激素，促进生殖器官的发育，激发并维持第二性征。男、女性生殖器官按部位都可分为内生殖器和外生殖器两部分。内生殖器多位于盆腔内，包括生殖腺、生殖管道和附属腺；外生殖器显露于体表，主要为性的交接器官。

项目一 男性生殖器官

问题引入

1. 生殖系统男女有别吗？
2. 你知道男性生殖细胞（精子）是在哪里产生、加工，又是怎样运输的吗？
3. 男性输精管结扎后会不会没有“阳刚之气”？为什么？
4. 老年男性多有排尿困难现象，原因是什么？

男性内生殖器包括生殖腺（睾丸）、输精管道（附睾、输精管、射精管、男性尿道）和附属腺（前列腺、精囊、尿道球腺）。睾丸是产生精子和分泌雄性激素的器官。精子先储存在附睾内，当射精时，经输精管、射精管和尿道排出体外。精囊、前列腺和尿道球腺的分泌物与精子共同组成精液。男性外生殖器包括阴茎和阴囊，前者是男性交接的器官，后者容纳睾丸和附睾（图 8–1）。

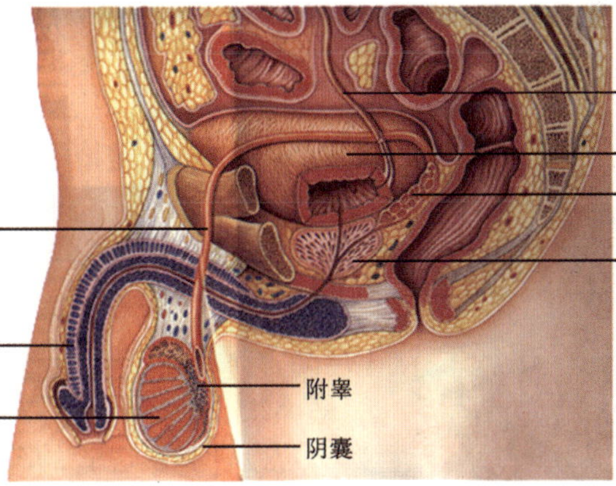

图 8–1 男性生殖器官概观

一、男性内生殖器

（一）睾丸

1. 睾丸的位置与形态 睾丸（testis）位于阴囊内，左右各一，呈稍扁的椭圆形，表面光滑，分为前后两缘，内、外侧两面和上下两端。前缘游离，后缘有血管、神经和淋巴管出入，并与附睾和输精管起始段相接触（图 8–2）。睾丸随着性成熟期的发展而迅速发育，成人两睾丸重 20 ~ 30g，老年人的睾丸萎缩变小，性功能也随之衰退。

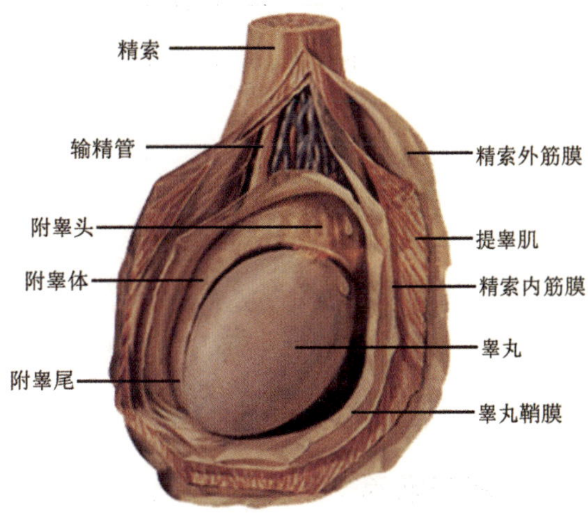

图 8–2 睾丸、附睾与精索

2. 睾丸的组织结构 睾丸表面有一层坚韧的纤维膜，称为白膜。白膜在睾丸后缘增厚，形成睾丸纵隔。睾丸纵隔向睾丸实质伸入，将睾丸实质分隔成 100 ~ 200 个睾丸小叶。每个小叶内含有 2 ~ 4 条精曲小管，其上皮能产生精子。精曲小管在近睾丸纵隔处移行为精直小管，进入睾丸纵隔内相互吻合形成睾丸网，最后在睾丸后缘发出 12 ~ 15 条睾丸输出小管进入附睾。精曲小管之间的结缔组织称为睾丸间质（图 8–3）。

（1）精曲小管：精曲小管是产生精子的部位，其管壁主要由生精上皮构成，生精上皮由生精细胞和支持细胞组成（图 8–4）。

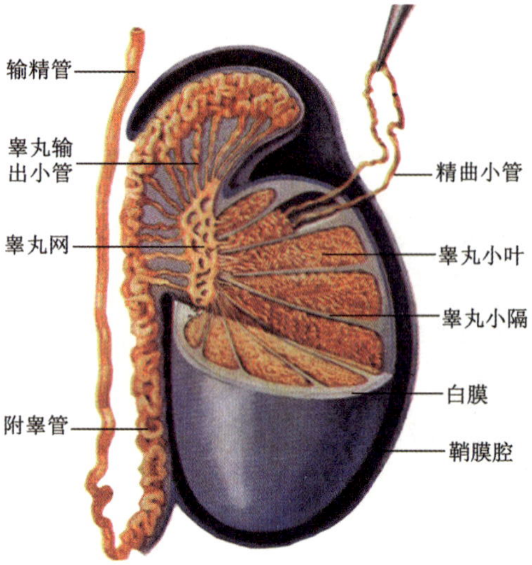

图 8-3　睾丸与附睾结构

1）生精细胞：精曲小管管壁内可见不同发育阶段的生精细胞，从基底部至腔面依次为精原细胞、初级精母细胞、次级精母细胞、精子细胞和精子。精子细胞位于近腔面，细胞较小，核小而圆，经复杂的形态变化发育成精子。精子形似蝌蚪，位于腔面，嵌附于支持细胞顶部，长约 60μm，分为头部和尾部。精子头部主要有一个染色质高度浓缩的细胞核。精子尾细长，可摆动，是精子的运动装置。

2）支持细胞：基底附于基膜上，顶部伸向管腔，支持细胞表面嵌有各级生精细胞（图 8-4）。对生精细胞起支持、营养作用，并吞噬精子形成过程中脱落的残余细胞质。

（2）睾丸间质：睾丸间质位于精曲小管之间，为富含血管和淋巴管的疏松结缔组织，其内有睾丸间质细胞（图 8-4）。睾丸间质细胞分泌雄激素。雄激素可促进精子发生，促进男性生殖器官的发育及维持男性第二性征，维持正常的性功能。

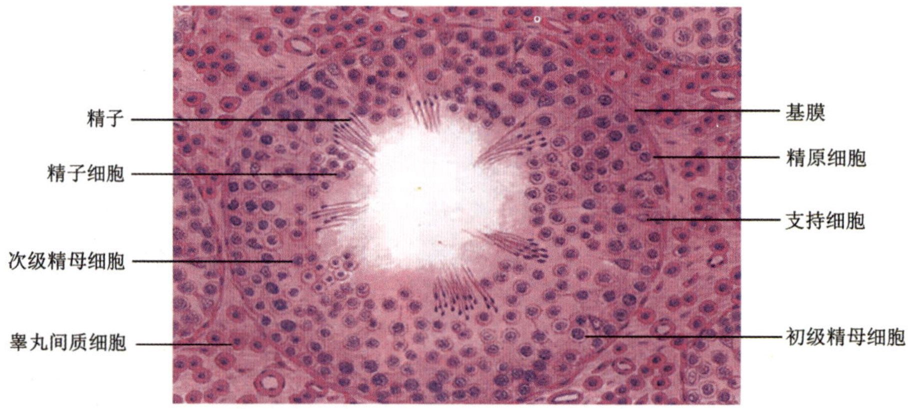

图 8-4　精曲小管与睾丸间质

相关链接

睾丸下降和隐睾

睾丸在胚胎第 6 ~ 7 周开始形成，位于腹后壁，肾的下方，以后逐渐下降。胚胎第 3 个月，睾丸已降至髂窝；第 7 个月，睾丸降至腹股沟管内；第 9 个月后，睾丸降至阴囊。出生后，睾丸若未降入阴囊，仍停留在腹腔或腹股沟管内，临床上称为隐睾症。由于腹部温度高于阴囊，不宜于精子发育，造成男性不育。

（二）生殖管道

1. 附睾（epididymis） 位于阴囊内，紧贴睾丸的上端和后缘，呈新月形。其上端膨大为附睾头，中部为附睾体，下端为附睾尾。附睾尾转向后上移行为输精管（图 8-2，图 8-3）。附睾为暂时贮存精子的器官，并分泌附睾液供精子营养，促进精子进一步成熟。附睾为结核的好发部位。

2. 输精管（ductus deferens） 是附睾管的直接延续，长约 50cm，活体触摸时，呈坚实的圆索状。输精管按其行程可分为睾丸部、精索部、腹股沟管部和盆部四部分。①睾丸部：最短，始于附睾尾，沿睾丸后缘上行至睾丸上端。②精索部：位于睾丸上端与腹股沟管皮下环之间，此段位于皮下，位置表浅，容易触及，是临床上实施输精管结扎术的常用部位。③腹股沟管部：位于腹股沟管的精索内。④盆部：为输精管最长的一段，经腹股沟管内口入盆腔，在精囊的内侧膨大形成输精管壶腹。输精管末端变细，与精囊的排泄管汇合成射精管（图 8-5）。

精索为一对柔软的圆索状结构，位于腹股沟管深环至睾丸上端之间。精索内主要有输精管、睾丸动脉、蔓状静脉丛、输精管血管、神经、淋巴管等结构。精索静脉曲张，可影响精子的产生和精子的质量，是男性不育症的因素之一。

相关链接

输精管结扎术

输精管结扎术是男性绝育术的一种。输精管精索部的位置比较表浅，通过皮肤可将其固定。然后在阴囊两侧，血管稀疏的部位做浸润麻醉；切开皮肤，提出并游离输精管，在稍远离附睾处剪断，切除约 0.8cm，分别结扎两断端，并包埋；检查无出血，再缝合皮肤。该手术简便、安全，只要严格遵照无菌操作技术及手术规程，仔细认真地进行，并发症极少发生。

3. 射精管（ejaculatory duct） 由输精管的末端与精囊的排泄管汇合而成，长约 2cm，向前下穿前列腺，开口于尿道的前列腺部（图 8-5）。

（三）附属腺

1. 前列腺（prostate） 为一实质性器官，位于膀胱与尿生殖膈之间，其内有尿道起始部纵行通过。前列腺形似栗子形。其上端宽大，称前列腺底，邻近膀胱颈；下端尖细，称前列腺尖，位于尿生殖膈上方；底与尖之间的部分称前列腺体，体的后面正中有一纵行浅沟，称前列腺沟，此面与直肠相邻。前列腺增生时，前列腺沟变浅或消失，活体直肠指检可触及此沟（图 8-1，图 8-5）。

小儿的前列腺较小。性成熟期腺组织发

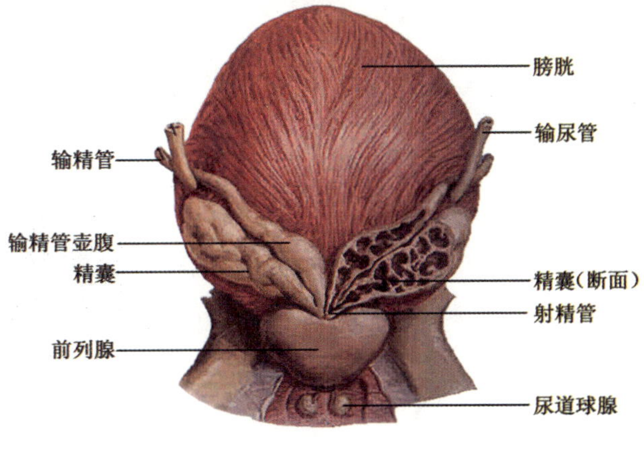

图 8-5 前列腺、精囊和输精管壶腹

育迅速，分泌活动增强，前列腺的分泌物呈稀薄的乳白色液体，通过其排泄管进入尿道，是精液的主要成分。老年时腺组织退化，若腺内结缔组织增生，可形成前列腺增生，压迫尿道，造成排尿困难，甚至尿潴留。

2. 精囊 又称精囊腺，位于膀胱底的后方，输精管壶腹的外侧（图 8–5），是一对椭圆形的囊状器官，其排泄管与输精管壶腹的末端汇合成射精管。精囊分泌弱碱性的淡黄色液体，参与精液的组成。

3. 尿道球腺 为一对豌豆大的球形腺体，位于尿生殖膈内（图 8–5）。其导管开口于尿道球部。尿道球腺的分泌物参与精液的组成，有利于精子的活动。

精囊、前列腺、尿道球腺和生殖管道均能产生分泌物，这些分泌物和精子共同构成精液（spermatic fluid）。精液呈乳白色，弱碱性，适于精子的生存和活动。正常成年男性一次射精可排出精液 2 ~ 5ml，含精子 3 亿 ~ 5 亿个。精子数量过少或活力不强，将影响生育。

精子的产生及精液的排出途径可表示为：

精囊（分泌物）↘
睾丸精曲小管（精子）→ 附睾 → 输精管 → 射精管 → 男 性 尿 道 → 体外
前列腺（分泌物）↗ ↖尿道球腺（分泌物）

二、男性外生殖器

（一）阴囊

阴囊（scrotum）为一皮肤囊袋，位于阴茎根部后下方（图 8–6）。阴囊壁主要由皮肤和肉膜组成。阴囊皮肤薄而柔软，色素沉着明显，颜色深暗，成人有少量阴毛。肉膜为阴囊的浅筋膜，内含平滑肌，可随外界温度的变化而舒缩，从而调节阴囊内的温度，以利于精子的生存和发育。

（二）阴茎

阴茎（penis）是男性的性交器官，可分为头、体和根三部分。后端为阴茎根，固定于耻骨下支和坐骨支；中部为阴茎体，呈圆柱形，悬于耻骨联合的前下方；前部为阴茎头，头的尖端有狭窄的尿道外口，呈矢状位。头后较细的部分为阴茎颈。

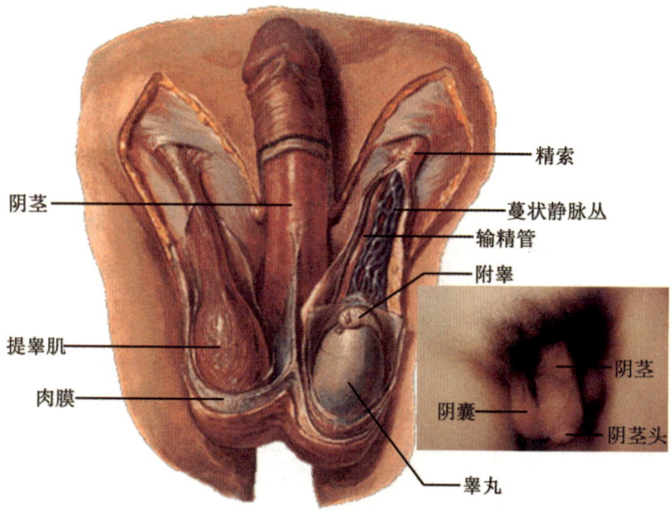

图 8–6 阴囊和阴茎

阴茎主要由两条阴茎海绵体和一条尿道海绵体构成，外包筋膜和皮肤。阴茎海绵体位于阴茎的背侧，左右各一，呈两端尖的圆柱状。尿道海绵体位于阴茎海绵体腹侧，内有尿道通过。尿道海绵体前端膨大为阴茎头，后端膨大为尿道球（图 8–7，图 8–8）。

阴茎的皮肤薄而柔软，富有伸展性，在阴茎颈前方形成双层游离的皮肤皱襞，包绕阴茎头，称阴茎包皮。包皮的前缘围成包皮口。阴茎包皮与

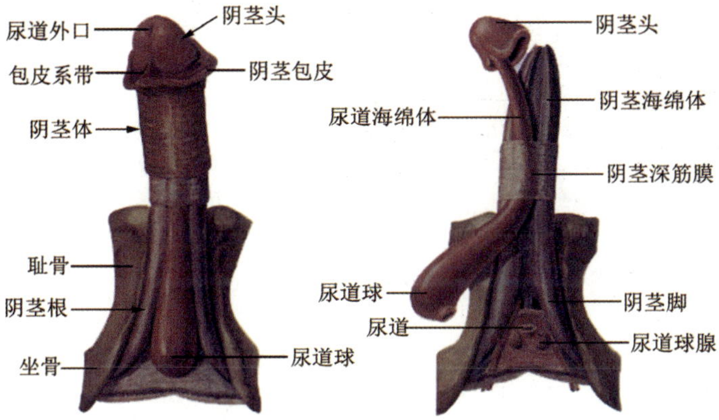

图 8-7 阴茎外形与构造

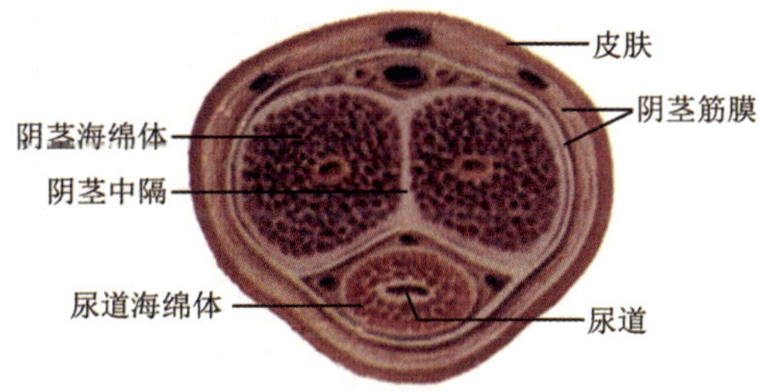

图 8-8 阴茎横切面

阴茎头的腹侧中线处有一条皮肤皱襞，称包皮系带。做包皮环切术时，注意勿伤及包皮系带，以免术后影响阴茎正常的勃起。

相关链接

包皮过长和包茎

幼儿的包皮较长，包着整个阴茎头，青春期后，随着阴茎的发育，包皮会逐渐向后退缩，阴茎头会从包皮中露出。在成年后，如阴茎头仍被包皮覆盖，在上翻包皮后能暴露尿道外口和阴茎头，称包皮过长；若包皮口过小，包皮不能向后退缩，阴茎头完全被包皮覆盖时，称包茎。在这两种情况下，包皮腔易存留污物而导致炎症，也可能成为阴茎癌的诱发因素，因此，应行包皮环切术。

三、男性尿道

男性尿道（male urethra）兼有排尿和排精的功能。男性尿道起自膀胱的尿道内口，依次穿过前列腺、尿生殖膈和尿道海绵体，止于阴茎头的尿道外口（图 8-9）。成人尿道长 16 ~ 22cm，管径平均为 5 ~ 7mm。

（一）男性尿道的分部

男性尿道可分为前列腺部、膜部和海绵体部三部分。临床上将尿道海绵体部称为前尿道，将前列腺部和膜部合称为后尿道（图 8-10）。

1. 前列腺部 为尿道的起始段，是尿道穿过前列腺的部分。长约 3cm，是尿道中最宽和最易扩张的部分。后壁有射精管和前列腺排泄管的开口。

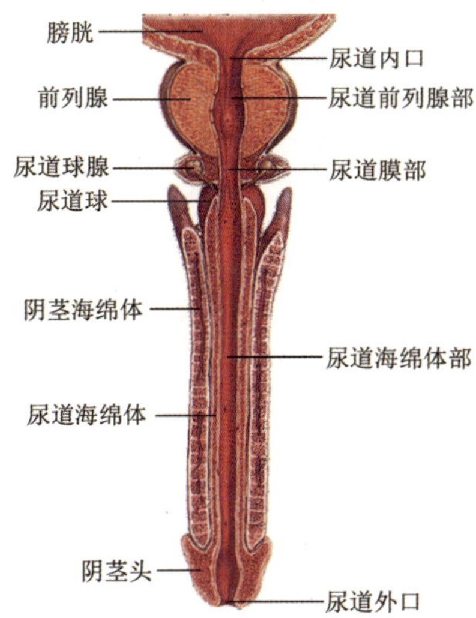

图 8-9 男性尿道

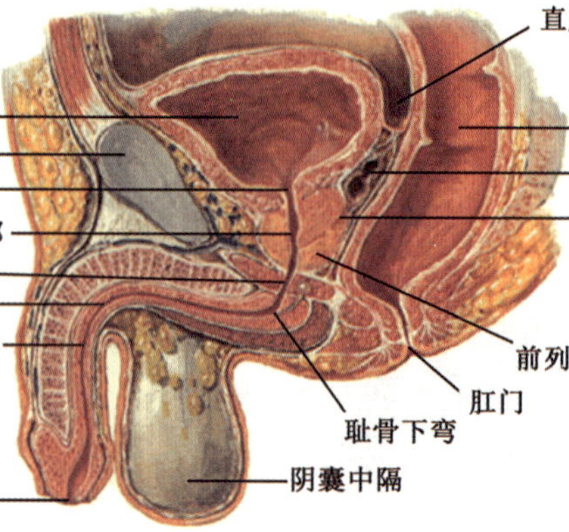

图 8-10 男性盆腔正中矢状面

2. 膜部 为尿道穿过尿生殖膈的部分，长约 1.5cm，是男性尿道中最短的部分。其周围有尿道膜部括约肌环绕，此肌为骨骼肌，有控制排尿的作用，又称尿道外括约肌。膜部位置比较固定，当骨盆骨折时，易损伤此部。

3. 海绵体部 为尿道穿过尿道海绵体的部分，长约 15cm，为男性尿道中最长的一段。尿道球内的尿道最宽，称尿道球部，有尿道球腺的开口。阴茎头内的尿道扩大，称尿道舟状窝。

（二）男性尿道的膨大、狭窄和弯曲

男性尿道在行程中粗细不一，全长有三个膨大、三个狭窄和两个弯曲。

1. 三个膨大 分别位于尿道前列腺部、尿道球部和尿道舟状窝。

2. 三个狭窄 分别位于尿道内口、尿道膜部和尿道外口，其中以尿道外口最为狭窄。这三个狭窄是尿道结石常易嵌顿的部位。

3. 两个弯曲 分别是耻骨下弯和耻骨前弯。耻骨下弯位于耻骨联合下方，凹向前上，此弯曲恒定不变。耻骨前弯位于耻骨联合前下方，凹向后下，由尿道海绵体部形成，此弯曲可变动。若将阴茎向上提起，此弯曲可变直而消失。

临床上为男性病人导尿或使用膀胱镜检查时，应注意上述狭窄和弯曲，避免损伤尿道。

相关链接

男性导尿术

男性尿道存在狭窄和弯曲，因此在导尿时应将阴茎向上提起，与腹壁约成 60°，使尿道耻骨前弯消失，轻柔缓慢插管，使导尿管顺着尿道的耻骨下弯方向进入。导尿管自尿道外口插入 7 ~ 8cm 时，相当于尿道海绵体部的中段，因该处的黏膜上有尿道球腺的开口，开口处形成许多大小不等的尿道陷窝，若导尿管前端顶住陷窝则出现阻力，此时轻轻转动导尿管，便可顺利通过。当导尿管进入尿道膜部或尿道内口狭窄处，因刺激而使括约肌痉挛导致进管困难时，切勿强行插入。当导尿管自尿道外口插入约 20cm，见有尿液流出时，再继续插入 2cm，切勿插入过深，以免导尿管盘曲。

项目二 女性生殖器官

问题引入

1. 卵细胞是从哪里来的？在哪里与精子相遇？受精卵在哪里发育为胚胎？
2. 青春期女性为什么每月都有月经光临？
3. 什么是宫外孕？

女性内生殖器包括生殖腺（卵巢）、生殖管道（输卵管、子宫和阴道）、附属腺（前庭大腺）。卵巢是产生卵子和分泌女性激素的器官；卵子在输卵管内受精，并经输卵管运送到子宫；子宫是孕育胎儿的器官，也是产生月经的部位；阴道为胎儿娩出的产道。外生殖器即女阴（图 8–11）。

一、女性内生殖器

（一）卵巢

1. 卵巢的位置与形态　卵巢（ovary）是实质性器官，左右各一，位于子宫两侧、盆腔侧壁髂总血管分叉处的卵巢窝内（图 8–12）。

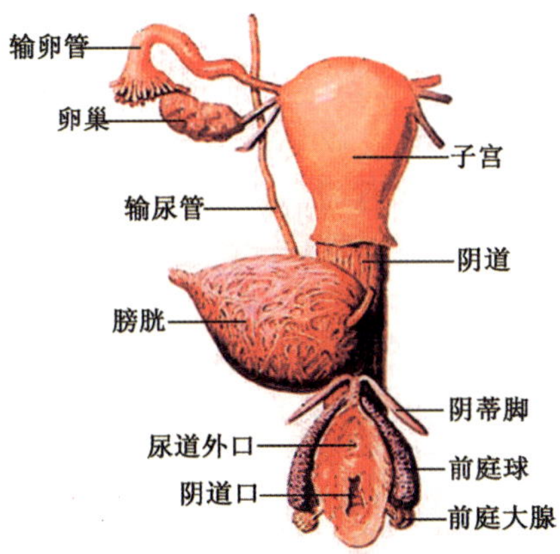

图 8–11　女性生殖器官模式图

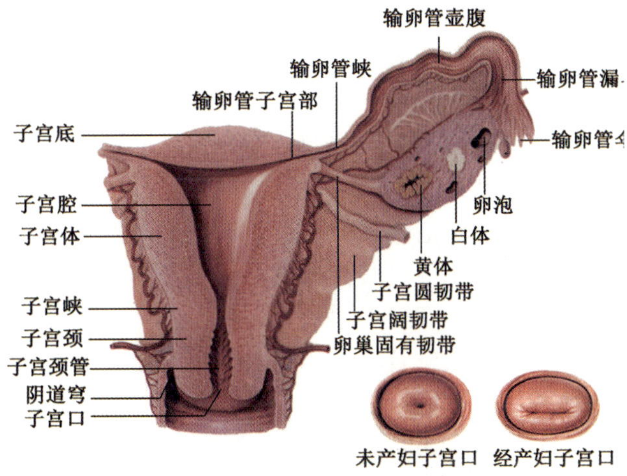

图 8–12　女性内生殖器

卵巢呈扁卵圆形，灰红色，可分内、外侧两面，前后两缘和上下两端。外侧面贴盆壁，内侧面朝向盆腔。后缘游离；前缘借卵巢系膜连于子宫阔韧带，有卵巢的血管、淋巴管、神经等出入。上端与输卵管伞相接触，借卵巢悬韧带固定于盆壁；下端借卵巢固有韧带连于子宫。

卵巢的大小和形状随年龄而异。幼女卵巢较小，表面光滑，性成熟期卵巢最大，以后由于多次排卵，表面瘢痕形成，变得凹凸不平。35 ~ 40 岁时卵巢开始缩小，约 50 岁以后逐渐萎缩，月经停止。

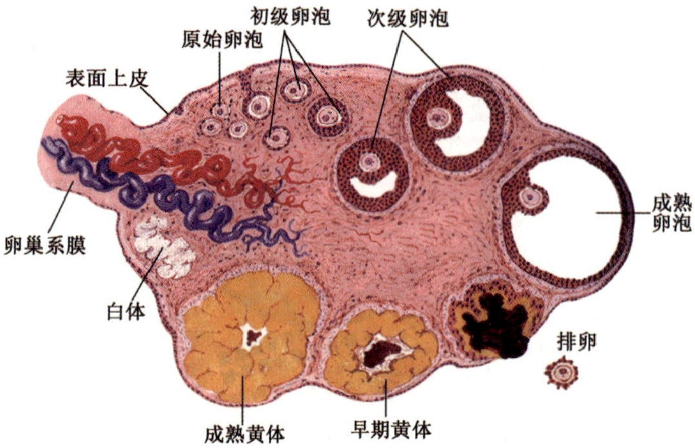

图 8–13　卵巢的组织结构

2. **卵巢的组织结构**　卵巢表面覆盖单层扁平或单层立方上皮。上皮深面为薄层致密结缔组织构成的白膜。卵巢的实质分为周围的皮质和中央的髓质。皮质较厚，主要含不同发育阶段的卵泡（follicle）；髓质占卵巢中央的较小部分，由疏松结缔组织构成，内含血管、淋巴管和神经等（图 8–13）。

（1）卵泡的发育：卵泡是由中央的一个卵母细胞和周围众多卵泡细胞构成的球泡状结构。卵泡发育从胚胎时期已经开始，出生后数量逐渐减少，到青春期约有 4 万个原始卵泡，至 40 ~ 50 岁仅剩几百个。在生育期，每月有 15 ~ 20 个原始卵泡生长发育，通常只有一个卵泡发育成熟并排卵，其余卵泡均在不同发育阶段退化为闭锁卵泡。女性一生中排卵 400 ~ 500 个。卵泡的发育，大致可分为原始卵泡、生长卵泡和成熟卵泡三个阶段。

1）原始卵泡：是出生时已有的卵泡，位于皮质浅层，体积小，数量多。原始卵泡由中央一个大的初级卵母细胞和周围一层小而扁平的卵泡细胞组成。卵泡细胞对卵母细胞起支持和营养作用。

2）生长卵泡：青春期开始后，在垂体促性腺激素的作用下，原始卵泡开始生长发育，表现为初级卵母细胞增大，其外周的卵泡细胞由单层变为多层；在卵母细胞和卵泡细胞之间开始出现一层嗜酸性膜，称透明带；随着卵泡细胞的不断增殖，卵泡细胞之间出现一些含液体的小腔隙，并逐渐融合成一个大腔，称卵泡腔，腔内的液体称卵泡液。随着卵泡液不断增多，卵母细胞及其周围的卵泡细胞被推到卵泡的一侧，突入卵泡腔中，称卵丘。此时，靠近卵母细胞的一层卵泡细胞逐渐变成柱状，围绕透明带呈放射状排列，称放射冠。其余的卵泡细胞主要构成了卵泡壁。随着卵泡的发育，卵泡周围的结缔组织也逐渐发育形成卵泡膜。卵泡细胞和卵泡膜内层细胞能分泌雌激素。雌激素能促进女性生殖器官的发育，激发并维持女性第二性征。

3）成熟卵泡：是卵泡发育的最后阶段。此时卵泡细胞停止增殖，但因卵泡液急剧增多而使卵泡体积显著增大，直径可达 2cm，并向卵巢表面突出。排卵前 36 ~ 48 小时，初级卵母细胞完成第一次成熟分裂，形成一个次级卵母细胞和第一极体。

（2）排卵（ovulation）：当成熟卵泡内卵泡液继续剧增，卵泡腔内的压力增高，使突出部分的卵泡壁、白膜及卵巢上皮逐渐变薄，因局部缺血最终破裂，于是次级卵母细胞、透明带、放射冠和卵泡液一起从卵巢排出，这一过程称为排卵。生育期每 28 天左右排卵一次，排卵时间在每个月经周期的第 12 ~ 16 天。通常是左、右卵巢交替排卵。卵排出后，若 24 小时内未受精，次级卵母细胞即退化消失；若受精，则完成第二次成熟分裂，产生一个成熟的卵细胞和一个小的第二极体。

（3）黄体的形成和退化：成熟卵泡排卵后，卵泡壁塌陷，在垂体分泌的黄体生成素的作用下，逐渐发育成一个体积较大并富含毛细血管的内分泌细胞团，新鲜时呈黄色，称黄体（corpus luteum）（图 8–13）。黄体能分泌孕激素和少量雌激素。孕激素能在雌激素作用的基础上发挥效应，主要是促进子宫内膜进一步增生，子宫腺分泌，为受精卵着床做准备；促进乳腺发育和抑制子宫平滑肌收缩等作用。

黄体的大小和维持时间的长短取决于排出的卵是否受精。若未受精，则黄体维持 14 天左右即退化，称月经黄体。若受精，黄体继续发育增大，维持 6 个月左右退化，称妊娠黄体。黄体退化后被结缔组织所取代，称白体。

（二）输卵管

输卵管（uterine tube）是一对细而弯曲的肌性管道，是输送卵子和受精的部位。

1. 输卵管的位置 输卵管位于子宫底的两侧，子宫阔韧带的上缘内，全长为 10 ~ 12cm，外侧端开口于腹膜腔，称输卵管腹腔口；内侧端开口于子宫腔，称输卵管子宫口。故女性腹膜腔经输卵管、子宫和阴道与外界间接相通（图 8–11，图 8–12）。

2. 输卵管的形态和分部 输卵管较为弯曲，由内侧向外侧分为四部分：

（1）输卵管子宫部：为输卵管穿过子宫壁的一段，以输卵管子宫口通子宫腔。

（2）输卵管峡：是输卵管子宫部向外延伸的一段，短直而狭细，血管少。输卵管结扎术常在该部进行。

（3）输卵管壶腹：约占输卵管全长的 2/3, 管径粗而弯曲，血管丰富，卵细胞通常在此受精。若受精卵未能迁入子宫而在输卵管或腹膜腔内发育，即成为宫外孕。

（4）输卵管漏斗：是输卵管外侧端的膨大部分，呈漏斗状，其周缘有许多细长的指状突起，称输卵管伞，覆盖在卵巢表面，手术时以此作为寻找输卵管的标志。漏斗底的中央有输卵管腹腔口，开口于腹膜腔，卵巢排出的卵由此口进入输卵管。

临床上将卵巢和输卵管合称为子宫附件。

相关链接

输卵管妊娠

卵子在输卵管壶腹部受精，受精卵因某些原因在输卵管被阻，而在输卵管的某一部分着床、发育，发生输卵管妊娠。典型病例具有急性腹痛、停经及不规则阴道流血，且多有原发或继发不孕史。输卵管妊娠是最常见的异位妊娠，即受精卵种植于输卵管。以壶腹部妊娠最多见，占 50% ~ 70%；其次为峡部妊娠，占 30% ~ 40%；伞部妊娠最少见，占 1% ~ 2%。

（三）子宫

子宫（uterus）为壁厚腔小的肌性器官，是孕育胎儿、产生月经的场所。

1. 子宫的形态和分部 成人未孕子宫呈前后稍扁的倒置梨形。可分子宫底、子宫体和子宫颈三部分（图 8–11，图 8–12）。子宫底为两侧输卵管子宫口以上圆凸的部分。子宫颈为下端较窄而呈圆柱状的部分，其下端 1/3 伸入阴道内，称子宫颈阴道部，为炎症和肿瘤的好发部位；在阴道以上的部分称子宫颈阴道上部。子宫颈与子宫底之间的部分称子宫体。在子宫体与子宫颈交界处较狭细，称子宫峡，在非妊娠期不明显，

子宫的形态和位置

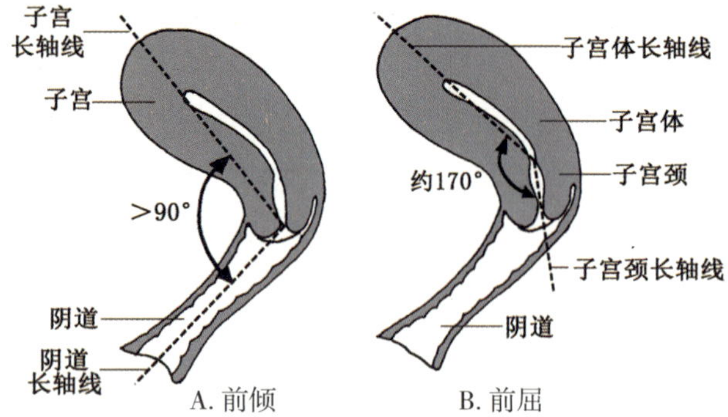

图 8-14　子宫前倾、前屈位示意图

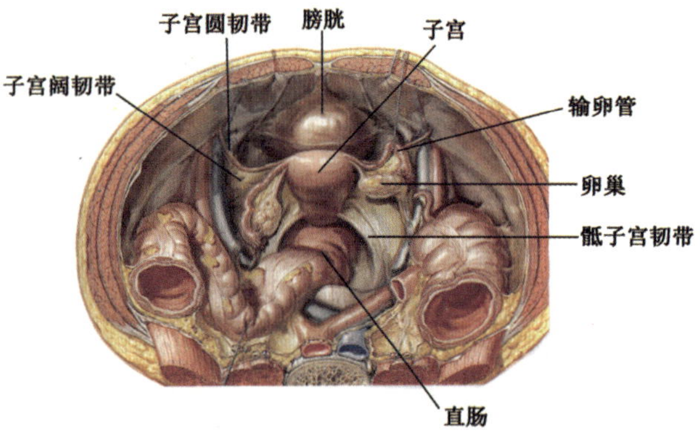

图 8-15　子宫的固定装置

长约 1cm；妊娠期，子宫峡逐渐伸展变长（可达 7 ~ 11cm），形成子宫下段，其壁也随之变薄，产科常在此处进行剖宫术，可避免进入腹膜腔，减少感染的机会。

子宫的内腔较狭窄，分上下两部。上部位于子宫底、体内，称子宫腔，呈前后略扁的倒置三角形，底的两侧接输卵管子宫口。下部在子宫颈内，称子宫颈管，呈梭形；其上口通子宫腔，下口通阴道，称子宫口。未产妇和不经正常产道分娩的产妇，子宫口呈圆形；经正常产道分娩的产妇，子宫口为横裂状（图 8-12）。

2. 子宫的位置　子宫位于小骨盆腔的中央，膀胱和直肠之间，下端接阴道，两侧有输卵管和卵巢。当膀胱空虚时，成人子宫呈轻度的前倾前屈位（图 8-14）。前倾指子宫向前倾斜，子宫的长轴与阴道的长轴间形成一个向前开放的钝角，稍大于 90°；前屈指子宫体与子宫颈之间形成的一个向前开放的钝角，约为 170°。子宫有较大的活动性，膀胱和直肠的充盈程度可影响子宫的位置，临床上可经直肠检查子宫的位置和大小。

3. 子宫的固定装置　子宫的正常位置依赖于盆底肌和阴道的承托以及周围韧带的牵拉与固定。如果子宫的固定装置薄弱或损伤，可致子宫位置异常，形成不同程度的子宫脱垂，严重者子宫可脱出阴道。维持子宫正常位置的韧带有子宫阔韧带、子宫圆韧带、子宫主韧带和骶子宫韧带（图 8-15，表 8-1）。

表 8-1　子宫的固有韧带

名称	构成	起点	止点	功能
子宫阔韧带	双层腹膜，内包有输卵管、卵巢等	子宫两侧	盆腔侧壁	限制子宫向两侧移动
子宫圆韧带	平滑肌和结缔组织	子宫角下方	阴阜和大阴唇皮下	维持子宫前倾位
子宫主韧带	平滑肌和结缔组织	子宫颈两侧	盆腔侧壁	防止子宫脱垂
骶子宫韧带	平滑肌和结缔组织	子宫颈后面	骶骨前面	维持子宫前屈位

4. 子宫壁的组织结构

子宫壁很厚，由内向外依次分为内膜、肌层和外膜三层（图 8-16）。

（1）内膜：由单层柱状上皮和固有层组成。上皮向固有层内凹陷，形成管状的子宫腺；固有层内血管丰富，其动脉呈螺旋走行，称螺旋动脉。子宫内膜可分为浅层的功能层和深层的基底层。功能层较厚，自青春期开始，在卵巢分泌激素的作用下，此层每月发生一次周期性脱落出血，形成月经。妊娠后，此层继续增厚，以适应受精卵的种植和发育。基底层较薄，不发生脱落，能增生修复功能层。

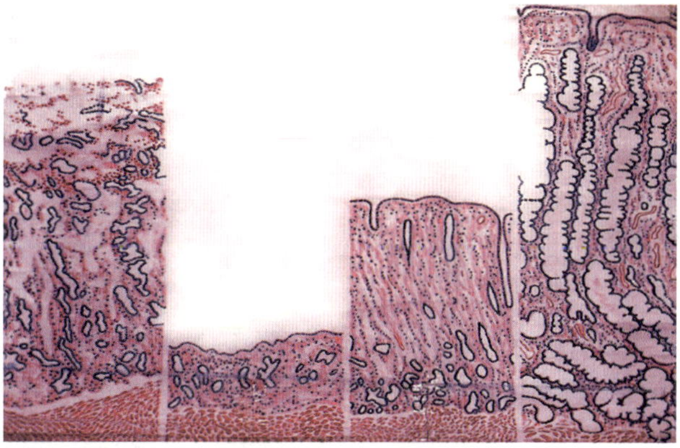

图 8–16　子宫壁的组织结构

（2）肌层：很厚，由许多平滑肌束和结缔组织构成，肌束间有较大的血管穿行。在妊娠期，平滑肌纤维显著增长，肌层增厚，分娩后可逐渐复原。

（3）外膜：子宫底和子宫体外表面为浆膜覆盖，其余部分为纤维膜。

相关链接

子宫肌瘤

子宫肌瘤是女性生殖器官最常见的良性肿瘤，也是人体最常见的肿瘤之一。因子宫肌瘤主要是子宫平滑肌细胞增生而成，故称为子宫平滑肌瘤较为确切，简称子宫肌瘤。多见于 30 ~ 50 岁妇女，以 40 ~ 50 岁最多见。子宫肌瘤可以生长在黏膜下，贴近子宫腔，向子宫腔方向生长，仅由黏膜覆盖，称黏膜下肌瘤，占子宫肌瘤总数的 10% ~ 15%；子宫肌瘤也可生长于肌层内，周围被正常的肌层包围，称肌壁间肌瘤，此类最常见，占子宫肌瘤总数的 60% ~ 70%；子宫肌瘤生长于子宫浆膜下，向子宫浆膜面生长，突起在子宫表面，称为浆膜下肌瘤，约占子宫肌瘤总数的 20%。

5. 子宫内膜的周期性变化　自青春期开始到绝经期止，在卵巢分泌的雌激素和孕激素的作用下，子宫内膜功能层出现周期性变化，即每隔 28 天左右发生一次内膜剥脱、出血、修复和增生过程，称月经周期。每个月经周期从此次月经第 1 天起至下次月经来潮前一天止。在每一月经周期中，子宫内膜的周期性变化一般分为增生期、分泌期和月经期（图 8–17）。

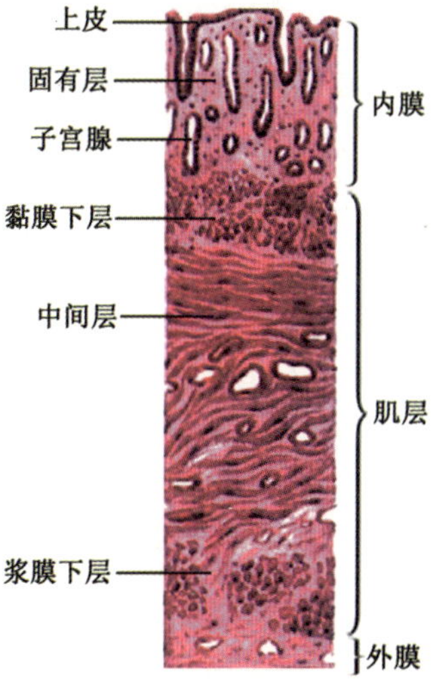

图 8–17　子宫内膜的周期性变化

（1）增生期：为月经周期的第 5 ~ 14 天。此期卵巢内有若干卵泡开始生长发育，故又称卵泡期。在卵泡分泌的雌激素的作用下，基底层增生和修复功能层。此期子宫内膜主要的结构变化为：①子宫内膜逐渐增厚至 2 ~ 3mm；②子宫腺增多、增长并弯曲；③螺旋动脉增长并弯曲。此期末，卵巢内卵泡成熟并排卵，子宫内膜转入分泌期。

（2）分泌期：为月经周期的第 15 ~ 28 天。此期卵巢已排卵，黄体形成，故又称黄体期。在黄体分泌的孕激素和雌激素的共同作用下，子宫内膜进一步增厚。此期子宫内膜主要的结构变化为：①子宫内膜继续增厚；②子宫腺继续增多、增长并极度弯曲，腺细胞分泌功能旺盛；③螺旋动脉继续伸长、迂曲；④固有层内组织液增多，呈现生理性水肿。内膜的这些变化有利于胚泡的植入和发育。若受精，子宫内膜将继续增厚，发育为蜕膜；若未受精，卵巢内月经黄体退化，转入月经期。

（3）月经期：为月经周期的第 1 ~ 4 天。此期卵巢内黄体退化，雌激素和孕激素急剧减少，使子宫内膜中的螺旋动脉痉挛性收缩，造成内膜功能层缺血坏死。随后螺旋动脉出现短暂扩张，使毛细血管充血以致破裂，血液从坏死血管流出，与坏死脱落的子宫内膜一起经阴道排出，即为月经。月经期内，子宫内膜有创面，容易引起感染，应注意保持外阴部清洁和避免剧烈运动。

（四）阴道

阴道（vagina）为连接子宫和外生殖器的肌性管道，是女性的性交器官，也是排出月经和娩出胎儿的管道（图 8–11，图 8–12）。

阴道位于盆腔中央，前邻膀胱和尿道，后邻直肠和肛管。阴道上端较宽阔，包绕子宫颈阴道部，两者间形成的环状间隙称阴道穹。阴道穹分为前部、后部和两个侧部，其中以阴道穹后部最深，与直肠子宫陷凹仅隔阴道后壁和腹膜。当直肠子宫陷凹有积液时，可经阴道穹后部穿刺或引流，以协助诊断或治疗。阴道下端以阴道口开口于阴道前庭。处女的阴道口周围有处女膜附着，处女膜破裂后，阴道口周围留有处女膜痕。

相关链接

老年性阴道炎

阴道黏膜的上皮为复层扁平上皮，上皮细胞可随卵巢分泌的雌激素水平变化而出现脱落和再生。脱落细胞内的糖原在阴道杆菌的作用下转变为乳酸，使阴道内保持酸性，可防止细菌侵入。老年妇女卵巢功能衰退，雌激素水平降低，阴道壁萎缩，黏膜变薄，上皮细胞内糖原含量减少，乳酸减少，阴道内 pH 上升，常接近中性，局部抵抗力降低，致病菌易入侵繁殖引起炎症。老年性阴道炎的主要症状为阴道分泌物增多及外阴瘙痒、灼热感。

（五）前庭大腺

前庭大腺（greater vestibular gland）为女性的附属腺，左右各一，形似豌豆，位于前庭球后端的深面。其导管向内侧开口于阴道前庭、阴道口的两侧（图 8–11）。其分泌物有润滑阴道口的作用。

二、女性外生殖器

女性外生殖器即女阴（female pudendum）（图 8–18，图 8–19）。主要有阴阜、阴蒂、大阴唇、小阴唇、阴道前庭和前庭球等结构。两小阴唇之间的裂隙为阴道前庭。在阴道前庭内有两个开口，

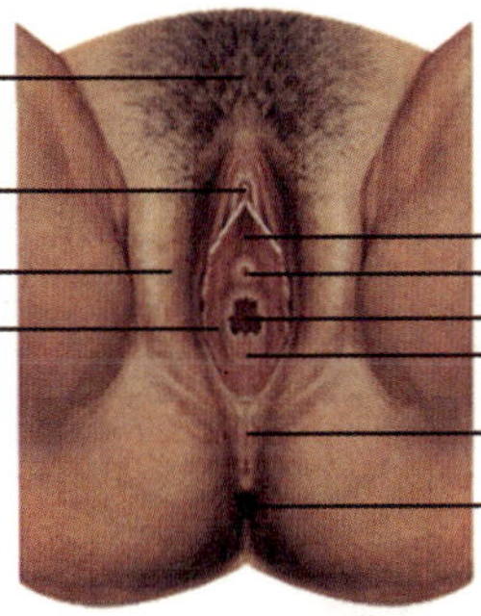

图 8-18 女性外生殖器

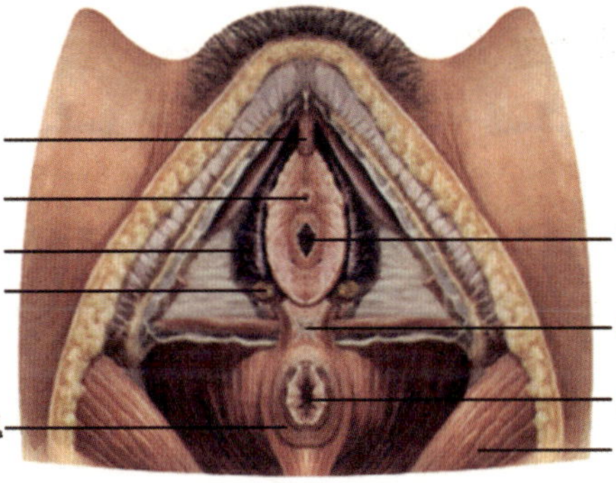

图 8-19 阴蒂、前庭球和前庭大腺

前部的开口是尿道外口，后部的开口是阴道口，两侧还有前庭大腺导管的开口。临床上给女病人导尿时应注意阴道前庭、尿道外口和阴道口之间的关系。

项目三 乳房和会阴

问题引入

1. 女性的乳房是哺乳器官，你了解乳房的结构吗？
2. 请查阅资料，说说母乳喂养的好处。
3. 自然分娩时，如果不注意保护会阴，会发生什么情况？

一、乳房

乳房(mamma, breast)为人类和哺乳动物特有的结构，男性乳房不发达，女性乳房为哺乳器官，也是女性重要的第二性征。

（一）乳房的位置与形态

乳房位于胸大肌表面，上起第 2 ~ 3 肋，下至第 6 ~ 7 肋，内侧至胸骨旁线，外侧可达腋中线。成年未产妇女的乳房呈半球形，紧张而有弹性。乳房中央有乳头，通常平对第 4 肋间隙或第 5 肋水平。乳头表面有输乳管的开口，乳头周围环状色素沉着区称乳晕，深面有乳晕腺，其分泌物可润滑乳头（图 8-20）。乳头和乳晕的皮肤薄弱，易损伤，尤其在哺乳期应注意清洁，以防感染。

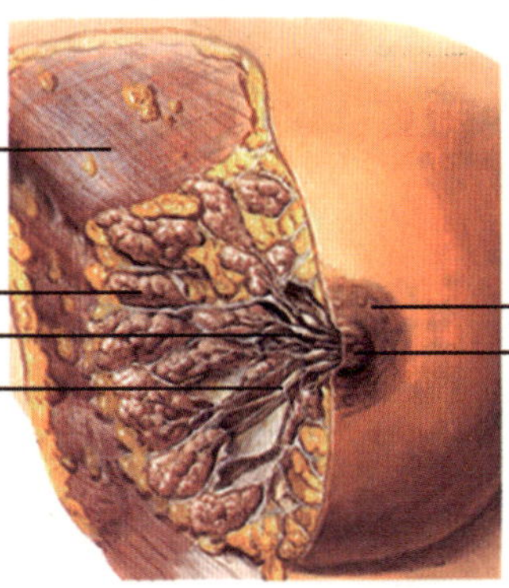

图 8-20 成年女性乳房

相关链接

母乳喂养

母乳喂养是指用母亲的乳汁喂养婴儿的方式。研究显示，母乳喂养的婴儿发育更为健康，效果包括增强免疫力、提高智力、减少婴儿猝死症的发生、减少儿童期肥胖、减少罹患过敏性疾病的概率等方面。

（二）乳房的构造

乳房主要由皮肤、乳腺、脂肪组织和纤维组织构成。脂肪组织向乳腺深部发出许多小隔，将乳腺分隔成 15 ~ 20 个乳腺叶，以乳头为中心呈放射状排列。每一乳腺叶借输乳管开口于乳头。乳房手术时，应尽量采用放射状切口，以减少对乳腺叶和输乳管的损伤。乳房表面的皮肤与胸肌筋膜、乳腺之间连有许多结缔组织小束，称乳房悬韧带（Cooper 韧带），对乳房有支持和固定作用（图 8-21）。当乳腺癌侵及此韧带时，乳房悬韧带缩短，牵拉皮肤向内凹陷，呈"橘皮样"改变，为乳腺癌的常见体征。

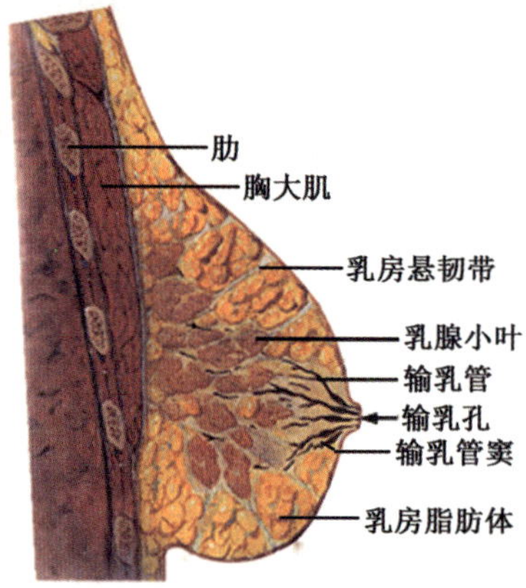

图 8-21　乳房矢状切面

二、会阴

会阴（perineum）有广义和狭义之分。广义会阴是指封闭小骨盆下口所有的软组织，其境界与小骨盆下口一致，呈菱形。通常以两侧坐骨结节连线为界，将广义会阴分为前后两个三角形的区域（图 8-22）。前为尿生殖区，又称尿生殖三角，男性有尿道通过，女性有尿道、阴道通过；后为肛区，又称肛三角，其中央有肛管通过。两个三角均被肌和筋膜所封闭，分别形成尿生殖膈和盆膈。

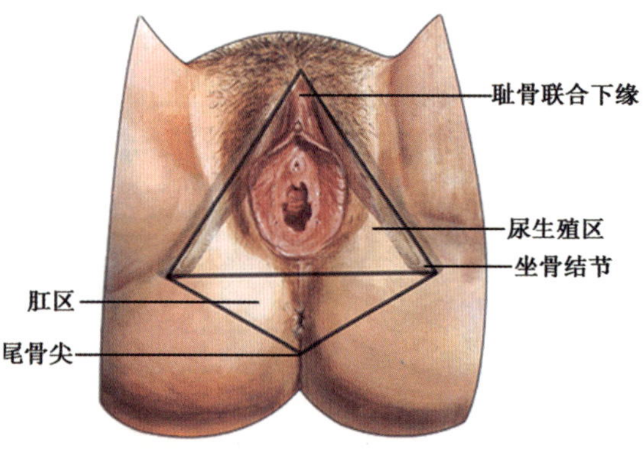

图 8-22　女性会阴分区

狭义会阴指肛门与外生殖器之间狭小区域的软组织，又称产科会阴。由于分娩时此区承受的压力较大，易发生撕裂（会阴撕裂），助产时应注意保护此区。

相关链接

产科会阴

产科会阴是一个狭窄区域，皮肤和浅筋膜较薄，深层为会阴中心腱。会阴中心腱有诸多会阴肌附着，具有加固盆底、承托盆腔脏器的作用。此腱具有韧性和弹性，在分娩时有重要意义。分娩时由于此区承受的压力较大，使会阴扩张较大，结构变薄，极易发生会阴撕裂，甚至还可能一直撕裂到肛门；不仅会引起产时较多的出血，还会影响产妇的生理功能和正常生活，因此应注意保护会阴。如会阴撕裂，应予以缝合，以免畸形愈合。

小结

男性内生殖器包括生殖腺（睾丸）、生殖管道（附睾、输精管、射精管和男性尿道）、附属腺（前列腺、精囊、尿道球腺）；外生殖器包括阴茎和阴囊。睾丸位于阴囊内，有产生精子和分泌男性激素的功能。附睾位于睾丸的后上方，有储存、营养精子并促使精子成熟的功能。前列腺位于膀胱颈与尿生殖膈之间，包绕尿道的前列腺部。男性尿道长16～22cm，全长分为三部（前列腺部、膜部和海绵体部）；男性尿道有三个狭窄（尿道内口、尿道膜部和尿道外口）、两个弯曲（耻骨下弯和耻骨前弯）。男性导尿时应注意尿道的狭窄和弯曲部位，以免损伤尿道。

女性内生殖器包括生殖腺（卵巢）、生殖管道（输卵管、子宫和阴道）、附属腺（前庭大腺）。卵巢位于盆腔侧壁，包被在子宫阔韧带的后层内，有产生卵子和分泌女性激素的功能。输卵管由内侧向外侧可分为输卵管子宫部、输卵管峡、输卵管壶腹和输卵管漏斗四部分。输卵管峡是输卵管结扎的部位，输卵管壶腹是受精的部位。正常成年女性子宫位于小骨盆腔的中央，膀胱与直肠之间，呈前倾前屈位。维持子宫正常位置的韧带主要有子宫阔韧带、子宫圆韧带、子宫主韧带和骶子宫韧带。子宫外形上可分为子宫底、子宫体和子宫颈三部分，子宫内腔可分为子宫腔和子宫颈管。阴道为娩出胎儿和排出月经的管道。阴道穹后部与直肠子宫陷凹相邻，仅隔一层阴道壁和腹膜。直肠子宫陷凹积液时，可经阴道穹后部穿刺或引流。女性乳房为哺乳器官，位于胸大肌表面。乳房由皮肤、乳腺和脂肪组织构成，乳腺围绕乳头呈放射状排列，借输乳管开口于乳头。

复习思考题

1. 简述男、女性生殖器官的组成。
2. 简述男性尿道的长度、分部、狭窄和弯曲。
3. 试述子宫的形态、位置、分部和固定装置。
4. 试述输卵管的分部、受精和结扎部位。
5. 什么是产科会阴？其临床意义是什么？
6. 应用所学解剖学知识，通过查找资料，设计两种或两种以上的避孕方法。
7. 查找资料，说说女性月经期应保持哪些健康的生活习惯，以避免或缓解痛经。

（吕文龙）

模块九 脉管系统

知识目标

1．掌握脉管系统的组成和功能、血液循环的途径。

2．掌握心的位置、外形，心尖的体表投影位置；熟悉心腔的形态、结构和心壁的构造；掌握心传导系统、心的血管；了解心的体表投影、心包结构。

3．熟悉血管的组织结构，熟悉肺循环的血管，了解体循环动脉的分布规律和主干，熟悉头颈部的动脉，熟悉上肢的动脉主干，了解胸部、腹部和盆部的动脉分布，熟悉下肢的动脉主干，掌握临床常用的压迫止血的动脉和测量血压、切脉的动脉的名称、部位等，熟悉静脉与动脉的区别，熟悉上腔静脉系的组成、收集范围、主要属支，了解下腔静脉系的组成、收集范围、主要属支，熟悉肝门静脉的组成、属支、收集血液的范围、血流的去路、侧支循环，掌握临床穿刺常用的静脉的名称、位置。

4．熟悉淋巴系统的组成，了解淋巴管道，熟悉胸导管、右淋巴导管，熟悉浅表淋巴结群的名称和位置。

技能目标

1．能说出心的位置和结构，摸出体表搏动的动脉，找到常用于穿刺的静脉以及人体主要的浅淋巴结群。

2．会指认心肺复苏胸外按压、止血、穿刺的部位并进行护理模拟应用。

项目一 概述

问题引入

1．我们体内有哪些管道状器官？

2．我们常见的静脉注射（如急性扁桃体炎），其药物是怎样到达作用部位的？

3．生活中常说的出血是怎么一回事？

4．“动脉”和“静脉”应该怎样理解？

一、脉管系统的组成和功能

脉管系统由一系列连续且封闭的管道系统组成，包括心血管系统和淋巴系统两部分(图9-1)。

（一）心血管系统的组成

心血管系统包括心和血管，内有血液流动。

1. 心（heart） 是血液流动的动力器官，主要由心肌构成。心被房间隔和室间隔分为互不相通的左半心和右半心，每半又各分为上方的心房和下方的心室。故心有四个腔，即右心房和右心室、左心房和左心室，同侧心房和心室借房室口相通。心房接纳静脉，心室发出动脉。在房室口和动脉出口处均有瓣膜，顺血流而开，逆血流而闭，保证血液的定向流动。心能节律性地收缩和舒张，像“泵”一样将血液从静脉吸入心房，再由心室射入动脉，推动血液循环。

2. 血管 是运输血液的通道，包括动脉、静脉和毛细血管。动脉是输送血液离心的血管，静脉是引导血液回心的血管，毛细血管是连于微动脉、微静脉之间的微细血管，彼此吻合成网状，是血液同周围组织器官进行物质交换的场所。

（二）淋巴系统的组成

淋巴系统包括淋巴管道、淋巴器官和淋巴组织，其内流动着淋巴。淋巴沿淋巴管道向心流动，最终汇入静脉，因此，淋巴系统也可认为是心血管系统的辅助部分。

（三）脉管系统的功能

脉管系统的主要功能是运输物质。一是将消化系统吸收的营养物质和肺吸入的氧运送到全身各处，供组织细胞代谢所需；同时将代谢产物如二氧化碳、尿素等分别运送到肺、肾和皮肤等器官排出体外。二是输送内分泌系统分泌的激素参与人体生理调节，输送淋巴系统产生的淋巴细胞及抗体参与机体防御免疫活动。因此，脉管系统对维持机体内环境的相对稳定和正常代谢有着重要作用。

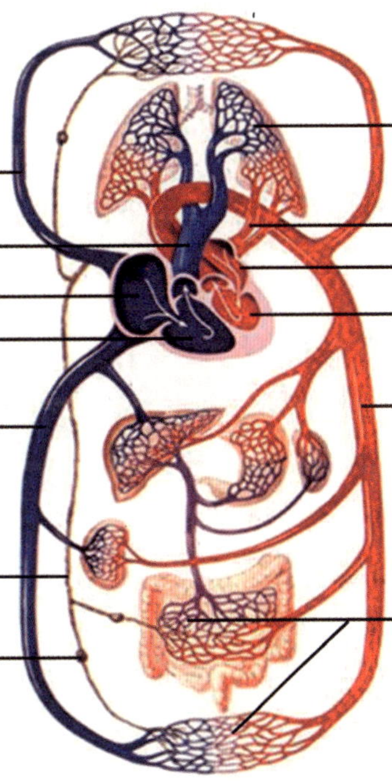

图 9-1 血液循环示意图

二、血液循环途径

血液由心室射出，经动脉、毛细血管、静脉，再返回心房，这种周而复始、循环不止地流动过程，称血液循环。根据循环途径的不同，可分为体循环和肺循环两类（图9-1）。

（一）体循环

体循环（systemic circulation）又称大循环，其途径是：左心室→主动脉及其各级分支→身体各部毛细血管→各级静脉→上、下腔静脉和冠状窦→右心房。通过体循环将左心室中富含氧和营养物质的动脉血经主动脉的各级分支到达全身各处毛细血管网，在组织中血液与细胞进行物质和气体交换。动脉血转化成静

血液循环

脉血并汇入小静脉，再经多级属支汇入上、下腔静脉，最终回流至右心房。其特点是：循环途径长，流经范围广，分布于全身；既进行物质交换，又进行气体交换。

（二）肺循环

肺循环（pulmonary circulation）又称小循环，其途径是：右心室 → 肺动脉干及各级分支 → 肺泡周围毛细血管 → 肺静脉 → 左心房。通过肺循环，将毛细血管中的血液与肺泡内的气体进行交换，静脉血转化成动脉血，经过多级肺静脉属支汇入左、右肺静脉，最终流入左心房。其特点是：循环途径短，仅分布于肺；只进行气体交换。

体循环与肺循环之间互相连通，并同时进行，是不可分割的两部分。

相关链接

血液循环的证据

在原始社会时期，有人就已经认为心脏存在着维持生命的力量。第一个探究这个问题的是古希腊的希波克拉底。他提出，心脏是血管系统的中心点，血液通过血管流向身体各个部位，不再返回到心脏里，但他错误地认为心脏是造血器官。

500 年后，医生盖仑提出了供血体系说。他认为，血液形成于肝脏中的食糜，一部分血从那里直接流到心脏，另一部分血经过心、肺，然后又回到心脏，在心脏里继续渗流。1553 年，西班牙医生塞尔维图首次证明存在着血液肺循环。这个重要论断和 1530 年意大利医学家贝伦加里奥·达·卡皮提出的血回流的静脉瓣学说，终于促成了由英国生理学家威廉·哈维建立的、今天流行的血液循环理论的基石。在进行多次动物实验后，哈维首先确定心脏有挤压血液的特点，他计算每次心脏收缩后流入动脉的血的重量，发现血液的重量几乎一样，他观察到肝脏不可能持续再生出如此大量的血，身体也不可能消耗那么多血。终于在 1628 年，哈维在论著《心脏和血液的运动》中公开了自己发现的“大循环”和“小循环”。1661 年，意大利学者马尔皮基借助显微镜发现了毛细血管网，成为对哈维一系列科学证据的一个重要补充。

项目二 ▶▶ 心血管系统

问题引入

1. 人的心在哪儿？
2. 大家都说“心”很深奥，为什么？
3. 所谓心肺复苏术，按压部分在哪儿？有什么道理？
4. 所谓压迫止血，按压哪里？

一、心

（一）心的位置

心位于胸腔的中纵隔内，外裹心包，约 2/3 在正中线的左侧，1/3 在正中线的右侧（图 9–2）。心的前面大部分被肺和胸膜遮盖，只有小部分借心包与胸骨体下部左半和左侧第 4 ～ 6 肋软骨直接相贴；心的后方邻食管和胸主动脉等；心的两侧与纵隔胸膜和肺相邻；心的下方为膈；心的上方连有出入心的大血管。

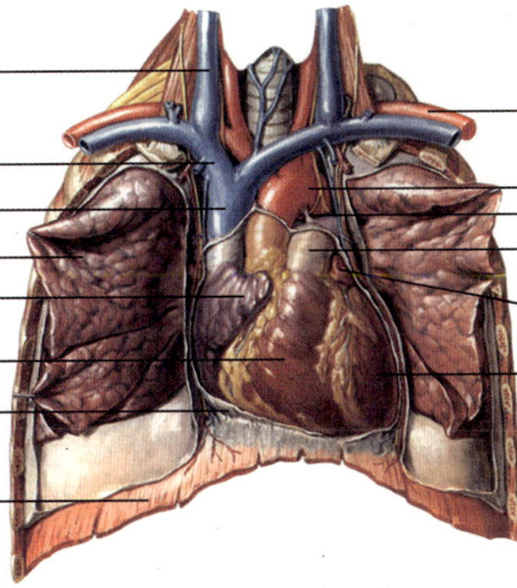

图 9–2 心的位置

（二）心的外形

心似前后稍扁倒置的圆锥体，一般稍大于本人的拳头，具有一尖、一底、两面、三缘和三沟（图 9–3）。

1. 心尖 朝向左前下方，由左心室构成，在左侧第 5 肋间隙锁骨中线内侧 1 ～ 2cm 处可扪及心尖搏动。

2. 心底 朝向右后上方，大部分由左心房、小部分由右心房构成，并与出入心的大血管相连。

3. 两面 心的前面朝向胸骨体和肋软骨，称胸肋面；下面与膈相贴，称膈面。

4. 三缘 为左缘、右缘和下缘。左缘钝圆，绝大部分由左心室构成；右缘垂直，由右心房构成；下缘锐利，由右心室和心尖构成。

5. 三沟 心表面有三条浅沟，可作为心分界的表面标志。在心底附近有几乎成环形的冠状沟，是上方的心房和下方的心室的表面分界标志。在心的胸肋面和膈面各有一条纵行的浅沟，分别称前室间沟和后室间沟，是左、右心室表面分界的标志。沟内均有心的血管和脂肪等填充。

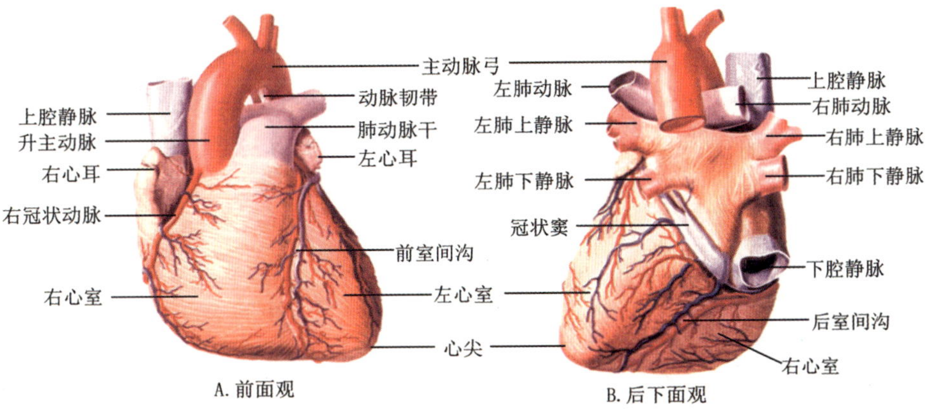

图 9–3 心的外形与血管

（三）心的各腔

心有四个腔，即左心房、左心室、右心房和右心室。左、右心房间有房间隔分隔，左、右心室间有室间隔分隔。因此，左、右心房之间及左、右心室之间均不相通。但左心房与左心室之间，

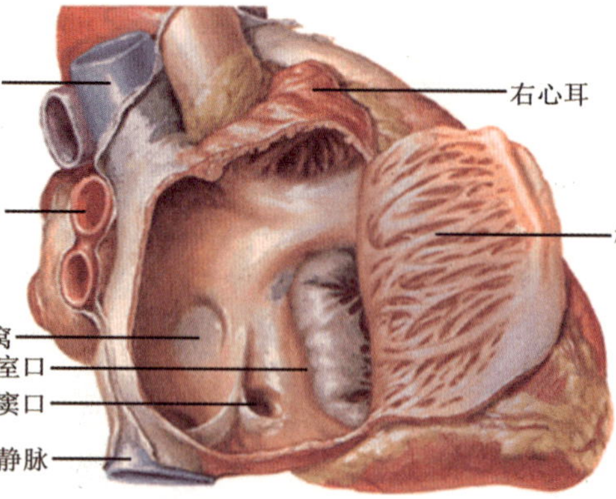

图 9–4　右心房

右心房与右心室之间，分别经左、右房室口相通。

1. 右心房（right atrium） 位于心的右上部，是最靠右侧的心腔。右心房向左前方的突出部分，称右心耳。右心房有三个入口：上部有上腔静脉口，下部有下腔静脉口，在下腔静脉口与右房室口之间有冠状窦口，分别引导人体上半身、下半身和心壁的静脉血注入右心房。右心房的出口为右房室口，通向右心室。在房间隔右心房侧的下部有一卵圆形浅窝，称卵圆窝，是胎儿时期的卵圆孔于出生后闭合的遗迹（图 9–4）。该处薄弱，房间隔缺损多在此发生，是先天性心脏病的一种。

相关链接

心内注射术

心内注射术是抢救心搏骤停病人时，将药物通过胸壁直接注入心室内的一种心脏复苏术。心内注射多在左侧第 4 肋间隙，距胸骨左缘 0.5 ~ 1cm 处，沿肋骨上缘进针，刺入右心室。穿刺方法为：垂直进针 3 ~ 4cm，回抽见血方可注药，以免将药物注入心肌而引起心律失常或心肌坏死。穿刺点不可偏外，以免穿破胸膜造成气胸；也不可太靠内，而刺破胸廓内血管。

2. 右心室（right ventricle） 位于右心房的左前下方。右心室的入口即右房室口，其周缘附有三片略呈三角形的瓣膜，称三尖瓣（又称右房室瓣）。瓣膜的尖端游离，借腱索连于室壁上的乳头肌。当右心室收缩时，血流推动三尖瓣相互对合，同时由于乳头肌收缩和腱索的牵拉，使三片瓣膜恰好封闭右房室口，而不至于翻入右心房，从而阻止血液逆流回右心房。右心室出口位于右心室的前上部，称肺动脉口，通向肺动脉干。肺动脉口周缘有三个袋口向上呈半月形的瓣膜，称肺动脉瓣。当右心室舒张时，由于肺动脉干内血液反冲，使肺动脉瓣相互贴紧而关闭肺动脉口，阻止血液逆流回右心室（图 9–5）。

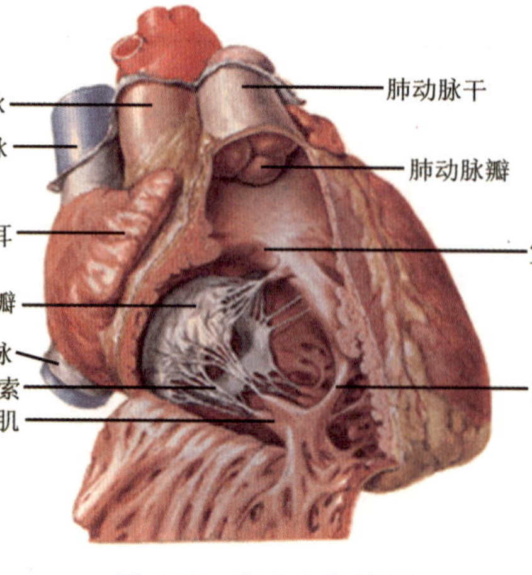

图 9–5　右心室的腔面

3. 左心房（left atrium） 位于右心房的左后方。左心房向右前方突出的部分，称左心耳。左心房有四个入口，位于左心房后壁两侧，即左右各两个肺静脉口。左心房的

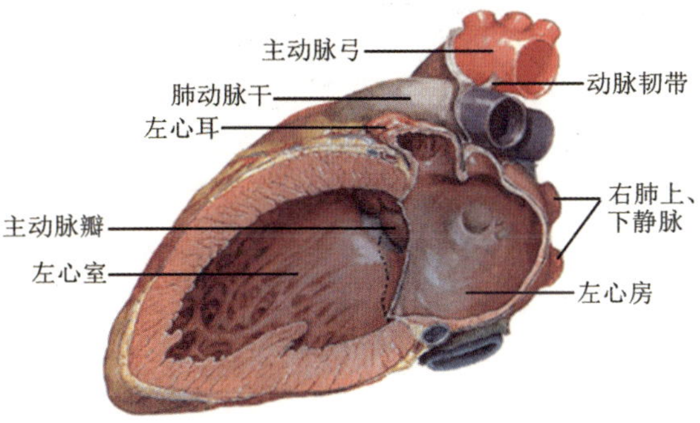

图 9-6　左心房与左心室

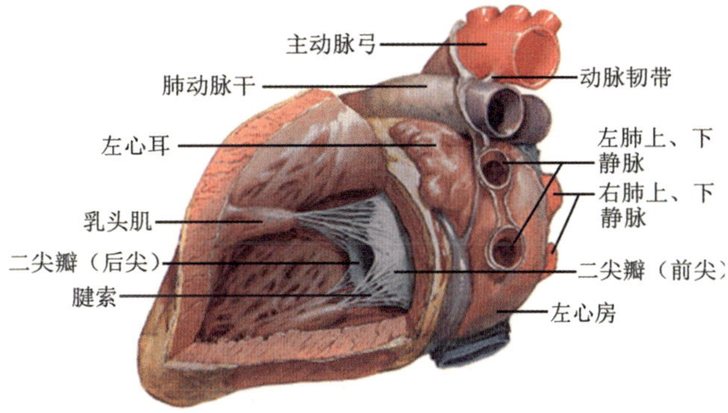

图 9-7　左心室

出口是左房室口，在左心房的前下部，通向左心室（图 9-6）。

4. 左心室（left ventricle） 位于右心室的左后下方。左心室的入口即左房室口。左房室口的周缘附有两片近似三角形的瓣膜，称二尖瓣（图 9-7），其边缘也有许多腱索连到室壁上的乳头肌。左心室的出口称主动脉口。主动脉口的周缘附有三片半月形的袋状瓣膜，称主动脉瓣。当左心室收缩时，二尖瓣关闭，同时血液冲开主动脉瓣进入主动脉；当左心室舒张时，主动脉瓣关闭，防止血液从主动脉倒流入左心室（图 9-8）。

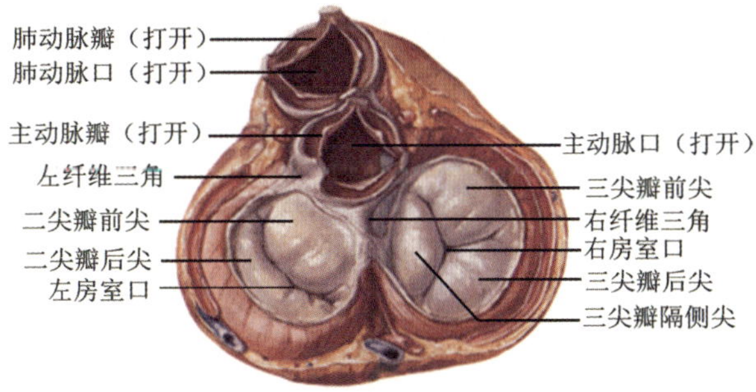

图 9-8　心的瓣膜

（四）心壁的组织结构

心壁从内向外依次分为心内膜、心肌膜和心外膜（图 9-9）。

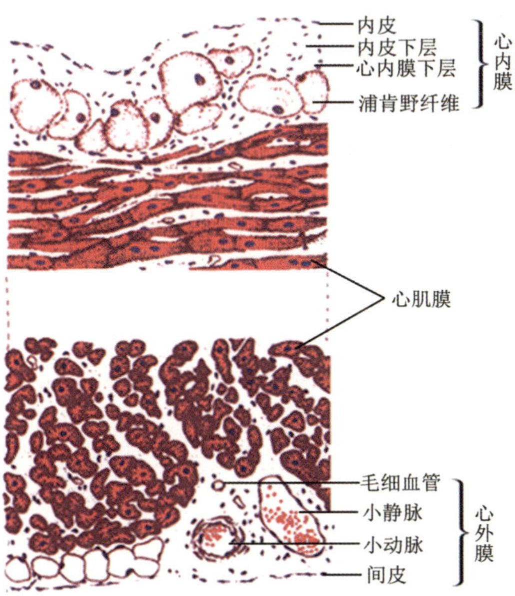

图 9-9　心壁的组织结构

1. 心内膜 是衬于心各腔内面的一层光滑的薄膜，由内皮及其深面的结缔组织组成，结缔组织中含有心传导系的分支。心内膜与血管内膜相延续。在房室口和动脉口处，心的各瓣膜是由心内膜折叠而构成的。

2. 心肌膜 由心肌纤维组成，是心壁的主体。心房肌较薄，心室肌较厚，左心室肌最厚。心房肌和心室肌互不相连，分别附于左、右房室口周围的纤维环上，故心房和心室可以分别收缩。

3. 心外膜 属于浆膜，其表面为一层间皮，间皮下方是薄层结缔组织，内含血管和神经等。

（五）心传导系

心传导系位于心壁内，由特殊分化的心肌细胞构成，能产生兴奋，传导冲动，维持心舒缩的正常节律。心传导系包括窦房结、房室结、房室束及其分支等（图 9–10）。

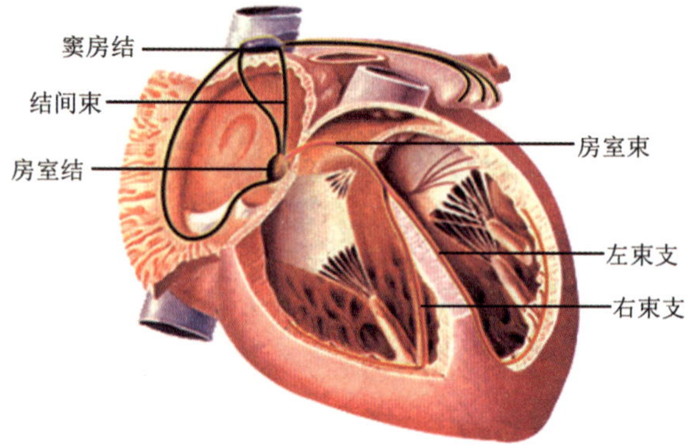

图 9–10 心的传导系统

1. 窦房结（sinuatrial node） 位于上腔静脉与右心房交界处的心外膜深面，呈椭圆形。窦房结能自动产生节律性兴奋，是心的正常起搏点。

2. 房室结（atrioventricular node） 位于右侧房间隔下部、冠状窦口前上方的心内膜深面，呈扁椭圆形。其主要功能是将窦房结传来的兴奋传至心室。

3. 房室束 又称希氏（His）束，起自房室结前端，在室间隔内下行，至室间隔肌部上缘分为左束支和右束支。左、右束支分别沿室间隔两侧心内膜深面下降，逐渐分为许多细小分支，最后形成浦肯野（Purkinje）纤维网，分布于心室肌。房室束是兴奋由心房传导到心室的唯一通路。

一般情况下，窦房结自身兴奋的频率最高。这种兴奋首先引起心房肌收缩，同时冲动也传至房室结；冲动在房室结内传导缓慢，约 0.04 秒的延搁后，再经房室束，左、右束支及浦肯野纤维传至心室肌，引起心室肌的收缩。

（六）心的血管

1. 动脉 营养心的动脉有左、右冠状动脉，均起自升主动脉起始部（图 9–11）。

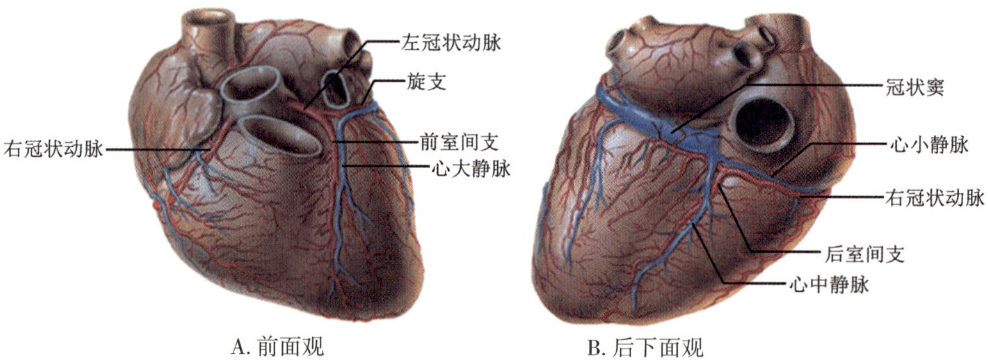

图 9–11 心的血管

（1）左冠状动脉：起于主动脉根部的左后壁，主干短而粗，向左前方行至冠状沟，随即分为前室间支和旋支。左冠状动脉分布于左心房、左心室、室间隔前 2/3 和右心室前壁的一部分。

（2）右冠状动脉：起于主动脉根部的前壁，沿冠状沟向右下绕心的右缘至心的膈面。一般分为两支，其中较粗大的一支沿后室间沟走行，称后室间支。右冠状动脉分布于右心房、右心室、室间隔后 1/3 及左心室后壁的一部分。此外，右冠状动脉还发出分支分布到窦房结和房室结。

2. 静脉 心的静脉多与动脉伴行，大部分汇入冠状窦（coronary sinus），再经过冠状窦口注入右心房，少量直接注入心腔。冠状窦位于冠状沟后部，其主要属支有行走于前室间沟内的心大静脉、后室间沟内的心中静脉和冠状沟内的心小静脉。

相关链接

冠心病

临床上冠状动脉粥样硬化性心脏病（简称冠心病），是由于冠状动脉或其分支的病变引起血管腔狭窄，致使心肌血液供应不足的心脏病。可造成冠状动脉所分布区域的心肌坏死，即心肌梗死。

冠心病的治疗包括：①改变生活习惯，包括戒烟限酒、低脂低盐饮食、适当体育锻炼、控制体重等；②药物治疗，包括抗血栓（抗血小板、抗凝）、减轻心肌氧耗（β 受体阻滞剂）、缓解心绞痛（硝酸酯类）、调脂稳定斑块（他汀类调脂药）；③血运重建治疗，包括介入治疗（血管内球囊扩张成形术和支架植入术）和外科冠状动脉旁路移植术。

（七）心包

心包（pericardium）是包裹心和出入心大血管根部的膜性囊，分外层的纤维心包和内层的浆膜心包（图 9–12）。

1. 纤维心包 为坚韧的结缔组织囊，向上与出入心的大血管外膜相移行，向下与膈的中心腱紧密相连。

2. 浆膜心包 为薄而光滑的浆膜囊，可分为壁层和脏层。壁层紧贴纤维心包的内面，脏层覆盖在心肌层的表面，即心外膜。浆膜心包的壁层和脏层在出入心的大血管根部互相移行，两层之间围成心包腔，内含少量浆液，起润滑作用，可减少心搏动时的摩擦。

心包的主要功能：一方面可减少心脏跳动时的摩擦；另一方面可防止心过度扩张，以保持血容量的相对恒定。

（八）心的体表投影

心在胸前壁的体表投影可用四点及其间的连线来确定（图 9–13）。

1. 左上点 在左侧第 2 肋软骨下缘，距胸骨左缘约 1.2cm 处。

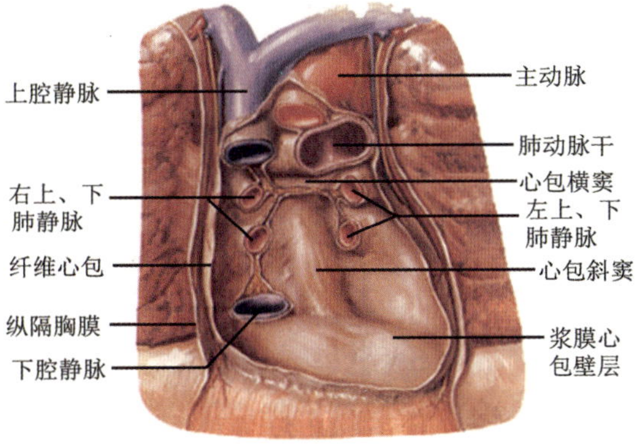

图 9–12 心包

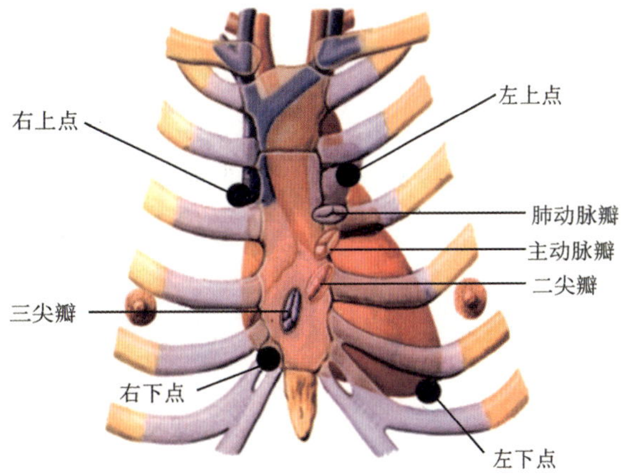

图 9–13 心的体表投影

2. 右上点 在右侧第 3 肋软骨上缘，距胸骨右缘约 1cm 处。

3. 右下点 在右侧第 6 胸肋关节处。

4. 左下点 在左侧第 5 肋间隙，距前正中线 7 ~ 9cm 处（或在左锁骨中线内侧 1 ~ 2cm 处）。

用弧线连接上述四点，即为心在胸前壁的体表投影。了解心的体表投影，对叩诊时判断心界是否扩大有着重要的临床意义。

二、血管

（一）血管概述

1. 血管的吻合及侧支循环 人体的血管除经动脉—毛细血管—静脉相通连外，在动脉之间、静脉之间，甚至动、静脉之间也常借吻合支或交通支彼此连接，分别形成动脉间吻合、静脉间吻合和动、静脉间吻合。此外，较大的动脉主干在行程中常发出与主干平行的细小的侧副支，与同一主干远侧部发出的返支或另一主干的侧支相连，形成侧副吻合。在病理情况下，如果动脉主干发生阻塞，侧副吻合可以代偿主干的功能，使主干阻塞区域远端得到适量的血液供应而不致发生坏死。这种通过侧支建立的循环称侧支循环。侧支循环的建立对于保证器官在病理状态下的血液供应有重要意义（图 9–14）。

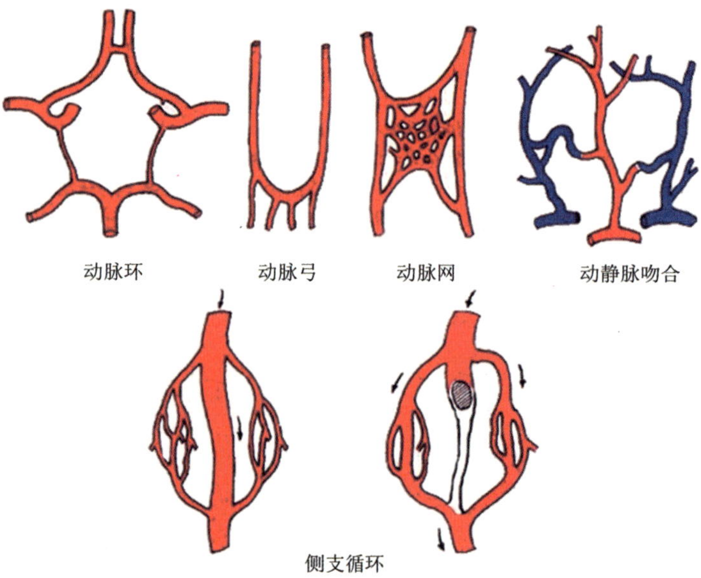

图 9–14　侧支循环

2. 血管的组织结构 除毛细血管外，动脉、静脉都由内膜、中膜和外膜构成（图 9–15，图 9–16）。

（1）动脉（artery）：根据管径的粗细，可将动脉分为大动脉、中动脉、小动脉和微动脉四级。靠近心的动脉管径最粗，如主动脉、肺动脉等，属于大动脉；除大动脉外，其他有解剖学名称的动脉均为中动脉，如腋动脉、肱动脉等；管径小于 1mm 的动脉属于小动脉，其中接近毛细血管的小动脉称微动脉。

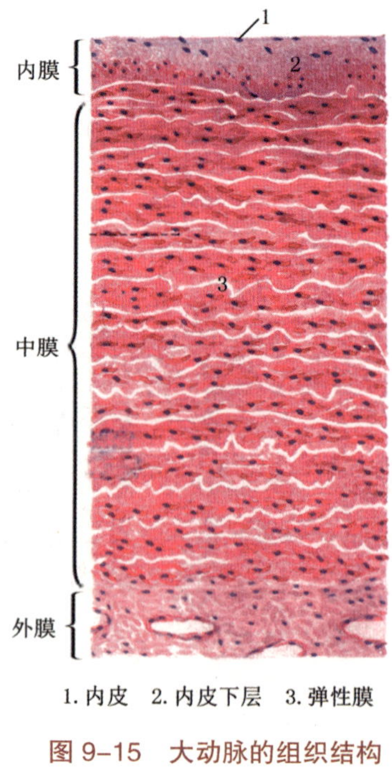

1. 内皮　2. 内皮下层　3. 弹性膜

图 9–15　大动脉的组织结构

由于承受较大的压力，动脉管壁较厚，其结构特点是：内膜最薄，由内皮和少量结缔组织构成，其表面光滑，能减少血流阻力，且不易形成血栓。中膜最厚，主要由弹性纤维和平滑肌等构成。大动脉的中膜以弹性纤维为主，管壁有较大的弹性，又称弹性动脉；中、小动脉的中膜以平滑肌为主，所以中、小动脉又称肌性动脉（图9–17）；小动脉管壁平滑肌的舒缩可影响器官、组织的血流量，还可以改变血流的外周阻力，影响血压，故称阻力血管。外膜主要由疏松结缔组织构成，内含血管、淋巴管和神经等。

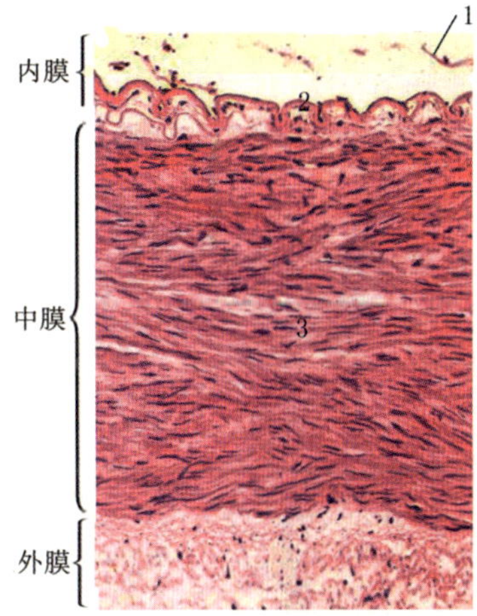

1. 内皮 2. 内弹性膜 3. 平滑肌纤维

图 9–16 中动脉的组织结构

（2）静脉（vein）：由毛细血管汇合而成，在向心回流过程中不断接受属支，逐级汇合，最后注入心房。按管径粗细，静脉也可分为大、中、小、微四级。管径大于10mm的静脉称大静脉，如上、下腔静脉等；管径在2 ~ 9mm的静脉为中静脉，如股静脉等；管径小于2mm的静脉属小静脉，其中与毛细血管相连的小静脉称微静脉。

与各级相应动脉比较，静脉管腔大，管壁薄，弹性小。静脉管壁内、中、外三层膜都较薄，而且分界不明显（图9–17）。内膜最薄，由内皮和结缔组织构成；中膜稍厚，主要由一些环行平滑肌构成；外膜最厚，由结缔组织构成。大静脉的外膜内，还含有较多的纵行平滑肌（图9–18）。

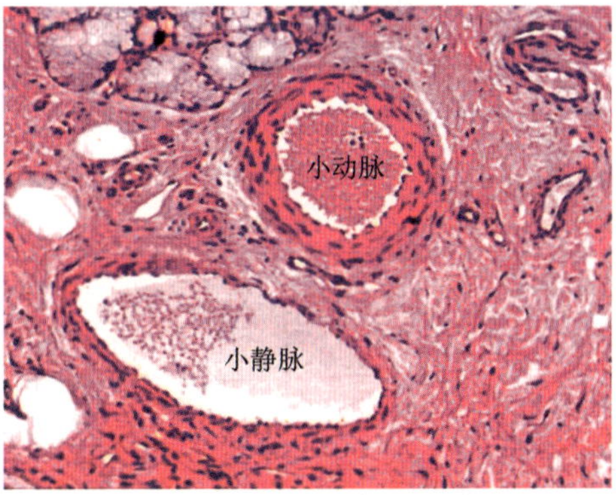

图 9–17 小动脉和小静脉的微细结构

（3）毛细血管（capillary）：是连接动、静脉末梢间的管道，毛细血管管腔很细，只允许血细胞呈单行通过，管壁结构简单，主要由一层内皮细胞及其基膜构成（图9–19）。毛细血管彼此吻合成网，分布广泛。其数量多，管壁薄，通透性大，管内血流缓慢，是血液与血管外组织液进行物质交换的部位。分布于肝、脾、骨髓和某些内分泌腺中的毛细血管，腔大、壁薄，形状不规则，常粗细不均，称为血窦。

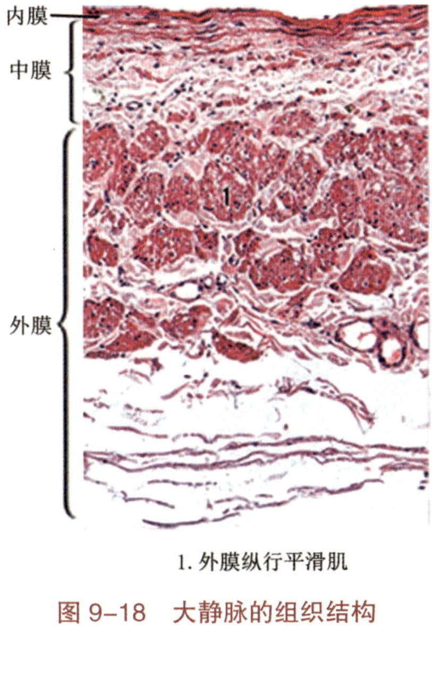

1. 外膜纵行平滑肌

图 9–18 大静脉的组织结构

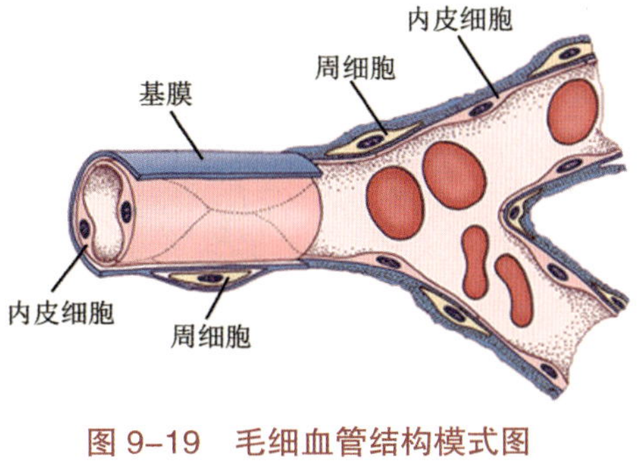

图 9–19 毛细血管结构模式图

（二）肺循环的血管

1. 肺动脉干（pulmonary trunk） 是一短而粗的动脉干（图 9–3），起自肺动脉口，向左后上方斜行，至主动脉弓下方分为左、右肺动脉，分别经左、右肺门入肺。左、右肺动脉在肺实质内反复分支，最后形成肺泡毛细血管网。

在肺动脉干分叉处与主动脉弓下缘之间有一条短的纤维结缔组织索，称动脉韧带，是胎儿时期动脉导管闭锁后的遗迹。动脉导管在出生后不久即闭锁，如出生后 6 个月内尚未闭锁，则称为动脉导管未闭，是常见的先天性心脏病之一。

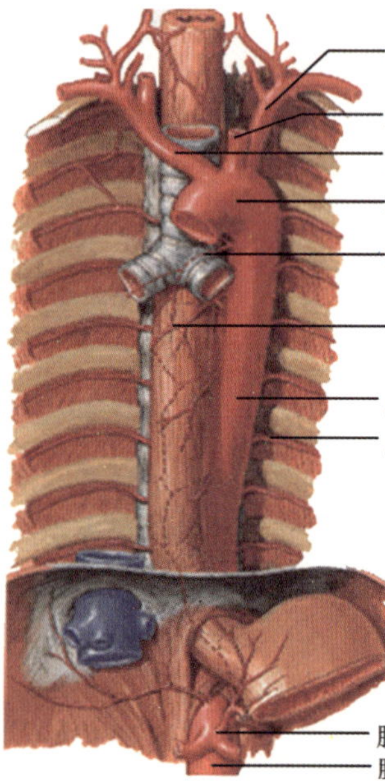

图 9–20 主动脉

2. 肺静脉（pulmonary vein） 起自肺泡周围的毛细血管网，在肺内逐级汇合，至左、右肺门处，分别形成左右各两条肺静脉，出肺门后，注入左心房。肺静脉内流动着含氧量高的动脉血。

（三）体循环的动脉

体循环的动脉主干为主动脉（aorta）。主动脉起始于主动脉口，经膈的主动脉裂孔入腹腔，至第 4 腰椎体下缘水平分为左、右髂总动脉（图 9–3，图 9–20，图 9–27）。主动脉按其行程全长分为三段：升主动脉、主动脉弓和降主动脉。降主动脉以膈为界，又分为胸主动脉和腹主动脉。

相关链接

体循环动脉的分布规律

体循环的动脉行程和配布有其一定的规律：①分布于人体头颈、躯干和四肢的动脉呈左右对称性分布。②躯干部位的动脉分脏支和壁支。③动脉的配布形式与所供应器官的形态和功能相适应。如分布于关节周围的动脉网和胃肠等处的动脉弓。④动脉常以最短的距离到达其所供应的器官。⑤动脉多位于身体的屈侧、深部或安全隐蔽的部位。⑥动脉在行程中常与静脉、神经伴行。

1. 升主动脉 位于胸骨后方，起自主动脉口，向右前上方斜行，至右第 2 胸肋关节，移行为主动脉弓。升主动脉的起始处发出左、右冠状动脉，营养心。

2. 主动脉弓 位于胸骨柄的后方，接续升主动脉，弓形弯向左后方，移行为降主动脉。主动脉弓的凸侧向上发出三个分支，自右向左依次为头臂干（无名动脉）、左颈总动脉和左锁骨下动脉。头臂干短而粗，向右斜行至胸锁关节后方分为右颈总动脉和右锁骨下动脉。主动脉弓壁内有压力感受器。主动脉弓下方有 2 ~ 3 个粟粒状小体，称主动脉小球，是化学感受器，参与呼吸调节。

（1）颈总动脉（common carotid artery）：是头颈部的动脉主干。右颈总动脉起自头臂干，左颈总动脉起自主动脉弓。两侧颈总动脉均在食管、气管和喉的外侧上升，至甲状软骨上缘水平处分为颈内动脉和颈外动脉（图 9–21）。

在颈总动脉分为颈内、颈外动脉处，有两个重要结构，即颈动脉窦和颈动脉小球。颈动脉窦是颈总动脉末端和颈内动脉起始处的膨大部分，壁内有压力感受器，能感受血压的变化。颈动脉小球是位于颈总动脉分叉处后方的一个卵圆形小体，是化学感受器，能感受血液中二氧化碳浓度的变化，反射性地调节呼吸运动。

1）颈外动脉：自颈总动脉发出后，向上进入腮腺实质，并在腮腺内分为颞浅动脉和上颌动脉两终支。颈外动脉的分支有甲状腺上动脉、面动脉、颞浅动脉和上颌动脉等，分布于颈部、头面部和硬脑膜等处。

2）颈内动脉：由颈总动脉发出后上升到颅底，经颈动脉管入颅腔，营养脑和视器。

（2）锁骨下动脉：右锁骨下动脉起自头臂干，左锁骨下动脉起自主动脉弓。锁骨下动脉经胸廓上口至颈根部，到第一肋外缘续为腋动脉。锁骨下动脉的分支有椎动脉、胸廓内动脉、甲状颈干等，分布于胸部、背部及颈部等处（图 9–22）。

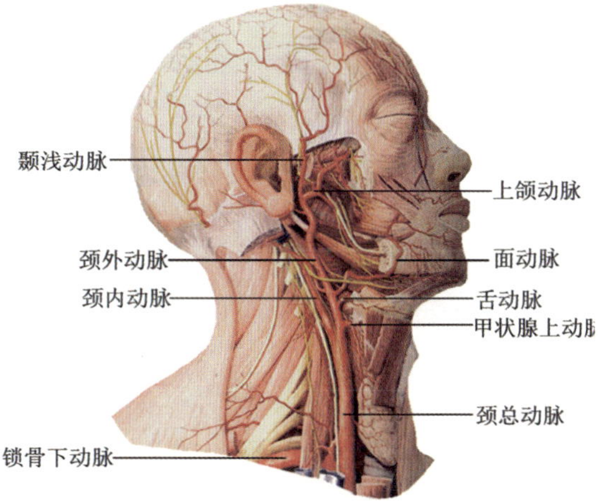

图 9–21 颈总动脉和颈外动脉

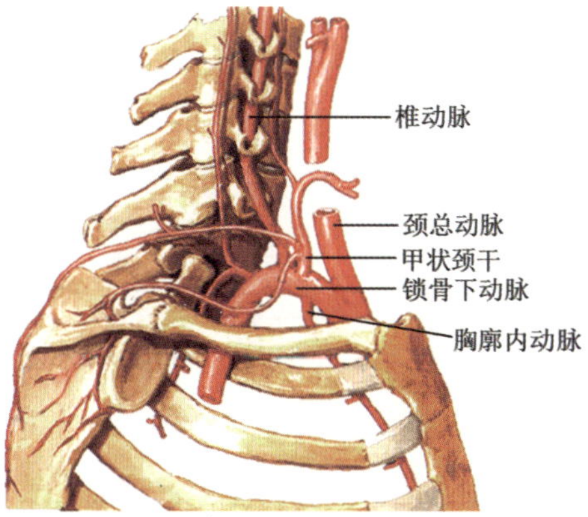

图 9–22 锁骨下动脉

相关链接

头颈部动脉的体表投影、搏动点及压迫止血

颈总动脉和颈外动脉：自胸锁关节向上到下颌角与乳突间连线的中点引一条线，为颈总动脉和颈外动脉的体表投影，在平甲状软骨上缘以上为颈外动脉，以下为颈总动脉。在环状软骨高度的两侧，可摸到颈总动脉的搏动。在此处可将颈总动脉向后内压迫到第六颈椎横突上，进行头颈部临时性止血。

面动脉：在下颌骨体下缘与咬肌前缘交界处，可摸到面动脉搏动。在此处将面动脉压向下颌骨体，可进行面部临时性止血。

颞浅动脉：在外耳门前方可摸到其搏动。在此处压迫颞浅动脉，可进行颞部及颅顶临时性止血。

锁骨下动脉：由胸锁关节至锁骨中点画一凸向上的弓状线，其最高点在锁骨上方约 1.2cm 处，此线即表示锁骨下动脉的体表投影。在该线的最高处可摸到锁骨下动脉的搏动。于锁骨上窝中点将锁骨下动脉向后下方压在第 1 肋骨上，可进行上肢临时性止血。

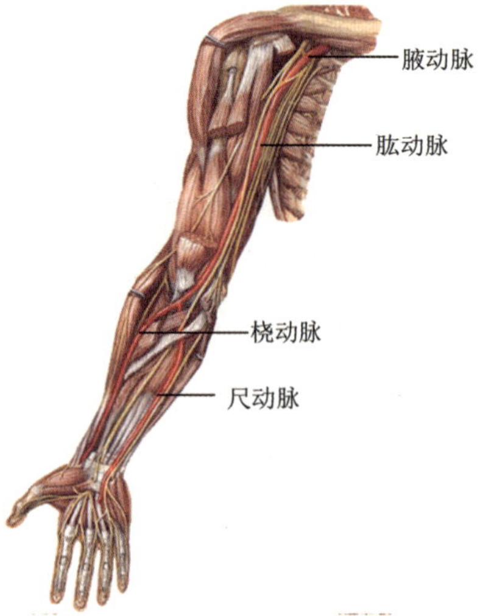

图 9-23 上肢的动脉

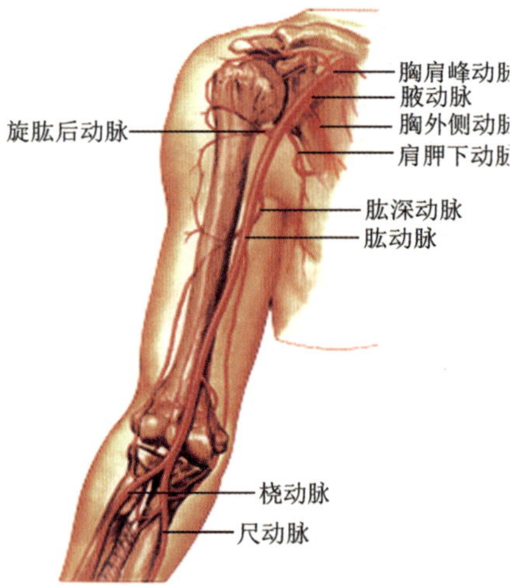

图 9-24 腋动脉和肱动脉

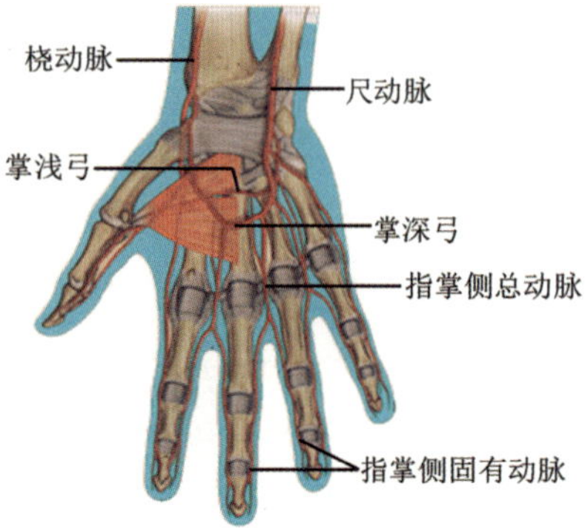

图 9-25 掌浅弓和掌深弓

（3）上肢的动脉：主要供应上肢血液，包括腋动脉、肱动脉、桡动脉、尺动脉、掌浅弓和掌深弓（图 9-23）。

1）腋动脉：是锁骨下动脉的延续，经腋窝到大圆肌和背阔肌下缘处移行为肱动脉。腋动脉的主要分支分布于肩部、背部、胸壁和乳房等处（图 9-24）。

2）肱动脉：是腋动脉的直接延续，沿肱二头肌内侧沟下行，至肘窝分为桡动脉和尺动脉。肱动脉沿途发出分支分布于臂部和肘关节。在肘窝稍上方，肱动脉行走于肱二头肌肌腱的内侧，位置表浅，可触及其搏动，此处为测量血压时听诊的部位。

3）桡动脉：于肘窝起自肱动脉，在前臂前面桡侧的肌之间下行，最后入手掌。桡动脉在前臂远端桡侧腕屈肌肌腱的外侧，位置表浅，可摸到其搏动，为临床切脉的部位。

4）尺动脉：于肘窝起自肱动脉，斜向内下，在前臂前面尺侧的肌之间下行入手掌。尺动脉在行程中发出分支，主要营养前臂尺侧的肌肉。

5）掌浅弓和掌深弓：桡动脉与尺动脉的终支到手掌，互相吻合，形成掌浅弓和掌深弓（图 9-25）。掌浅弓和掌深弓的分支分布于手掌和手指。其分布于手指的分支沿手指掌面的两侧向远端到指尖。在手指根部的两侧压迫，可阻止手指的出血。

3. 胸主动脉 胸主动脉是胸部的动脉主干。胸主动脉的分支有脏支和壁支两种。

（1）脏支：较细小，主要有支气管动脉和食管动脉，分别营养气管、主支气管、肺和食管。

（2）壁支：较粗大，有肋间后动脉和肋下动脉。肋间后动脉共 9 对，走行在第 3 ～ 11 肋间隙中，主要分布到胸、腹壁的肌和皮肤等。肋下动脉行于第 12 肋下缘处（图 9-26）。

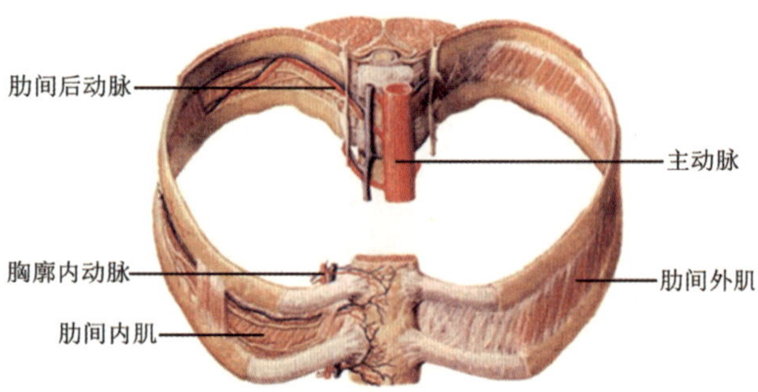

图 9-26 胸壁的动脉

相关链接

上肢动脉的体表投影、搏动点及压迫止血

腋动脉和肱动脉：上肢外展90°，掌心向上，从锁骨中点到肱骨内、外上髁间连线中点的稍下方处引一线，该线在背阔肌下缘以上的部分为腋动脉的体表投影，以下的部分为肱动脉的体表投影。在肱二头肌内侧可摸到肱动脉的搏动。在臂中份将肱动脉向后外方压于肱骨，可进行压迫点以下的上肢临时性止血。

桡动脉：自肱骨内、外上髁间连线中点稍下方到桡骨茎突的内侧连线，为桡动脉的体表投影。在前臂远端桡侧腕屈肌肌腱的外侧易摸到桡动脉的搏动。

指掌侧固有动脉：在手指根部两侧压向指骨，可使手指止血。

4. 腹主动脉 是腹部的动脉主干。其分支也分为脏支和壁支（图9–27）。

（1）壁支：较细小，主要是四对腰动脉。

（2）脏支：较粗大，分为成对的和不成对的两种。成对的脏支主要有肾动脉、肾上腺中动脉和睾丸（或卵巢）动脉，不成对的脏支有腹腔干、肠系膜上动脉和肠系膜下动脉。

1）腹腔干：为一短干，在主动脉裂孔的稍下方起自腹主动脉的前壁，随即分为胃左动脉、肝总动脉和脾动脉三支（图9–28，图9–29）。腹腔干的分支主要分布到食管的腹段、胃、十二指肠、肝、胆囊、胰、脾和网膜等处。

2）肠系膜上动脉：在腹腔干的稍下方，约平第1腰椎高度起自腹主动脉的前壁，分支分

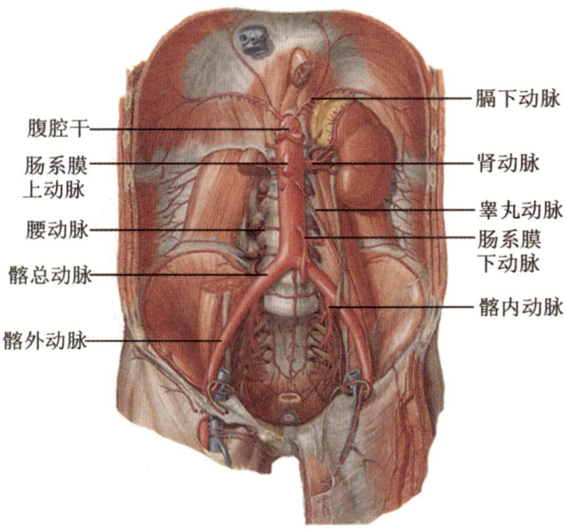

图9–27 腹主动脉

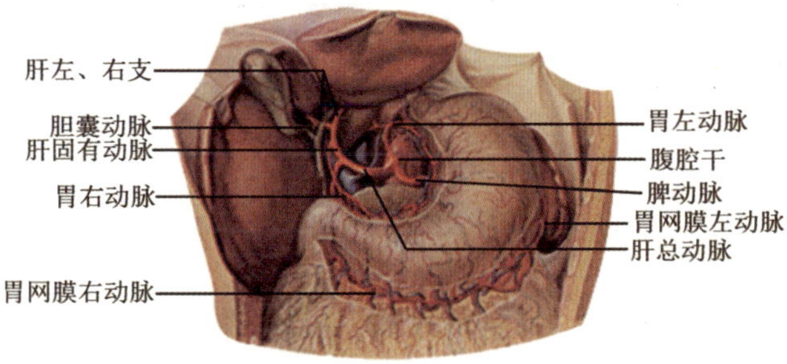

图9–28 腹腔干及其分支（胃前面）

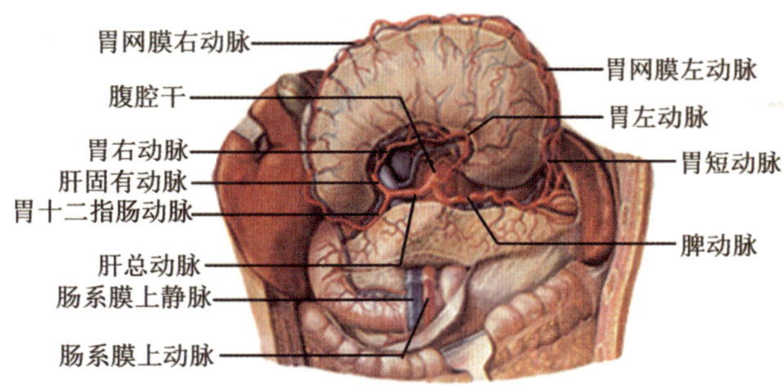

图9–29 腹腔干及其分支（胃后面）

布到胰、十二指肠至横结肠左曲的肠管（图 9–30）。

3）肠系膜下动脉：约在第 3 腰椎高度起自腹主动脉的前壁（图 9–31）。在壁腹膜深面行向左下方，分支分布于降结肠、乙状结肠和直肠上、中部。

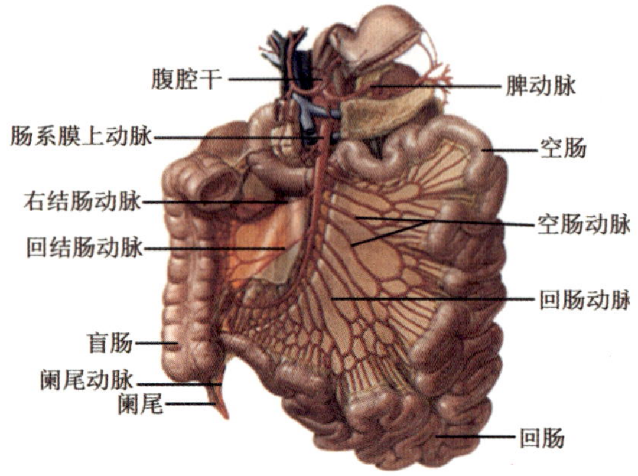

图 9–30 肠系膜上动脉及其分支

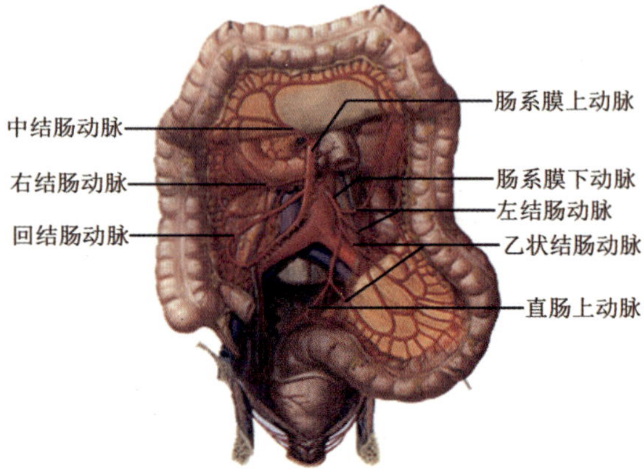

图 9–31 肠系膜下动脉及其分支

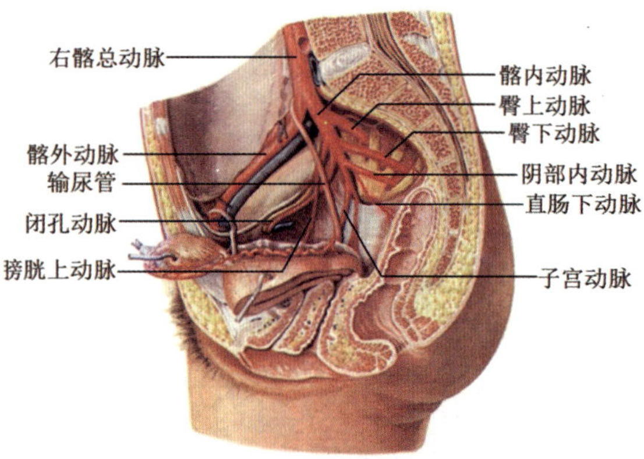

图 9–32 髂总动脉及其分支（女性）

4）肾动脉：左右各一，约在第 2 腰椎水平起自腹主动脉的侧壁，横行向外侧，分为 4 ~ 5 支经肾门入肾。

5）睾丸动脉：左右各一，在肾动脉起始处的稍下方起自腹主动脉的前壁，分布于睾丸和附睾。在女性此动脉称卵巢动脉，分支布于卵巢和输卵管。

5. 髂总动脉（common iliac artery）左右各一，在平第 4 腰椎高度自腹主动脉分出，沿腰大肌内侧行向外下方，至骶髂关节的前方附近分为髂内动脉和髂外动脉。

（1）髂内动脉：粗而短，是盆部的动脉主干，向内下入盆腔，有直肠下动脉、子宫动脉、阴部内动脉、臀上动脉、臀下动脉、闭孔动脉等分支（图 9–32），分布于盆腔内脏器、盆壁、臀部、会阴及外生殖器等处。

（2）髂外动脉：沿腰大肌内侧缘下行，经腹股沟韧带的深面至股前部移行为股动脉。腹壁下动脉是髂外动脉的重要分支，进入腹直肌鞘内，分布于腹直肌。

（3）下肢的动脉：

1）股动脉：在腹股沟韧带中点下方接续髂外动脉，在股三角内下行，至股三角下份穿向背侧到腘窝，改名腘动脉（图 9–33）。

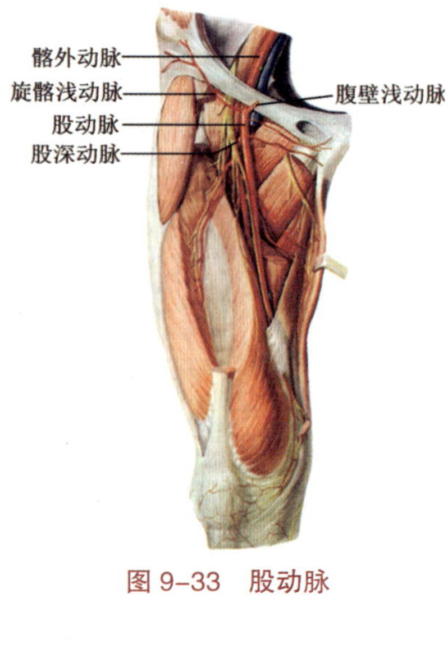

图 9–33 股动脉

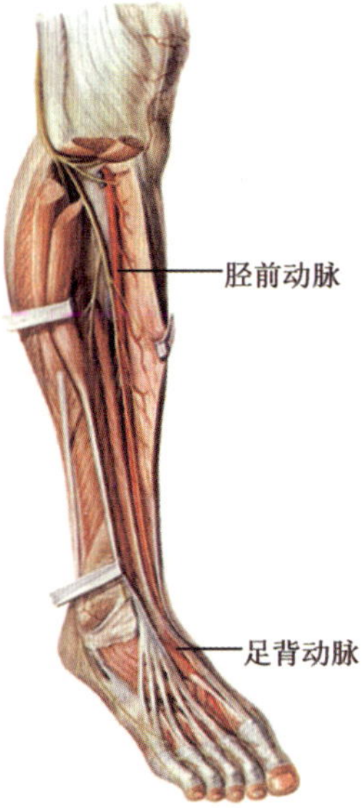

图 9-34 胫前动脉

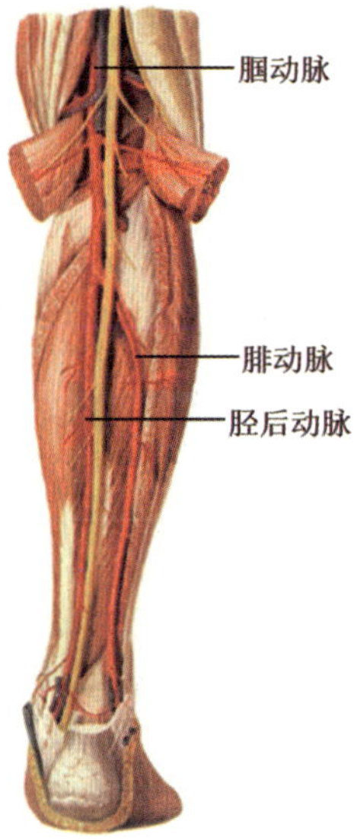

图 9-35 胫后动脉

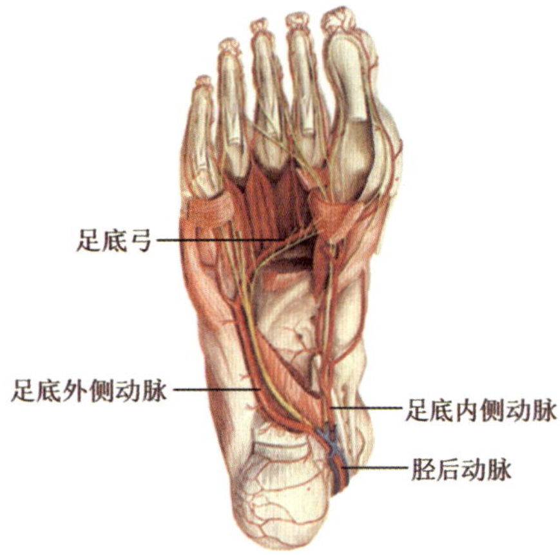

图 9-36 足底动脉

2）腘动脉：在腘窝深部下行，到腘窝下角分为胫前动脉和胫后动脉。腘动脉分支分布于膝关节及其周围的肌。

3）胫前动脉：从腘动脉发出后，向前穿骨间膜到小腿肌前群之间下行，至踝关节前方移行为足背动脉。胫前动脉和足背动脉分布于小腿肌前群和足背、足趾（图 9-34）。

4）胫后动脉：走行在小腿后群肌浅深两层之间至足底，分为足底内侧动脉和足底外侧动脉。胫后动脉分支分布于小腿肌后群、外侧群和足底肌。足底外侧动脉与足背动脉的分支吻合成足底弓，由足底弓发出分支分布于足趾（图 9-35，图 9-36）。

体循环动脉的主要分支见表 9-1。

相关链接

下肢动脉的体表投影、搏动点及压迫止血

股动脉：在大腿屈曲并外展和旋外状态下，从腹股沟韧带中点向内下方到股骨内侧髁上方引一线，该线的上 2/3 部分即为股动脉的体表投影。在腹股沟韧带中点下方可摸到股动脉的搏动，于此处将股动脉压向耻骨，可进行下肢的临时性止血。

腘动脉：位于腘窝深部。在腘部加垫、捆扎固定，可阻止小腿出血。

胫前动脉和足背动脉：自胫骨粗隆与腓骨头连线的中点，经足背内、外踝连线中点，至第 1、2 跖骨间近侧部的连线，以踝关节平面为界，分别为胫前动脉和足背动脉的体表投影。在足背内、外踝连线的中点能摸到足背动脉搏动，并向下压迫可减轻足背出血。

胫后动脉：自腘窝稍下方至内踝和跟骨结节中点的连线，为胫后动脉的体表投影。在内踝与跟骨结节间可摸到其搏动，并向深部压迫可减轻足底出血。

表 9-1　体循环的主要动脉简表

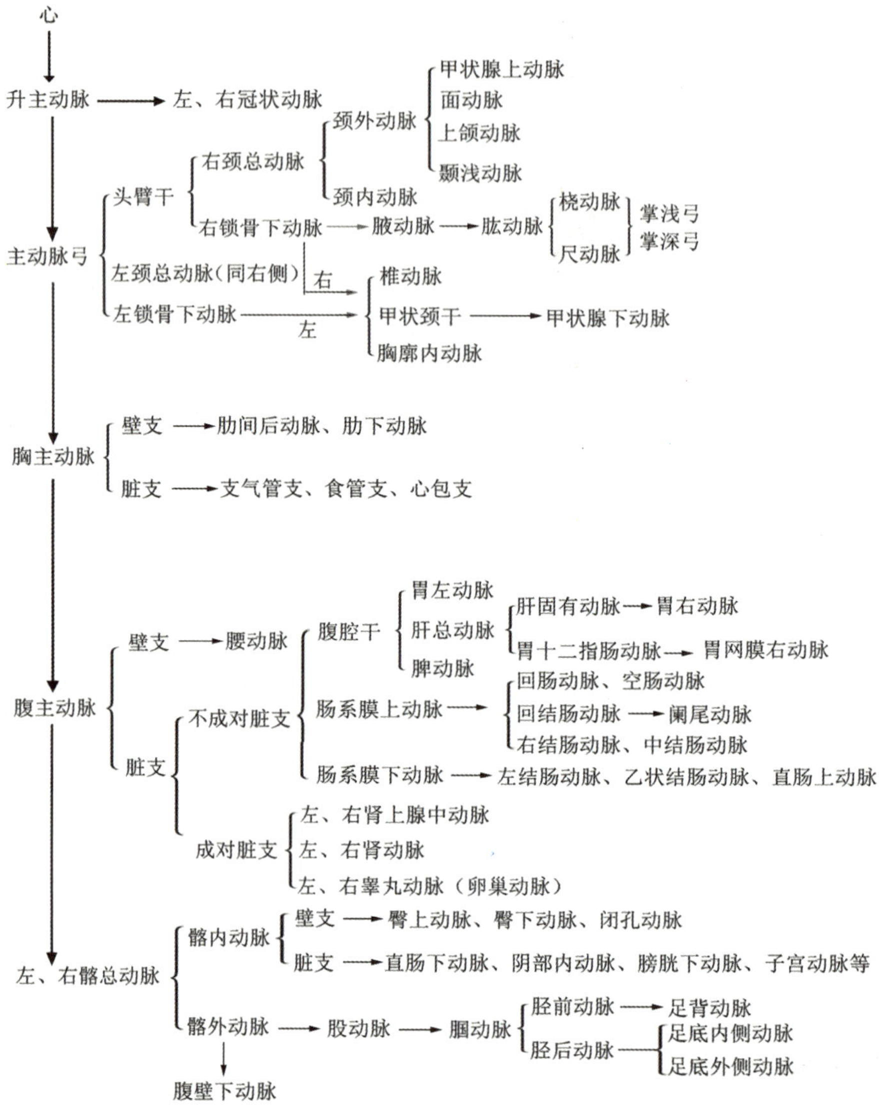

（四）体循环的静脉

静脉始于毛细血管，在向心汇集的过程中不断接受属支，逐渐变粗，最后注入右心房。与动脉相比，体循环的静脉在结构和配布上有一系列特点：①静脉内血流缓慢，压力低，管壁较薄，管腔比相应的动脉大。②静脉管壁的内面具有许多半月形向心开放的静脉瓣（图 9-37），可防止血液逆流。四肢的浅静脉，静脉瓣较多，尤其下肢静脉。但大静脉、肝门静脉和头颈部的静脉，一般无静脉瓣。③静脉依其位置可分浅、深两类。浅静脉位于浅筋膜内，又称皮下静脉，不与动脉伴行。因位置表浅，临床上常通过浅静脉进行注射、输液、输血和采血。深静脉位于深筋膜的深面或体腔内，多与动脉伴行，其收集范围与伴行动脉的供血区大体一致，名称也基本相同。④静脉之间有丰富的吻合。浅静脉之间、深静脉之间，以及浅、深静脉之间都有吻合支相通。浅静脉多吻合成静脉网，深静脉则在某些脏器附近或壁内吻合成静脉丛。

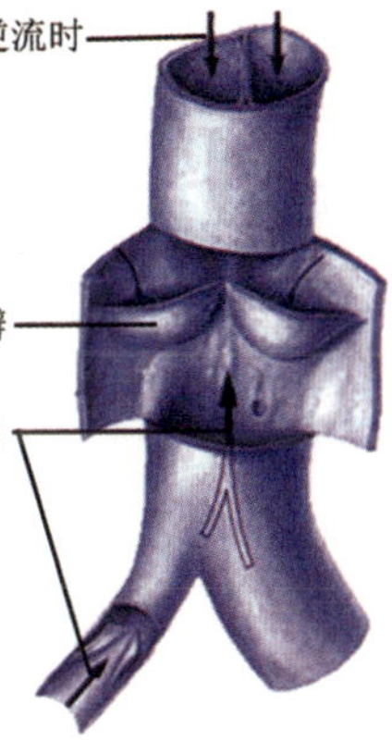

图 9-37　静脉瓣

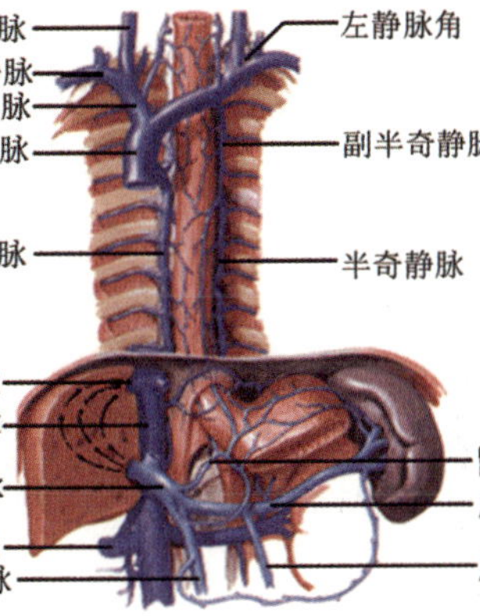

图 9-38　上、下腔静脉

体循环的静脉可分为心静脉系(见心的静脉)、上腔静脉系和下腔静脉系。

1. 上腔静脉系　由上腔静脉及其属支组成，主要收集头、颈、胸部（心、肺除外）和上肢的静脉血。上腔静脉（superior vena cava）是上腔静脉系的主干。它是一条短而粗的静脉干，由左、右头臂静脉汇合而成，在升主动脉的右侧垂直下降，注入右心房。在其注入右心房之前有奇静脉注入（图 9-38）。

（1）头颈部的静脉：主要有颈内静脉、颈外静脉和锁骨下静脉（图 9-39）。

1）颈内静脉：在颅底颈静脉孔处连接颅内乙状窦，于颈根部与锁骨下静脉合成头臂静脉。汇合处所形成的夹角称静脉角。颈内静脉收集颅内、外和颈部器官的静脉血。颈内静脉在颅外的主要属支有面静脉。

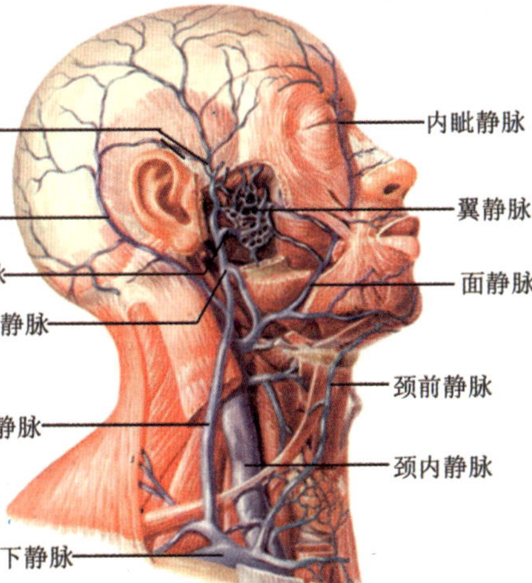

图 9-39　头颈部的静脉

面静脉（facial vein）在眼内眦处起自内眦静脉，与面动脉伴行，至舌骨大角平面注入颈内静脉，收集面前部的静脉血。面静脉在口角以上一般无静脉瓣，并通过内眦静脉、眼静脉与颅内海绵窦相交通（图 9-40）。故面部尤其以鼻根至两侧口角的三角区内发生化脓性感染时，若处理不当（如挤压等），则有导致颅内感染的可能。临床上称该三角区为“危险三角”。

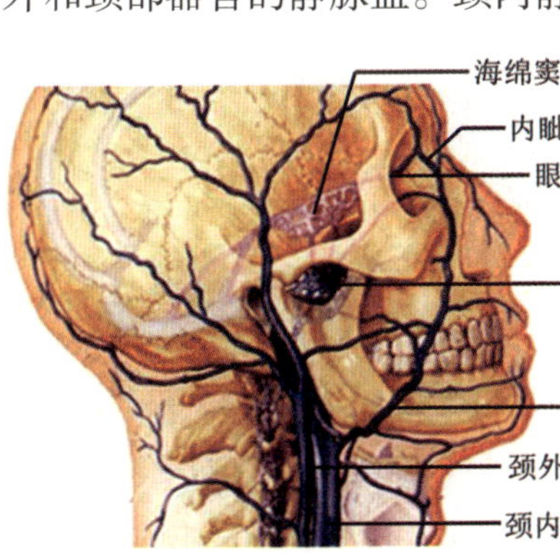

图 9-40　面静脉的交通

2）颈外静脉：是颈部最大的浅静脉，沿胸锁乳突肌表面下行，注入锁骨下静脉。颈外静脉主要收集枕部和颈浅部的静脉血。颈外静脉位置表浅，管径较大，临床

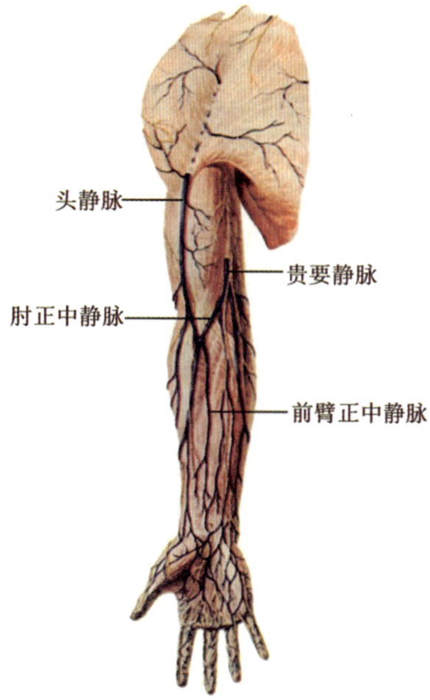

图 9-41　上肢的浅静脉

上常被选为小儿穿刺抽血的静脉。

3）锁骨下静脉：在第 1 肋的外侧缘续于腋静脉，伴锁骨下动脉走行，与颈内静脉在胸锁关节的后方汇合成头臂静脉。临床上常在锁骨下静脉进行穿刺、输液和心血管造影等，但损伤后其管壁不易回缩，有引起空气栓塞的危险。

（2）上肢的静脉：分浅静脉和深静脉。

1）上肢的浅静脉：起于手指的指背静脉，在手背吻合成手背静脉网，由此静脉网再逐渐合成两条静脉干（图 9-41）。①头静脉：起自手背静脉网的桡侧部，沿前臂桡侧及肱二头肌外侧沟上升，最后注入腋静脉或锁骨下静脉。②贵要静脉：起自手背静脉网的尺侧部，上行逐渐转至前臂的掌侧面，沿前臂尺侧及肱二头肌内侧沟上升，到臂的中部穿深筋膜注入肱静脉。③肘正中静脉：斜行于肘窝部的皮下，连接头静脉和贵要静脉，变异较多。由于肘正中静脉与深部静脉相连，位置较固定，是静脉穿刺或插管的常选部位。

2）上肢的深静脉：与同名动脉伴行，最后经腋静脉上续为锁骨下静脉。

（3）胸部的静脉：主干是奇静脉。奇静脉起自右腰深静脉，沿脊柱胸段的右前方上升，至第 4 胸椎体高度向前弯曲，绕过右肺根上方注入上腔静脉。奇静脉主要收集右肋间后静脉、食管静脉、支气管静脉和半奇静脉内的血液（图 9-38）。

奇静脉还是沟通上腔静脉与下腔静脉的重要通道之一。

2. 下腔静脉系　由下腔静脉及其属支组成，主要收集下肢、盆部和腹部的静脉血。下腔静脉（inferior vena cava）是下腔静脉系的主干，为人体最大的静脉，在第 5 腰椎的水平由左、右髂总静脉汇合而成，沿腹主动脉的右侧上升，经肝的后缘，穿膈的腔静脉孔进入胸腔，注入右心房（图 9-42）。

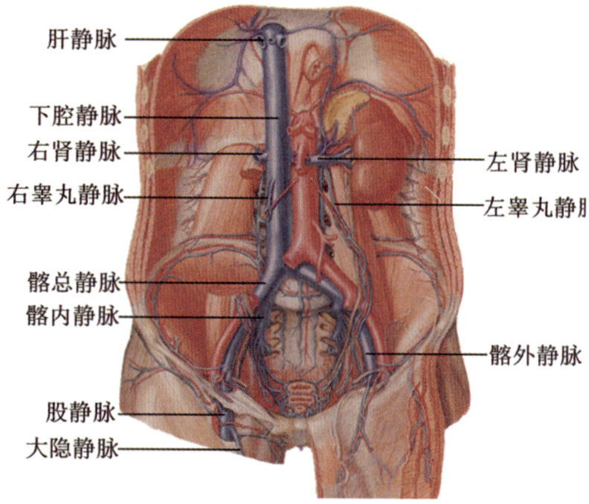

图 9-42　下腔静脉及其属支

（1）下肢的静脉：分深静脉和浅静脉。

1）下肢的浅静脉：主要有大隐静脉和小隐静脉，起于足背静脉弓（图 9-43）。①大隐静脉：起于足背静脉弓的内侧，经内踝前方，沿小腿和大腿的内侧上行，在腹股沟韧带下方注入股静脉。大隐静脉在内踝前上方位置表浅，临床上常在此处做大隐静

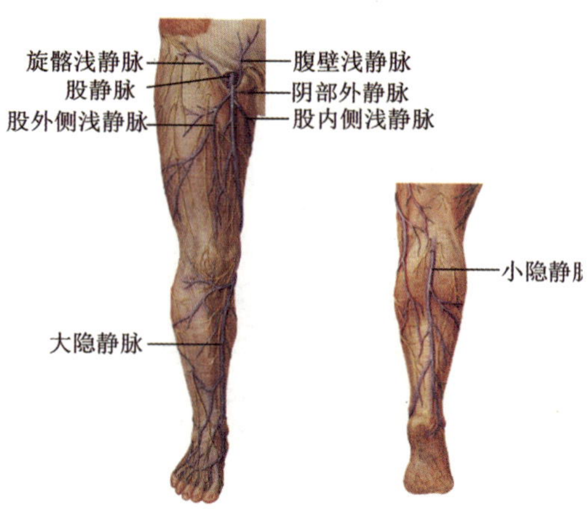

图 9-43　下肢的浅静脉

脉穿刺或切开输液。②小隐静脉：起于足背静脉弓的外侧，经外踝后方，沿小腿后面上行到腘窝，穿深筋膜注入腘静脉。

2）下肢的深静脉：与同名动脉伴行，最后汇成股静脉。股静脉上行达腹股沟韧带的深面，移行为髂外静脉，收集下肢的浅、深静脉血。股静脉在腹股沟韧带的稍下方位于股动脉内侧，临床上常在此处做静脉穿刺插管。

（2）盆部的静脉：盆腔器官的静脉在各脏器周围构成丰富的静脉丛，如直肠静脉丛、子宫静脉丛和膀胱静脉丛等，再汇入髂内静脉。髂外静脉与髂内静脉汇合成髂总静脉。

相关链接

浅静脉穿刺术

1. 目的 适用于静脉给药、补液、输血和抽血检查等。

2. 部位和选择 ①体表易见或能摸清的浅静脉，且应尽量避开关节和静脉瓣穿刺；②一次性给药或抽血检查，可选择肘正中静脉或大隐静脉；③静脉输液，成人常选用手背静脉和足背静脉，婴幼儿多选用头皮静脉和颈外静脉。

3. 技巧 ①应先从远端穿刺，逐次移向近端，以增加浅静脉的使用次数；②在欲穿刺部位的向心端扎止血带，使静脉充盈，便于穿刺；③针尖向心刺入，有利于药液流动。

4. 穿刺经过结构 依次为皮肤、皮下组织和静脉壁。

（3）腹部的静脉：腹部的静脉直接或间接注入下腔静脉，主要有腰静脉、肾静脉、睾丸静脉、肝静脉和肝门静脉系（图 9–42）。

1）腰静脉：有 4 对，与同名动脉伴行，直接注入下腔静脉。

2）肾静脉：从肾门横行向内侧注入下腔静脉。左肾静脉略长。

3）睾丸静脉：起自睾丸和附睾，在精索内形成蔓状静脉丛，向上逐渐合并成睾丸静脉。右睾丸静脉以锐角注入下腔静脉，左睾丸静脉以直角注入左肾静脉。在女性此静脉为卵巢静脉，流注关系与男性相同。

4）肝静脉：肝内的小叶下静脉逐步汇合，最后合成三条肝静脉，均包埋于肝实质内，在肝的后缘注入下腔静脉。肝静脉收集肝门静脉及肝固有动脉运到肝内的血液。

5）肝门静脉系：由肝门静脉及其属支组成肝门静脉系，收集腹腔内不成对脏器（肝除外）的静脉血，如胃、小肠、大肠（直肠下段除外）、胰、脾及胆囊等处的静脉血。肝门静脉系的起始端和末端均与毛细血管相连，一般无静脉瓣。当回流受阻内压升高时，可发生血液倒流。

肝门静脉（hepatic portal vein）为一条短而粗的静脉干，长 6 ~ 8cm，由肠系膜上静脉和脾静脉在胰头与胰体交界处的后方汇合而成。肝门静脉向右上方斜行进入肝十二指肠韧带内，与胆总管和肝固有动脉伴行，至肝门处分为左右两支入肝（图 9–44），并在肝内反复分支，最终注入肝血窦。

肝门静脉的属支，多与同名动脉伴行，收集同名动脉分布区域的静脉血。其主要属支有：肠系膜上静脉、脾静脉、肠系膜下静脉、胃左静脉、胃右静脉、附脐静脉等。

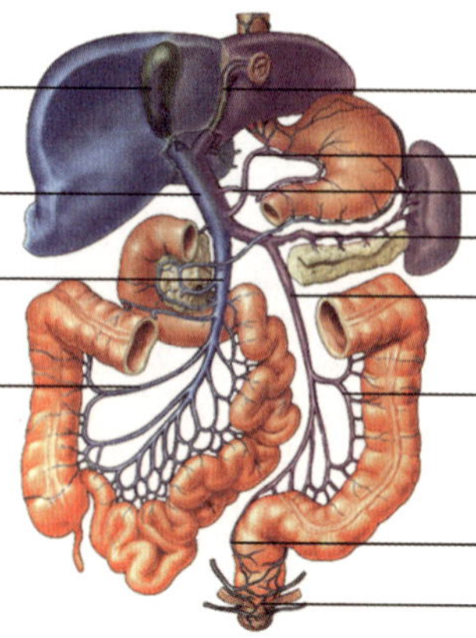

图 9–44　肝门静脉及其属支

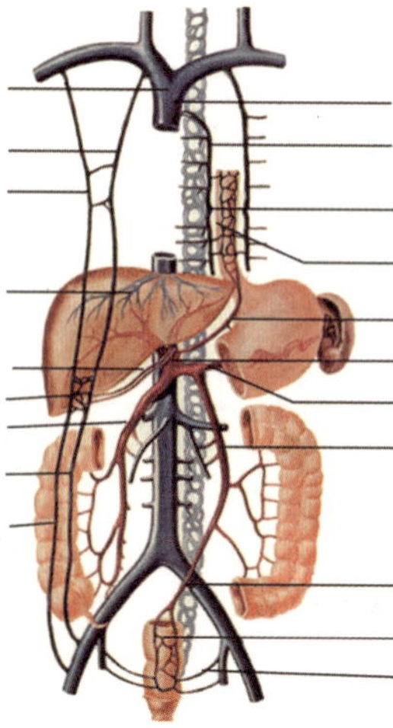

图 9–45　肝门静脉与上、下腔静脉系间的吻合（模式图）

肝门静脉的属支与上、下腔静脉系之间具有丰富的吻合，主要有以下几处（图 9–45）：

第一处是通过食管静脉丛形成肝门静脉与上腔静脉间的吻合。其交通途径为：

肝门静脉 → 胃左静脉 → 食管静脉丛 → 食管静脉 → 奇静脉 → 上腔静脉

第二处是通过直肠静脉丛形成肝门静脉与下腔静脉间的吻合。其交通途径为：

肝门静脉→脾静脉→肠系膜下静脉→直肠上静脉→直肠静脉丛→直肠下静脉、肛静脉→髂内静脉→髂总静脉→下腔静脉

第三处是通过脐周静脉网形成肝门静脉与上、下腔静脉间的吻合。其交通途径为：

胸壁浅、深静脉 → 腋静脉 → 锁骨下静脉 → 头臂静脉 → 上腔静脉
↑
肝门静脉 → 附脐静脉 → 脐周静脉网
↓
腹壁浅、深静脉 → 股静脉 → 髂外静脉 → 髂总静脉 → 下腔静脉

体循环主要静脉的回流见表 9–2。

相关链接

肝门静脉高压

正常情况下，肝门静脉与上、下腔静脉系之间的吻合支细小，血流量较少。当肝门静脉血流受阻（如肝硬化引起肝门静脉高压）时，血液可经多条吻合途径形成侧支循环，经上、下腔静脉系回流入心。此时，由于吻合支因血流量增大而变得扩张弯曲，呈现静脉曲张现象。曲张的静脉如果破裂，则引起大量出血。若曲张的食管静脉丛破裂，则引起呕血；若直肠静脉丛破裂，则引起便血；当脐周静脉网曲张时，则出现腹壁静脉怒张。由于肝门静脉血流受阻，压力升高，也可引起脾瘀血肿大、胃肠瘀血和腹水等。

表 9-2　体循环主要静脉回流简表

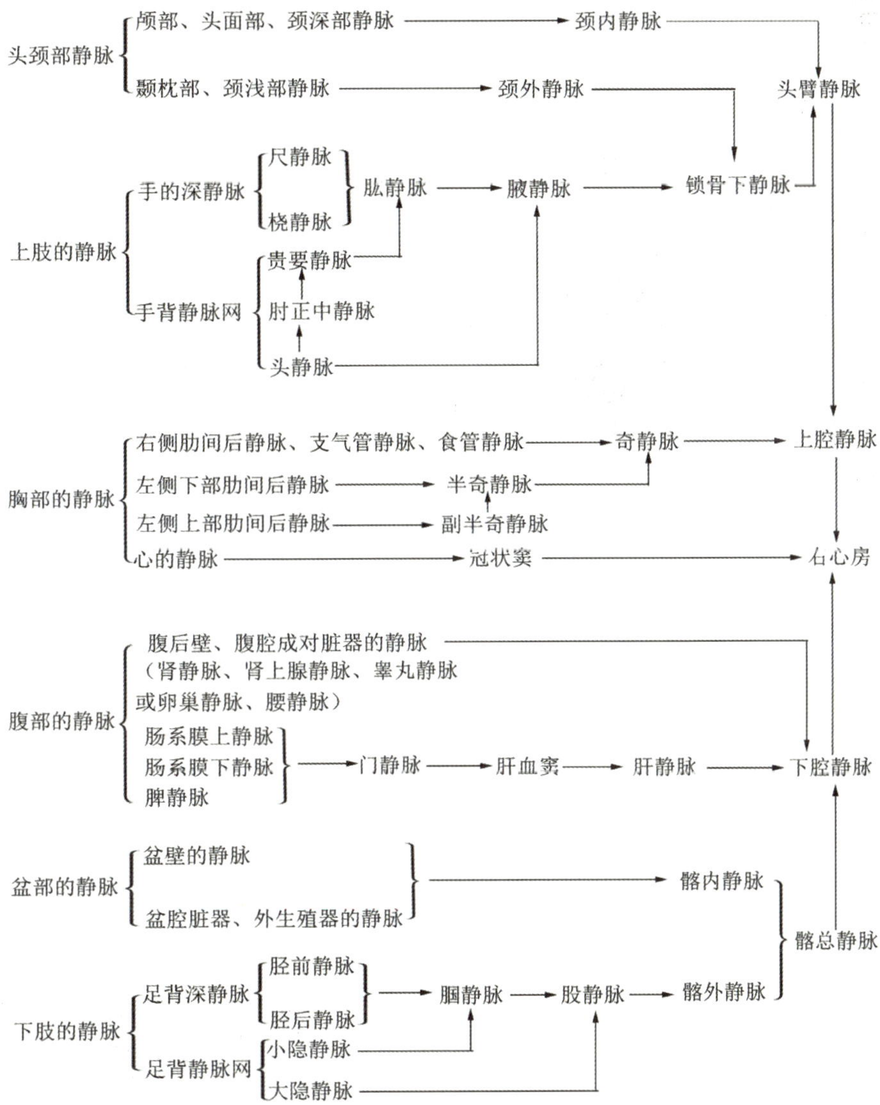

项目三 淋巴系统

问题引入

1. 听说过肿瘤的淋巴转移吗？你知道是什么道理吗？
2. 你摸到过自己的淋巴结吗？什么情况下摸到的？
3. 你知道淋巴和血液是怎样的关系吗？

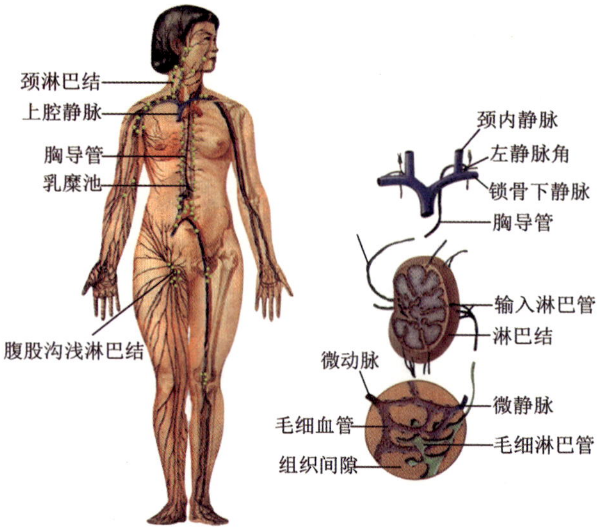

图 9–46　淋巴系统模式图

淋巴系统（lymphatic system）由淋巴管道、淋巴器官和淋巴组织组成。淋巴管道可分为毛细淋巴管、淋巴管、淋巴干和淋巴导管。淋巴器官包括淋巴结、脾、扁桃体和胸腺等。淋巴组织是含有大量淋巴细胞的网状组织，主要分布于消化管和呼吸道等处的管壁中。

血液经动脉运行到毛细血管动脉端时，其中含有一定成分的液体经过毛细血管壁滤出，进入组织间隙形成组织液。组织液与细胞进行物质交换后，大部分经毛细血管静脉端被吸收入静脉，小部分则进入毛细淋巴管成为淋巴。淋巴沿淋巴管道向心流动，最后归入静脉，因此，淋巴管道是静脉的辅助管道（图 9–46）。

此外，淋巴器官和淋巴组织还具有产生淋巴细胞、过滤淋巴和参与机体免疫应答等功能，是人体重要的防御系统之一。

一、淋巴管道

（一）毛细淋巴管

毛细淋巴管（lymphatic capillary）是淋巴管道的起始部分，以膨大的盲端起始于组织间隙。管壁由单层扁平上皮细胞构成，细胞间隙较大，无基膜，其通透性大于毛细血管，一些大分子物质如蛋白质、癌细胞、细菌、异物等较易进入毛细淋巴管。毛细淋巴管分布较广，除脑、脊髓及无血管的结构外，毛细淋巴管几乎遍布全身。

（二）淋巴管

淋巴管（lymphatic vessel）由毛细淋巴管汇合而成。其结构与小静脉相似，管壁内面有丰富的瓣膜。淋巴管在向心回流的过程中，一般都经过一个或多个淋巴结。淋巴管根据所在的位置分为浅淋巴管和深淋巴管两种。浅淋巴管行于皮下，深淋巴管与深部的血管伴行，浅、深淋巴管之间有广泛的交通。

（三）淋巴干

全身淋巴管通过一系列淋巴结后，最后汇合成较大的淋巴干（lymphatic trunk）。全身共有九条淋巴干，即左、右颈干，左、右锁骨下干，左、右支气管纵隔干，左、右腰干和一条肠干（图 9–47）。

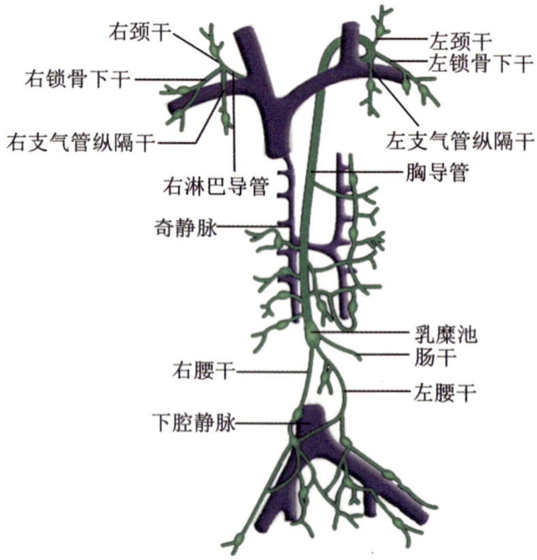

图 9–47　淋巴干与淋巴导管

（四）淋巴导管

九条淋巴干分别汇聚成左、右两条大的淋巴导管。

1. 胸导管（thoracic duct） 为全身最大的淋巴管道，长 30 ～ 40cm。胸导管通常在第 1 腰椎前方由左、右腰干和肠干汇合而成。其起始部膨大，称乳糜池。继而上行经膈的主动脉裂孔入胸腔，然后在食管后方沿脊柱的前方上行到左颈根部，接纳左颈干、左锁骨下干和左支气管纵隔干后，注入左静脉角。胸导管收集下半身及左侧上半身的淋巴（图 9–47）。

2. 右淋巴导管（right lymphatic duct） 为一短干，长约 1.5cm，由右颈干、右锁骨下干和右支气管纵隔干汇合而成，注入右静脉角。右淋巴导管收集右侧上半身的淋巴。

二、淋巴器官

（一）淋巴结

1. 淋巴结的形态 淋巴结（lymph node）一般为灰红色的圆形或椭圆形小体。其一侧隆凸，有数条输入淋巴管进入；另一侧向内凹陷为淋巴结门，有血管、神经和 1 ～ 2 条输出淋巴管出入。

2. 淋巴结的组织结构 淋巴结的表面为结缔组织被膜，被膜的结缔组织向实质内伸入，形成许多小梁，构成淋巴结的支架。淋巴结的实质由淋巴组织构成，可分为浅层的皮质和深层的髓质两部分，皮质和髓质内都有淋巴窦通过（图 9–48）。

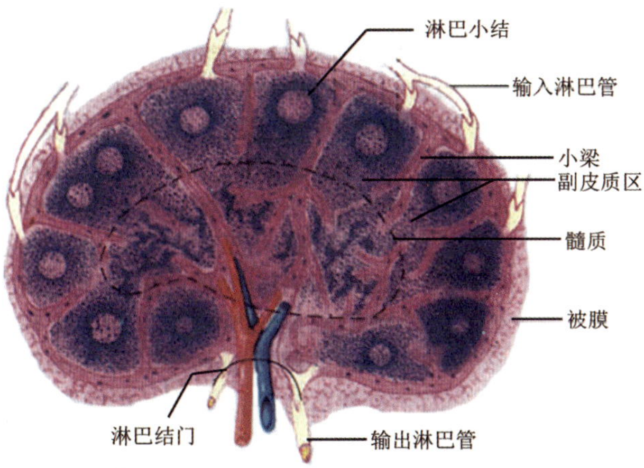

图 9–48 淋巴结的组织结构

（1）皮质：主要由浅层皮质、副皮质区和皮质淋巴窦构成。

1）浅层皮质：淋巴组织密集成团，形成许多淋巴小结。淋巴小结主要由 B 淋巴细胞构成，边界清楚，呈球形或椭圆形。其中央染色较浅，常见细胞分裂，称生发中心，此处的淋巴细胞可分裂增殖，产生新的淋巴细胞。当受到抗原刺激时，B 淋巴细胞转变为浆细胞。

2）副皮质区：位于淋巴小结之间和皮质深层，为较大片的弥散淋巴组织，主要由 T 淋巴细胞构成。

3）皮质淋巴窦：位于被膜深面和小梁周围，是淋巴结内淋巴流经的通路。窦壁由扁平的内皮细胞组成，窦腔内有许多巨噬细胞。

（2）髓质：由髓索和髓质淋巴窦构成。髓索是淋巴组织构成的条索，彼此相连成网，其内主要有 B 淋巴细胞、浆细胞和巨噬细胞。髓质淋巴窦又称髓窦，也是淋巴流经的通路。

3. 淋巴结的功能

（1）滤过淋巴：当淋巴流经淋巴结时，淋巴窦内的巨噬细胞可以将异物、病菌吞噬清除，对机体有重要的防御和保护作用。

（2）产生淋巴细胞：淋巴结内的淋巴细胞，可以分裂增殖，产生新的淋巴细胞。

（3）参与机体的免疫：淋巴结是产生抗体和 T 效应细胞的重要免疫器官。

4. 全身主要的淋巴结群 淋巴结一般多成群分布于人体的一定部位，并接受一定器官或一定部位的淋巴。局部感染可引起有关淋巴结群的肿大或疼痛，癌细胞也常沿淋巴管转移。所以熟悉淋巴结群的位置及其引流范围，具有一定的临床意义。

（1）头颈部的淋巴结群：主要分布于头、颈交界处和颈内、外静脉的周围（图 9–49、图 9–50）。

1）下颌下淋巴结：位于下颌下腺附近。收纳面部和口腔的淋巴，其输出管注入颈外侧深淋巴结。

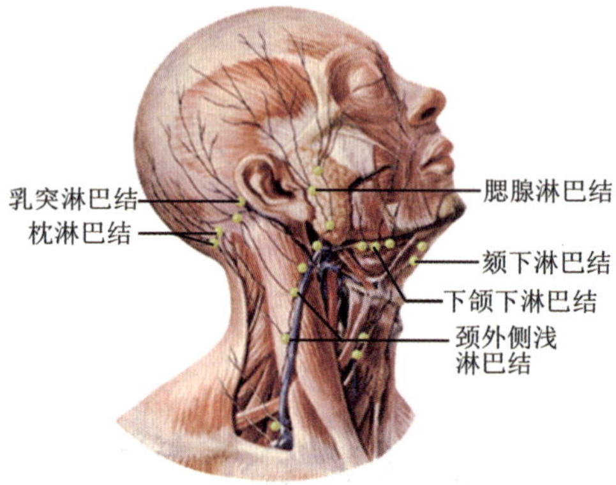

图 9–49 头颈部浅淋巴结

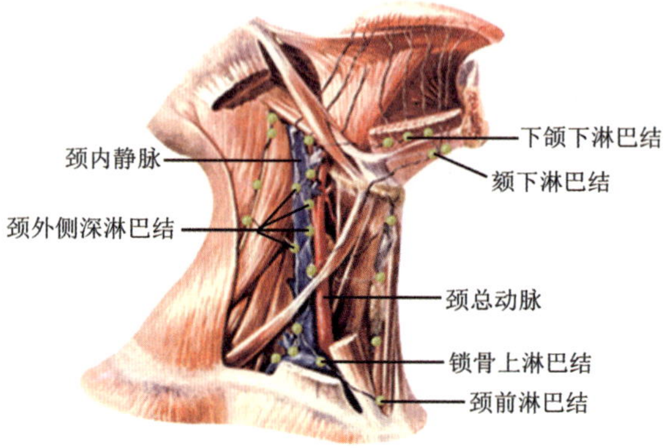

图 9–50 头颈部深淋巴结

2）颈外侧浅淋巴结：沿颈外静脉排列。收纳耳后部、枕部及颈浅部的淋巴，其输出管注入颈外侧深淋巴结。

3）颈外侧深淋巴结：沿颈内静脉排列。颈外侧深淋巴结位于锁骨上窝的部分，又称锁骨上淋巴结。在胃癌、食管癌患者，癌细胞可经胸导管经左颈干逆流转移到左锁骨上淋巴结，引起该淋巴结肿大。颈外侧深淋巴结直接或间接地收集头颈部淋巴。其输出管汇成颈干，左颈干注入胸导管，右颈干注入右淋巴导管。

（2）上肢的淋巴结：主要有肘淋巴结和腋淋巴结，肘淋巴结位于肘窝内，腋淋巴结位于腋窝内。腋淋巴结收纳上肢、胸壁和乳房等处的浅、深淋巴管。其输出管汇成锁骨下干，左锁骨下干注入胸导管，右锁骨下干注入右淋巴导管。乳腺癌常转移到腋淋巴结（图 9–51）。

（3）胸部的淋巴结：主要有支气管肺门淋巴结（又称肺门淋巴结），位于肺门处，其输出管经气管杈周围的气管、支气管淋巴结注入气管旁淋巴结；气管旁淋巴结的输出管汇入支气管纵隔干。左支气管纵隔干注入胸导管，右支气管纵隔干注入右淋巴导管（图 9–52）。

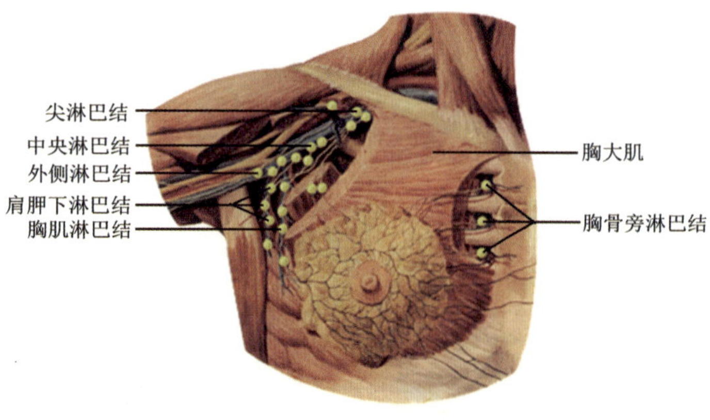

图 9–51 腋淋巴结和乳房的淋巴管

（4）腹部的淋巴结：在腹主动脉及下腔静脉的周围有腰淋巴结，接纳髂总淋巴结的输出管、腹后壁的淋巴管以及腹腔成对器官的淋巴管。其输出管汇成左、右腰干注入乳糜池（图 9–53）。

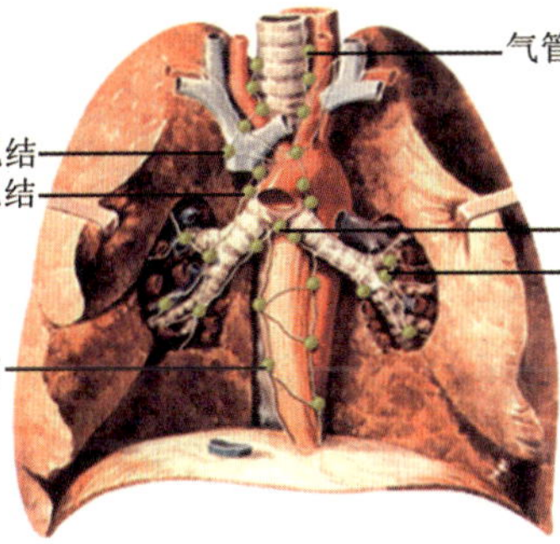

图 9–52 胸腔脏器的淋巴结

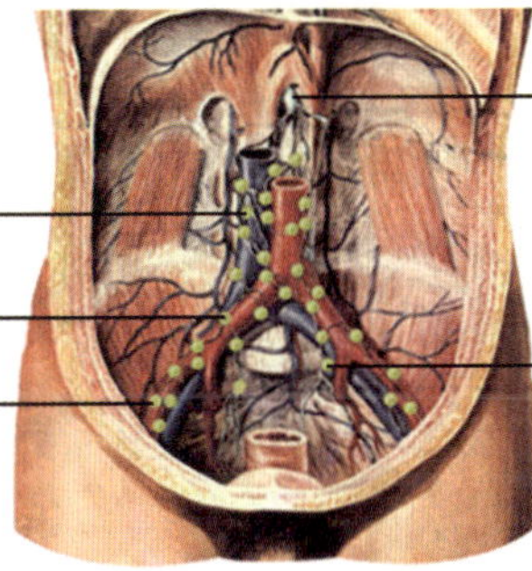

图 9–53 腰淋巴结

在腹腔干、肠系膜上动脉根部和肠系膜下动脉根部周围分别有腹腔淋巴结、肠系膜上淋巴结和肠系膜下淋巴结。它们分别收纳同名动脉分布区的淋巴管，其输出管合成肠干注入乳糜池（图 9–54，图 9–55）。

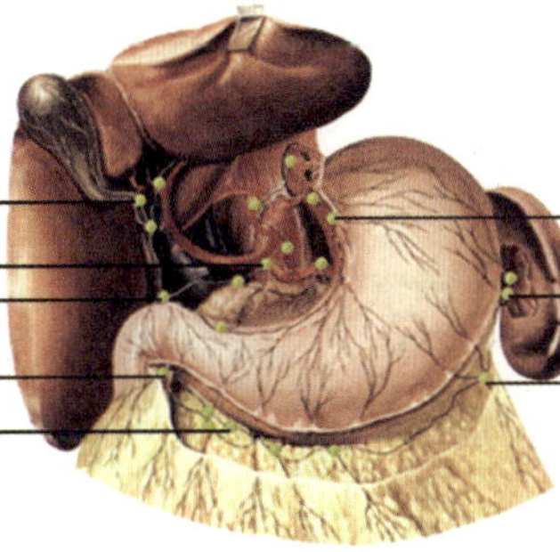

图 9–54 腹腔淋巴结

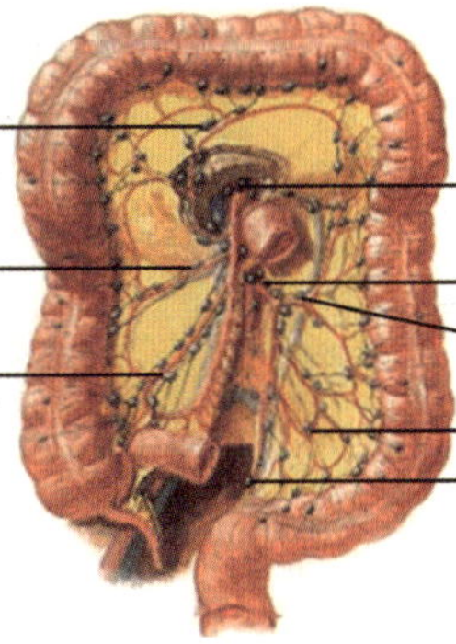

图 9–55 肠系膜上、下淋巴结

（5）盆部的淋巴结：沿髂内动、静脉，髂外动、静脉和髂总动、静脉排列，分别称髂内淋巴结、髂外淋巴结和髂总淋巴结。它们分别收纳同名动脉分布区的淋巴管，最后经髂总淋巴结的输出管注入腰淋巴结（图 9–53）。

（6）下肢的淋巴结：下肢的主要淋巴结有腹股沟浅淋巴结和腹股沟深淋巴结（图 9–46）。

相关链接

淋巴道转移

淋巴道转移是恶性肿瘤最常见的转移途径之一。由于毛细淋巴管的管壁通透性大，恶性肿瘤细胞很容易进入毛细淋巴管。恶性肿瘤细胞侵入淋巴管后，随淋巴首先到达局部淋巴结，使淋巴结肿大。例如，乳房外上部发生的乳腺癌，首先到达同侧腋窝淋巴结；肺癌首先到达肺门淋巴结。局部淋巴结转移后，恶性肿瘤细胞可继续转移至下一个淋巴结，最后可经淋巴导管进入血液再继发血道转移。

1）腹股沟浅淋巴结：位于腹股沟皮下，收纳腹前壁下部、外生殖器和下肢的浅淋巴管，其输出管注入腹股沟深淋巴结。

2）腹股沟深淋巴结：沿股静脉根部排列，收纳腹股沟浅淋巴结的输出管及下肢的深淋巴管，其输出管注入髂外淋巴结。

（二）脾

1. 脾的位置 脾（spleen）位于左季肋区，平对第 9 ～ 11 肋高度，长轴与第 10 肋一致。正常脾在左肋弓下不能触及。

2. 脾的形态 为扁椭圆形的实质器官，色暗红，质软而脆，受暴力打击易破裂。脾可分为膈、脏两面，上下两缘（图 9–56）。脾的膈面光滑隆凸，与膈相贴；脏面凹陷，近中央处为脾门，是脾的血管、神经出入之处。脾的下缘较钝；上缘锐利，常有 2 ～ 3 个切迹，称脾切迹。脾肿大时，脾切迹可作为触诊的标志。

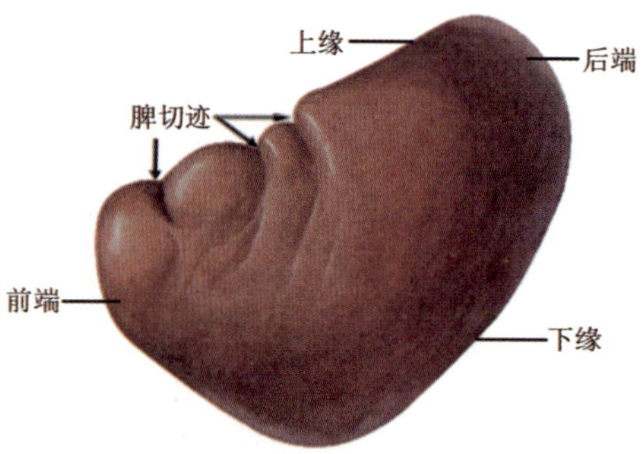

A. 膈面

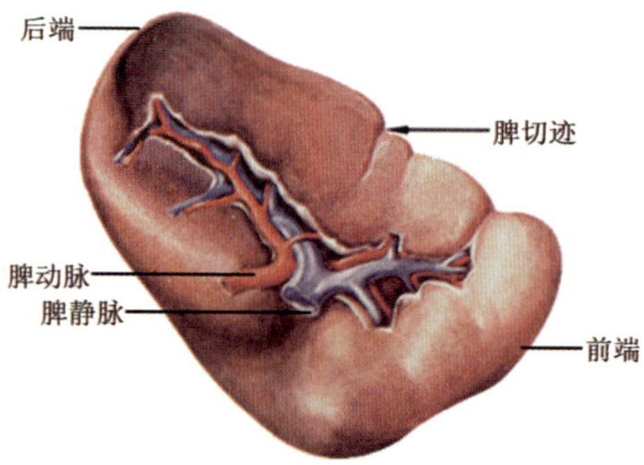

B. 脏面

图 9–56 脾的形态

3. 脾的微细结构 脾的表面有一层间皮，间皮深面为一层较厚的结缔组织构成的被膜（即脏腹膜）。被膜向实质内深入形成许多小梁，小梁互相连接成网，构成脾的支架。脾的实质主要由淋巴组织和血窦构成，可分为白髓、红髓和边缘区（图 9–57）。

（1）白髓：在新鲜脾切面上呈分散的灰白色小点，为密集的淋巴组织，由动脉周围淋巴鞘和淋巴小结构成。动脉周围淋巴鞘为围绕在中央动脉周围的弥散淋巴组织，主要由 T 淋巴细胞构成。淋巴小结位于动脉周围淋巴鞘的一侧，其结构和淋巴结内的相似，主要由 B 淋巴细胞构成，也有生发中心。

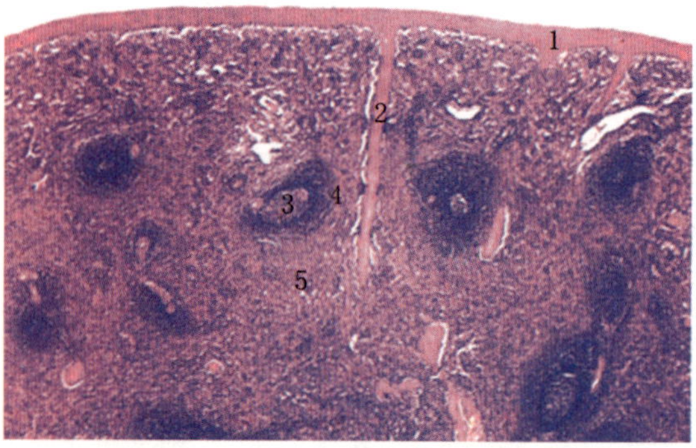

1. 被膜　2. 小梁　3. 白髓　4. 边缘区　5. 红髓

图 9–57 脾的微细结构（低倍）

（2）红髓：在新鲜脾切面上呈暗红色，约占脾实质的 2/3，由脾索及脾窦构成。脾索是富含血细胞的淋巴组织，呈不规则的条索状，并相互吻合成网。脾索内有许多 B 淋巴细胞、网状细胞、巨噬细胞和红细胞等。脾窦位于脾索之间，为不规则的腔隙。窦壁由杆状的内皮细胞和不连续的基膜构成，在窦壁的内、外面均有巨噬细胞。

（3）边缘区：位于白髓和红髓交界处，含有 T 细胞和 B 细胞，并有较多的巨噬细胞。边缘区内有一些微小动脉直接开口，所以，边缘区既是淋巴细胞从血液进入淋巴组织的重要通道，也是脾首先接触抗原和引起免疫应答的重要部位。

4. 脾的功能

（1）滤血：血液流经脾时，脾内的巨噬细胞可吞噬和清除血液中的异物、病菌以及衰老、死亡的红细胞和血小板。当脾功能亢进时，可引起红细胞和血小板减少。

（2）造血：胚胎早期，脾能产生各种血细胞；出生后，脾产生淋巴细胞。脾保持着产生多种血细胞的潜能，当严重贫血或某些病理状态下，能重新恢复造血功能。

（3）储血：脾可储存约 40ml 血液，主要储于血窦内。机体需要时，脾可将所储血液释放入血循环。

（4）参与免疫：当病原体侵入机体时，脾内大量的淋巴细胞和巨噬细胞都参与机体的免疫应答。

（三）胸腺

1. 胸腺的位置和形态 胸腺（thymus）位于胸腔内上纵隔前部，在胸骨柄和肋软骨之后。胸腺可分为左、右两叶，色灰红，质柔软。幼儿的胸腺发达，至青春期重 25 ~ 40g，以后逐渐退化和萎缩，被脂肪组织所代替。

2. 胸腺的组织结构 胸腺表面有结缔组织形成的被膜，被膜伸入胸腺实质内把胸腺分成许多小叶。每个小叶可分为位于表浅部分的皮质和深部的髓质，相邻小叶的髓质可以相互连接。

胸腺的实质主要由淋巴组织和上皮网状细胞所构成。胸腺内的淋巴细胞都是 T 淋巴细胞。在皮质内，T 淋巴细胞密集；在髓质内，淋巴细胞较少，上皮网状细胞形成同心圆小体，叫胸腺小体。

3. 胸腺的功能 胸腺是中枢淋巴器官，兼有内分泌功能，其主要功能是产生 T 淋巴细胞和分泌胸腺素。

（1）产生 T 淋巴细胞：从骨髓来的造血干细胞，在胸腺素的作用下，迅速地分裂和分化，产生大量淋巴细胞，称胸腺依赖淋巴细胞，简称 T 淋巴细胞。T 淋巴细胞随血循环离开胸腺输送到全身淋巴结和脾等淋巴器官内。

相关链接

单核吞噬细胞系统

单核吞噬细胞系统是人体内除血液中的中性粒细胞外，所有具有吞噬功能的细胞的总称，包括结缔组织中的巨噬细胞、血液中的单核细胞、肝内的巨噬细胞、肺内的巨噬细胞、神经系统内的小胶质细胞及淋巴结、脾、骨髓中的巨噬细胞等。

单核吞噬细胞系统在形态结构上无直接联系。但它们均起源于血液中的单核细胞，而且它们的功能也相同，都具有吞噬和清除侵入体内的病菌、异物和体内衰老死亡的细胞的功能，并参与免疫反应，对机体具有重要的防御作用。

（2）分泌胸腺素：胸腺的上皮性网状细胞能分泌胸腺类激素，以促进T淋巴细胞增生和发育成熟。

全身淋巴回流关系见表9–3：

表9–3 全身淋巴回流关系

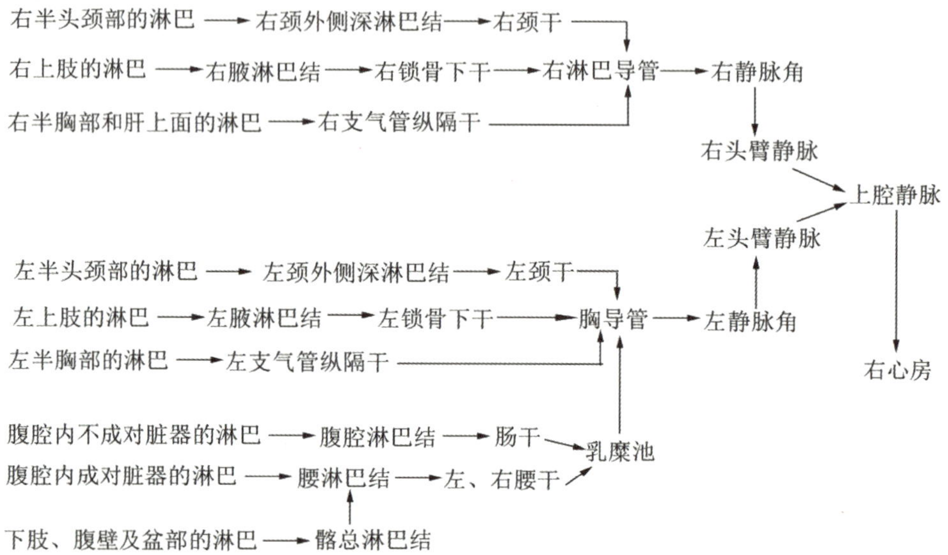

小结

脉管系统是体内封闭式循环管道系统，包括心血管系统和淋巴系统。

心血管系统由心、动脉、毛细血管、静脉组成，主要功能是完成血液循环。其中，心是血液循环的动力器官，心血管系统以心为枢纽将大、小循环连接起来。心的结构非常巧妙，它的内部有四个腔，每个腔的出入口都有瓣膜守卫，就像“闸门”一样，控制着血流方向，维持着血液循环的正常进行。

动脉是将血液从心运送到全身各部的血管。人体各大局部均有一条动脉主干，动脉分支多从这些主干发出，再分支分布到附近的器官。全身各大局部的动脉干概括如下：颈总动脉→头颈部；锁骨下动脉→上肢；胸主动脉→胸部；腹主动脉→腹部；髂外动脉→下肢；髂内动脉→盆部。

静脉在回心过程中不断接受属支，逐级汇合，由细变粗，最后注入右心房。其中大部分深静脉与同名动脉伴行，收集范围也和伴行动脉一样，少数深静脉不与动脉伴行（如上腔静脉、下腔静脉、肝静脉等）。浅静脉无伴行动脉，有自己的走行和收集范围，但最后均汇入深静脉。

淋巴系统由淋巴管、淋巴器官和淋巴组织组成。淋巴液沿淋巴管道向心流动，最后汇入静脉，故淋巴管道可视作静脉的辅助管道。淋巴器官主要有淋巴结、脾、胸腺等，它们具有滤过淋巴、产生淋巴细胞和参与机体免疫等功能。

复习思考题

1. 说出心血管系统的组成和大、小循环的途径。

2. 心各腔有哪些出入口、瓣膜及有关结构？思考瓣膜病变会对心脏内血液流动产生什么影响。

3. 身体各部可触摸到哪些动脉搏动？

4. 自头静脉注射的药物经何途径到达阑尾？

5. 患者口服核黄素（维生素 B_{12}）后，尿液呈黄色，该药是通过什么途径排出体外的？

6. 简述肝门静脉的组成、收集范围和侧支循环。

7. 试述胸导管的组成、行程和收集范围。

8. 从所学解剖知识理解左锁骨上淋巴结与胸腹腔脏器肿瘤转移的关系。

（鹿艳存）

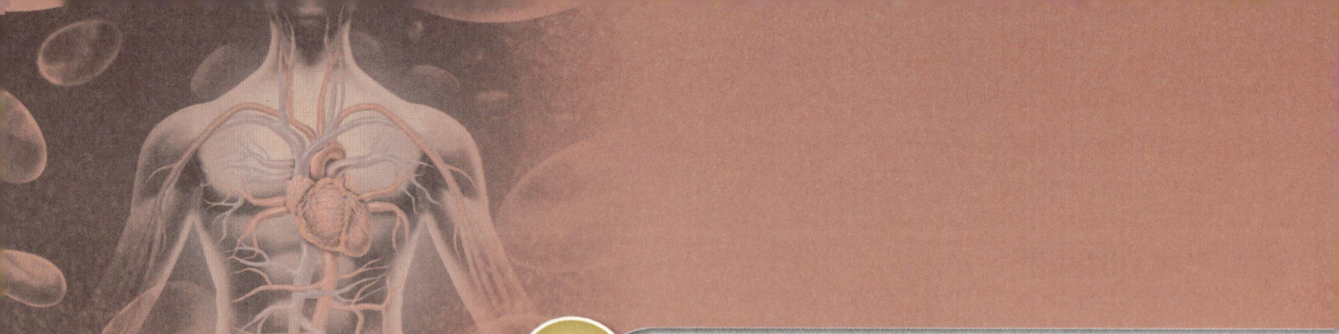

模块十 神经系统

知识目标

1. 熟悉神经系统的组成，脊髓的位置、外形、内部结构、功能，脑干、小脑、间脑的位置、组成，内囊，脑和脊髓的被膜，脑脊液产生的部位、作用及其循环。
2. 了解神经系统的常用术语，脑干、小脑、间脑、端脑的外形，脑干、小脑、间脑的内部结构和功能，大脑半球的功能区、纹状体，脑和脊髓的血管。
3. 熟悉脊神经的组成和分支、纤维成分，自主神经的概念和结构特点。
4. 了解神经丛的名称、位置、主要分支名称及其分布，脑神经的分布、功能，交感神经与副交感神经的结构。
5. 了解感觉传导通路的概念、种类、共性。
6. 了解运动传导通路的概念，锥体系的概念、组成、共性。

技能目标

1. 学会辨认脊髓、脑干、小脑、间脑的外形，指出端脑的分叶、大脑皮质重要机能定位区。
2. 会用相关的解剖学知识分析神经系统不同部位损伤后的临床表现及其护理模拟应用。

项目一 概述

问题引入

1. 课堂上老师喊你的名字，你会有怎样的反应？说说看。
2. 要准确接到篮球，身体各部分应该怎样默契配合？其中起主要作用的是什么？
3. 为什么人的各种器官能协调一致地工作？
4. 为什么人会思考各种问题？

神经系统（nervous system）是人体结构和功能最复杂的系统，由数以万计相互联系的神经细胞和神经胶质细胞组成，在人体功能调节中起主导作用。神经系统既可以控制和调节体内各器官系统的活动，使人体成为一个有机的整体；又可以对体内、外环境变化做出迅速而完善的适应性反应，从而维持机体内环境的相对稳定。

人类在长期从事劳动、语言交流和社会活动过程中，大脑皮质高度发展，具有复杂的思维、意识活动，使人类远远超越其他动物，成为主宰世界的主人，不仅能被动地适应环境的变化，还能主动地认识世界和改造世界。

一、神经系统的区分

神经系统按其所在位置可分为中枢神经系统（central nervous system，CNS）和周围神经系统（peripheral nervous system，PNS）（图 10–1）。中枢神经系统包括脑和脊髓，分别位于颅腔和椎管内；周围神经系统包括脑神经、脊神经和内脏神经。脑神经与脑相连，脊神经与脊髓相连，两者中分布于心肌、平滑肌、腺体的部分称内脏神经。神经系统的区分简示如下：

- 神经系统
  - 中枢神经系统
    - 脑
    - 脊髓
  - 周围神经系统
    - 脊神经
    - 脑神经
    - 内脏神经
      - 内脏运动神经
        - 交感神经
        - 副交感神经
      - 内脏感觉神经

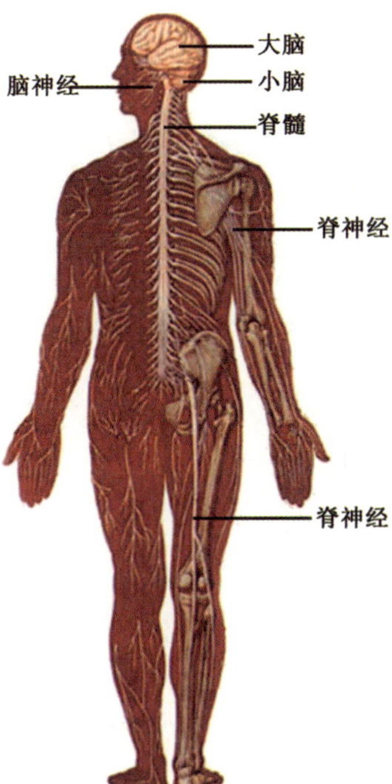

图 10–1　神经系统的概况

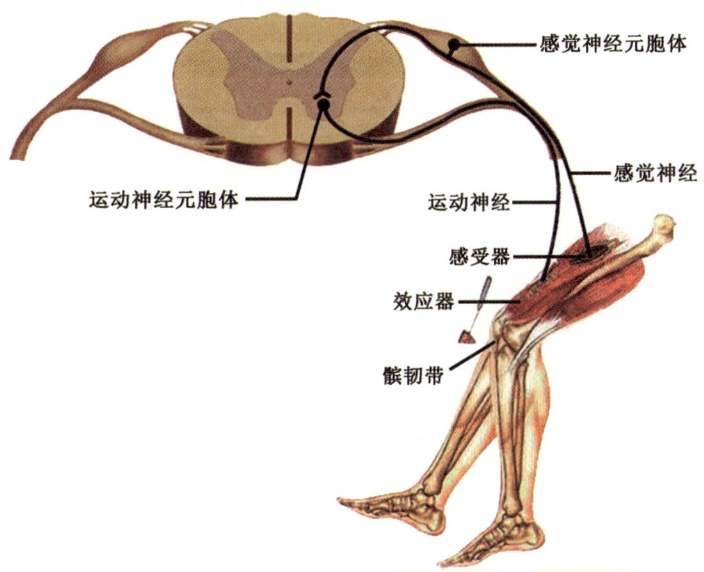

图 10–2　反射弧示意图

二、神经系统的活动方式

神经系统的功能活动十分复杂，但其基本活动方式是反射（reflex）。反射是指在中枢神经系统的参与下，机体对内、外环境刺激所做出的规律性应答反应。执行反射活动的结构基础是反射弧（reflex arc）。反射弧包括：感受器→传入神经→神经中枢→传出神经→效应器（图 10–2）。反射弧的任一环节发生问题，反射活动将会减弱或消失。

三、神经系统的常用术语

在神经系统中，神经元胞体和突起在不同部位有不同的集聚方式，因而具有不同的术语名称。

1. 灰质和白质 在中枢神经系统内，神经元胞体和树突集聚之处，在新鲜标本上呈灰色，称灰质。位于大脑和小脑表面的灰质层，称皮质。在中枢神经系统内，大量神经纤维集聚之处，在新鲜标本上色泽白亮，称白质。位于大脑和小脑内的白质，称髓质。

2. 神经核和神经节 形态与功能相似的神经元胞体聚集成团，在中枢神经系统内称神经核，在周围神经系统内称神经节。

3. 纤维束和神经 在中枢神经系统内，起止、行程与功能相同的神经纤维聚集形成的束状结构，称纤维束。在周围神经系统内，神经纤维聚集形成粗细不等的条束状结构，称神经。

4. 网状结构 在中枢神经系统内，神经纤维交织成网状，网眼内含有分散的神经元或较小的核团，这些区域称网状结构。

项目二 中枢神经系统

问题引入

1. 听说过截瘫吗？是人体哪里出了问题？
2. 见过小儿麻痹的病人吗？有哪些表现？
3. 为什么人后脑勺遭到撞击容易导致死亡？
4. 为什么酒后驾车容易导致交通事故？
5. 什么是中风？与大脑有什么关系？
6. 人为什么比动物聪明？
7. 为什么有的脑病可通过腰椎穿刺进行检查？
8. 为什么有的人太激动或突然用力的时候会发生脑血管破裂？
9. 大脑的“安全卫士”是谁？

一、脊髓

（一）脊髓的位置和外形

脊髓（spinal cord）位于椎管内，上端在枕骨大孔处与延髓相连，下端在成人平第 1 腰椎体下缘，

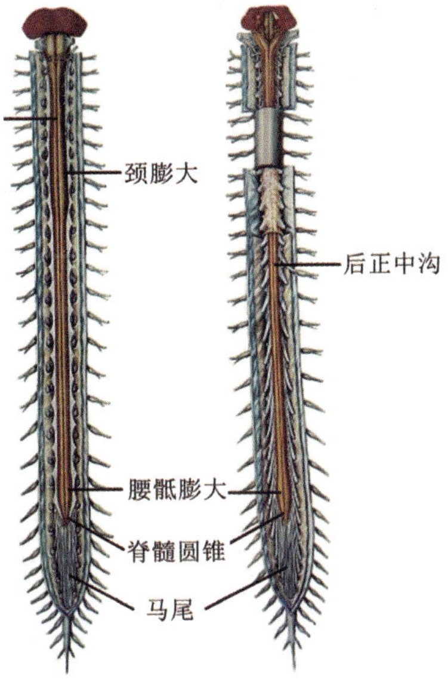

图 10–3　脊髓的外形

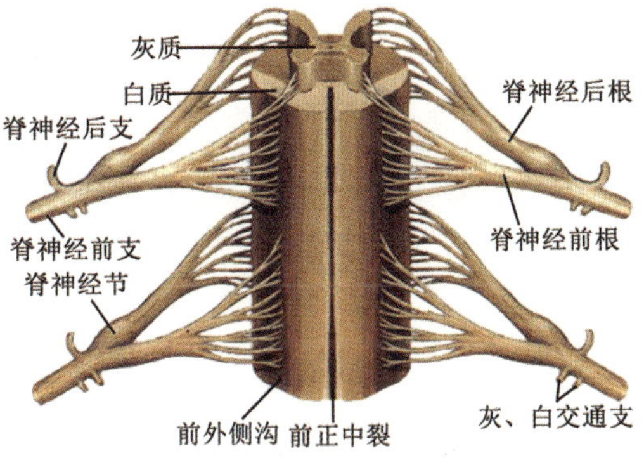

图 10–4　脊髓节段示意图

新生儿约平第 3 腰椎体下缘。因此，腰椎穿刺应在第 3、4 腰椎或第 4、5 腰椎棘突之间进行，以免损伤脊髓。

脊髓（图 10–3，图 10–4）呈前后略扁的圆柱形，长 40 ~ 45cm。全长有两处膨大，即颈膨大和腰骶膨大，颈膨大连有分布到上肢的神经，腰骶膨大连有分布到下肢的神经。脊髓末端变细呈圆锥状，称脊髓圆锥，其向下延伸出 1 条非神经组织的细丝，称终丝，终止于尾骨背面。

脊髓表面有 6 条纵行的沟或裂。前面正中有一条较深的沟，称前正中裂；后面正中有一条较浅的沟，称后正中沟。前正中裂的两侧有前外侧沟，后正中沟的两侧有后外侧沟，沟内分别连有脊神经的前根和后根（图 10–4）。在脊髓圆锥下方，腰、骶、尾部的脊神经根围绕终丝形成马尾。

脊神经前根与后根在椎间孔处汇合成一条脊神经，每条脊神经的后根在近椎间孔处有一个膨大的脊神经节，内含假单极神经元。脊神经共 31 对，每对脊神经对应的一段脊髓，称一个脊髓节段。因此，脊髓有 31 个节段，即颈髓 8 节、胸髓 12 节、腰髓 5 节、骶髓 5 节和 1 个尾节（图 10–5）。

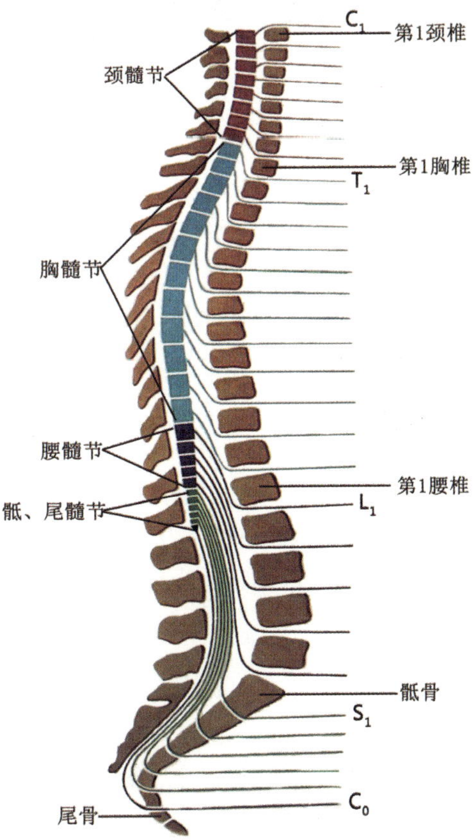

图 10–5　脊髓节段与椎骨关系示意图

（二）脊髓的内部结构

在新鲜脊髓的横切面上，可见脊髓由中央颜色发暗的灰质和周围颜色浅淡的白质构成（图 10–6）。灰质的中央有贯穿脊髓全长的纵行小管，称中央管。

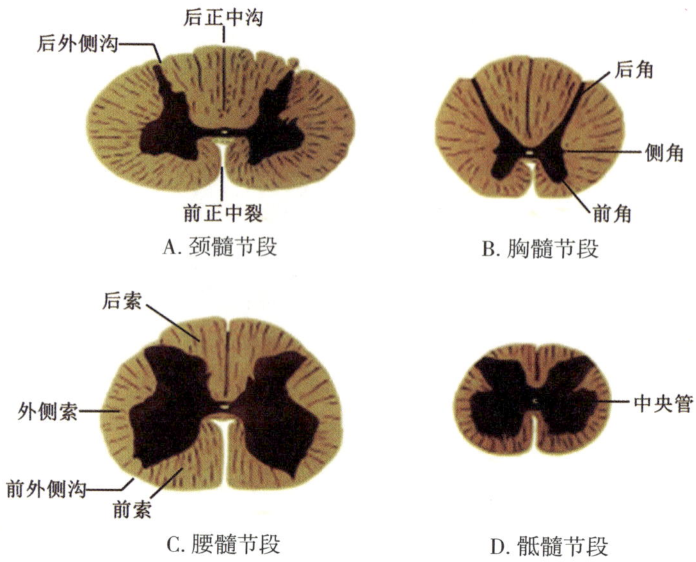

图 10-6　脊髓的横切面

1. 灰质　在横切面上呈蝶形或“H”形，左右对称。每侧灰质的前部扩大，称前角（柱），内含躯体运动神经元胞体，其轴突组成脊神经前根，支配躯干、四肢的骨骼肌。灰质的后部狭长，称后角（柱），内含联络神经元胞体，接受来自脊神经后根传入的感觉冲动。在脊髓的第 1 胸节至第 3 腰节的前、后角之间还有向外突出的侧角（柱），内含交感神经元胞体，其轴突加入脊神经前根。在脊髓第 2 ~ 4 骶节，相当于侧角的部位，有副交感神经元，称骶副交感核。

2. 白质　白质位于灰质周围，借脊髓表面的沟裂分为三个索。前正中裂与前外侧沟之间为前索，前、后外侧沟之间为外侧索，后外侧沟与后正中沟之间为后索。每个索由纵行排列的长短不等的纤维束组成。

（1）上行纤维束：包括位于后索的传导躯干、四肢本体感觉和精细触觉的薄束和楔束，位于外侧索与前索的传导躯干和四肢痛、温度、触（粗）压觉的脊髓丘脑束。

（2）下行纤维束：包括将大脑皮质的冲动传至脊髓前角运动神经元、管理骨骼肌随意运动的皮质脊髓侧束和皮质脊髓前束，分别位于外侧索、前索。

（三）脊髓的功能

1. 传导功能　脊髓通过上行纤维束，将脊神经分布区的各种感觉冲动传至脑；同时，脊髓又通过下行纤维束和脊神经将脑发出的冲动传至效应器。因此，脊髓是脑与躯干、四肢的感受器、效应器发生联系的重要枢纽。

2. 反射功能　脊髓是某些反射的低级中枢，能完成许多反射活动，如膝反射、肱二头肌反射、排便反射等，正常情况下，受高位脑中枢的控制。

相关链接

脊髓灰质炎

脊髓灰质前角运动细胞炎又称脊髓灰质炎（简称灰髓炎），是由脊髓灰质炎病毒引起的急性传染病。灰髓炎病毒易攻击小儿腰骶膨大，引起下肢肌软瘫、肌张力低下、肌萎缩、腱反射消失，但感觉正常。若向上累及颈膨大，可引起上肢肌瘫痪。由于此病常发生于小儿，故又称小儿麻痹症。

二、脑

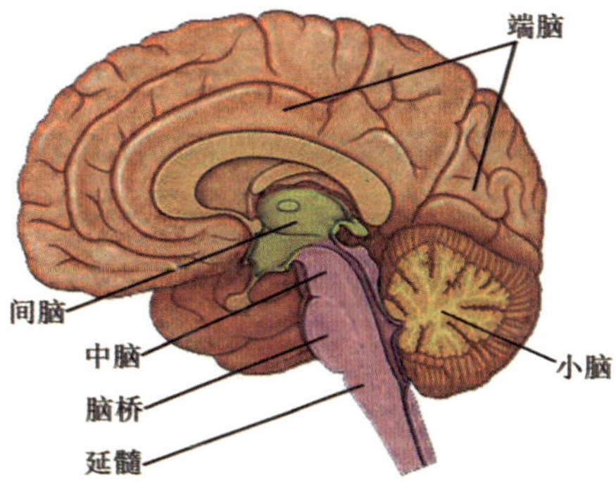

图 10–7 脑的正中矢状切面

脑（brain）位于颅腔内，可分为端脑、间脑、小脑、中脑、脑桥和延髓六部分（图 10–7）。其中，中脑、脑桥和延髓合称为脑干。

（一）脑干

脑干（brain stem）位于枕骨大孔前上方，上接间脑，下续脊髓，后连小脑。脑干自上而下分为中脑、脑桥和延髓三部分。

1. 脑干的外形 分腹侧面和背侧面。

（1）腹侧面：延髓的腹侧面上宽下窄，有与脊髓相续的前正中裂；裂的两侧上部各有一纵行隆起，称锥体，由大脑皮质到脊髓的皮质脊髓束构成。在锥体下方，皮质脊髓束的大部分纤维左右交叉形成浅纹，称锥体交叉。延髓腹侧面连有舌咽神经、迷走神经、副神经和舌下神经（图 10–8）。

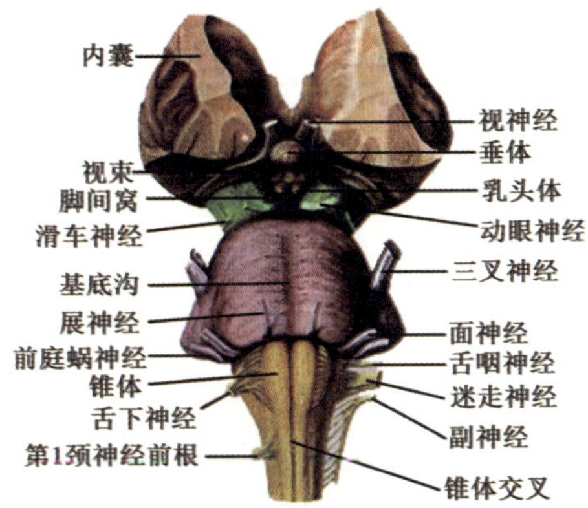

图 10–8 脑干的腹侧面

脑桥的腹侧面宽阔膨隆，称基底部，其正中线上有纵行浅沟，称基底沟，有基底动脉通过。基底部的两侧逐渐缩窄，连接小脑，缩窄处有三叉神经根。脑桥下缘借延髓脑桥沟与延髓分界，沟内中线两侧由内侧向外侧依次连有展神经、面神经和前庭蜗神经。

中脑腹侧面有两个粗大的柱状结构，称大脑脚，其之间的凹陷称脚间窝，窝内有动眼神经穿出。

（2）背侧面：延髓下部后正中沟两侧各有两个纵行隆起。内侧的称薄束结节，内有薄束核；外侧的称楔束结节，内有楔束核。延髓上部和脑桥共同形成菱形的凹陷，称菱形窝（图 10–9），构成第四脑室底。

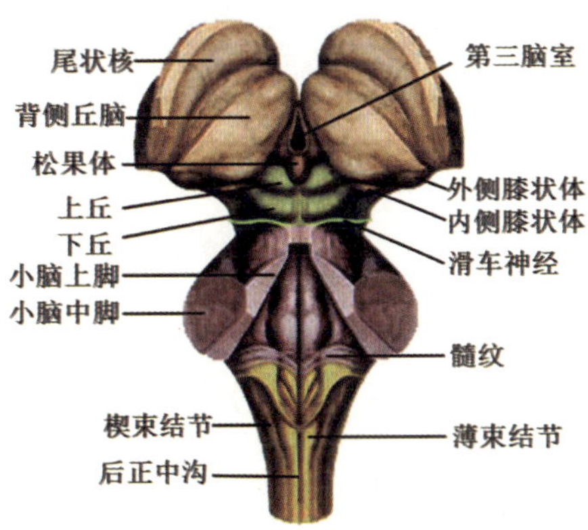

图 10–9 脑干的背侧面

中脑的背侧面有两对隆起。上方的一对称上丘，是视觉反射中枢；下方的一对称下丘，是听觉反射中枢。下丘的下方连有滑车神经。

2. 脑干的内部结构 脑干由灰质、白质和网状结构构成。

（1）灰质：主要位于背侧部，由于纵横纤维的贯穿，灰质被分散成许多团块状结构，称神经核。神经核大致分为两类：一类与脑神经相连，称脑神经核，包括脑神经感觉核和脑神经运动核；另一类不与脑神经相连，称非脑神经核，如延髓中的薄束核、楔束核，中脑内的红核与黑质等，它们是上、下行传导束的中继站。

（2）白质：多位于腹侧部和外侧部，主要由联系于端脑、间脑、小脑和脊髓之间重要的上、下行纤维束组成。上行纤维束主要有内侧丘系、脊髓丘系、三叉丘系等，下行纤维束主要是锥体束等。

（3）网状结构：位于脑干的中央区，与中枢神经系统的各部均有广泛联系，是非特异性投射系统的结构基础。

3. 脑干的功能

（1）传导功能：大脑皮质与小脑、脊髓相互联系的上、下行纤维束都要经过脑干，故脑干是中枢神经系统各部之间联系的重要路径。

（2）反射功能：脑干内有许多反射中枢。例如，中脑内有瞳孔对光反射中枢，脑桥内有角膜反射中枢，延髓内有调节心血管活动和呼吸运动的“生命中枢”等。

（3）网状结构功能：脑干网状结构功能复杂，有维持大脑皮质觉醒、警觉，调节骨骼肌张力和调节内脏活动等功能。

（二）小脑

1. 小脑的位置和外形 小脑（cerebellum）位于颅后窝内，居延髓和脑桥的背侧。小脑中间较狭窄，称小脑蚓；两侧膨大，称小脑半球（图 10–10）。小脑半球下面靠近枕骨大孔处有椭圆形膨隆，称小脑扁桃体（图 10–11）。当颅内压升高时，小脑扁桃体会嵌入枕骨大孔，形成小脑扁桃体疝，压迫延髓生命中枢，导致呼吸、循环障碍，危及生命。

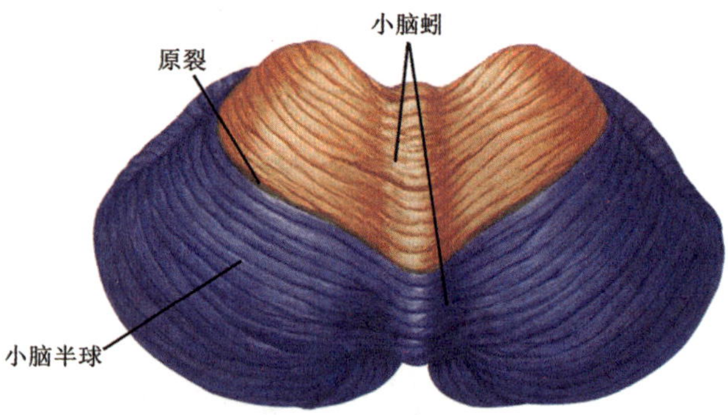

图 10–10 小脑的外形（上面）

2. 小脑的内部结构 小脑表面是薄层灰质，称小脑皮质；皮质深面是白质，称小脑髓质；在髓质的深部藏有数对神经核，称小脑核（图 10–12），其中最大的一对是齿状核。

3. 小脑的功能 小脑是重要的运动调节中枢，其主要功能是维持身体平衡、调节肌张力和协调随意运动。

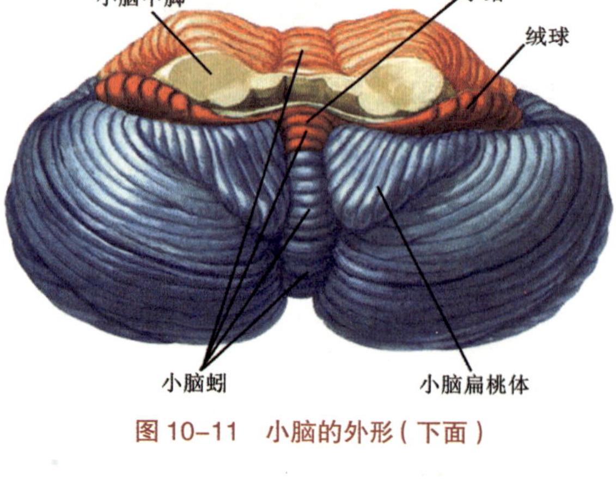

图 10–11 小脑的外形（下面）

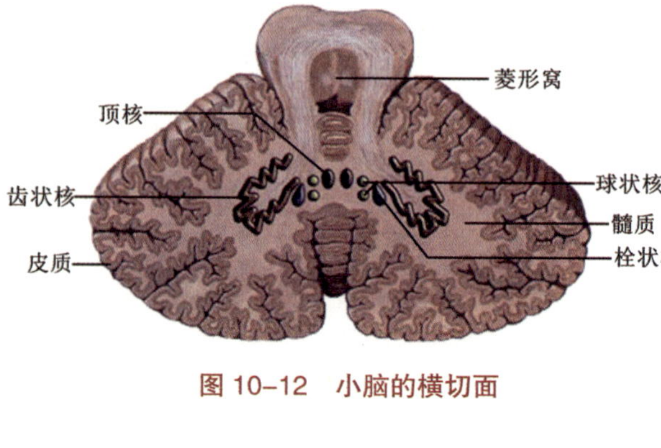

图 10–12 小脑的横切面

相关链接

小脑损伤

小脑蚓损伤时，病人表现为平衡失调、站立不稳，行走时两腿叉开，左右摇晃；若小脑半球损伤，病人则表现为肌张力降低，运动不协调，走路时抬腿过高，取物时手指过伸，指鼻试验时病人手指不能准确达鼻尖等。临床上称为共济失调。

（三）间脑

间脑（diencephalon）位于中脑和端脑之间，大部分被大脑半球所掩盖。主要包括背侧丘脑、后丘脑和下丘脑，其内部的室腔称第三脑室。

1. 背侧丘脑 又称丘脑，是间脑背侧的一对卵圆形灰质团块。丘脑内部被“Y”形的白质内髓板分隔成前核群、内侧核群和外侧核群三部分（图 10–13）。外侧核群中的腹后外侧份称腹后核，与全身各部的感觉（除嗅、视、听觉）传导有关，是感觉传导的中继核。

2. 后丘脑 位于背侧丘脑的后下方（图 10–9，图 10–13），包括一对内侧膝状体和一对外侧膝状体。内侧膝状体与听觉传导有关，外侧膝状体与视觉传导有关。

3. 下丘脑 位于背侧丘脑的前下方，从脑底面由前向后可见视交叉、灰结节和乳头体。灰结节向下移行为漏斗，其末端连有垂体。下丘脑的核团较多，重要的有视上核和室旁核（图 10–14），两核均能分泌加压素（又称抗利尿激素）和缩宫素，经下丘脑 – 神经垂体束输送至神经垂体贮存，需要时释放入血液。

下丘脑是内脏活动的较高级中枢，对机体体温、摄食、生殖、水盐平衡和内分泌活动等进行广泛调节，同时也参与睡眠和情绪反应活动。

（四）端脑

端脑（telencephalon）又称大脑，是脑的高级部位，主要由左右两大脑半球组成。两侧大脑半球之间的深裂称大脑纵裂；裂底有连接两大脑半球的白质板，称胼胝体。两大脑半球后部与小脑间的深裂称大脑横裂。

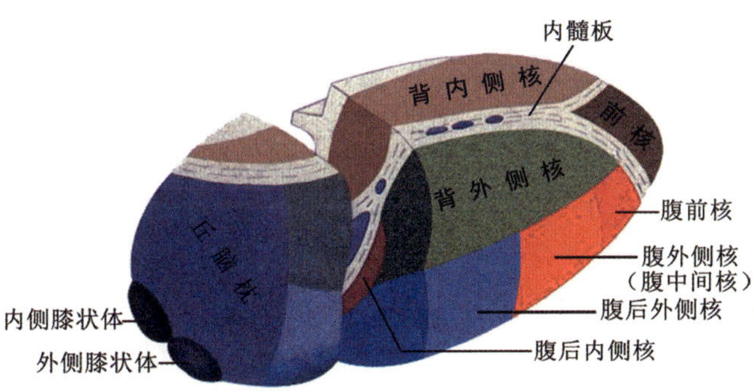

图 10–13 背侧丘脑核团的立体示意图

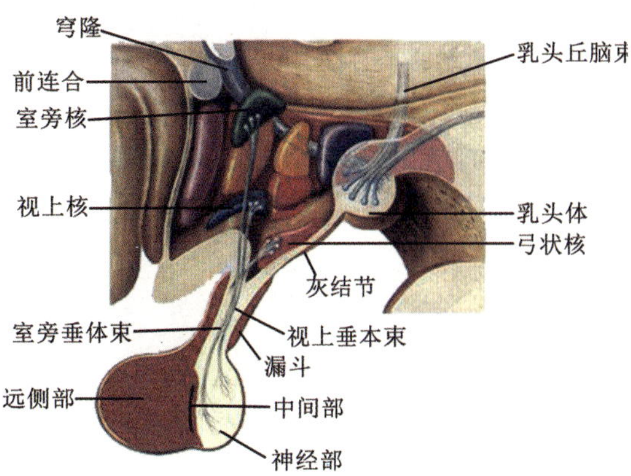

图 10–14 下丘脑的主要核团

1. 大脑半球的外形和分叶 大脑半球表面布满深浅不同的沟、裂和隆起的脑回。每侧大脑半球分为背外侧面、内侧面和下面，并借 3 条叶间沟分为 5 个叶（图 10–15，图 10–16）。

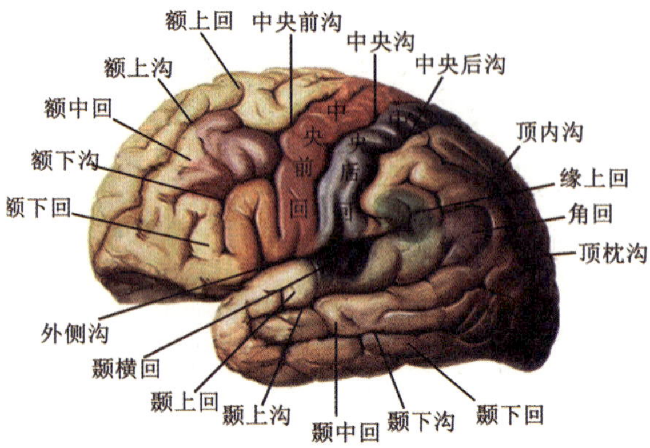

图 10–15 大脑半球背外侧面

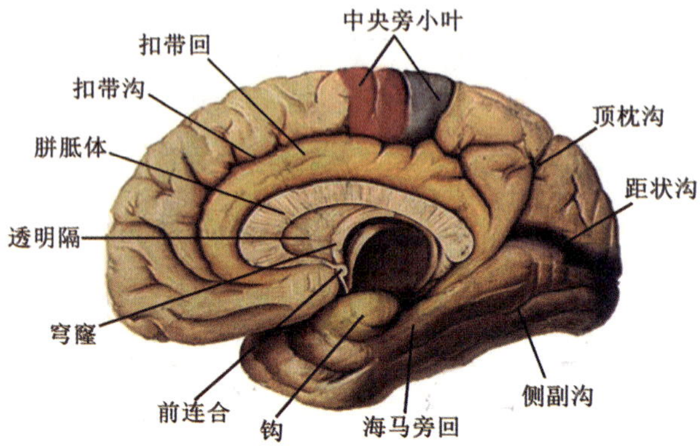

图 10–16 大脑半球内侧面

（1）叶间沟：①外侧沟，位于半球的背外侧面，自前下斜行向后上方；②中央沟，起自半球上缘中点的稍后方，沿背外侧面斜向前下方；③顶枕沟，位于半球内侧面后部，自下斜向后上，并转至背外侧面。

（2）分叶：①额叶，位于外侧沟之上，中央沟前方；②顶叶，位于外侧沟上方，顶枕沟与中央沟之间；③枕叶，位于顶枕沟后下方；④颞叶，位于外侧沟下方；⑤岛叶，隐于外侧沟深处，略呈三角形（图 10–17）。

2. 大脑半球各面的主要沟和回

（1）背外侧面：在额叶，中央沟前方有与之平行的中央前沟，两沟之间的脑回称中央前回；在中央前沟的前方有额上回、额中回和额下回。在顶叶，有与中央沟大致平行的中央后沟，两沟间的脑回称中央后回；外侧沟末端有一环形脑回，称缘上回，其后方有角回。在颞叶，颞上、下沟将颞叶分为颞上、中、下回；在颞上回的后部，脑回伸入到外侧沟内，称颞横回（图 10–15）。

（2）内侧面：在中央可见呈弓状的胼胝体，围绕胼胝体的上方，有弓状的扣带回。在扣带回中部的上方，有中央旁小叶，为中央前回和后回延续到内侧面构成。扣带回后端向前下延伸为海马旁回，其前端弯的回称钩。扣带回、海马旁回和钩等脑回，位于大脑半球和间脑交界处的边缘，合称边缘叶。在枕叶，有自顶枕沟下端向后呈弓形的距状沟（图 10–16）。

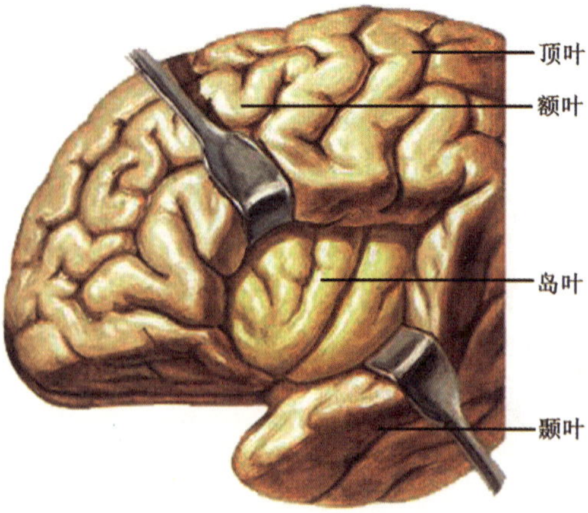

图 10–17 岛叶

（3）下面：额叶下方有一对椭圆形的嗅球，向后延伸成嗅束，它们与嗅觉传导有关。

3. 大脑半球的内部结构 大脑半球的表层是灰质，即大脑皮质；其深层是白质，即大脑髓质。在大脑半球的基底部，包埋于白质中的灰质团块，称基底核。大脑半球内的室腔称侧脑室。

（1）大脑皮质及其功能定位：大脑皮质是人体神经功能活动的最高级中枢。人类大脑皮质主要由大量的神经元及神经胶质细胞组成。据估计，成人大脑皮质的总面积约有 2 200cm^2，内含 130 亿～140 亿个神经元。在长期进化过程中，大脑皮质的某些部位逐渐成为接受某种刺激、完成某一反射活动的相对集中区，称大脑皮质的功能定位区。

1）躯体运动区：位于中央前回和中央旁小叶的前部，管理对侧半身骨骼肌的随意运动。身体各部在此区的投影如倒置的人形（图 10–18）。若运动区某一局部损伤，相应部位的骨骼肌运动将会发生障碍。

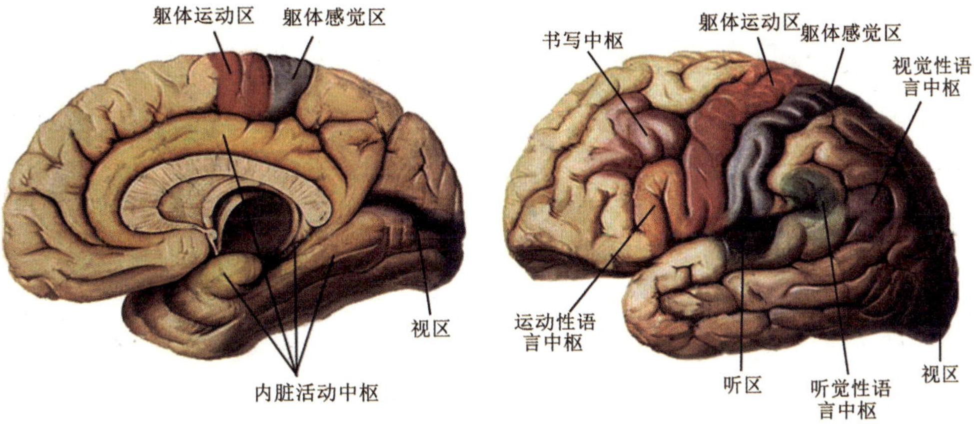

图 10–18　大脑皮质的主要功能区

2）躯体感觉区：位于中央后回和中央旁小叶的后部，接受对侧半身感觉冲动。身体各部在此区的投影与躯体运动区相同（图 10–18）。若感觉区某一部位受损，将引起对侧半身相应部位的感觉障碍。

3）视区：位于枕叶内侧面距状沟两侧的皮质，接受视网膜传来的视觉冲动。

4）听区：位于颞横回，接受双侧内耳传来的听觉冲动。

5）嗅区：位于海马旁回前部与钩，接受嗅觉冲动。

6）语言区：又称语言中枢，是指能够理解他人说的话和写、印出来的文字，并能用口语和文字表达自己思维活动的中枢。语言区是人类大脑皮质特有的，包括说话、听讲、阅读和书写等中枢（图 10–18，表 10–1），它们偏于左半球，因此称左半球为语言优势半球。

表 10–1　大脑皮质的语言区及功能障碍

语言区	中枢部位	损伤后语言障碍
运动性语言区（说话中枢）	额下回后部	运动性失语症（不会说话）
书写区（书写中枢）	额中回后部	失写症（丧失写字能力）
听觉性语言区（听话中枢）	缘上回	感觉性失语症（听不懂讲话）
视觉语言性区（阅读中枢）	角回	失读症（不懂文字含义）

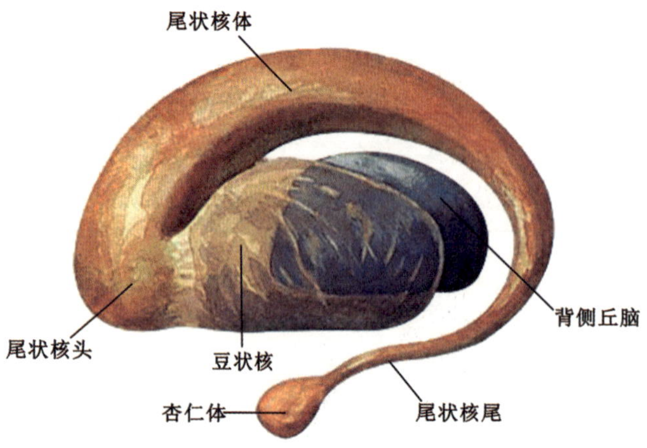

图 10–19　基底核与丘脑的位置关系

（2）基底核：是埋藏于大脑半球基底部髓质内的灰质团块，包括豆状核、尾状核和杏仁体等（图 10–19）。

1）尾状核：弯曲如弓，从三面环绕背侧丘脑，分头、体、尾三部，末端与杏仁体相连。

2）豆状核：位于尾状核与背侧丘脑外侧，岛叶深部。在水平切面上呈三角形，被两个白质板分成三部分。内侧两部分合称苍白球，外侧部最大，称壳。尾状核和豆状核合称纹状体，其中尾状核和壳又称新纹状体，苍白球称旧纹状体。纹状体具有调节肌张力和协调肌群运动等作用。

3）杏仁体：连于尾状核末端，与内脏活动与情绪的产生有关。

相关链接

左、右大脑半球的分工

人类在进化过程中，产生了语言、思维、意识等高级心理活动，大脑两半球也有了明确的分工。左、右半球各有优势，一般说来，左侧大脑半球与抽象概括思维有关，这种思维必须借助于语言和其他符号系统，主管说话、写字、计算、分析等；右侧大脑半球与感性直观思维有关，这种思维不需要语言的参加，比如掌管音乐、美术、立体感觉等。临床上严重“中风”的病人，若病变发生在左脑，则往往会造成失语症，出现部分或完全丧失语言能力，病人往往不能用语言表达自己的思想，但有意识，能够理解别人说的话。

（3）大脑髓质：位于大脑皮质深面，由大量纤维束组成。可分为以下三类：

1）联络纤维：是联系同侧大脑半球回与回、叶与叶之间的纤维，有长短之分。

内　囊

2）连合纤维：是连接左、右大脑半球的横行纤维，包括胼胝体等结构。

3）投射纤维：是联系大脑皮质和皮质下各中枢的上、下行纤维束，这些纤维大部分经过内囊。

内囊（internal capsule）是位于背侧丘脑、尾状核与豆状核之间的上、下行纤维束。在大脑水平切面上，左、右内囊略呈“>　<”形，分内囊前肢、内囊膝和内囊后肢三部分。其中内囊前肢位于豆状核与尾状核之间；内囊后肢位于豆状核与背侧丘脑之间，主要有皮质脊髓束、丘脑中央辐射、视辐射（传导视觉冲动）、听辐射（传导听觉冲动）等通过；内囊膝在内囊前、后肢相交处，有皮质核束通过，内囊是大脑皮质与下级中枢联系的“交通要道”（图 10–20，图 10–21）。

当一侧内囊受损，可导致：①对侧肢体偏瘫，包括对侧舌瘫及睑裂以下面瘫；②对侧偏身感觉障碍；③若损伤视辐射，可出现双眼对侧半视野偏盲。临床上合称三偏综合征。

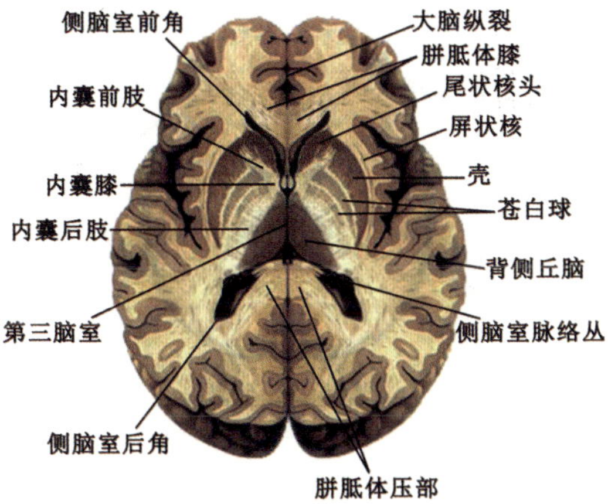

图 10-20 大脑水平切面

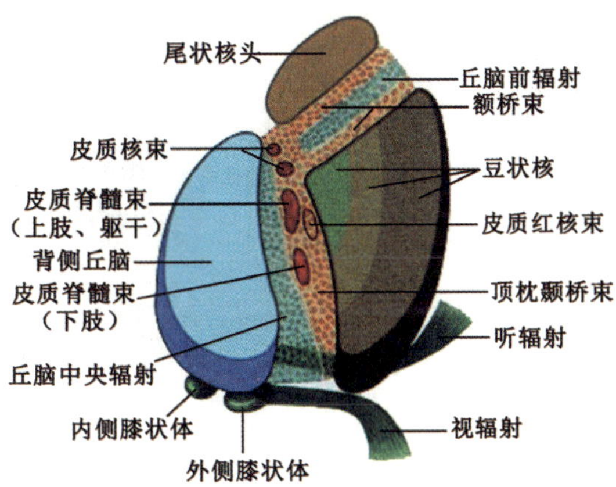

图 10-21 内囊示意图

三、脑和脊髓的被膜

脑和脊髓的表面包有三层被膜，由外向内依次是硬膜、蛛网膜和软膜。它们对脑和脊髓有保护和支持作用。

（一）硬膜

1. 硬脊膜 为厚而坚硬的致密结缔组织膜，呈管状包绕脊髓和脊神经根（图 10–22）。硬脊膜上端附于枕骨大孔边缘，并与硬脑膜相续，下端附于尾骨。硬脊膜与椎管内面的骨膜之间有狭窄腔隙，称硬膜外隙。其内含有脊神经根、淋巴管、椎内静脉丛、疏松结缔组织和脂肪，并略呈负压。临床上进行硬膜外麻醉就是将药物注入此隙，以阻断脊神经根的传导。

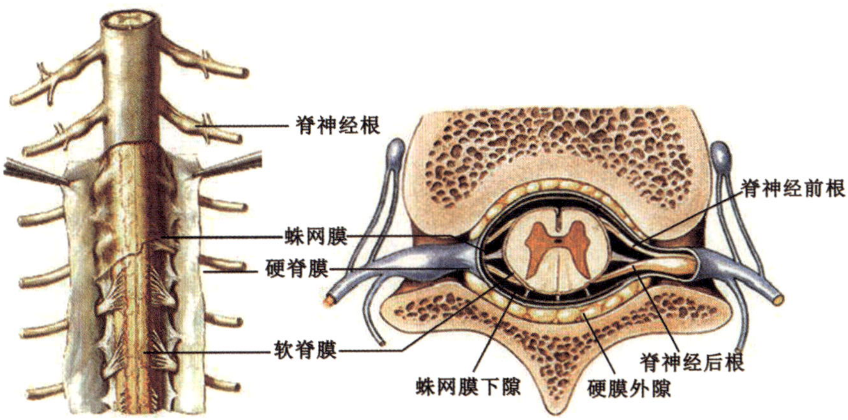

图 10–22 脊髓的被膜

2. 硬脑膜 由两层构成，坚韧而有光泽，两层之间有血管和神经走行。硬脑膜在颅顶与颅骨结合疏松，颅顶骨折易导致硬脑膜血管破裂，使硬脑膜与颅骨之间形成硬膜外血肿；但在颅底部，硬脑膜则与颅骨结合紧密，故颅底骨折时，易将硬脑膜连同蛛网膜撕裂，使脑脊液外漏。

硬脑膜内层向内折叠形成板状间隔，伸入脑的各部裂隙间，起固定和承托脑的作用（图 10–23），主要有伸入大脑纵裂内的大脑镰和伸入大脑横裂内的小脑幕。小脑幕前缘游离，称为小脑幕切迹。

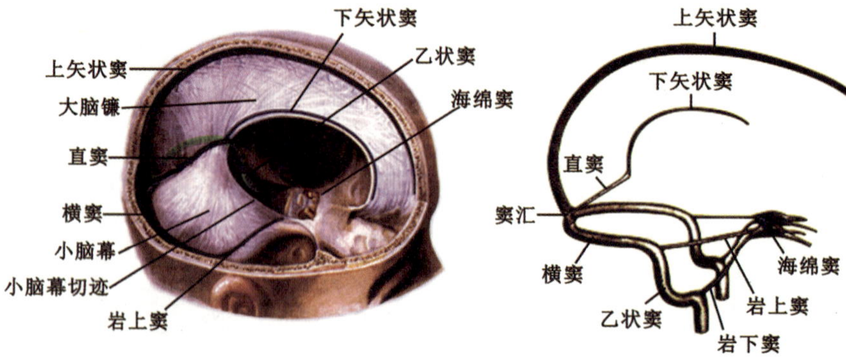

图 10-23　硬脑膜及硬脑膜窦

硬脑膜在某些部位内外两层分开，内衬内皮细胞，形成特殊的颅内静脉管道，称硬脑膜窦。较大的窦有上矢状窦、横窦、乙状窦和海绵窦等。硬脑膜窦收集颅内静脉血，并与颅外静脉相通，故头面部的感染有可能经静脉蔓延到硬脑膜窦，引起颅内感染。

（二）蛛网膜

蛛网膜位于硬脊膜和硬脑膜的深面，为缺乏血管和神经的半透明薄膜。蛛网膜与软膜之间的腔隙，称蛛网膜下隙，里面充满脑脊液。蛛网膜下隙在某些部位扩大形成蛛网膜下池，重要的有位于延髓背面的小脑延髓池、位于脊髓圆锥与马尾周围的终池（图 10–29）。

脑蛛网膜在上矢状窦两侧形成许多颗粒状突起，突入上矢状窦内，称蛛网膜粒。脑脊液通过蛛网膜粒渗入上矢状窦，这是脑脊液回流静脉的重要途径。

（三）软膜

软膜很薄，富含血管和神经，紧贴脑和脊髓的表面，并伸入脑和脊髓的沟、裂中。按位置软膜分为软脑膜和软脊膜。在脑室的某些部位，软脑膜及其所含的血管与室管膜上皮共同突入脑室，形成脉络丛。脉络丛是产生脑脊液的主要结构。

四、脑和脊髓的血管

（一）脑的血管

1. 脑的动脉　脑的血液供应来源于颈内动脉和椎动脉。颈内动脉主要分布于大脑半球前 2/3 和部分间脑，椎动脉主要分布于大脑半球后 1/3、部分间脑、脑干和小脑。颈内动脉和椎动脉都发出皮质支和中央支，皮质支营养皮质和浅层髓质，中央支营养间脑、基底核和内囊等（图 10–24）。

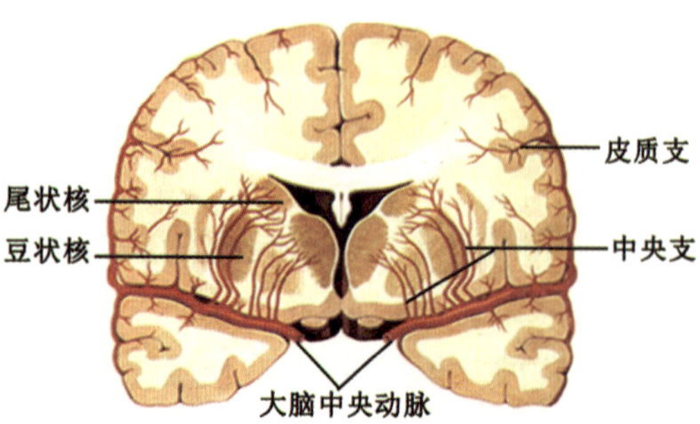

图 10–24　大脑半球内部动脉供应模式图

（1）颈内动脉：起自颈总动脉，向上经颈动脉管入颅腔后，陆续发出分支，营养脑和眼球等。主要分支有：

1）大脑前动脉：发出后行向前内，进入大脑纵裂，沿胼胝体的背面后行。其皮质支营养顶枕沟以前的大部分皮质，中央支营养基底核前部和内囊前肢（图 10–25）。两侧大脑前动脉在进入大脑纵裂处，有前交通动脉相连。

2）大脑中动脉：是颈内动脉的直接延续，沿外侧沟向后上走行。皮质支营养大脑半球背外侧面的大部分皮质和岛叶（图 10–26），中央支（又称豆纹动脉）有数条，垂直向上进入脑实质，营养基底核后部、内囊膝和内囊后肢。动脉硬化或高血压的病人，豆纹动脉易破裂而导致脑出血，故有“出血动脉”之称。

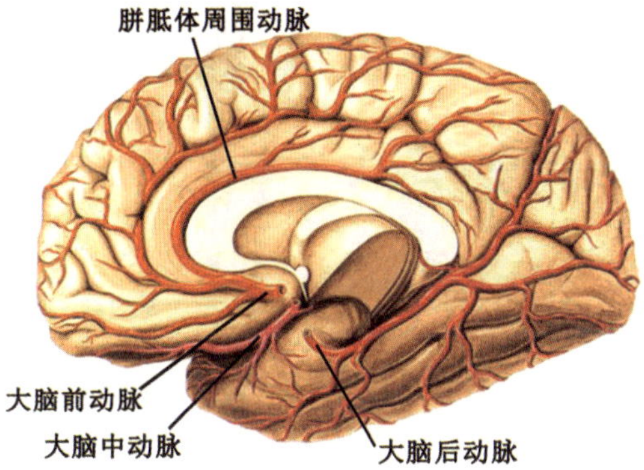

图 10–25 大脑半球内侧面的动脉

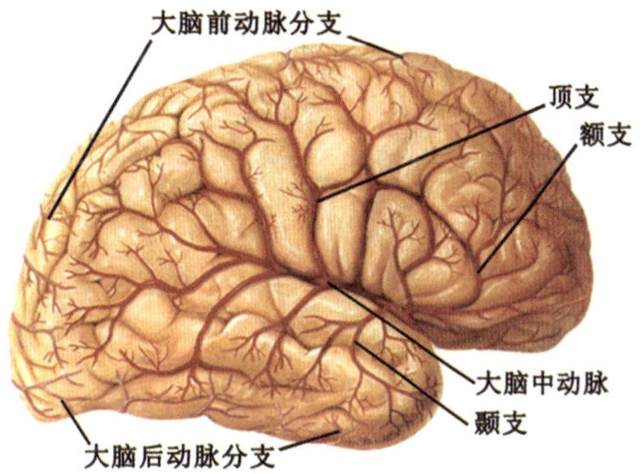

图 10–26 大脑半球背外侧面的动脉

3）后交通动脉：发出后在视束下方后行，与大脑后动脉吻合，是颈内动脉与椎动脉之间的重要吻合支。

（2）椎动脉：起自锁骨下动脉，经枕骨大孔入颅后，在脑桥基底部，左、右椎动脉合并成一条基底动脉，最后至脑桥上缘处分为两条大脑后动脉（图 10–27）。椎动脉和基底动脉发出分支营养脑和脊髓的相应部位。

（3）大脑动脉环（Willis 环）：由大脑前动脉、前交通动脉、颈内动脉、大脑后动脉和后交通动脉在脑底部环绕视交叉、灰结节及乳头体吻合而成（图 10–27）。此环将两侧颈内动脉和椎动脉相互沟通，以调节脑的血液供应。

2. 脑的静脉 无瓣膜，不与动脉伴行，主要收集脑和眼的静脉血，最终汇入颈内静脉。

（二）脊髓的血管

1. 脊髓的动脉 包括从椎动脉发出的脊髓前、后动脉和来自肋间后动脉、腰动脉等发出的节段性动脉。

2. 脊髓的静脉 较脊髓动脉多而粗，收集脊髓内的小静脉后汇合成脊髓前、后静脉，最后注入硬膜外隙内的静脉丛。

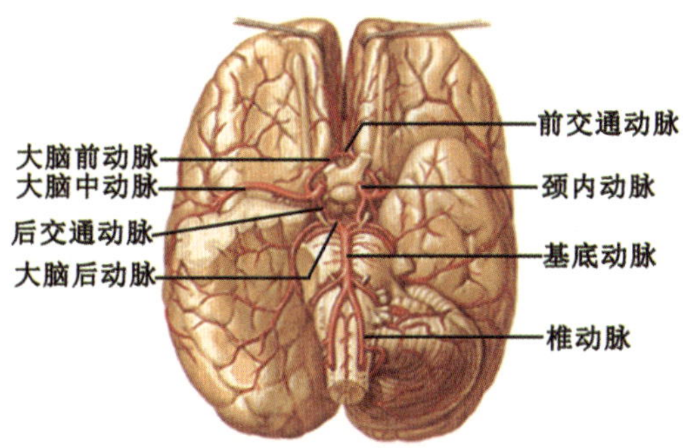

图 10–27 脑底面的动脉

五、脑脊液及其循环

（一）脑室

1. 侧脑室 位于大脑半球内，左右各一，经室间孔与第三脑室相通（图 10–28）。

2. 第三脑室 位于两背侧丘脑和下丘脑之间的矢

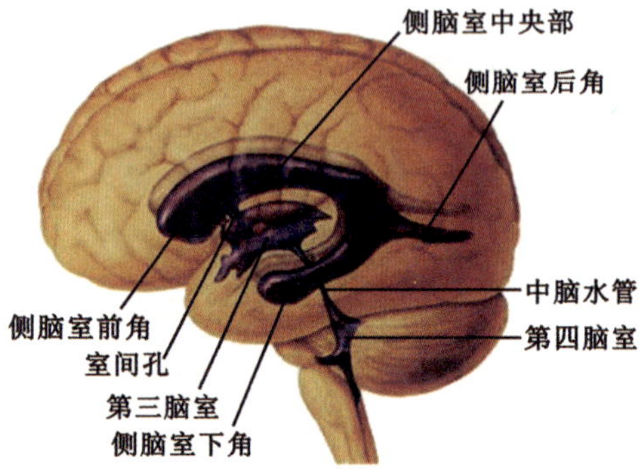

图 10-28　脑室投影图

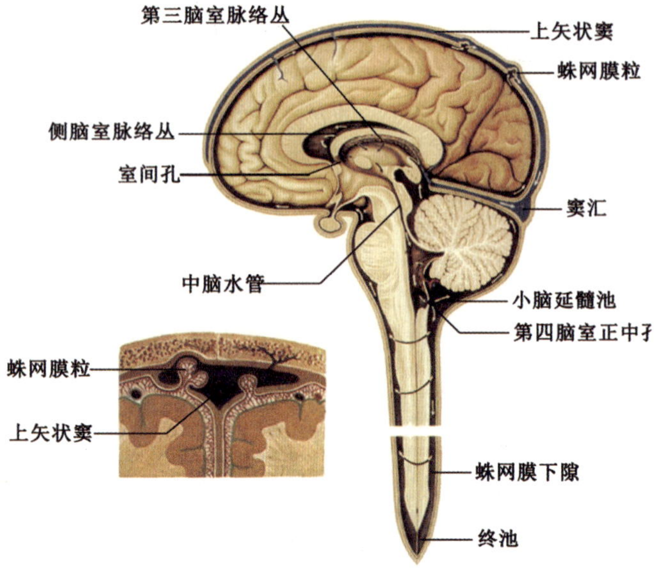

图 10-29　脑脊液循环示意图

状裂隙。其前部借左、右室间孔与端脑内的侧脑室相通，后方借中脑水管与第四脑室相通。

3. 第四脑室　位于延髓、脑桥和小脑之间的室腔。底即菱形窝，顶朝向小脑；向下通脊髓中央管，向上通中脑水管，并借一个正中孔和两个外侧孔与蛛网膜下隙相通。

（二）脑脊液及其循环途径

脑脊液是各脑室脉络丛产生的无色透明液体，充满脑室、蛛网膜下隙和脊髓中央管。成人总量平均约 150ml。脑脊液对脑和脊髓有营养作用，并运走代谢产物；可减少外力冲击，缓冲震荡，保护脑和脊髓；能调节颅内压。脑脊液处于不断产生和回流的相对平衡状态，其循环途径可简示如下（图 10-29）：

左右侧脑室 —室间孔→ 第三脑室 —中脑水管→ 第四脑室 —正中孔、两个外侧孔→ 蛛网膜下隙 ⟶ 蛛网膜粒 ⟶ 上矢状窦 ⟶ 颈内静脉

相关链接

腰椎穿刺

神经系统疾病如脑膜炎、脊髓肿瘤，需行腰椎穿刺抽取脑脊液或注入药物治疗。腰椎穿刺部位通常选在脊髓下端以下的第 3、4 或第 4、5 腰椎棘突间隙，此处不易损伤脊髓。两侧髂嵴最高点连线经过第 4 腰椎棘突，可以此作为定位标志。穿刺过程同腰麻，当针进入蛛网膜下隙时。拔出针芯，可见脑脊液流出。

六、血脑屏障

在中枢神经系统内，毛细血管内的血液与脑组织细胞之间存在着具有选择通透性作用的结构，称血脑屏障。其结构基础是：脑毛细血管内皮及其紧密连接、毛细血管基膜以及神经胶质细胞的突起形成的胶质膜等（图 10–30）。血脑屏障可以阻止血液中的有害物质进入脑组织，但营养物质和代谢产物可顺利通过，以维持神经系统内环境的相对稳定。

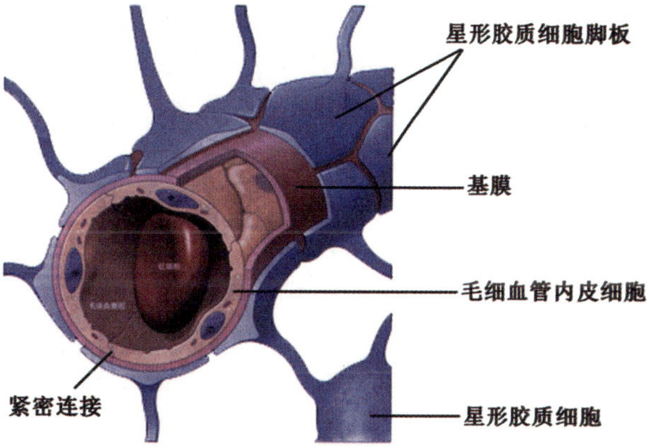

图 10–30 血脑屏障模式图

项目三 周围神经系统

问题引入

1. 脊神经在人体的分布有规律可循吗？
2. 肱骨上、中、下段骨折分别易伤及何神经？为什么？
3. 你知道人体最粗大的神经是哪一条吗？
4. 为什么很多疾病会有眼睛的异常表现？
5. 当颈髓横断的时候，胸腹腔内的器官会停止活动吗？为什么？

一、脊神经

脊神经（spinal nerves）连于脊髓，共 31 对，包括颈神经 8 对、胸神经 12 对、腰神经 5 对、骶神经 5 对、尾神经 1 对。

每对脊神经均由运动性的前根和感觉性的后根在椎间孔处汇合而成，除含有躯体运动纤维和躯体感觉纤维外，还含有内脏运动纤维和内脏感觉纤维，故脊神经是混合性神经（图 10–31）。

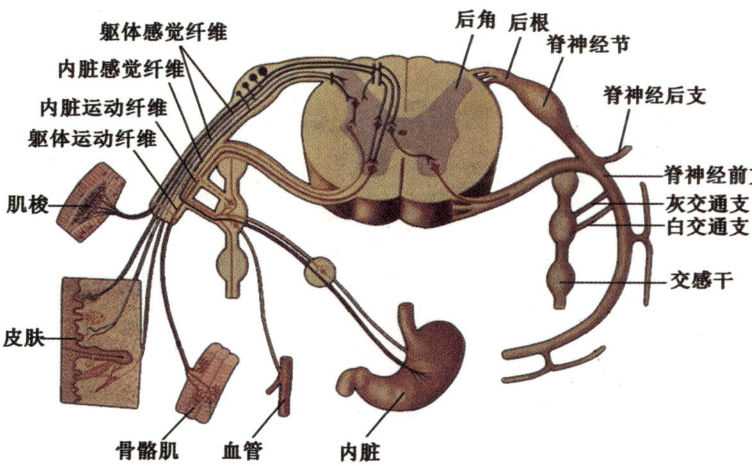

图 10–31 脊神经的组成及其分布示意图

脊神经出椎间孔后立即分

为前后两支。后支细小，分布于躯干背侧的深层肌和皮肤；前支粗大，主要分布于躯干前外侧和四肢的肌、关节和皮肤等处。除胸神经前支外，其余均分别交织成神经丛，再由丛发出分支分布于相应区域。脊神经丛有颈丛、臂丛、腰丛和骶丛。

（一）颈丛

颈丛由第 1 ~ 4 颈神经前支组成，位于胸锁乳突肌上部的深面。其主要分支有：

1. 皮支 自胸锁乳突肌后缘中点穿出，呈放射状分布于枕部、颈部、肩部及胸上部的皮肤（图 10–32）。做颈部表浅手术时，常在胸锁乳突肌后缘中点做局部阻滞麻醉。

2. 膈神经 是颈丛最重要的分支（图 10–33）。经由胸廓上口入胸腔，下行至膈，其运动纤维支配膈。感觉纤维主要分布于心包、胸膜及膈下面的腹膜，右膈神经的感觉纤维还分布于肝、胆囊和胆道。膈神经受刺激时可产生呃逆，损伤后可导致膈肌瘫痪、腹式呼吸减弱或消失。

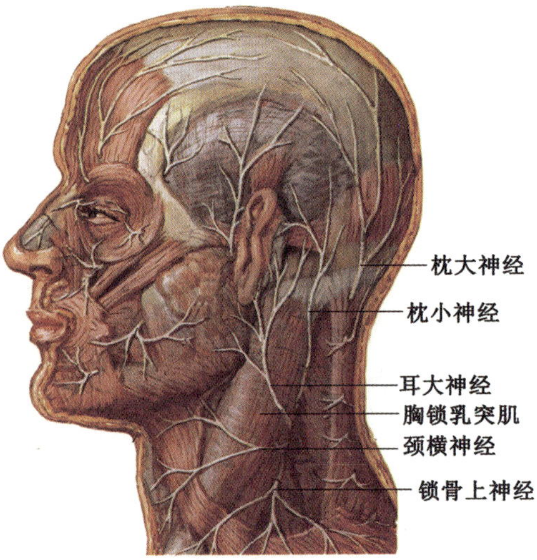

图 10–32 颈丛皮支

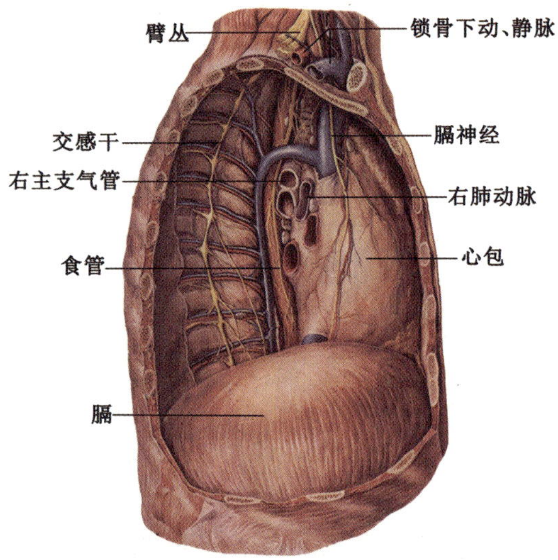

图 10–33 膈神经

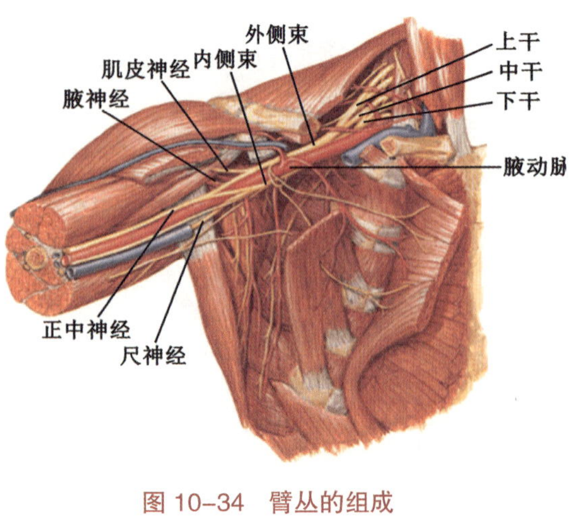

图 10–34 臂丛的组成

（二）臂丛

臂丛由第 5 ~ 8 颈神经前支和第 1 胸神经前支的大部分纤维组成，先自斜角肌间隙穿出，经锁骨中点后方进入腋窝，围绕在腋动脉周围（图 10–34）。臂丛在锁骨中点后方比较集中，位置较浅。上肢手术时，锁骨中点是作为臂丛阻滞麻醉的定位标志。臂丛的主要分支有：

1. 肌皮神经 肌支支配臂肌前群（如肱二头肌），皮支分布于前臂外侧皮肤（图 10–35）。

2. 正中神经 沿肱二头肌内侧缘伴肱动脉下行至肘窝，于前臂前群浅、深层肌之间下行，经腕入手掌（图 10–35）。其肌支支配前臂前群桡

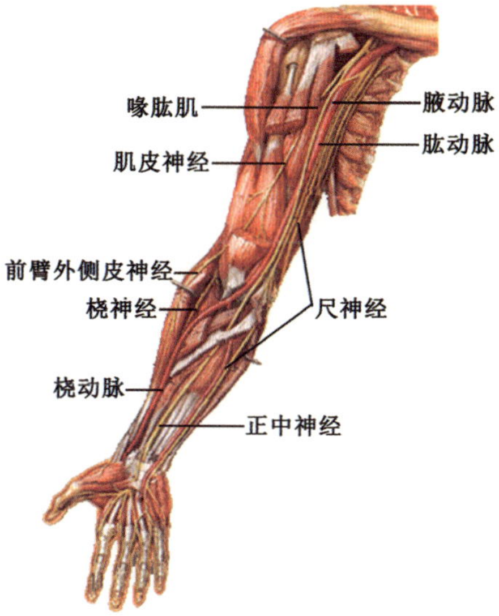

图 10-35　肌皮神经、正中神经和尺神经

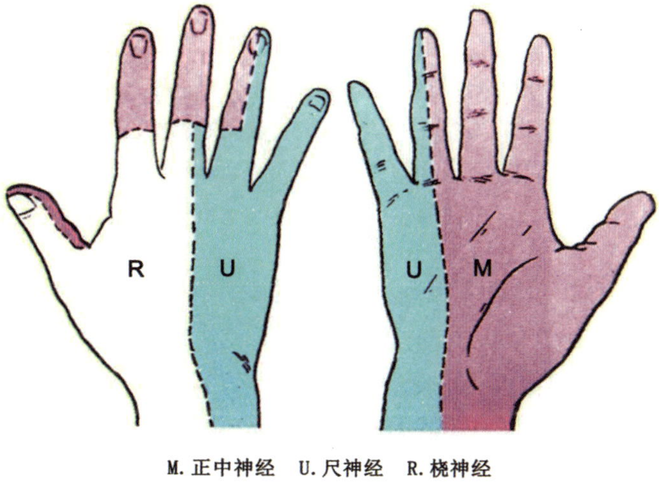

图 10-36　手皮肤的神经分布示意图

侧大部分的肌、手肌外侧群和中间群的部分；皮支分布于掌心、鱼际、桡侧三个半指掌面的皮肤（图 10-36）。正中神经损伤见表 10-2。

3. 尺神经　伴随肱动脉下行，在臂中部转向后下，经尺神经沟进入前臂，沿尺动脉内侧下行至腕部。其肌支支配前臂前群尺侧小部分肌及部分手肌，皮支分布于手掌尺侧一个半指及相应手掌皮肤、手背尺侧两个半指及相应的手背皮肤。尺神经损伤症状见表 10-2。

4. 桡神经　沿桡神经沟向外下行，经前臂背侧浅、深肌群之间下行至手（图 10-37）。肌支支配臂肌后群及前臂肌后群和肱桡肌，皮支分布于臂和前臂背面、手背桡侧两个半指及相应的手背皮肤。桡神经损伤症状见表 10-2。

5. 腋神经　绕肱骨外科颈的后方至三角肌深面。肌支支配三角肌，皮支分布于肩部和臂上

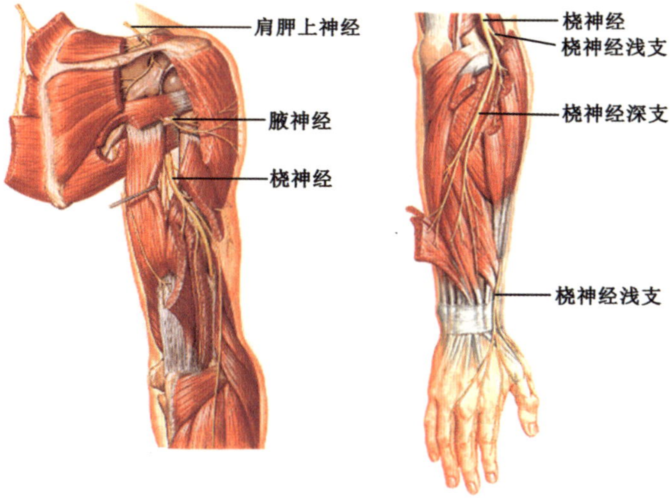

图 10-37　桡神经和腋神经

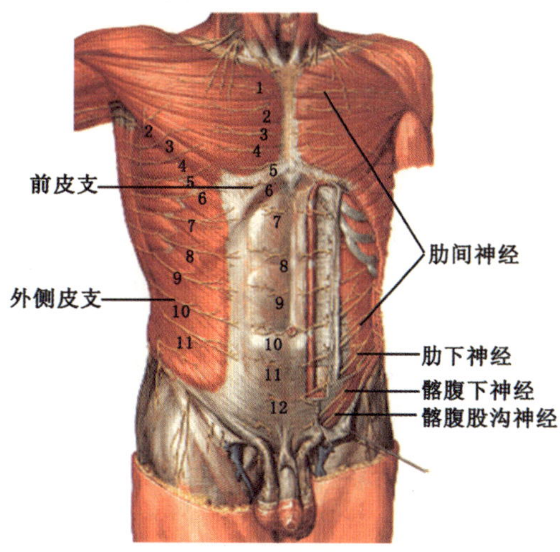

图 10-38　躯干皮神经的节段性分布

1/3 外侧部皮肤。腋神经损伤症状见表 10–2。

（三）胸神经前支

胸神经前支共 12 对。第 1 ～ 11 对各自行于相应肋间隙中，称肋间神经；第 12 对行于第 12 肋下方，称肋下神经。肋间神经和肋下神经的肌支支配肋间肌和腹前外侧肌群；皮支分布于胸、腹壁皮肤及胸、腹膜的壁层，且分布有明显的节段性（图 10–38）。其分布规律是：T_2 相当于胸骨角平面，T_4 相当于乳头平面，T_6 相当于剑突平面，T_8 相当于肋弓平面，T_{10} 相当于脐平面，T_{12} 相当于脐与耻骨联合上缘连线中点平面。了解上述分布，有助于脊髓疾病的定位诊断。

（四）腰丛

腰丛由第 12 胸神经前支一部分、第 1 ～ 3 腰神经前支及第 4 腰神经前支的一部分组成，位于腹后壁腰大肌深面（图 10–39）。其主要分支有：

1. 股神经 经腹股沟韧带深面，股动脉外侧进入股三角。肌支支配股四头肌、缝匠肌等；皮支除分布于大腿前面的皮肤外，还有一长支，称隐神经，伴随大隐静脉下行，分布于小腿内侧面和足内侧缘的皮肤（图 10–40）。股神经损伤症状见表 10–2。

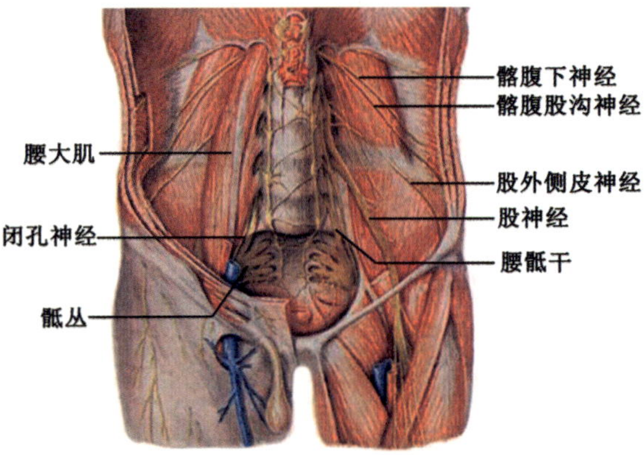

图 10–39 腰丛和骶丛

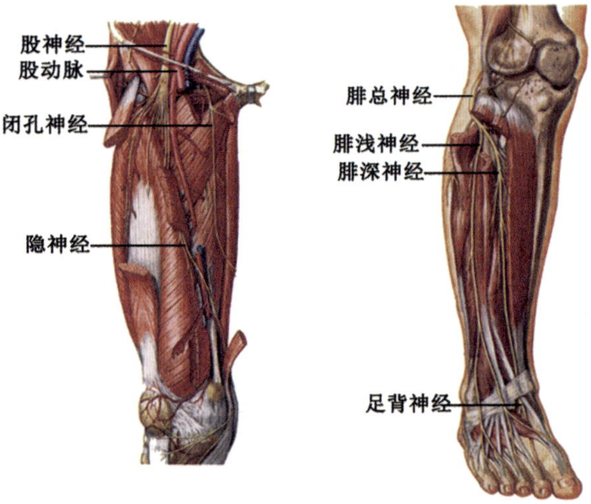

图 10–40 下肢前面的神经

2. 闭孔神经 穿闭孔出盆腔，分布于大腿内侧肌群、大腿内侧面皮肤和髋关节（图 10–40）。

（五）骶丛

骶丛由第 4 腰神经前支一部分和第 5 腰神经前支合成的腰骶干及全部骶、尾神经前支组成。位于盆腔内，骶骨和梨状肌的前面，是全身最大的脊神经丛（图 10–39）。其主要分支有（图 10–41）：

1. 臀上神经 伴臀上血管经梨状肌上孔出盆腔，支配臀中肌和臀小肌。

2. 臀下神经 伴臀下血管经梨状肌下孔出盆腔，支配臀大肌。

3. 阴部神经 经梨状肌下孔出盆腔，绕过坐骨棘经坐骨小孔进入坐骨直肠窝。其分支分布于会阴部、外生殖器和肛门周围肌肉与皮肤。

4. 坐骨神经 为全身最粗、最长的神经，经梨状肌下孔出盆腔后，在臀大肌深面，经坐骨

表 10-2 脊神经主要分支的损伤部位和损伤后的症状

脊神经的分支	（易）损伤部位	损伤后的症状	图例
腋神经	肱骨外科颈骨折	三角肌瘫痪，臂（肩关节）不能外展	
正中神经	臂部 主干	前臂不能旋前、屈腕能力减弱、拇指不能对掌等运动障碍，且相应皮肤区出现感觉障碍；鱼际萎缩，手掌变得平坦，形成“猿手”	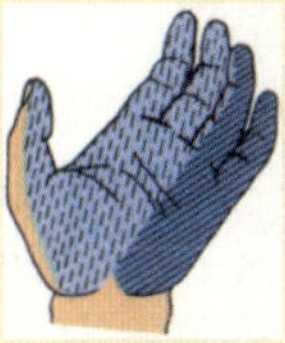 猿手
尺神经	尺神经沟处	屈腕能力减弱，拇指不能内收；第 4、5 指的掌指关节过伸而指骨间关节弯曲，形成“爪形手”；相应皮肤区感觉丧失	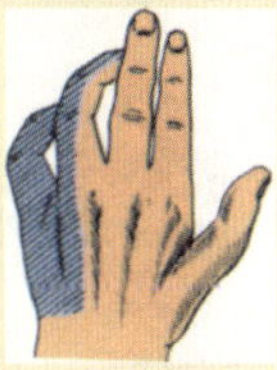 爪形手
桡神经	肱骨中段骨折 臂中段受压	不能伸腕和伸指；拇指不能外展、前臂旋后作用减弱等运动障碍；由于前臂伸肌瘫痪，抬前臂时出现“垂腕”症；前臂背侧皮肤及手背桡侧半皮肤感觉迟钝	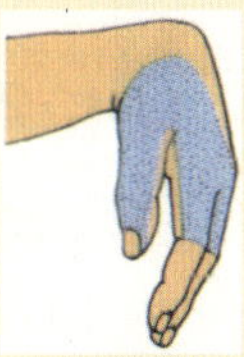 垂腕
胸神经前支	肋	相应分布平面的肋间肌、腹肌瘫痪，且皮肤区感觉障碍	
股神经		屈髋无力，不能伸小腿（伸膝关节），行走困难，股四头肌萎缩，髌反射消失；大腿前面、小腿内侧和足内侧缘感觉障碍	
胫神经		小腿肌后群收缩无力，足不能跖屈和内翻，足呈背屈和外翻位，称“钩状足”畸形；小腿后部和足底感觉障碍	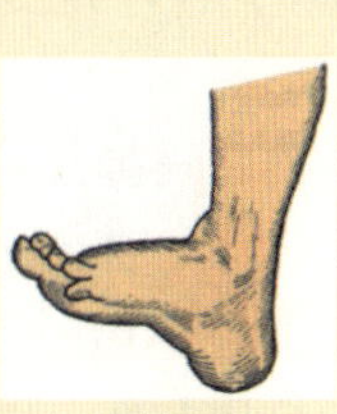 钩状足
腓总神经	腓骨颈处	小腿肌前群和外侧群收缩无力，足不能背屈和外翻，致足下垂和内翻，行走时呈“跨越步态”，称“内翻马蹄足”；小腿外侧和足背皮肤感觉障碍	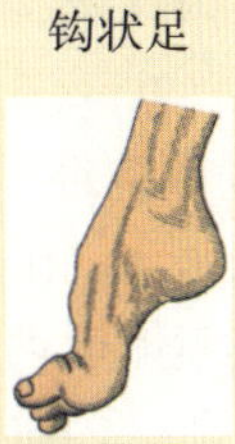 内翻马蹄足

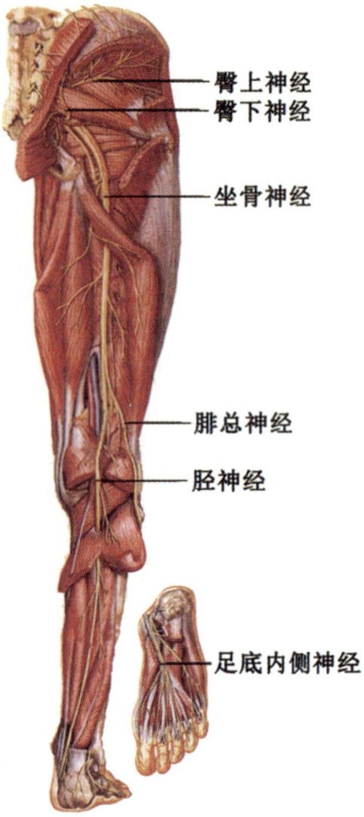

图 10-41　胫神经和腓总神经

结节与大转子连线的中点下行至大腿后面，于股二头肌深面下行达腘窝，一般在腘窝上角处分为胫神经和腓总神经。坐骨神经在下行途中发出分支分布于髋关节和大腿后群肌。

（1）胫神经：为坐骨神经本干的延续，沿小腿三头肌深面伴胫后动脉下行，经内踝后方进入足底，分为足底内侧神经和足底外侧神经。肌支支配小腿后群肌和足底肌，皮支分布于小腿后面和足底的皮肤。胫神经损伤症状见表 10-2。

（2）腓总神经：沿腘窝外侧缘下行，绕至腓骨颈外下方，分为腓浅神经和腓深神经。其中腓浅神经在腓骨长、短肌之间下行，肌支支配小腿外侧肌群，皮支分布于小腿外侧面、足背及第 2 ~ 5 趾背面的皮肤。腓深神经伴胫前动脉下行达足背，分布于小腿前群肌、足背肌和第 1 ~ 2 趾相对缘的趾背皮肤。腓总神经损伤症状见表 10-2。

二、脑神经

脑神经（cranial nerves）共 12 对，其顺序（国际上惯用罗马数字表示）和名称为：Ⅰ嗅神经、Ⅱ视神经、Ⅲ动眼神经、Ⅳ滑车神经、Ⅴ三叉神经、Ⅵ展神经、Ⅶ面神经、Ⅷ前庭蜗神经、Ⅸ舌咽神经、Ⅹ迷走神经、Ⅺ副神经、Ⅻ舌下神经（图 10-42）。

脑神经也有躯体感觉、内脏感觉、躯体运动和内脏运动四种纤维成分，但每对脑神经所含的纤维成分不尽相同。根据所含的纤维性质，12 对脑神经可分为三类：①感觉性脑神经（Ⅰ、Ⅱ、Ⅷ）；②运动性脑神经（Ⅲ、Ⅳ、Ⅵ、Ⅺ、Ⅻ）；③混合性脑神经（Ⅴ、Ⅶ、Ⅸ、Ⅹ）。

（一）感觉性脑神经

1. 嗅神经　始于鼻腔嗅区黏膜的嗅细胞，向上穿筛孔进入颅腔，终止于大脑半球下面的嗅球，传导嗅觉。

2. 视神经　始于眼球的视网膜，向后经视神经管入颅腔，再经视交叉、视束连于外侧膝状体，传导视觉。

3. 前庭蜗神经　连于脑桥，由前庭神经和蜗神经组成。前庭神经分布于内耳的椭圆囊斑、球囊斑和壶腹嵴，传导头部位置觉（平衡觉）；蜗神经分布于内耳螺旋器，传导听觉。

（二）运动性脑神经

1. 动眼神经　由中脑发出，向前穿海绵窦，经眶上裂入眶。动眼神经含躯体运动和内脏运动两种纤维。其躯体运动纤维支配除上斜肌和外直肌以外的眼球外肌，内脏运动纤维（副交感纤维）支配瞳

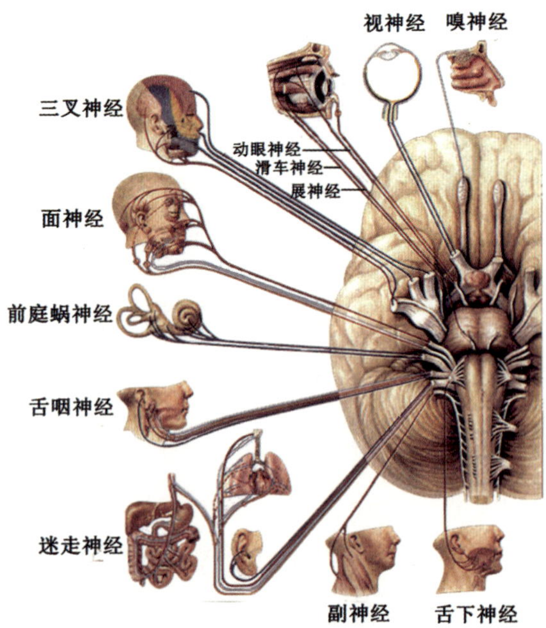

图 10-42　脑神经概况

孔括约肌和睫状肌（图 10–43）。

一侧动眼神经损伤，出现上睑下垂，眼外斜视，瞳孔散大，对光反射消失。

2. 滑车神经　由中脑发出，向前穿海绵窦，经眶上裂入眶，支配上斜肌（图 10–43）。

3. 展神经　由脑桥发出，穿海绵窦后经眶上裂入眶，支配外直肌（图 10–43）。

4. 副神经　由延髓发出，经颈静脉孔出颅，支配胸锁乳突肌和斜方肌。

5. 舌下神经　由延髓发出，经舌下神经管出颅，支配舌肌。一侧舌下神经损伤，伤侧舌肌瘫痪。伸舌时，因患侧颏舌肌瘫痪，健侧颏舌肌的伸舌力量大于患侧，故舌尖偏向患侧。

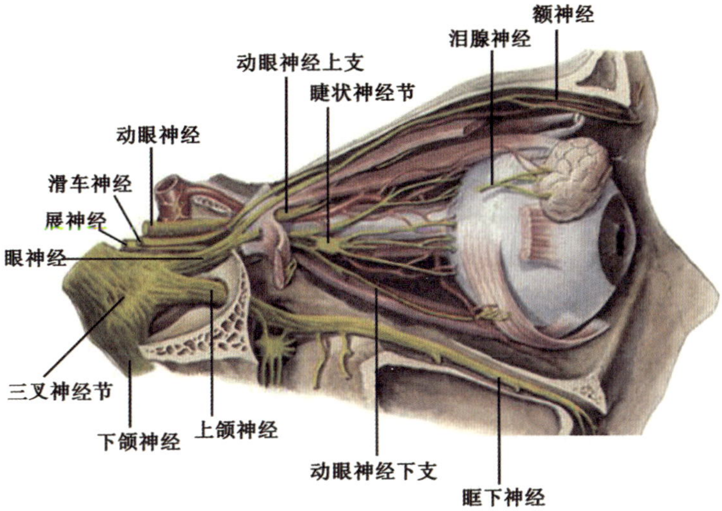

图 10–43　眶内神经外侧面观

（三）混合性脑神经

1. 三叉神经　连于脑桥，含躯体感觉和躯体运动两种纤维，组成粗大的感觉根和细小的运动根。感觉根上有膨大的三叉神经节（内含感觉神经元胞体），三叉神经节发出眼神经、上颌神经和下颌神经三大分支（图 10–44）。

（1）眼神经：为感觉神经。经眶上裂入眶，分布于眼球、泪腺、结膜、部分鼻黏膜以及鼻背和睑裂以上的皮肤（图 10–44）。其中一支经眶上孔（眶上切迹）出眶，分布于额部的皮肤，称眶上神经。压眶反射即压迫此神经。

（2）上颌神经：为感觉神经。经圆孔出颅腔，再穿眶下裂入眶，最终延续为眶下神经。分布于上颌窦、鼻腔和口腔顶黏膜、上颌牙和牙龈以及睑裂与口裂之间的皮肤（图 10–44）。

（3）下颌神经：为混合神经。经卵圆孔出颅腔。其运动纤维支配咀嚼肌；感觉纤维分布于下颌牙、牙龈、口腔底、舌前 2/3 黏膜以及颞部和口裂以下的皮肤（图 10–44）。

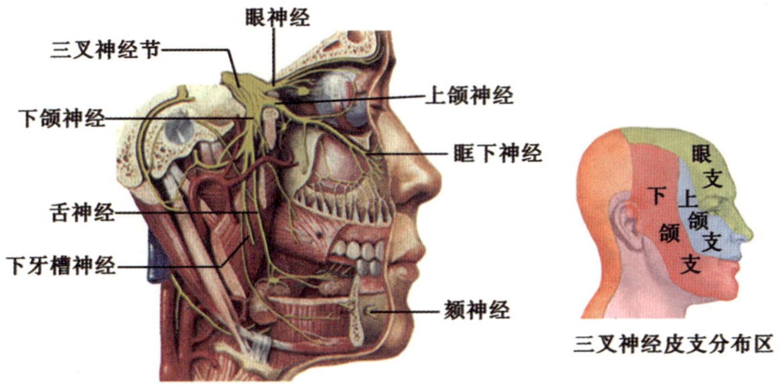

图 10–44　三叉神经

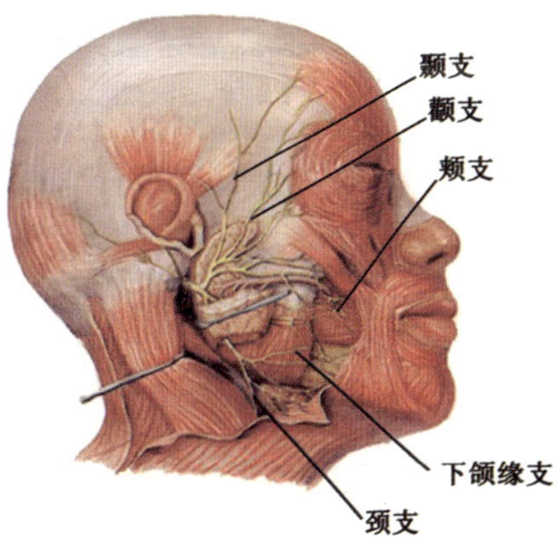

图 10–45　面神经（躯体运动纤维）

一侧三叉神经损伤，患侧面部皮肤及口、鼻腔黏膜感觉消失，角膜反射消失；由于咀嚼肌瘫痪，患侧咬合无力，张口时下颌偏向患侧。

2. 面神经 连于脑桥，含躯体运动、内脏运动、内脏感觉三种纤维。面神经出脑后经内耳门入面神经管，穿茎乳孔出颅，向前穿腮腺实质达面部（图 10–45）。其躯体运动纤维支配面肌，内脏感觉纤维分布于舌前 2/3 味蕾，内脏运动纤维支配泪腺、舌下腺和下颌下腺的分泌。

3. 舌咽神经 连于延髓，经颈静脉孔出颅腔。含有四种纤维成分：躯体运动纤维支配咽肌；内脏运动纤维管理腮腺的分泌；内脏感觉纤维和躯体感觉纤维分布于咽与舌后 1/3 的黏膜，传导一般感觉和味觉；由内脏感觉纤维组成的颈动脉窦支，分布于颈动脉窦和颈动脉小球，参与血压和呼吸的反射性调节。

4. 迷走神经 连于延髓，经颈静脉孔出颅腔，随食管穿膈达腹腔。迷走神经是行程最长、分布范围最广的脑神经。含四种纤维成分：内脏运动纤维（副交感纤维）和内脏感觉纤维分布于颈、胸和腹部的多种脏器，如呼吸道、心、肺、肝、脾、胰、肾、胃、结肠左曲以上肠管，管理这些脏器的运动和感觉；躯体感觉纤维分布于耳郭、外耳道的皮肤和硬脑膜；躯体运动纤维支配软腭肌、咽喉肌（图 10–46）。

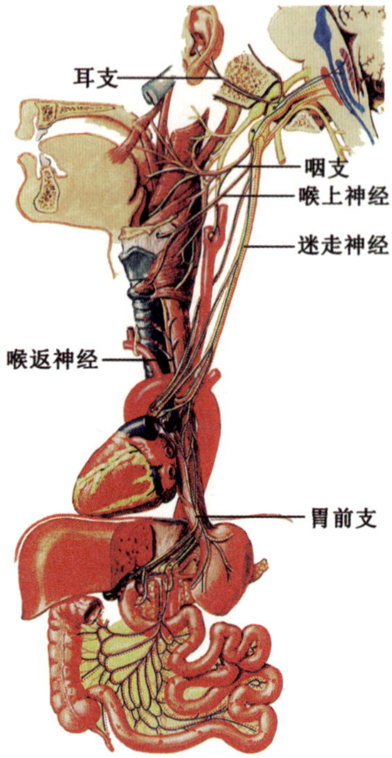

图 10–46 迷走神经

相关链接

面神经损伤

面神经损伤是临床常见病。但损伤部位不同，临床表现可不一样。若在颅外损伤面神经，表现为同侧面肌瘫痪，病人的主要表现有：患侧额纹消失、眼睑不能闭合，鼻唇沟变浅，口角偏向健侧，不能鼓腮、吹口哨。若损伤在面神经管内，则除上述表现外，还伴有患侧舌前 2/3 味觉障碍，泪腺、舌下腺及下颌下腺分泌障碍等现象。

迷走神经在颈、胸部的主要分支有：

（1）喉上神经：在颈内动脉内侧下行，约在舌骨大角处分为内、外支。内支分布于会厌、舌根及声门裂以上的喉黏膜，外支支配环甲肌。

（2）颈心支：与交感神经一起构成心丛，分布于心。

（3）喉返神经：左、右喉返神经返回的位置不同。左喉返神经绕主动脉弓；右喉返神经绕右锁骨下动脉，返回至颈部。在颈部，两侧的喉返神经均沿气管与食管之间的沟内上行，分支分布于除环甲肌以外的所有喉肌和声门裂以下的喉黏膜。

12 对脑神经的性质、分布范围及损伤后的主要表现见表 10–3。

表 10-3 脑神经的顺序、名称、性质、分布及损伤后的主要表现

顺序和名称	性质	分布	损伤后的主要表现
Ⅰ嗅神经	感觉性	鼻腔嗅黏膜	嗅觉障碍
Ⅱ视神经	感觉性	眼球视网膜	视觉障碍
Ⅲ动眼神经	运动性	上、下、内直肌，下斜肌、上睑提肌 瞳孔括约肌、睫状肌	眼外下斜视，上睑下垂，对光反射消失
Ⅳ滑车神经	运动性	上斜肌	眼不能外下斜视
Ⅴ三叉神经	混合性	头面部皮肤，眼球及眶内结构，口腔、鼻腔黏膜，舌前 2/3 黏膜，牙及牙龈，咀嚼肌	头面部感觉障碍，角膜反射消失，咀嚼肌瘫痪
Ⅵ展神经	运动性	外直肌	眼内斜视
Ⅶ面神经	混合性	面肌、颈阔肌 泪腺、下颌下腺、舌下腺 鼻腔及腭腺体、舌前 2/3 味蕾	面肌瘫痪，额纹消失，眼不能闭合 口角歪向健侧，分泌障碍，角膜干燥 舌前 2/3 味觉障碍
Ⅷ前庭蜗神经	感觉性	壶腹嵴、球囊斑和椭圆囊斑 螺旋器	眩晕，眼球震颤 听力障碍
Ⅸ舌咽神经	混合性	咽肌 腮腺 咽壁、鼓室黏膜、颈动脉窦、颈动脉小球，舌后 1/3 黏膜及味蕾	咽反射消失 分泌障碍 咽壁等感觉障碍 舌后 1/3 味觉障碍
Ⅹ迷走神经	混合性	咽喉肌 胸腹部脏器、结肠左曲以上肠管 咽喉黏膜、耳、硬脑膜	发音困难、声音嘶哑、呛咳、吞咽障碍 心动过速、内脏活动障碍
Ⅺ副神经	运动性	咽喉肌、胸锁乳突肌、斜方肌	面不能转向健侧，不能提患侧肩胛骨
Ⅻ舌下神经	运动性	舌内、外肌	舌肌瘫痪，伸舌时舌尖偏向患侧

三、内脏神经

内脏神经（visceral never）随脊神经和脑神经走行，主要分布于内脏、心血管和腺体，按性质可分为内脏运动神经和内脏感觉神经。

（一）内脏运动神经

内脏运动神经调节内脏、心血管的运动和腺体的分泌，通常不受人的意识控制，故又称自主神经或植物神经。与躯体运动神经相比，两者在形态结构、分布范围和功能上有较大的差异，见表 10-4。

表 10-4　躯体运动神经和内脏运动神经的比较

	躯体运动神经	内脏运动神经
低级中枢	脑干躯体运动核、脊髓灰质前角	脊髓灰质侧角、脑干及骶副交感核
支配对象	骨骼肌	平滑肌、心肌、腺体
低级中枢至效应器的神经元	仅一级神经元	由两级神经元构成，有节前、节后纤维之分
神经纤维特点	为有髓纤维，传导速度较快	为无髓或薄髓纤维，传导速度较慢
支配器官形式	仅以一种纤维独立支配	多数器官为交感、副交感纤维双重支配
机能特征	受意识支配	不受意识支配
分布特点	直接到达效应器	在器官附近或壁内先形成神经丛，由神经丛再发出分支支配效应器

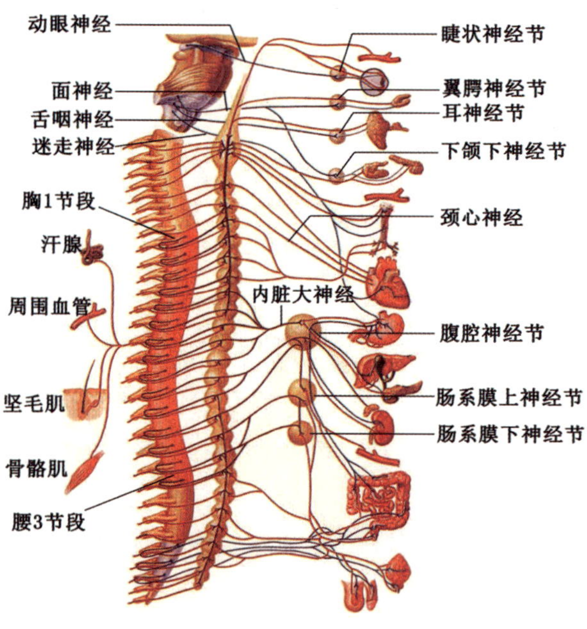

图 10-47　内脏运动神经概观

内脏运动神经（图 10-47）自低级中枢到达所支配的器官一般需经过两个神经元。第 1 个神经元称节前神经元，胞体位于脑干和脊髓内，其发出的轴突称节前纤维。第 2 个神经元称节后神经元，胞体位于周围部的内脏神经节内，其发出的轴突称节后纤维。

根据形态、功能和药理学特点，内脏运动神经分交感神经和副交感神经两部分。

1. 交感神经

低级中枢位于脊髓胸 1 至腰 3 节段的灰质侧角内，由交感神经元的胞体构成。

周围部包括交感神经节、节前纤维和节后纤维。

（1）交感神经节：按其所在位置分为：①椎旁节，对称性地位于脊柱两侧，共有 22 ~ 24 对和一个奇节，并借节间支连成左右两条交感干。②椎前节，位于脊柱前方，包括腹腔神经节、主动脉肾神经节、肠系膜上神经节及肠系膜下神经节等。

（2）节前纤维：是脊髓侧角交感神经节前神经元发出的纤维。它们随脊神经前根出椎间孔后到达相应的椎旁节或椎前节换神经元。

（3）节后纤维：是椎旁节和椎前节内的节后神经元发出的纤维，分布于内脏、心血管和腺体。具体分布见表 10-5。

表 10-5 交感神经分布概况

节前纤维的来源	神经元胞体的位置	节后纤维的分布
脊髓胸 1 ~ 5 节段的侧角	椎旁节	头颈、胸腔器官及上肢的血管、汗腺、竖毛肌
脊髓胸 5 ~ 12 节段的侧角	椎旁节或椎前节	肝、胰、脾、肾等腹腔实质器官及结肠左曲以上的消化管
脊髓腰 1 ~ 3 节段的侧角	椎旁节或椎前节	结肠左曲以下的消化管、盆腔脏器和下肢的血管、汗腺、竖毛肌

2. 副交感神经

低级中枢位于脑干的副交感神经核和脊髓第 2 ~ 4 骶髓节段的副交感核内，由副交感神经元构成。

周围部包括副交感神经节、节前纤维和节后纤维。

（1）副交感神经节：按其所在位置分：①器官旁节，位于所支配器官的附近；②器官内节，散在分布于所支配器官的壁内，数量较多。

（2）节前纤维和节后纤维：①脑干副交感神经。由脑干副交感神经核发出的节前纤维分别加入Ⅲ、Ⅶ、Ⅸ、Ⅹ对脑神经，到达副交感神经节换神经元后，节后纤维分布于所支配的器官。②骶部副交感神经。由脊髓骶部副交感神经核发出的节前纤维随骶神经出骶前孔，又组成盆内脏神经，到达副交感神经节换神经元后，发出节后纤维分布于结肠左曲以下消化管、盆腔脏器及外生殖器。

3. 交感神经与副交感神经的主要区别 交感神经和副交感神经共同支配体内大多数器官，形成对内脏器官的双重神经支配，但两者在来源、结构、分布和功能等方面又有所不同（表 10–6）。

表 10–6 交感神经与副交感神经的主要区别

	交感神经	副交感神经
低级中枢	脊髓胸 1 至腰 3 节侧角	脑干副交感核，脊髓第 2 ~ 4 骶节副交感核
神经节	椎旁节、椎前节	器官旁节、器官内节
节前、节后纤维	节前纤维短，节后纤维长	节前纤维长，节后纤维短
分布范围	广泛（全身的血管、内脏平滑肌、心肌、腺体、竖毛肌、瞳孔开大肌等）	较局限（大部分血管、肾上腺髓质、汗腺、竖毛肌等处无分布）

（二）内脏感觉神经

内脏感觉神经接受内脏的各种刺激，并将其传入至中枢。中枢可通过内脏运动神经直接调节内脏器官的活动，也可以通过神经 – 体液间接调节其活动。内脏感觉神经一般对器官的扩张、平滑肌的剧烈收缩与牵拉以及缺血、炎症等刺激敏感，但对疼痛定位不准确。有时某一脏器发生病变，常在体表一定区域发生感觉过敏或产生疼痛感觉，此现象称牵涉性痛。

相关链接

内脏痛

内脏痛是内脏受到伤害性刺激时产生的疼痛。内脏痛与皮肤痛比较具有下列特征：①缓慢、持续、定位不精确，对刺激的分辨能力差。②能使皮肤致痛的刺激（如切割、烧灼等）作用于内脏，一般不产生疼痛；而机械牵拉、缺血、痉挛和炎症等刺激作用于内脏，则能产生疼痛。③常可出现牵涉痛。

项目四 神经传导通路

问题引入

1. 为什么有的病人肢体不能运动但有感觉？而有的病人肢体能运动而没有感觉？
2. 在西班牙斗牛中，当斗牛士敲断公牛的脊髓后，公牛四肢为什么会伸直呢？

传导通路是指高级中枢与感受器或效应器之间传导神经冲动的通路。它是由若干神经元借突触连接而成的神经元链。从感受器到大脑皮质的神经传导通路称感觉（上行）传导通路，从大脑皮质到效应器的神经传导通路称运动（下行）传导通路。

一、感觉传导通路

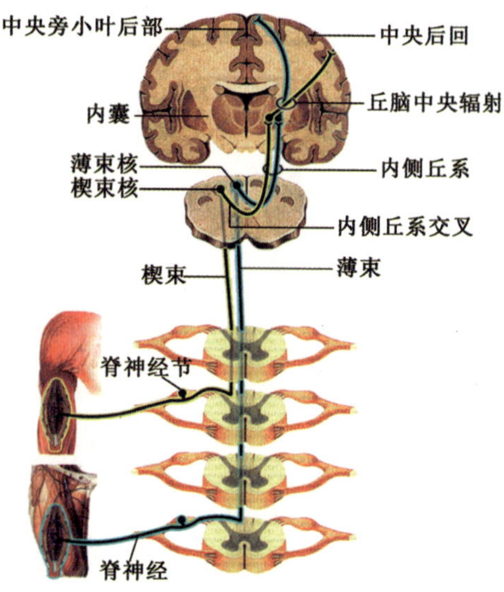

图 10–48　躯干、四肢深感觉传导通路

感觉传导通路主要有本体觉、浅感觉和视觉传导通路。这些传导通路的共性是：①从感受器到大脑皮质，至少要经过三级神经元；②第 2 级神经元发出的纤维要交叉至对侧上行；③第 3 级神经元在间脑；④都经过内囊，投射到大脑皮质特定的感觉区，产生清晰特定的感觉。

（一）躯干和四肢的本体觉、精细触觉传导通路

本体觉是指骨、关节、肌、腱的位置觉、运动觉和振动觉；精细触觉是指辨别两点距离和物体纹理的感觉。此传导通路如下（图 10–48）：

躯干和四肢的骨、关节、肌、肌腱的感受器 → 脊神经节（第 1 级神经元胞体）→ 薄束、楔束 → 薄束核、楔束核（第 2 级神经元胞体）→ 内侧丘系交叉 → 内侧丘系 → 丘脑腹后外侧核（第 3 级神经元胞体）→ 内囊后肢 → 中央后回上、中部和中央旁小叶的后部。

（二）痛、温度、粗触觉传导通路

痛、温度、粗触觉传导通路又称浅感觉传导通路，传导皮肤、黏膜的痛觉、温度觉和粗略触觉冲动。此通路由三级神经元组成，具体传导路径如下：

1. 躯干和四肢的痛、温度和粗触觉传导通路（图 10-49）　躯干、四肢的皮肤感受器 → 脊神经节（第 1 级神经元胞体）→ 脊髓后角细胞（第 2 级神经元胞体）→ 交叉至对侧 → 脊髓丘脑束 → 丘脑腹后外侧核（第 3 级神经元胞体）→ 内囊后肢 → 中央后回上、中部和中央旁小叶的后部。

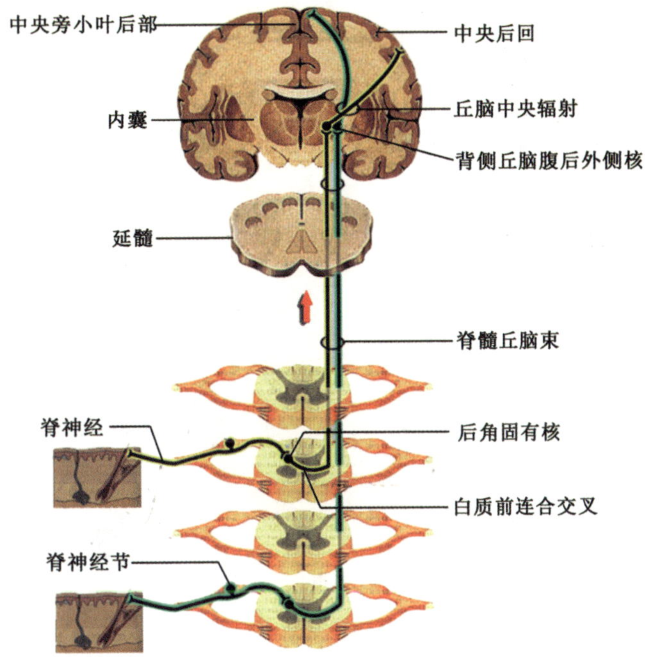

图 10-49　躯干、四肢浅感觉传导通路

2. 头面部的痛、温度、粗触觉传导通路（图 10-50）　头面部的皮肤、黏膜感受器 → 三叉神经节（第 1 级神经元胞体）→ 三叉神经脊束核、脑桥核（第 2 级神经元胞体）→ 交叉至对侧 → 三叉丘系 → 丘脑腹后内侧核（第 3 级神经元胞体）→ 内囊后肢 → 中央后回的下部。

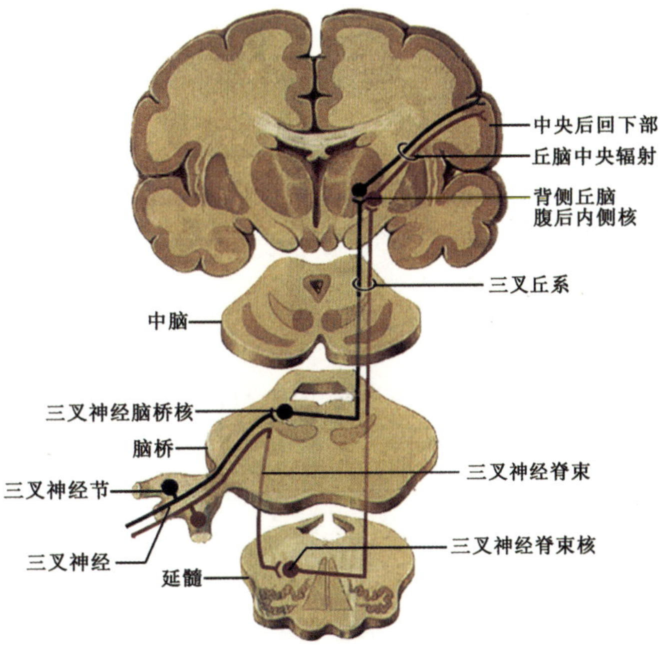

图 10-50　头面部浅感觉传导通路

（三）视觉传导通路

视网膜的感光细胞接受光的刺激，产生神经冲动，经双极细胞传给节细胞，节细胞的轴突组成视神经。两侧视神经入颅腔形成视交叉，其中只有来自视网膜鼻侧半的纤维左右交叉，而来自视网膜颞侧半的纤维不交叉。继而交叉的纤维和不交叉的纤维共同组成视束，视束的纤维多数止于外侧膝状体。外侧膝状体发出的纤维组成视辐射，经内囊后肢投射到枕叶距状沟两侧的皮质，产生视觉（图 10-51）。

视觉传导通路：视杆、视锥细胞 → 双极细胞（第 1 级神经元）→ 节细胞（第 2 级神经元）→ 视神经 → 视交叉（视网膜鼻侧纤维交叉、颞侧纤维不交叉）→ 视束 → 外侧膝状体（第 3 级神经元）→ 内囊后肢 → 距状沟两侧（视区）。

视束的一部分纤维进入中脑的上丘，参与瞳孔对光反射。

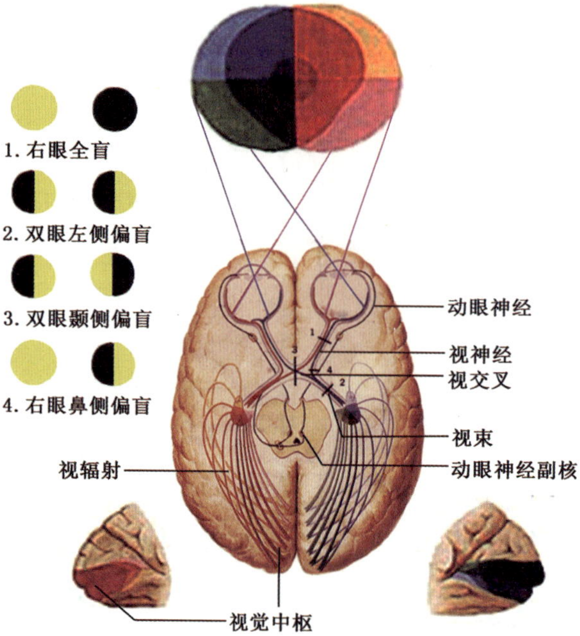

图 10-51 视觉传导通路

二、运动传导通路

大脑皮质是躯体运动的最高级中枢，其对躯体运动的调节是通过锥体系和锥体外系两部分传导通路来实现的。

（一）锥体系

锥体系主要管理骨骼肌的随意运动，由上、下运动神经元组成。上运动神经元的胞体位于大脑皮质内，下运动神经元的胞体位于脑干和脊髓内。锥体系包括皮质核束和皮质脊髓束。

1. 皮质核束 自大脑皮质下行至脑干内躯体运动核的纤维称皮质核束。其大部分纤维终止于双侧脑神经运动核，小部分纤维则完全交叉到对侧，终止于面神经核下部和舌下神经核（图 10-52）。脑神经运动核再发出纤维随脑神经分布到头、颈、咽、喉的骨骼肌。皮质核束的运动传导通路简示如下：

上运动神经元
↑
中央前回下部的锥体细胞→皮质核束→内囊膝→脑干 { 对侧面神经核下部，舌下神经核 → ; 大部分双侧脑神经躯体运动核 → }

下运动神经元 →眼裂以下的面肌、舌肌（接收对侧支配）

下运动神经元 → { 眼外肌、眼裂以下的面肌、咀嚼肌 ; 咽肌、喉肌、胸锁乳突肌和斜方肌 } （接收双侧支配）

2. 皮质脊髓束 自大脑皮质下行至脊髓的纤维称皮质脊髓束。在锥体下端，皮质脊髓束的大部分纤维交叉到对侧，形成锥体交叉，再下行终止于脊髓各节段，主要支配四肢肌；没有交叉的纤维下行终止于同侧脊髓各节段，支配躯干和四肢肌（图 10-53）。皮质脊髓束的运动传导通路简示如下：

上运动神经元
↑
中央前回上、中部和中央旁小叶前部的锥体细胞→皮质脊髓束→内囊后肢→脑干→

延髓 { 纤维在锥体交叉至对侧→皮质脊髓侧束 ; 纤维在锥体不交叉→皮质脊髓前束（在脊髓逐节段交叉） } 脊髓前角细胞（下运动神经元）→

躯干、四肢的骨骼肌

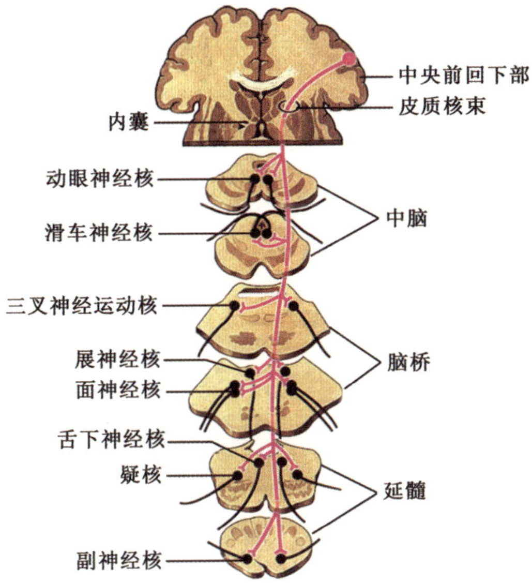

图 10-52 皮质核束

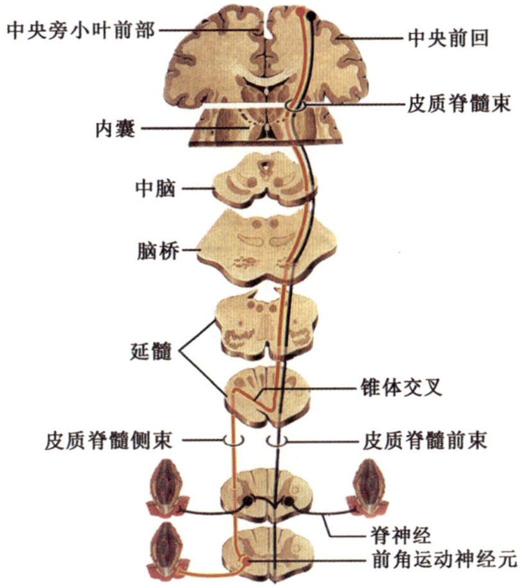

图 10-53 皮质脊髓束

（二）锥体外系

锥体外系是指锥体系以外的控制骨骼肌运动的下行纤维束。其主要功能是协调肌群的运动，调节肌紧张，以协助锥体系完成精细的随意运动。

小结

神经系统包括中枢神经系统和周围神经系统。

中枢神经系统由脑和脊髓两部分组成，脊髓位于椎管内，有 2 个膨大、6 条沟和 31 个脊髓节段。脊髓内部结构包括灰质和白质。脑位于颅腔内，由端脑、间脑、小脑、中脑、脑桥和延髓六部分组成，其中后三者组成脑干。脑干上连有第 3 ~ 12 对脑神经。脑干内部散在分布的灰质团块称为神经核，分为脑神经核和非脑神经核两种类型。每侧大脑半球可分为 3 个面 5 个脑叶。基底核包括豆状核、尾状核和杏仁体。内囊为大脑髓质中的投射纤维，一侧内囊损伤可出现“三偏”综合征。脑与脊髓的三层被膜和血管对脑和脊髓具有营养、支持和保护作用。抽取脑脊液通常在终池内进行。脑脊液由各脑室脉络丛产生，血－脑屏障具有选择性通透作用。

周围神经系统包括脊神经、脑神经和内脏神经。脊神经的前支除胸神经外均形成神经丛，主要有颈丛、臂丛、腰丛和骶丛。脑神经共 12 对，主要分布于头颈部。内脏运动神经分为交感神经和副交感神经，在结构和功能上与躯体运动神经有较大的区别。

传导通路是联系大脑皮质与感觉器和效应器的通路。感觉传导通路一般由三级神经元组成，运动传导通路（锥体系）一般由两级神经元组成。它们在传导过程中要进行一次交叉，一侧大脑半球接受对侧半身的感觉冲动和管理对侧肢体的运动。

复习思考题

1. 简述脊髓的位置、内部结构和功能。
2. 简述与脑干相连的脑神经。
3. 简述间脑的位置、分部及各部的功能。
4. 简述大脑皮质各机能定位的位置和功能。
5. 何谓内囊？损伤后会引起哪些严重症状？
6. 眼球外肌有哪些？受什么神经支配？
7. 三叉神经的主要分支及在皮肤的分布范围。
8. 脊神经前支的分布有何特点？
9. 正中神经、桡神经、尺神经、腋神经、胫神经、腓总神经损伤各出现什么症状？
10. 比较躯体运动神经和内脏运动神经在结构和分布上的差异。
11. 根据你所学的解剖学知识分析脑脊液穿刺应选何部位进行？并指出穿刺层次。
12. 视神经、视交叉中间部和视束损伤时，视野和瞳孔对光反射各有何改变？

（余寅）

模块十一 内分泌系统

知识目标

1. 熟悉内分泌系统的组成和功能。
2. 熟悉甲状腺的位置、形态和功能，熟悉垂体的位置、形态分部。
3. 了解甲状旁腺的位置、形态，了解肾上腺的位置、形态分部。
4. 掌握肾上腺皮质球状带、束状带、网状带的功能。
5. 掌握腺垂体的功能。

技能目标

1. 会利用光学显微镜观察甲状腺的微细结构。
2. 会观察示教镜下的垂体的组织结构。

项目一 概述

问题引入

你知道激素吗？它们在哪里产生？各有什么作用？

内分泌系统（endocrine system）包括内分泌器官和内分泌组织两部分。内分泌器官即内分泌腺（endocrine gland），是由内分泌细胞组成的独立性器官，肉眼可见，如甲状腺、甲状旁腺、肾上腺、垂体、胸腺和松果体等（图 11–1）。内分泌组织是指分散在其他器官内的内分泌细胞团，如胰腺内的胰岛、睾丸内的间质细胞、卵巢内的卵泡细胞和黄体等。

内分泌腺在组织结构上有以下特点：①腺细胞排列呈索条状、团块状或围成滤泡；②内分泌腺没有导管，又称无管腺；③腺组织内有丰富的血液供应和神经分布；④其结构和功能活动有显著的年龄变化。

内分泌细胞合成和分泌的生物活性物质，称为激素（hormone）。激素通过毛细血管或毛细淋巴管进入血液或淋巴，随血液循环到达全身，以体液的形式对人体的新陈代谢、生长发育和生殖功能进行调节。每个内分泌腺只分泌一种或几种激素，激素分泌过多或不足都会引起机体功能紊乱，因此，维持激素分泌水平相对稳定对于机体的正常生理活动是十分重要的。

项目二 甲状腺及甲状旁腺

问题引入

1. 如何辨别颈部肿块与甲状腺有关？
2. 为什么要食用加碘盐？
3. 听说过呆小症吗？发生的原因是什么？

一、甲状腺

（一）甲状腺的形态与位置

甲状腺（thyroid gland）是人体内最大的内分泌腺，棕红色，质地柔软，呈“H”形，分左右两个侧叶，中间以甲状腺峡相连。甲状腺峡的上缘常有一向上伸出的锥状叶（图 11–2）。

甲状腺位于颈前部，其中左、右侧叶紧贴于喉下部和气管上部的两侧，上端可达甲状软骨的中部，下端可达第 6 气管软骨环高度。峡部多位于第 2~4 气管软骨环的前方，临床急救进行气管切开术时，应尽量避开甲状腺峡。

甲状腺借助韧带固定于喉软骨上，因此吞咽时其可随喉上下移动，这对确定颈部肿块是否与甲状腺有关有重要意义。当甲状腺过度肿大时，可压迫喉和气管而发生呼吸、吞咽困难和声音嘶哑等症状。

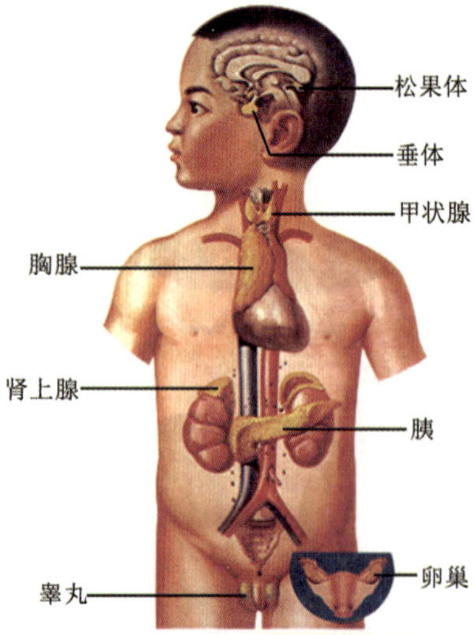

图 11–1　内分泌系统概况图

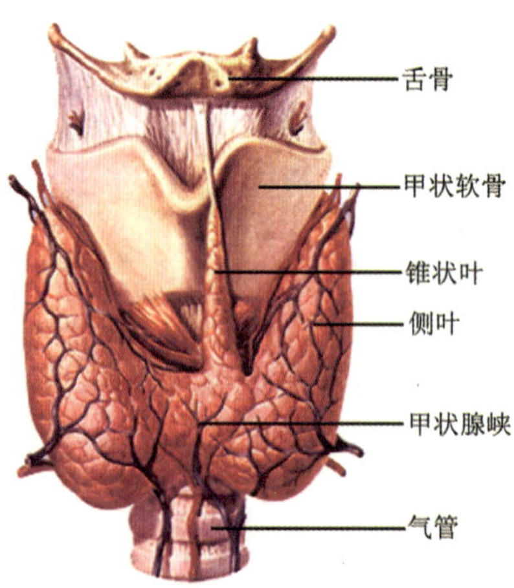

图 11–2　甲状腺的形态和位置

（二）甲状腺的组织结构

甲状腺表面包有一层结缔组织被膜，被膜伸入腺实质，将甲状腺分成许多大小不等的小叶，每个小叶内含有 20 ~ 40 个甲状腺滤泡和许多滤泡旁细胞（图 11–3）。

1. 甲状腺滤泡　呈圆形或不规则形，大小不等。滤泡壁为单层立方上皮，滤泡腔内充满透明的胶质，为上皮细胞的分泌物。滤泡上皮细胞能合成和分泌甲状腺激素。甲状腺激素有 T_3（三碘甲腺原氨酸）和 T_4（四碘甲腺原氨酸）两种，它们能促进机体的新陈代谢，促进机体的生长发育，提高神经系统的兴奋性。

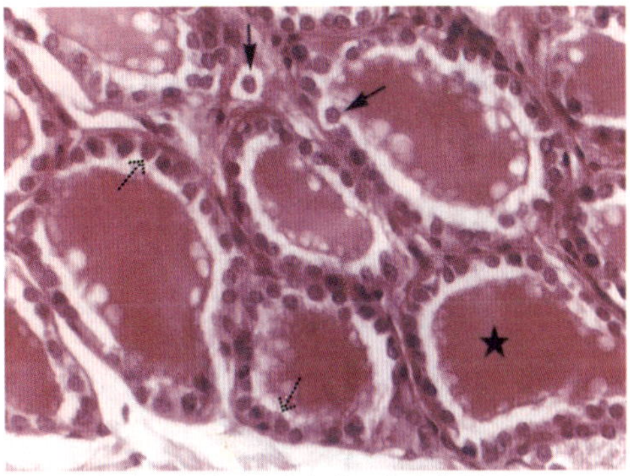

↑：滤泡壁，为单层立方上皮，细胞核圆形
★：滤泡腔内的红色胶状质
↓：滤泡旁细胞，胞质着色浅

图 11–3　甲状腺的微细结构（高倍）

相关链接

为什么要食用加碘盐

碘是甲状腺激素合成不可缺少的原料，一般从食物中获得。在一些碘缺乏地区，食物中不能提供足够的碘，可造成甲状腺激素合成不足而引发疾病。胚胎和婴儿时期缺碘，可导致呆小症，即小孩生长发育迟缓，个子矮小，脑的发育明显障碍，智力低下。成人缺碘，可以造成甲状腺功能低下，出现黏液性水肿、代谢缓慢、免疫力低下和甲状腺肿大。长期服用加碘盐，可防碘缺乏病，改善甲状腺素合成不足的状况，提高人们的健康水平。

2. 滤泡旁细胞　位于滤泡之间或滤泡上皮细胞之间，数量较少，单个或成群存在。细胞体积比滤泡上皮细胞大；HE 染色切片上，胞质着色浅淡。滤泡旁细胞分泌降钙素，可降低血液中的钙离子浓度。

二、甲状旁腺

（一）甲状旁腺的形态与位置

甲状旁腺（parathyroid gland）为扁椭圆形小体，形如黄豆，呈棕黄色。一般有上下两对，通常位于甲状腺侧叶后面的纤维囊上，较易辨认。偶有包埋在甲状腺组织内，导致手术时寻找困难（图 11–4）。

（二）甲状旁腺的组织结构

甲状旁腺的腺细胞排列呈索团状，由主细胞和嗜酸性细胞组成。

1. 主细胞　为甲状旁腺的主要细胞，胞体较小，呈圆形或多边形，核圆，位于中央，胞质染色浅（图 11–5）。主细胞分泌甲状旁腺素，使血钙升高。甲状旁腺功能亢进时可引起骨质疏松，易发生骨折。甲状旁腺素和降钙素共同调节血钙平衡。

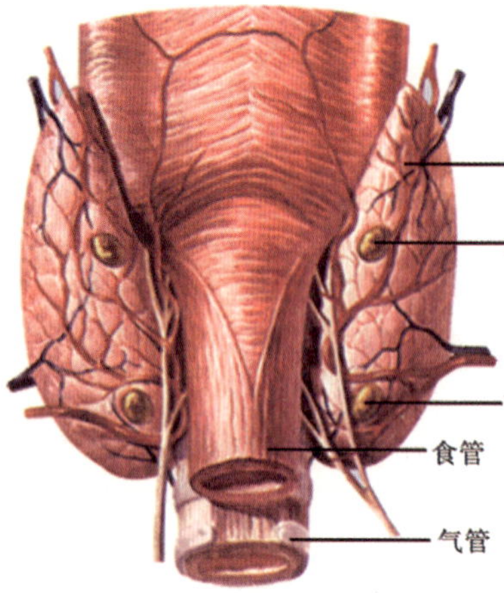

图 11-4 甲状旁腺

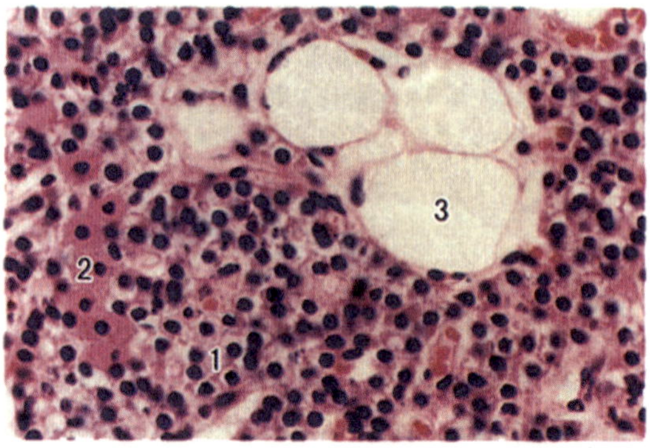

1. 主细胞 2. 嗜酸性细胞 3. 脂肪细胞

图 11-5 甲状旁腺的微细结构

2. 嗜酸性细胞 数量较少，胞体较大，胞质含有许多嗜酸性颗粒，细胞呈多边形，核较小，染色深。此细胞功能尚不清楚。

项目三 肾上腺

问题引入

1. 你知道为什么人在紧张和情绪激动时心跳会自然加快？
2. 听说过武松打虎的故事吧？这突然迸发出的巨大力量是从何而来的？

一、肾上腺的形态与位置

肾上腺（suprarenal gland）是一对淡黄色、柔软的实质性器官，位于两肾的上内方，腹膜之后。左侧近似半月形，右侧略呈三角形（图 11-6）。肾上腺与肾一起包在肾筋膜内，但有独立的纤维囊和脂肪囊，因此肾下垂时，肾上腺并不随肾下降。

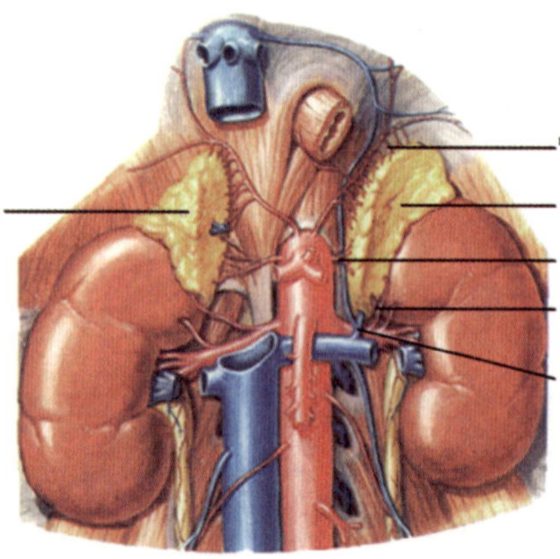

图 11-6 肾上腺的位置和形态

二、肾上腺的组织结构

肾上腺表面包有结缔组织被膜，被膜深面为实质。肾上腺实质由周围的皮质和中央的髓质构成。

（一）皮质

肾上腺皮质占肾上腺体积的 80% ~ 90%，由皮质细胞、血窦和少量结缔组织组成。根据皮质细胞的形态和排列，可将皮质由浅入深地分为球状带、束状带和网状带（图 11–7）。

1. 球状带 较薄，位于被膜下方，约占皮质的 15%。细胞排列成球形或椭圆形，胞体较小，胞质弱嗜酸性，含有少量脂滴。球状带细胞分泌盐皮质激素，如醛固酮，主要调节体内的钠、钾和水的平衡。

2. 束状带 最厚，位于球状带的深面，约占皮质的 78%。细胞较大，呈多边形，排列成单行或双行的索状。胞质呈空泡状，核圆，染色浅，位于细胞中央。束状带细胞分泌糖皮质激素，主要调节机体糖及蛋白质的代谢。

3. 网状带 位于皮质的最深层，与髓质相交界，约占皮质的 7%。细胞较小，排列成索状，并相互吻合成网。细胞核小，着色深，胞质弱嗜酸性。网状带细胞主要分泌雄激素、少量雌激素和糖皮质激素。

（二）髓质

肾上腺髓质位于肾上腺的中央，主要由排列成索状的髓质细胞构成。细胞间有少量的结缔组织和血窦。髓质细胞体积较大，呈圆形或多边形，核大而呈圆形，核仁明显。胞质经铬盐染色后细胞内可见棕黄色嗜铬颗粒，所以髓质细胞又称嗜铬细胞。髓质细胞分为两种：①肾上腺素细胞。数量较多，约占髓质细胞的 80%，分泌肾上腺素。该激素主要作用于心肌，使心率加快，血压升高。②去甲肾上腺素细胞。数量少，约占髓质细胞的 20%，分泌去甲肾上腺素。该激素主要作用于血管平滑肌，使平滑肌收缩，血压升高。

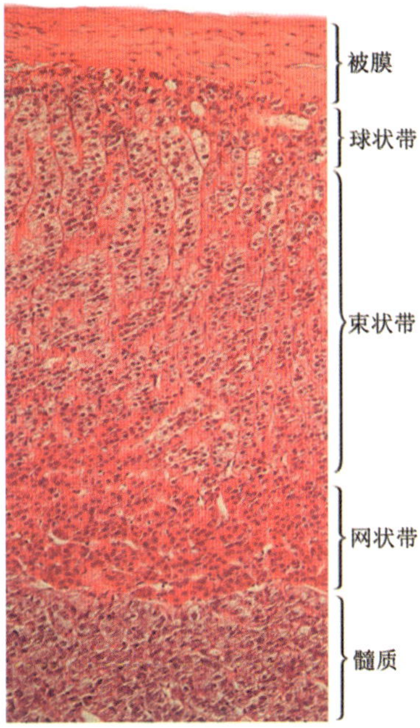

图 11–7　肾上腺的微细结构

项目四　垂体及松果体

问题引入

1. 你听说过巨人症和侏儒症吗？是什么原因造成的？
2. 为什么有的儿童会出现性早熟？

一、垂体

（一）垂体的形态与位置

垂体（hypophysis）是一椭圆形小体，呈灰红色，体积小，重 0.5 ~ 0.7g，位于颅中窝中部的垂体窝内，借漏斗连于下丘脑。垂体是人体内最复杂的内分泌腺，其产生的激素不仅与机体的生长发育有关，而且能影响其他内分泌腺的活动。

根据发生和结构特点，垂体可分为前部的腺垂体和后部的神经垂体两部分。腺垂体包括远侧部、中间部和结节部，神经垂体由神经部、漏斗柄和正中隆起组成。远侧部和结节部又称垂体前叶，神经部和中间部合称垂体后叶（图 11–8）。垂体的分部简示如下：

- 垂体
  - 腺垂体
    - 远侧部 } 前叶
    - 结节部 } 前叶
    - 中间部 } 后叶
  - 神经垂体
    - 神经部 } 后叶
    - 正中隆起 } 漏斗
    - 漏斗柄 } 漏斗

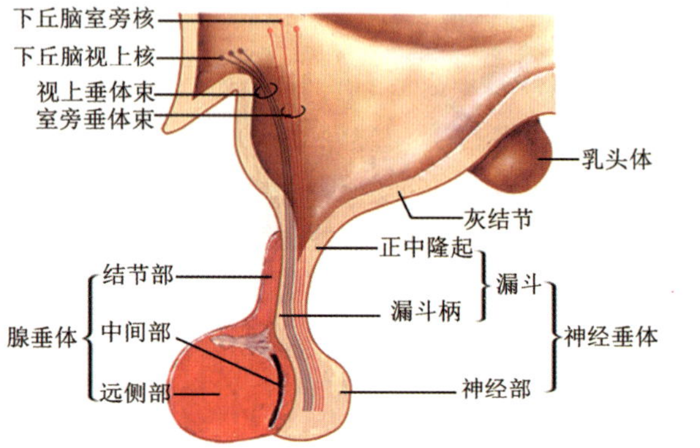

图 11–8　垂体结构模式图

（二）垂体的组织结构

1. 腺垂体　为垂体的主要部分，主要由腺细胞构成。腺细胞排列成不规则的索状或团状，其间有丰富的血窦。在 HE 染色的切片标本上，腺细胞可分为嗜酸性细胞、嗜碱性细胞和嫌色细胞三种（图 11–9）。

腺垂体

（1）嗜酸性细胞：数量较多，细胞体积较大，呈圆形或多边形，胞质内有许多嗜酸性颗粒。嗜酸性细胞能分泌：①生长素。可促进机体的生长和代谢，促进骨骼增长。如果分泌过多，在幼年可引起巨人症，成人则为肢端肥大症；如儿童时期生长激素分泌不足，可引起侏儒症。②催乳素。可促进乳腺增生和乳汁分泌。

（2）嗜碱性细胞：数量最少，细胞体积大小不一，呈圆形或多边形，胞质内含嗜碱性颗粒。嗜碱性细胞能分泌：①促甲状腺激素。可促进甲状腺增生，促进甲状腺分泌甲状腺激素。②促肾上腺皮质激素。促进肾上腺皮质增生，促进肾上腺皮质分泌糖皮质激素。③促性腺激素。包括卵泡刺激素和黄体生成素。前者在女性可促进卵泡生长发育和成熟，在男性可促进精子的生成；后者在女性可促进黄体的形成，在男性又称间质细胞刺激素，可促进睾丸间质细胞分泌雄激素。

（3）嫌色细胞：数量最多，细胞体积小，呈圆形或多角形，胞质少，着色淡，细胞界限不清楚。目前认为，此细胞是嗜酸性细胞和嗜碱性细胞的前体或脱颗粒状态。

2. 神经垂体　由大量无髓神经纤维和神经胶质细胞（又称垂体细胞）构成，其间有丰富的血窦（图 11–10）。无髓神经纤维来自下丘脑神经核团（视上核、室旁核）发出的轴突，此轴突经漏斗进入神经部，终止于血窦的周围。下丘脑神经核团可分泌激素，并经轴突运送到神经垂体释放。因此神经垂体并无内分泌功能，只是储存和释放下丘脑激素的部位。由视上核和室旁核分泌的激素有：

（1）加压素（抗利尿激素）：主要由视上核分泌，可促进肾远曲小管和集合管对水的重吸收，使尿量减少。加压素分泌减少会导致尿崩症，但分泌过多，能使小血管平滑肌收缩，血压升高。

（2）缩宫素：主要由室旁核分泌，可促进妊娠子宫平滑肌收缩，加速胎儿娩出，也可促进乳腺的分泌。

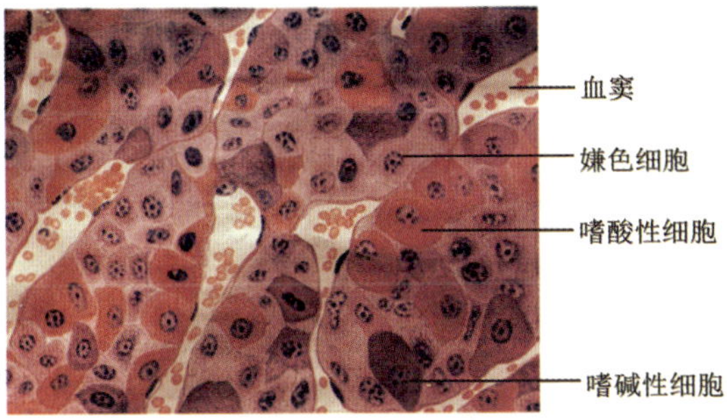

图 11-9　腺垂体的微细结构

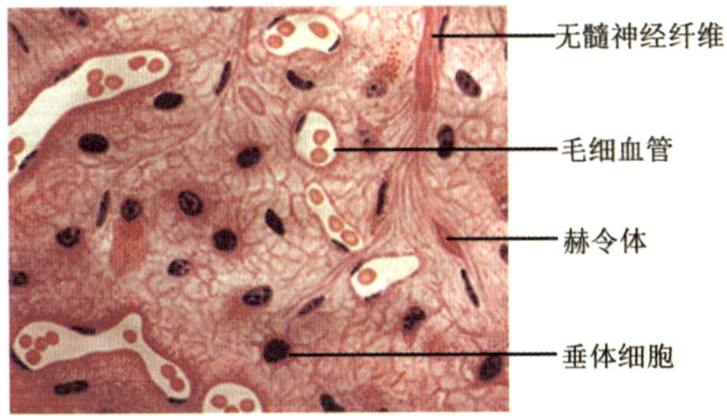

图 11-10　神经垂体的微细结构

二、松果体

松果体（pineal body）位于背侧丘脑的后上方，形似松果，呈灰红色，重约 0.2g（图 11-1）。松果体在儿童期较发达，7 岁时发育至顶峰，以后逐渐萎缩退化，成年后部分钙化。

松果体分泌褪黑素，可抑制腺垂体分泌促性腺激素，间接抑制性腺的发育。特别是幼年时期，松果体有防止性早熟的作用。在小儿时期，松果体如发生病变（松果体瘤），则出现身体过度发育、性早熟等。

小结

- 内分泌腺
  - 甲状腺
    - 滤泡上皮——分泌甲状腺激素
    - 滤泡旁细胞——分泌降钙素
  - 甲状旁腺
    - 主细胞——分泌甲状旁腺素
    - 嗜酸性细胞——功能意义不明
  - 肾上腺
    - 皮质
      - 球状带——分泌盐皮质激素
      - 束状带——分泌糖皮质激素
      - 网状带——分泌雄激素及少量雌激素
    - 髓质
      - 肾上腺素细胞——分泌肾上腺素
      - 去甲肾上腺素细胞——分泌去甲肾上腺素
  - 松果体——分泌褪黑激素
  - 垂体
    - 腺垂体
      - 嗜酸性细胞——分泌生长素和催乳素
      - 嗜碱性细胞——分泌
        - 促甲状腺激素
        - 促肾上腺皮质激素
        - 卵泡刺激素、黄体生成素
      - 嫌色细胞
    - 神经垂体——储存
      - 加压素
      - 缩宫素

复习思考题

1. 简述内分泌系统的组成和功能。
2. 试述甲状腺、甲状旁腺、肾上腺的形态、位置和作用。
3. 简述垂体的位置及分部。
4. 腺垂体分泌哪些激素？为什么神经垂体无分泌功能却含有激素？

（吴迪）

模块十二 感觉器官

知识目标

1. 了解感觉器官的概念。
2. 熟悉眼球壁的结构和眼球内容物的名称，了解眼副器和眼的血管。
3. 了解外耳、中耳和内耳的结构。
4. 熟悉声波传递途径。

技能目标

1. 会辨认眼球壁的结构。
2. 会辨认眼球内容物的形态结构。
3. 会指认中耳、内耳的结构。

感觉器官（sensory organs）是机体感受环境刺激的装置，是感受器及其附属结构的总称。感受器（receptor）是机体接受内、外界环境各种刺激的结构。感受器能把感受到的刺激转化为神经冲动，经神经传递至大脑皮质，产生相应的感觉，从而建立机体与内、外环境间的联系。本模块主要介绍人体的视器和前庭蜗器。

项目一 视器

问题引入

1. 对照镜子，观察自己的眼睛，能说出眼的构成吗？
2. 为什么眼睛有黑眼睛、蓝眼睛之分？
3. 为什么有的人不能分辨出红色或绿色？
4. 人为什么不能长时间连续看书或使用电脑？
5. 老年人为什么会形成老花眼、白内障？

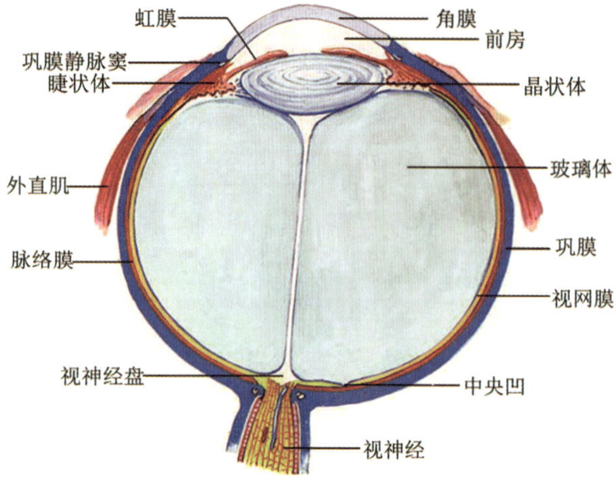

图 12–1 眼球的水平切面(右侧)

视器(visual organ)又称眼，由眼球和眼副器构成。眼球将可见光波的刺激转变为神经冲动，经视神经传导到脑，产生视觉。眼副器位于眼球的周围或附近，对眼球具有支持、保护和运动的作用。

一、眼球

眼球(eyeball)是视器的主要部分，近似球形，位于眶内，其后部借视神经连于脑。眼球由眼球壁及眼球内容物构成(图 12–1)。

(一)眼球壁

眼球壁由外向内分为眼球纤维膜、眼球血管膜和视网膜三层。

1. 眼球纤维膜 又称外膜，由致密结缔组织构成，起着支持和保护眼球壁及其内容物的作用。纤维膜包括角膜和巩膜两部分。

(1)角膜(cornea)：位于眼球的正前方，占纤维膜的前 1/6，略向前凸，无色透明，无血管，但有丰富的感觉神经末梢，感觉敏锐，具有屈光作用。

(2)巩膜(sclera)：占纤维膜的后 5/6，质地厚而坚韧，呈乳白色，不透明，具有支持和保护眼球的作用。在巩膜与角膜交界处的深部有一环形小管，称巩膜静脉窦，是房水回流入静脉的通道。

2. 眼球血管膜 又称中膜，呈棕黑色，含有丰富的血管和色素细胞，具有营养眼球内组织和遮光作用。血管膜由前向后依次分为虹膜、睫状体和脉络膜三部分(图 12–2, 图 12–3)。

(1)虹膜(iris)：位于角膜后方，为圆盘状薄膜，中央有一圆孔，称瞳孔(pupil)，是光线到达视网膜的唯一通道。虹膜内有两种不同方向排列的平滑肌：一种是围绕瞳孔呈环形排列的瞳孔括约肌，收缩时使瞳孔缩小；另一种是围绕瞳孔呈放射状排列的瞳孔开大肌，收缩时使瞳孔开大。瞳孔开大或缩小，可调节进入眼球内的光线。

虹膜的颜色取决于色素的多少，有种族差异。白色人种因缺乏色素，虹膜呈浅蓝色；有色人种因色素多，虹膜呈棕褐色。

图 12–2 眼球前半部后面观

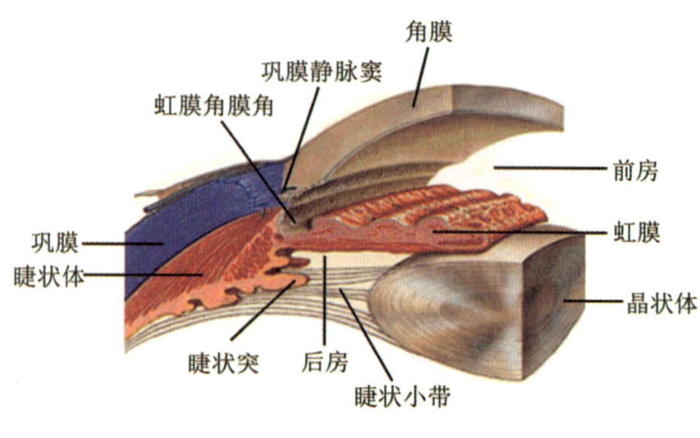

图 12–3 眼球水平切面局部放大

相关链接

瞳孔对光反射

瞳孔对光反射，通常是用手电筒直接照射瞳孔并观察其动态反应。正常人，当眼受到光线刺激后瞳孔立即缩小，移开光源后瞳孔迅速复原。瞳孔对光反射迟钝或消失，见于昏迷病人。瞳孔对光反射的中枢在中脑顶盖前区，因此临床上常把它作为判断中枢神经系统病变部位、麻醉的深度和病情危重程度的重要指标。

（2）睫状体（ciliary body）：位于虹膜的后外方，是眼球血管膜的环形增厚的部分。睫状体前部有许多向内突出呈放射状的睫状突，其发出细丝状的睫状小带与晶状体相连。睫状体内有平滑肌，称睫状肌。此肌收缩和舒张，可松弛和拉紧睫状小带，以调节晶状体的曲度。睫状体还有产生房水的作用。

（3）脉络膜：位于巩膜内面，占中膜的后2/3部，富含血管和色素细胞，具有营养眼球壁并吸收眼内散射光线的作用。

3. 视网膜（retina） 又称内膜，贴附于血管膜内面。视网膜后部中央偏鼻侧处，有一圆盘形白色隆起，称视神经盘（optic disc）。此处无感光细胞，又称生理盲点，视网膜中央动、静脉由此穿过。在视神经盘颞侧稍偏下方约3.5mm处，有一黄色小区，称黄斑（macula lutea）。其中央的凹陷，称中央凹（fovea centralis），此区无血管，是感光和辨色最敏锐处。视神经盘和黄斑可用眼底镜窥见（图12-4）。

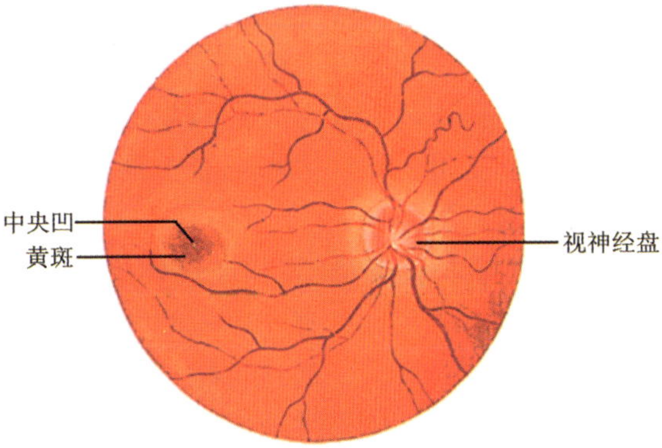

图12-4 眼底（右侧）

视网膜可分为两层：外层为单层色素上皮，与脉络膜紧贴；内层为神经层，由三层细胞构成（图12-5），由外向内依次为感光细胞、双极细胞和节细胞。感光细胞又分为视锥细胞和视杆细胞，它们是视觉感受器。视锥细胞分布于视网膜中央，尤以黄斑处最为密集，具有感受强光和辨色功能。视锥细胞异常可导致色觉障碍，引起色盲或色弱。视杆细胞分布于视网膜的周边，仅能感受弱光，不能辨色；维生素A缺乏时，影响视杆细胞的数量，导致夜盲症。双极细胞能将感光细胞的冲动传给节细胞，节细胞的轴突向视神经盘集中，并穿过眼球壁形成视神经。

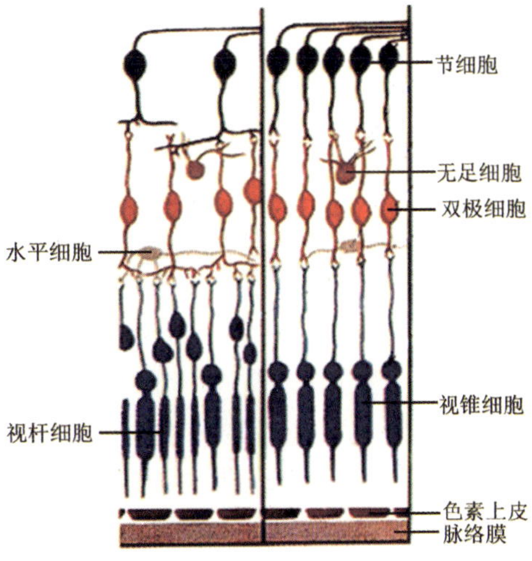

图12-5 视网膜结构示意图

相关链接

视网膜剥离

视网膜剥离是指视网膜神经层与色素上皮层的分离，是一种较严重、较常见的致盲性眼病。视网膜剥离后，得不到脉络膜的血液供应，色素上皮易游离、萎缩，如不及时重新复原，视力将不易恢复。视网膜剥离多见于40～70岁的人。近年来，年轻人患视网膜剥离有上升趋势。

（二）眼球内容物

眼球内容物包括房水、晶状体和玻璃体。这些结构与角膜一样无色透明、无血管，具有屈光作用，它们与角膜共同组成眼的屈光系统。

1. 房水 为无色透明的液体，充满于眼房内。眼房是位于角膜和晶状体之间的腔隙，被虹膜分为前房和后房，前、后房借瞳孔相通。在前房周边部，即虹膜与角膜之间的夹角称虹膜角膜角，与巩膜静脉窦相邻。房水具有折光、营养角膜和晶状体、维持眼内压的作用。房水由睫状体产生，自后房经瞳孔入前房，再经虹膜角膜角渗入巩膜静脉窦，最后汇入眼静脉，此过程称房水循环。若房水循环受阻，导致房水充滞于眼房中，使眼内压升高，压迫视网膜，导致视力减退和失明，临床上称青光眼。

2. 晶状体 位于虹膜和玻璃体之间，呈双面凸的透明体，富有弹性，无血管神经。晶状体表面包有薄而透明且具有高度弹性的晶状体囊，囊的周缘借许多纤维状的睫状小带连于睫状突（图12–3）。睫状肌舒缩，通过睫状小带的牵引，可改变晶状体曲度，使物像聚焦于视网膜上。

老年人的晶状体弹性减退，调节功能降低，出现老花眼。另外晶状体由于发育异常、损伤、代谢障碍或年老等原因，发生混浊，影响视力，称白内障。

3. 玻璃体 为无色透明的胶状物质，充填于晶状体与视网膜之间，约占眼球内腔的4/5，具有屈光、支撑视网膜的作用。当支撑作用减弱时，易导致视网膜剥离；若玻璃体混浊，会影响视力。

光线经角膜、房水、晶状体和玻璃体等一系列屈光物质作用投射到视网膜上，导致感光细胞兴奋，经视觉传导通路到达枕叶距状沟两侧产生视觉。

二、眼副器

眼副器包括眼睑、结膜、泪器、眼球外肌等，有保护、运动和支持作用。

（一）眼睑

眼睑（eyelid），分为上睑和下睑，是眼球前方的屏障，起着保护眼球的作用。上、下睑之间为睑裂，睑裂的内、外侧角分别称内眦和外眦。眼睑的游离缘称睑缘，有向外生长的睫毛。睫毛的根部有睫毛腺，发炎时称睑腺炎。眼睑由浅至深由皮肤、皮下组织、肌层、睑板和结膜构成。眼睑的皮肤薄，皮下组织疏松，缺乏脂肪组织，可因积液而水肿（图12–6）。

（二）结膜

结膜是一层薄而光滑、透明的黏膜，富含血管。覆盖于眼睑后面的结膜称睑结膜，覆盖于

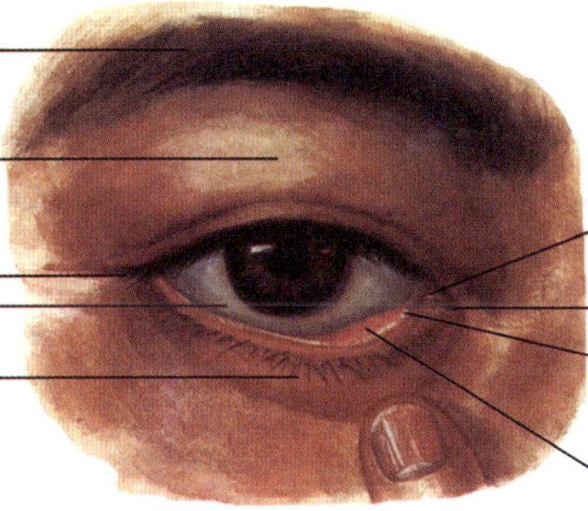

图 12-6 眼睑

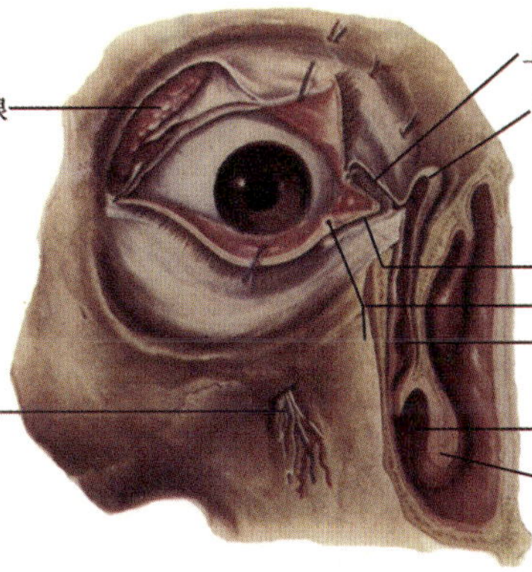

图 12-7 泪器

巩膜前部表面的结膜称球结膜。两者的结合部为结膜穹隆，包括结膜上穹和结膜下穹。闭眼时，整个结膜围成的囊状腔隙称结膜囊，点用眼药时即将其滴入此囊内。沙眼和结膜炎是结膜常见的疾病。

（三）泪器

泪器由泪腺和泪道组成（图 12-7）。

1. 泪腺 位于眼眶的前外上方，有 10 ~ 20 条排泄小管开口于结膜上穹。泪腺分泌泪液，润滑和清洁角膜，并可冲洗结膜囊，保护眼球。

2. 泪道 包括泪点、泪小管、泪囊和鼻泪管。

上、下睑缘近内眦处各有一小孔，称泪点。泪小管起自泪点，上下各一，分别向上或向下垂直走行，再折向内开口于泪囊。泪囊位于眶内侧壁前部的泪囊窝内，其上端为盲端，下端移行于鼻泪管。鼻泪管下端开口于下鼻道。

（四）眼球外肌

眼球外肌配布于眼球周围，共 7 块，均为骨骼肌（图 12-8, 图 12-9）。其中上睑提肌可提上睑，开大睑裂。其余 6 块均为牵拉眼球向各方向转动的肌肉。上直肌使眼球转向上内方，下直肌使眼球转向下内方，内直肌和外直肌分别使眼球转向内侧和外侧，上斜肌使眼球转向下外方，下斜肌使眼球转向上外方。正常情况下，运动眼球的 6 块眼球外肌相互协调，使眼球保持正常运动；当某一肌麻痹时，可出现斜视和复视现象。

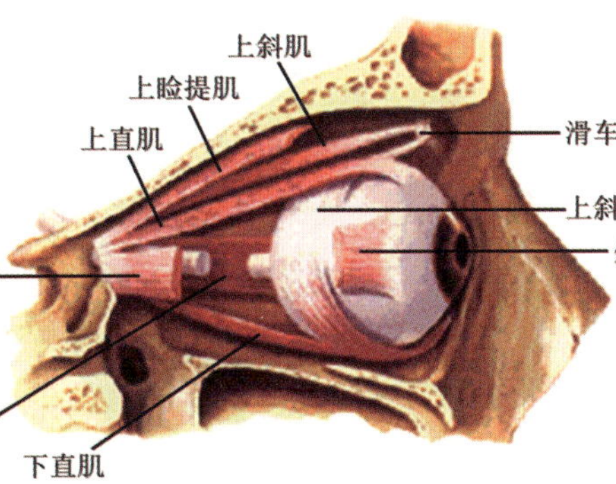

图 12-8 眼球外肌（外侧面观）

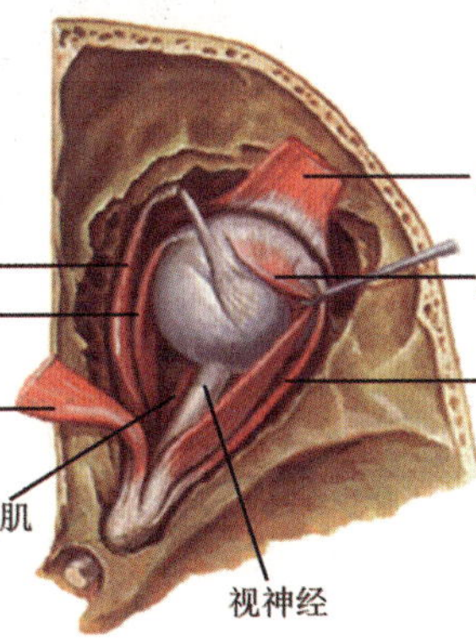

图 12-9 眼球外肌（上面观）

三、眼的血管

（一）眼动脉

眼动脉是颈内动脉的分支，与视神经一起从视神经管入眶。行程中发出分支供给眼球、眼球外肌、泪腺等器官。其中最重要的分支为视网膜中央动脉，它是营养视网膜内层的唯一动脉（图12-4）。该动脉穿视神经并行至视神经盘处，分为视网膜鼻侧上、下小动脉和视网膜颞侧上、下小动脉。但黄斑区中央凹无血管分布。临床上常用眼底镜观察视网膜中央动脉，协助对动脉硬化等疾病的诊断。

（二）眼静脉

眼静脉收集眼球和眼副器的静脉血，向后经眶上裂入颅腔，主要注入海绵窦，向前与内眦静脉吻合，因无静脉瓣，故面部感染可经此侵袭颅内。

项目二 前庭蜗器

问题引入

1. 你知道听觉是怎样产生的吗？
2. 检查耳朵时为什么要牵拉耳郭？
3. 你知道人体是怎样感受其所处的运动状态的吗？
4. 为什么有的人会晕车？

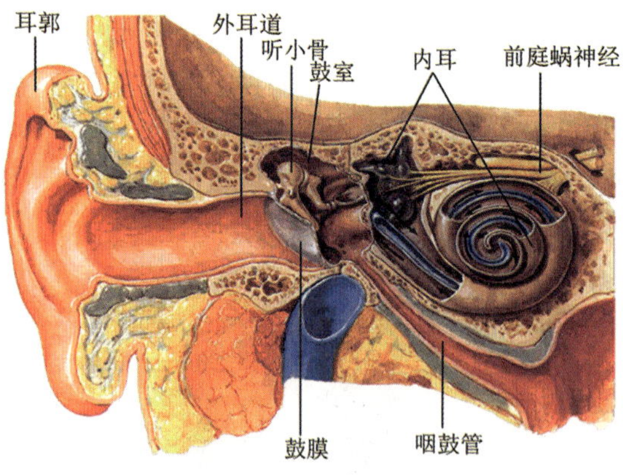

图 12-10 前庭蜗器示意图

前庭蜗器（vestibulocochlear organ）又称耳，可分为外耳、中耳和内耳三部分（图12-10）。外耳、中耳是收集和传导声波的装置，内耳有听觉感受器和位置觉感受器。

一、外耳

外耳（external）包括耳郭、外耳道和鼓膜三部分。

（一）耳郭

耳郭位于头部两侧，呈漏斗状，有收集声波的作用。耳郭主要以弹性软骨为支架，外覆皮肤和薄层结缔组织而构成。耳郭下部悬垂部分称耳垂，内无软骨，仅含结缔组织和脂肪，有丰富的血管，是临床常用的采血部位（图12-11）。

（二）外耳道

外耳道是外耳门至鼓膜之间的弯曲管道，呈“～”形，成人长约2.5cm。外侧1/3为软骨部，内侧 2/3 为骨部。临床上检查外耳道和鼓膜时，需将耳郭向后上方牵拉，使外耳道拉直以便观察。因婴儿的外耳道较短直，鼓膜近于水平位，检查时，则需将耳郭向后下方牵拉。

外耳道皮肤与软骨紧密结合，内含丰富的感觉神经末梢，故外耳道发生疖肿时疼痛剧烈。外耳道皮肤内的耵聍腺分泌耵聍，起保护作用；但分泌过多，可导致外耳道阻塞而影响听力。

（三）鼓膜

鼓膜（tympanic membrane）位于外耳道和鼓室之间，为椭圆形半透明的薄膜，与外耳道底约成 45° 的倾斜角。鼓膜边缘较厚，下 3/4 为紧张部，坚实紧张，在活体呈灰白色，其前下方有一三角形的反光区，称光锥。当鼓膜内陷时，光锥可以变形或消失。上 1/4 为松弛部，薄而松弛，在活体呈淡红色。鼓膜的中心向内凹陷，称鼓膜脐，有锤骨柄末端附着（图 12–12）。

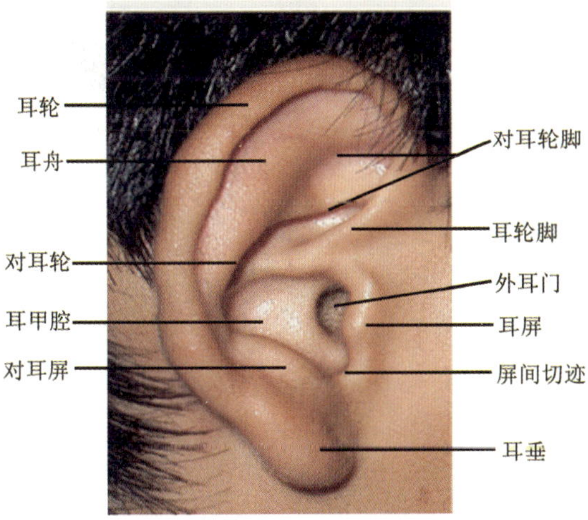

图 12–11 耳郭

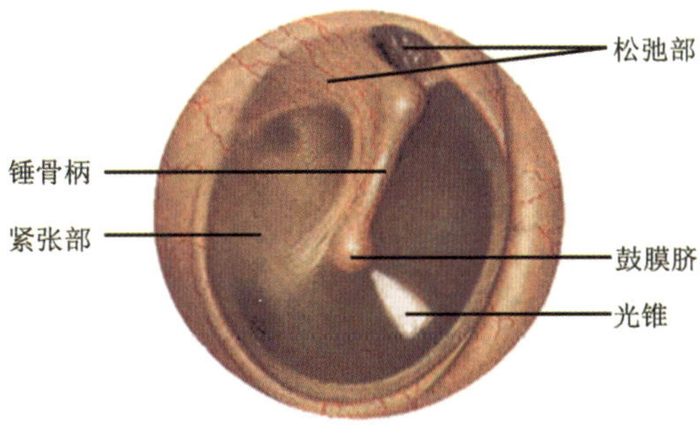

图 12–12 鼓膜

二、中耳

中耳（middle ear）由鼓室、咽鼓管、乳突窦和乳突小房组成。

（一）鼓室

鼓室是位于鼓膜和内耳外侧壁之间的不规则的含气小腔，室壁内衬黏膜。鼓室向前经咽鼓管通咽腔，向后与乳突小房相通。

1. 鼓室壁 鼓室有不规则的 6 个壁。

（1）外侧壁：主要由鼓膜构成。中耳炎时脓液可破坏鼓膜，造成鼓膜穿孔。

（2）内侧壁：即内耳的外侧壁，该壁上有两孔，位于后上方的呈卵圆形，称为前庭窗；位于后下方的呈圆形，称为蜗窗（图 12–13）。

（3）前壁：此壁上部有咽鼓管鼓室口。

（4）后壁：有乳突窦通乳突小房。

（5）上壁：为鼓室盖，与颅中窝相隔。

（6）下壁：为颈静脉壁。

2. 听小骨 鼓室内有 3 块听小骨，即锤骨、砧骨和镫骨（图 12–14）。锤骨柄贴附于鼓膜内面，镫骨的底封闭前庭窗。三骨以小关节连成听骨链。当声波振动鼓膜时，通过听骨链的传导，可使镫骨底在前庭窗处振动，从而将声波从鼓膜传至内耳。

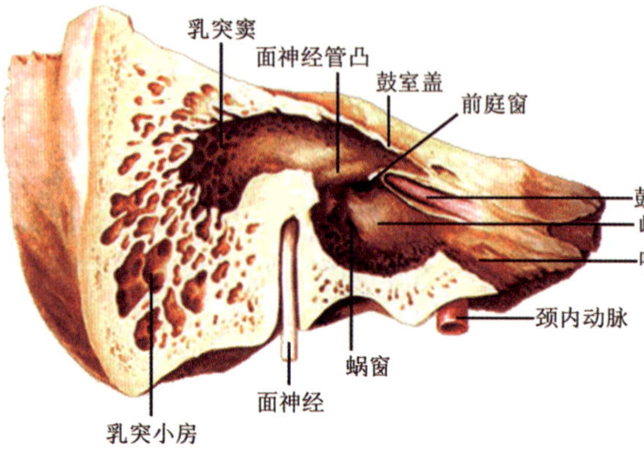

图 12-13　鼓室的内侧壁

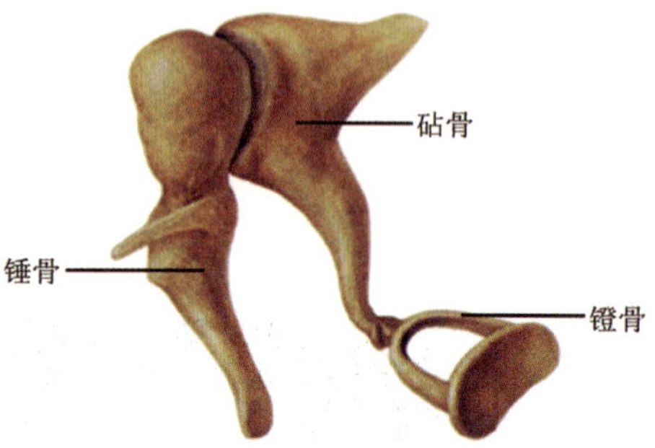

图 12-14　听小骨

（二）咽鼓管

咽鼓管（auditory tube）为沟通鼓室和鼻咽部的管道，其内面的黏膜与咽和鼓室的黏膜相续。咽鼓管咽口平时处于闭合状态，吞咽时，咽鼓管咽口张开，空气可经咽鼓管进入鼓室，以维持鼓膜内、外两侧气压的平衡。小儿咽鼓管短宽且平直，故咽部感染常经咽鼓管蔓延至鼓室，导致中耳炎。

咽鼓管

（三）乳突小房和乳突窦

乳突小房是颞骨乳突内的许多相互连通的含气小腔。乳突窦是乳突小房与鼓室之间的腔隙，向前借乳突窦口通鼓室，向后下与乳突小房相通。乳突小房和乳突窦的壁均衬以黏膜，并与鼓室的黏膜相连续，故中耳炎时，可并发乳突炎。

三、内耳

内耳（internal ear）是颞骨岩部内一系列复杂的管道，故又称迷路（labyrinth）。依其构造，可分为骨迷路和膜迷路。骨迷路是骨性管道，膜迷路是套在骨迷路内的膜性管道。膜迷路内充满内淋巴，膜迷路与骨迷路之间充满着外淋巴，内、外淋巴互不相通。

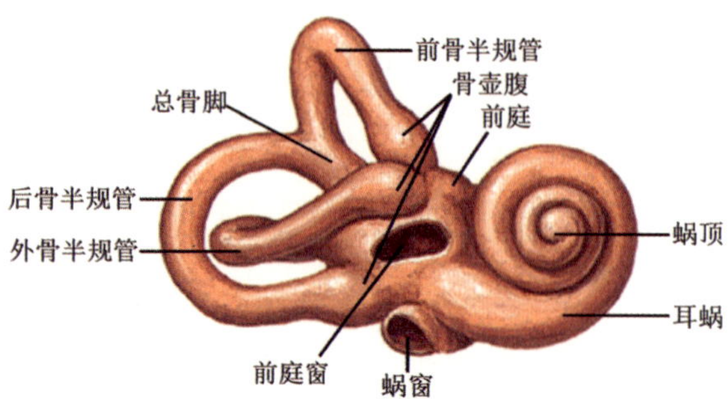

图 12-15　骨迷路

（一）骨迷路

骨迷路由后外向前内分为骨半规管、前庭和耳蜗三部分（图 12-15）。

1. 骨半规管　是三个互相垂直的半环形骨质管道，按其位置，分为前、后和外骨半规管，都以骨脚与前庭相通。每个骨半规管均有两个骨脚，其中有一骨脚在与前庭连接处膨大，称骨壶腹。前、后半规管的两骨脚合成一个总骨脚通前庭。

2. 前庭 位于骨迷路中部，近似椭圆形，外侧壁上有前庭窗和蜗窗。前庭窗被镫骨底板借环形纤维所封闭；蜗窗被第二鼓膜所封闭。前庭前部连通耳蜗，后部与骨半规管相通。

3. 耳蜗 位于前庭的前方，形似蜗牛壳，由骨螺旋管旋转约两圈半形成，中央为蜗轴。自蜗轴伸出骨螺旋板突入骨螺旋管内。膜迷路的蜗管将骨螺旋管分为上部的前庭阶和下部的鼓阶，前庭阶通前庭窗，鼓阶通蜗窗。两阶内充满外淋巴，在蜗顶借蜗孔彼此相通（图 12–16）。

（二）膜迷路

膜迷路是套在骨迷路内的密闭的膜性管和囊，包括膜半规管、椭圆囊和球囊、蜗管（图 12–17）。

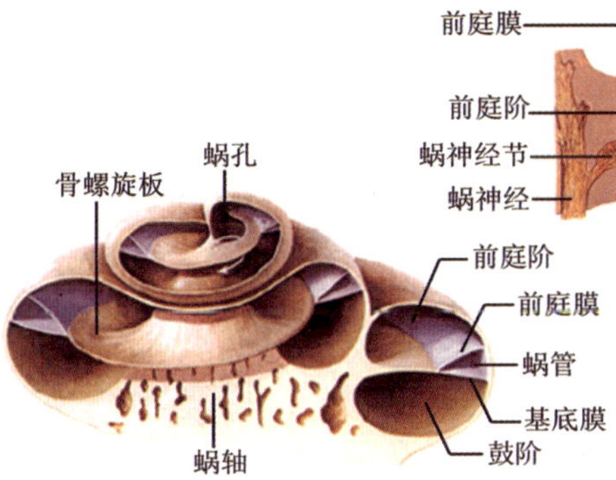

图 12–16 耳蜗轴切面

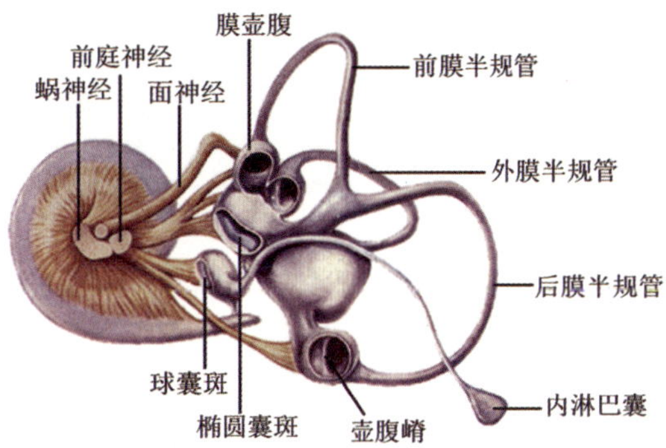

图 12–17 膜迷路

1. 膜半规管 位于同名的骨半规管内，共 3 个，形态与骨半规管一致。膜半规管在骨壶腹内相应的膨大部分称膜壶腹。膜壶腹内壁上的嵴状隆起称壶腹嵴，是位置觉感受器，可以感受头部旋转变速运动的刺激。

2. 椭圆囊和球囊 位于前庭内，是两个互相连通的膜性小囊。球囊内有球囊斑，椭圆囊内有椭圆囊斑。它们也是位置觉感受器，能感受头部位置和直线变速运动的刺激。

相关链接

晕动病

晕动病是汽车、轮船或飞机运动时所产生的颠簸、摇摆或旋转等任何形式的加速运动，这些刺激使前庭椭圆囊和球囊的囊斑毛细胞产生形变放电，向中枢传递并感知，人体的前庭神经刺激过度而发生的疾病。病人初时感觉上腹不适，继有恶心、面色苍白、出冷汗，旋即有眩晕、精神抑郁、唾液分泌增多和呕吐。由于运输工具不同，可分别称为晕车病、晕船病、晕机病（航空晕动病）及宇宙晕动病。

3. 蜗管 是耳蜗内的膜性管道，截面呈三角形，下壁为基底膜，其上有螺旋器（Corti 器），是感受声波刺激的听觉感受器。

声波传导途径包括空气传导和骨传导。正常情况下，声波主要靠空气传导，其途径是：声波

由耳郭收集 → 外耳道 → 鼓膜 → 听骨链 → 前庭窗 → 内耳外淋巴，引起基底膜在外、内淋巴中振动，基底膜上螺旋器受刺激，产生神经冲动，经蜗神经等传到大脑皮质听区，产生听觉。骨传导的途径是：声波直接作用于颅骨，导致内耳外淋巴振动，刺激螺旋器引起听觉。

小结

视器包括眼球和眼副器。眼球壁从外向内依次分纤维膜、血管膜和视网膜三层。眼球的内容物包括房水、晶状体和玻璃体。这些结构和角膜一样都是透明而无血管，具有屈光作用。眼副器位于眼球的周围或附近，包括眼睑、结膜、泪器和眼球外肌等，对眼球起支持、保护和运动作用。耳包括外耳、中耳和内耳三部分。外耳包括耳郭、外耳道和鼓膜；中耳包括鼓室、咽鼓管、乳突窦和乳突小房，传导声波。内耳由骨迷路和膜迷路组成，有位觉、听觉感受器。

复习思考题

1. 光线穿过角膜后，依次经过哪些结构到达视网膜的感光细胞？
2. 简述房水的产生、循环途径及功能。
3. 俗话说“眼里掺不得沙子”，这说明什么？
4. 小儿易发中耳炎，为什么？
5. 用箭头表示声波传向内耳的途径。

（吴军）

实验指导

实验一 基本组织

一、实验目标

（一）熟悉内容

1. 单层柱状上皮、复层扁平上皮的形态结构特点与分布。
2. 疏松结缔组织中主要细胞的形态与功能，胶原纤维与弹性纤维的形态特点。
3. 平滑肌、骨骼肌和心肌组织的纵、横切面的形态特征。
4. 多极神经元的形态结构。

（二）了解内容

1. 单层扁平上皮、假复层纤毛柱状上皮的形态特点。
2. 脂肪组织、网状组织的结构。
3. 血涂片中各类血细胞的形态。
4. 有髓神经纤维的构成与形态特点。
5. 运动终板的形态。

二、实验材料

1. 标本片：胆囊、食管、气管、人手指皮、淋巴结、平滑肌、骨骼肌、心肌、脊髓、坐骨神经、触觉小体等切片，肠系膜铺片，血涂片。

2. 电化教具：上皮组织、固有结缔组织、血细胞、肌组织和神经组织图片，液晶投影仪，电脑等。

3. 显微镜。

三、实验内容与方法

1. 观看上皮组织、固有结缔组织、肌组织、神经组织的图片，重点指导光镜下观察的内容。

2. 学生观察切片。

（1）单层柱状上皮（胆囊切片，HE 染色）：

肉眼观察：切片呈长条形，染成紫蓝色的部分是胆囊内面的上皮。将此层放于通光孔中央，先用低倍镜观察。

低倍镜观察：胆囊壁的内面凹凸不平。内面的上皮是单层柱状上皮，选择结构典型的上皮，移至视野中央，换高倍镜观察。

高倍镜观察：上皮细胞呈柱状，排列紧密。细胞质染成粉红色，细胞核呈椭圆形，位于细胞的基底部，染成深蓝色。所有上皮细胞的细胞核，基本位于同一平面上。紧贴上皮细胞基底面的粉红色细线为基膜的切面。

（2）复层扁平上皮（食管横切片，HE 染色）：

肉眼观察：切片呈环形，靠近管腔面有一层紫蓝色区域，即为食管上皮。

低倍镜观察：食管上皮是复层扁平上皮，上皮细胞排列紧密，层次较多，从深部至表面染色逐渐变浅。选一段结构清晰的部位，移至视野中央，换高倍镜观察。

高倍镜观察：表层细胞呈扁平形，细胞核为卵圆形，中间层细胞呈多边形，细胞核为圆形，细胞界限清晰；基底层细胞呈立方形或矮柱状，细胞核为椭圆形，染色较深，细胞整齐地沿基膜排列。

（3）疏松结缔组织（肠系膜铺片，HE 染色）：

肉眼观察：标本染成淡紫红色，纤维互相交织成网状。选择标本较薄的部分进行低倍镜观察。

低倍镜观察：在视野内的纤维交织成网，细胞分散在纤维之间。胶原纤维呈淡红色，粗细不等，有的弯曲呈波纹状；弹性纤维呈暗红色，较细而直，并交织成网。选择细胞和纤维分布均匀、结构清晰的部位，移至视野中央，换高倍镜观察。

高倍镜观察：成纤维细胞的数量较多，胞体较大，多呈星形或梭形，细胞质染成较浅的淡红色，所以细胞的轮廓不甚清楚（想一想为什么）；胞核呈椭圆形，染成紫蓝色。巨噬细胞的外形不规则，细胞质中含有吞噬的台盼蓝颗粒（颗粒呈蓝色），细胞核较成纤维细胞的略小，呈圆形，染成深紫蓝色。肥大细胞常成群分布于小血管周围，胞体多为椭圆形，核圆形或卵圆形，胞质中充满粗大的异染性颗粒。

（4）平滑肌（小肠切片，HE 染色）：

肉眼观察：切片的一边为指状突起，另一边染色较红的部分即平滑肌层。

低倍镜观察：平滑肌层较厚，肌纤维排列成内外两层。外层为许多大小不等的圆形结构，是平滑肌纤维的横断面；内层为许多长梭形结构，是平滑肌纤维的纵切面，两层之间有少量的疏松结缔组织。选择平滑肌纤维纵、横切面最典型的部位，进一步在高倍镜下观察。

高倍镜观察：平滑肌纤维的横切面呈圆形，大小不等，其中断面较大的，在中央部有圆形的细胞核，细胞核的周围部有红色的肌浆；而断面较小的，只含有肌浆，看不到细胞核（想一想为什么）。平滑肌纤维的纵切面呈长梭形，染成红色。细胞核呈椭圆形，位居肌纤维的中央，染成紫蓝色。

（5）骨骼肌（舌肌切片，特殊染色）：

肉眼观察：标本呈蓝色椭圆形状。

低倍镜观察：骨骼肌纤维呈细长圆柱状，有明暗相间的横纹，且与纤维的长轴垂直。胞核扁椭圆形，深蓝色，位于肌膜深面，数量较多。肌纤维间有少量结缔组织。选择轮廓清楚的肌纤维，移至视野中央，换高倍镜观察。

高倍镜观察：肌纤维内有许多纵行线条状结构，即肌原纤维。下降聚光镜，在暗视野下观察肌原纤维及其明带和暗带，肌细胞核的形态、位置。

（6）多极神经元（脊髓横切片，HE 染色）：

肉眼观察：脊髓横切面上，中央呈蝴蝶形、深染的部分为灰质，前端较宽的为前角，后端较细的为后角，前角内有多极神经元。

低倍镜观察：灰质前角内可见紫红色、多突起的细胞，即多极神经元。小而圆的是神经胶质细胞的胞核。选一个突起较多又有细胞核的神经元，移至视野中央，换高倍镜观察。

高倍镜观察：多极神经元的胞体不规则，可呈星形、锥体形，可见自胞体发出的突起的根部，细胞核位于中央，大而圆，染色淡。胞质内含许多不规则的染成深蓝色的小块，即尼氏体。

3. 示教：

（1）单层扁平上皮（肠系膜铺片，镀银法）。

（2）脂肪组织（人手指皮切片，HE 染色）。

（3）网状组织（淋巴结切片，HE 染色）。

（4）血涂片。

（5）心肌（心切片，HE 染色）：指出闰盘。

（6）有髓神经纤维（坐骨神经切片，HE 染色）：指出神经纤维的轴索、髓鞘、郎飞结。

四、实验报告

1. 高倍镜下绘制单层柱状上皮，并注明以下结构：柱状细胞、细胞质、细胞核、游离面和基底面。

2. 高倍镜下绘制疏松结缔组织结构图，并注明以下结构：成纤维细胞、巨噬细胞、胶原纤维、弹性纤维。

（1、2 可选做一个）

3. 高倍镜下绘制骨骼肌纵切面图，并注明以下结构：肌细胞膜、肌细胞核、横纹。

4. 高倍镜下绘制一个多极神经元，并注明以下结构：细胞质、细胞核、尼氏体、突起。

（3、4 可选做一个）

实验二 皮肤

一、实验目标

（一）掌握内容

掌皮、头皮的组织结构特点。

（二）了解内容

1. 皮肤的微细结构。

2. 皮肤的附属器。

二、实验材料

1. 皮肤模型。
2. 人的掌皮标本片（HE 染色）。
3. 人的头皮标本片（HE 染色）。
4. 显微镜。

三、实验内容与方法

（一）皮肤模型

利用皮肤模型观察表皮、真皮及其与皮下组织的连接关系；表皮五层结构的排列；真皮乳头层和网状层的位置及其结构差别；毛囊和竖毛肌的位置及形态；皮脂腺和汗腺的位置及导管开口部位。

（二）掌皮

1. 肉眼观察：标本的一侧染成红色及其深面染成蓝色的为表皮，另一侧染色浅、呈网状的是皮下组织，两者之间是粉红色的真皮。

2. 低倍镜观察：分辨表皮、真皮和皮下组织。

（1） 表皮：为角化的复层扁平上皮。表面染成红色，很厚的是角质层，上皮与真皮交界处凹凸不平。

（2）真皮：位于表皮下方，可分为乳头层和网状层两层。

1）乳头层：紧靠表皮，较薄，由疏松结缔组织构成。此层组织向表皮基底面突出形成许多乳头状隆起，称为真皮乳头。

2）网状层：在乳头层的下方，较厚，由致密结缔组织构成。此层与乳头层无明显界限。网状层可见汗腺、毛囊、血管等断面。

（3）皮下组织：又称浅筋膜，位于网状层的深面，由疏松结缔组织和脂肪组织构成。此层与网状层无明显界限，有时可见体积大、由扁平细胞呈同心圆排列的环层小体。

3. 高倍镜观察：重点观察表皮的分层及汗腺的结构。

（1）表皮：由基底向表面观察，分基底层、棘层、颗粒层、透明层和角质层五层结构。

1）基底层：为邻接真皮的一层立方形或矮柱状的基底细胞，胞核呈卵圆形，胞质嗜碱性较强，染色较深。

2）棘层：为 4 ~ 10 层多边形的细胞，界限清楚，细胞表面有短小的棘状突起，称棘细胞。

3）颗粒层：为 2 ~ 3 层梭形细胞，胞质内含许多大小不一的蓝紫色颗粒，称透明角质颗粒。

4）透明层：为 2 ~ 3 层扁平细胞，细胞核退化消失，细胞呈均质透明状，胞质染成红色，细胞界限不清。

5）角质层：为表皮表面数层染成红色的扁平细胞，称角质细胞。无细胞核，细胞呈嗜酸性均质状，界限不清。

（2）真皮：

1）真皮乳头：内含许多毛细血管或触觉小体，后者为椭圆形，外包结缔组织被囊，由数层横列的扁平触觉细胞构成。

2）汗腺：为单管腺，由分泌部和导管部组成。分泌部位于真皮的深层或皮下组织中，由于分泌部盘曲成团，故成群存在。分泌部管径较粗，由单层矮柱状上皮围成，腺细胞染色较浅。导管的管径较细，由两层立方上皮细胞构成，细胞小，胞质嗜碱性，染色深。

（三）头皮

1. 肉眼观察：标本一侧呈薄层蓝紫色的为表皮，表皮下方较厚染成红色的为真皮，其中有斜行监紫色的毛囊。真皮深面染色浅的是皮下组织。

2. 低倍镜观察：分辨表皮、真皮和皮下组织。

（1）表皮：较薄，由角化的复层扁平上皮组成。角质层和颗粒层很薄，透明层不明显。

（2）真皮：较厚，由结缔组织组成。其中有皮脂腺、汗腺、毛囊和竖毛肌。

（3）皮下组织：为大量脂肪组织，可见毛囊和汗腺。

3. 高倍镜观察：重点观察毛囊、皮脂腺和竖毛肌。

（1）毛囊：选择一毛囊的纵切面观察。毛囊包裹着毛根，分为四层。内层由无数层上皮细胞构成，成为上皮根鞘；外层由致密结缔组织构成，称为结缔组织鞘，与真皮组织无明显分界。毛根由数层含黑色素的角化上皮细胞构成。

（2）皮脂腺：位于毛囊与竖毛肌之间，为泡状腺。分泌部为实心的细胞团，外层细胞较小，染色较深，中心细胞体积大，多边形，胞质充满小脂粒，染色浅，胞核固缩或消失。导管短，由复层扁平上皮构成，与毛囊上皮相连。

（3）竖毛肌：位于毛发与皮肤所成的钝角侧，为一斜行的平滑肌束。它一端附于毛囊，另一端止于真皮乳头层。

四、实验报告

绘制皮肤表皮、真皮以及皮下组织，并注明相关结构。

实验三 全身骨和常用的骨性标志

一、实验目标

（一）掌握内容

1. 躯干骨的组成、形态结构。
2. 四肢骨的组成、形态结构。
3. 颅骨的名称和位置。
4. 全身常用的骨性标志（能够准确活体定位）。

（二）熟悉内容

骨的构造。

（三）了解内容

1. 骨的形态、分类、理化特性。
2. 颅的整体观和新生儿颅的形态特点。

二、实验材料

1. 人体骨骼标本。
2. 股骨、跟骨和顶骨剖面标本。
3. 新鲜的儿童股骨纵切标本。
4. 脱钙骨和煅烧骨标本。
5. 躯干骨和四肢骨标本。
6. 颅骨水平切和正中矢状切标本。
7. 新生儿颅标本。

三、实验内容与方法

（一）骨

1. 骨的分类：在人体骨骼标本上，辨认长骨、短骨、扁骨和不规则骨，观察它们的形态特点及分布。

2. 骨的外形与结构：

（1）取股骨及其纵切标本，区分长骨的骨干和骺，观察髓腔和两端的关节面。

（2）在股骨、跟骨和顶骨的剖面标本上，观察骨密质和骨松质的形态和分布形式。

（3）在新鲜的儿童股骨纵切标本上，观察骨膜的被覆情况、骨髓的分布及骺软骨的位置。

3. 骨的化学成分和物理特性：观察脱钙骨和煅烧骨的外形，比较它们的物理性状，总结骨的化学成分与物理性状的关系。

（二）躯干骨

1. 椎骨：在人体骨骼标本上，观察各椎骨的位置。

（1）在胸椎标本上，辨认椎体、椎弓、椎孔、横突、棘突、上下关节突和肋凹。

（2）观察椎管和椎间孔的组成和位置形态。

（3）选取寰椎、枢椎、隆椎、一般颈椎和腰椎，分别观察其形态特点。在活体上触摸隆椎棘突。

（4）在骶骨上观察岬、骶前后孔、耳状面、骶管、骶管裂孔和骶角。在活体上触摸骶角。

2. 胸骨：在胸骨标本上，辨认胸骨柄、胸骨体和剑突。在活体上触摸胸骨角和颈静脉切迹。

3. 肋骨：在肋骨标本上，区分前端、后端、内面和外面，辨认肋沟。

（三）上肢骨

1. 锁骨：在标本上观察锁骨形态，辨认两端。

2. 肩胛骨：区分肩胛骨的两面、三缘和三角。辨认肩胛冈、肩峰、冈上窝、冈下窝、关节盂。在人体骨骼标本上查看肩胛上、下角与肋骨的对应关系。

3. 肱骨：辨认肱骨头、解剖颈、大结节、小结节、结节间沟、外科颈、三角肌粗隆、桡神经沟、肱骨小头、肱骨滑车、内上髁、外上髁、鹰嘴窝和尺神经沟。

4. 尺骨：辨认鹰嘴、冠突、滑车切迹、骨间缘、尺骨头和尺骨茎突。

5. 桡骨：辨认桡骨头、桡骨颈、桡骨粗隆、骨间缘和桡骨茎突。

6. 手骨：观察 8 块腕骨的形态，注意掌骨及指骨的邻接关系。

（四）下肢骨

1. 髋骨：观察髂臼、髂嵴、髂前上棘、髂后上棘、髂结节、耳状面、弓状线、闭孔、坐骨结节、坐骨棘、坐骨大结节、坐骨小结节和耻骨结节等结构。

2. 股骨：辨认股骨头、股骨颈、大转子、小转子、臀肌粗隆、内侧髁和外侧髁。

3. 髌骨：对照人体骨骼标本，在活体上进行触摸。

4. 胫骨：观察胫骨内、外侧髁，胫骨粗隆及内踝。

5. 腓骨：辨认腓骨头和外踝。

6. 足骨：观察 7 块跗骨的形态，注意跖骨和趾骨的邻接关系。

对照人体骨骼标本，在活体上触摸锁骨、肩胛冈、肩峰、肩胛骨下角、肱骨大结节、内上髁、外上髁、尺神经沟、尺骨鹰嘴、尺骨头、尺骨茎突、桡骨茎突、髂嵴、髂前上棘、髂后上棘、髂结节、耻骨结节、坐骨结节、股骨大转子、髌骨、腓骨头、胫骨粗隆、内踝、外踝、跟骨结节和第 5 跖骨粗隆等。

（五）颅骨

1. 取颅的水平切和下颌骨、舌骨、颞骨等标本，观察各颅骨的形态在整颅中的位置。

2. 颅的顶面：观察冠状缝、矢状缝和人字缝的位置和形态。

3. 颅的侧面：由乳突向前，依次辨认外耳门、颧弓、颞窝及翼点。

4. 颅的前面：

（1）眶：辨认视神经管、眶上裂、眶下裂、眶上孔、眶下孔，观察它们各与何处相通。

（2）骨性鼻腔：观察梨状孔、鼻后孔、鼻中隔的位置。辨认外侧壁的上、中、下鼻甲和对应的鼻道，在上鼻甲的后上方寻找蝶筛隐窝。

（3）鼻旁窦：在颅的正中矢状切的标本上，观察各鼻旁窦的形态和位置。

5. 颅底内面：由前向后，依次区分颅前窝、颅中窝和颅后窝，观察辨认各窝内孔、裂、管等结构，同时注意它们在颅外的部位。

6. 颅底外面：辨认骨腭、枕骨大孔和枕外隆突等。

7. 新生儿颅：取新生儿颅标本，与成人进行比较，并辨认前囟、后囟。

对照标本，在活体上摸认颧弓、翼点、乳突、枕外隆凸、下颌角、舌骨等结构。

四、实验报告

1. 以长骨为例说明骨的构造。

2. 全身可摸到哪些骨性标志？有何临床意义？

实验四 骨连结

一、实验目标

（一）熟悉内容

1. 椎骨间的连结、脊柱的形态特点。

2. 骨盆的组成、分部及女性骨盆的特点。

（二）了解内容

1. 胸廓的形态特点。

2. 肩关节、肘关节、髋关节、膝关节、颞下颌关节的形态结构特点及功能。

二、实验材料

1. 人体骨骼标本。
2. 椎骨连结标本。
3. 脊柱标本。
4. 已切开关节囊的肩关节、肘关节、桡腕关节、髋关节、膝关节、踝关节标本。
5. 男、女性骨盆标本。

三、实验内容与方法

（一）脊柱

1. 椎骨的连结：取脊柱腰段正中矢状面标本，观察椎间盘、前纵韧带、后纵韧带、棘上韧带、棘间韧带和黄韧带，并观察关节突关节的位置及组成。

2. 脊柱整体观：在人体骨骼标本上或脊柱标本上进行观察。从前方观察椎体大小的变化，从后方观察棘突排列的方向及棘突之间距离大小的差异，从侧面观察四个生理弯曲的部位、方向及椎间孔的位置。

（二）胸廓

在人体骨骼标本上，观察胸廓的组成和形态、胸廓各骨的位置及肋前、后端的连结关系。在活体上触摸肋、肋间隙、肋弓等结构。

（三）上肢骨的连结

1. 肩关节：取肩关节标本，观察肩关节的组成，辨认肱二头肌长头腱及关节囊的薄弱部位。结合标本，验证肩关节的运动。

2. 肘关节：取肘关节标本，观察肘关节的组成。在活体上触摸肘关节在做屈伸运动时，肱骨内、外上髁和鹰嘴三点位置的变化关系。

3. 桡腕关节：取桡腕关节标本，观察它的组成，并结合活体触摸其运动。

（四）下肢骨的连结

1. 骨盆的连结：取骨盆标本，观察骶结节韧带和骶棘韧带，查看坐骨大、小孔的围成和耻骨联合的位置。观察骨盆的组成，大、小骨盆的分界，小骨盆上、下口的组成，耻骨弓的构成。比较男、女性骨盆的差异。

2. 髋关节：取髋关节标本，观察髋关节的组成、关节囊的厚薄，辨认髂股韧带和股骨头韧带。结合标本，验证髋关节的运动。

3. 膝关节：取膝关节标本，观察膝关节的组成、髌韧带和囊外韧带的位置，前后交叉韧带的位置，内、外侧半月板的位置和形态。结合标本，验证膝关节的运动。

4. 踝关节：在足关节标本上观察踝关节的组成。结合标本，验证踝关节的运动。

5. 足弓：在足关节标本上观察足弓的形态和维持足弓的韧带。

（五）颞下颌关节

取颞下颌关节标本，观察其组成、关节囊的结构特点及关节盘的形态。在活体上触摸颞下颌关节的运动。

四、实验报告

1. 列表比较肩关节与髋关节及肘关节与膝关节的组成、结构特点。
2. 从解剖学角度解释椎间盘突出症。
3. 男、女性骨盆在结构上有何区别?

实验五 全身肌和常用的肌性标志

一、实验目标

（一）掌握内容

常用的肌性标志、常选肌肉的注射部位。

（二）熟悉内容

躯干肌的肌间结构、头皮组成。

（三）了解内容

1. 肌的形态、构造和辅助结构。
2. 躯干肌、头颈肌、四肢肌群的名称、位置和功能。
3. 股三角的位置、境界和内容，腘窝的位置和境界。

二、实验材料

1. 股部的横切面标本。
2. 手的腱滑膜鞘标本或模型。
3. 躯干肌标本或模型。
4. 膈的标本或模型。
5. 腹壁横切标本。
6. 头颈肌标本或模型。
7. 上、下肢肌标本或模型。

三、实验内容与方法

（一）肌的分类、构造和辅助结构

1. 在躯干肌、头颈肌和上、下肢肌标本上，观察长肌、短肌、扁肌和轮匝肌的形态，辨认肌腹、肌腱和腱膜。

2. 取股部横切面标本，观察浅筋膜和深筋膜在结构和部位上的差别。

3. 取下肢肌标本，在臀大肌与股骨大转子之间，或臀大肌与坐骨结节之间查看壁薄而光滑的滑膜囊。

4. 取手的腱滑膜鞘标本或模型，观察腱鞘的结构。

（二）躯干肌

取躯干肌标本或模型观察。

1. 背肌：分别确认斜方肌和背阔肌的位置和形态。观察竖脊肌与棘突的位置关系和起止部位。

2. 胸肌：观察胸小肌的位置、形态。在活体上辨认胸大肌轮廓和触摸其下缘。在胸外侧壁，观察前锯肌和肋间肌的位置、形态，并区别肋间内、外肌。

3. 膈：结合膈的标本或模型观察其位置、形态，确认主动脉裂孔、食管裂孔和腔静脉孔的部位和通过的结构。

4. 腹肌：结合腹壁横切面标本观察腹外斜肌、腹内斜肌和腹横肌肌束的方向，腱膜和腹直肌鞘的关系。翻开腹直肌鞘的前层，观察腹直肌腱划的形态、位置、数目以及与腹直肌鞘前层的关系；确认腹直肌鞘后层的形态、弓状线的位置和弓状线以下的腹直肌与腹横筋膜的关系。辨认腹股沟韧带、腹股沟镰和提睾肌的位置、形态，观察腹股沟管的形态结构和内容物。

（三）头颈肌

取头颈肌标本或模型观察。

1. 面肌：辨认枕额肌的枕腹、额腹和帽状腱膜。在颅顶层次解剖标本上查看皮肤、浅筋膜、枕额肌与骨膜的连结关系。分别观察眼轮匝肌和口轮匝肌的位置和形态。

2. 咀嚼肌：观察咬肌和颞肌的位置。在上、下颌咬紧时，触摸其轮廓。

3. 胸锁乳突肌：检查它的起止点。在活体上触摸其轮廓，并转动头部感受其功能。

（四）上肢肌

取上肢标本或模型观察。

1. 肩肌：观察三角肌与肩关节的位置关系，寻找起止点。当肩关节外展时，在体表上进行触摸其轮廓。确认肩胛下肌、冈上肌和冈下肌各肌的位置。

2. 臂肌：观察肱二头肌和肱三头肌的位置，并寻找起止点。在前臂旋后并屈肘时，在活体上观察肱二头肌的轮廓，并在肘关节前方触摸其肌腱。

3. 前臂肌：在教师的指导下，辨认前臂各肌。观察前臂肌的肌腹和肌腱的位置，并寻找起止点，体会长肌的这种结构形式对前臂的影响。对照标本，用力屈肘时，在活体前臂观察肱桡肌肌腹的隆起；握拳屈腕时，在腕部辨认掌长肌肌腱、桡侧腕屈肌肌腱和尺侧腕屈肌肌腱的轮廓。

4. 手肌：观察手肌外侧群、内侧群的位置以及鱼际的形成。

（五）下肢肌

取下肢肌标本观察。

1. 髋肌：检查位于脊柱腰段外侧和髋关节前方的髂腰肌的起止点。观察臀大肌与臀部外形的关系，检查其起止点，寻认该肌上、下缘体表投影的骨性标志，指出臀大肌肌内注射的位置。观察臀中肌、臀小肌和梨状肌的位置以及相互之间的位置关系。

2. 股肌：观察缝匠肌、股四头肌、长收肌、耻骨肌的位置和起止点，确认髌韧带的位置，并在自己身上摸认髌韧带的轮廓。

在股前面的上部辨认围成股三角的结构，观察后群各肌与髋关节、膝关节的位置关系。

3. 小腿肌：辨认胫骨前肌、趾长伸肌、踇长伸肌以及构成小腿三头肌的腓肠肌和比目鱼肌，观察腓肠肌内、外侧头的位置，查看跟腱的形成和位置。对照标本，在活体上观察和触摸小腿三头肌的肌腹和肌腱以及与内踝的位置关系，在膝关节的后方检查腘窝的形成。

四、实验报告

1. 参与呼吸运动的主要肌有哪些？
2. 上、下肢可摸到哪些肌性标志？

实验六 消化系统及腹膜的大体解剖

一、实验目标

（一）熟悉内容

1. 消化系统的组成。
2. 咽、食管、胃、小肠和大肠各段的位置、形态。
3. 肝、胆囊的位置、形态和体表投影。

（二）了解内容

1. 胸部的标志线与腹部的分区。
2. 口腔的境界、恒牙的名称和排列、舌乳头和舌系带。
3. 胰的位置和形态。
4. 大网膜的位置和形态、小网膜的组成及通过的结构。
5. 腹膜形成的韧带、系膜和陷凹。

二、实验材料

1. 头颈部正中矢状面标本和模型。
2. 腹腔解剖标本和模型。
3. 盆腔正中矢状面标本和模型。
4. 消化系统各器官的标本和模型。

三、实验内容

1. 在活体上观察：口腔各壁的构成，牙冠和牙龈，舌乳头和舌系带，咽峡的围成。

2. 在头颈部正中矢状面标本和模型上观察咽的位置、分部和交通。

3. 在腹腔解剖标本上观察：胃的位置、形态和分部，十二指肠、空肠、回肠的位置和形态，盲肠、阑尾的位置和形态，盲肠和结肠的特征性结构、结肠的分部，肝、胆囊和胰的位置，肝外胆道的组成，脏腹膜和壁腹膜的区别，大网膜、小网膜、肠系膜及腹膜陷凹。

4. 在盆腔正中矢状面标本和模型上观察直肠的位置和弯曲。

5. 在离体消化系统解剖标本上观察：腮腺的位置及导管开口，腭扁桃体的位置，食管的三处狭窄，十二指肠大乳头，直肠和肛管内面的重要结构，进出肝门的结构。

四、实验报告

1. 自口裂到肛门，请按顺序详细叙述消化管各段的名称。
2. 给某患者插胃管时，你如何确定胃管到达食管的各个狭窄和胃腔？

实验七 消化系统的组织结构

一、实验目标

（一）熟悉内容

1. 食管、胃、小肠壁黏膜的组织结构特点。
2. 肝小叶的基本结构和肝门管区的三种管道。

（二）了解内容

1. 消化管的基本结构。
2. 胰的外分泌部和内分泌部。

二、实验材料

1. 食管切片（HE 染色）。
2. 胃底切片（HE 染色）。
3. 小肠切片（HE 染色）。
4. 肝、胰切片（HE 染色）。

三、实验内容

1. 在低倍镜下观察胃底切片，区分胃壁的四层结构，观察胃黏膜的上皮（单层柱状上皮）和胃底腺；在高倍镜下观察胃底腺，分辨出主细胞和壁细胞。

2. 在低倍镜下观察小肠切片，区分出小肠壁的四层结构，观察小肠绒毛；在高倍镜下观察小肠绒毛的上皮（单层柱状上皮），分辨出柱状细胞核和杯状细胞。

3. 在低倍镜下观察肝切片，区分肝小叶和肝门管区，辨认出中央静脉、肝索和肝血窦；在高倍镜下观察肝细胞形态结构，在肝血窦内辨认肝巨噬细胞。

4. 示教：胰岛和胰腺腺泡。

四、实验报告

绘制肝小叶，并注明以下结构：肝细胞、肝索、肝血窦、中央静脉。

实验八 呼吸系统

一、实验目标

（一）熟悉内容

1. 呼吸道组成及连通关系。
2. 喉的位置及组成，喉腔的形态分部。
3. 气管的位置及形态，左、右主支气管的形态特点。
4. 肺的位置、形态和分叶。

（二）了解内容

1. 鼻腔的分部和形态。
2. 肺的体表投影。
3. 胸膜的组成。
4. 气管和肺的组织结构。

二、实验材料

1. 呼吸系统概观标本或模型。
2. 头颈部正中矢状面标本。
3. 喉标本或模型。
4. 喉软骨标本或模型。
5. 气管、主支气管和肺标本或模型。
6. 气管切片和肺切片（HE 染色）。
7. 胸腔解剖标本。
8. 纵隔模型。
9. 电化教具：肺泡图片、气血屏障图片、液晶投影仪、电脑等。

三、实验内容

1. 在呼吸系统概观模型上观察呼吸系统组成。
2. 在头颈部正中矢状面和鼻腔模型上观察鼻腔结构、鼻道及鼻旁窦位置与开口。
3. 在喉标本和喉腔模型上观察喉的位置、喉软骨、喉口、前庭襞、声襞、喉腔的形态和位置。
4. 在气管及主支气管标本上观察气管的位置、形态，左、右主支气管的形态特点。
5. 在胸腔解剖模型、支气管树模型和肺标本上观察肺的形态位置，左、右肺的形态特点，支气管的结构。
6. 在胸腔解剖模型和纵隔标本上观察胸膜分部及胸膜腔组成，观察胸膜下界与肺下界的位置关系。

7. 光镜下观察气管横切片，分辨出管壁的三层结构，管壁黏膜的结构特点、黏膜下层里的气管腺及外膜内的透明软骨。

8. 光镜下观察肺切片，分辨出细支气管、呼吸性细支气管、肺泡管、肺泡的形态特点。

9. 示教：

（1）肺泡结构图片。

（2）气－血屏障图片。

四、实验报告

1. 高倍镜下绘制肺的组织结构图，注明以下结构：呼吸性细支气管、肺泡管、肺泡囊和肺泡隔。

2. 鼻旁窦与鼻腔是何关系？鼻炎时会影响到鼻旁窦吗？

实验九 泌尿系统

一、实验目标

（一）掌握内容

1. 泌尿系统的组成。
2. 肾的位置、形态、被膜。
3. 膀胱的形态、位置和毗邻，膀胱三角。
4. 肾皮质的组织结构。

（二）熟悉内容

1. 肾的剖面结构。
2. 输尿管的分部、狭窄及意义。
3. 女性尿道的特点。

（三）了解内容

1. 输尿管的起止、行程。
2. 膀胱与腹膜的关系。

二、实验材料

1. 男、女性泌尿生殖系统概观标本及模型。
2. 腹膜后间隙的器官标本。
3. 离体肾、肾的剖面结构标本及模型。
4. 通过肾中部横切面的腹膜后间隙器官标本。
5. 男、女性骨盆腔正中矢状切面标本及模型。
6. 离体膀胱标本及模型。
7. 肾组织切片（HE 染色）。

三、实验内容

1. 取男、女性泌尿生殖系统概观标本及模型，观察泌尿系统的组成及各器官的连续关系。

2. 取离体肾和腹膜后间隙的器官标本或模型，观察肾的位置和形态，在观察中比较左、右肾的位置及各自与第 12 肋的关系；观察肾门的位置，肾门的体表投影；观察输尿管的起止、行程、分部及三个狭窄所在的部位；观察膀胱的位置。

3. 取通过肾中部横切面的腹膜后间隙器官标本，观察肾的三层被膜。

4. 取肾的冠状切面标本，观察肾的剖面结构，辨认肾皮质和肾髓质，辨认肾窦及内容物，注意肾盂与肾大盏和肾小盏的连属关系。

5. 取男、女性骨盆腔正中矢状切面标本及模型，观察膀胱与腹膜的关系，男、女性膀胱毗邻的差异；观察女性尿道的走行、毗邻、形态特点和尿道开口的位置。

6. 取膀胱的冠状切面标本，观察膀胱黏膜的形态及膀胱三角的位置，辨认输尿管口和尿道内口。

7. 光镜下观察肾切片（HE 染色），辨认肾皮质中肾小体、肾近曲小管和肾远曲小管；辨认肾髓质中的近端小管直部、细段，远端小管直部和集合管的断面。

四、实验报告

1. 高倍镜下绘制肾皮质结构图，注明以下结构：肾血管球、肾小囊壁层、肾小囊腔、近端小管曲部和远端小管曲部。

2. 在肾的剖面上能见到哪些结构？

实验十 生殖系统

一、实验目标

（一）掌握内容

1. 男、女性生殖器官的组成。
2. 男性尿道的分部、狭窄和弯曲部位。
3. 输卵管的位置、形态和分部。
4. 子宫的位置、形态和分部。

（二）熟悉内容

1. 睾丸的位置、形态。
2. 前列腺的位置。
3. 卵巢的位置、形态。

（三）了解内容

1. 附睾的位置、形态，输精管的行程和射精管的组成。
2. 精液的组成和排出途径。

3. 阴囊和阴茎的位置和构成。
4. 阴道的位置、形态和毗邻。
5. 乳房的形态、位置和结构。
6. 广义会阴和狭义会阴。
7. 睾丸、卵巢及子宫的微细结构。

二、实验材料

1. 男、女性生殖器官概观标本。
2. 男、女性生殖器官离体标本和模型。
3. 男、女性盆腔正中矢状面标本和模型。
4. 睾丸、附睾标本及睾丸剖开标本和模型。
5. 女性盆腔标本。
6. 女性内生殖器解剖标本。
7. 女阴标本。
8. 女性乳房解剖标本和模型。
9 男、女性会阴解剖标本和模型。
10. 睾丸切片、卵巢切片、子宫壁切片（HE 染色）。

三、实验内容

1. 在男性生殖器官的概观和离体标本上观察睾丸和附睾的形态和位置，辨认睾丸的剖面结构和附睾的三部分。

2. 在男性生殖器官的概观和离体标本或模型上观察输精管的行程，精索的位置和组成，射精管的组成，前列腺的形态、位置，精囊和尿道球腺的位置。

3. 在男性盆腔正中矢状面标本和模型上观察阴囊的位置，阴茎的构成，男性尿道的起止、行程、分部、三个狭窄和两个弯曲。

4. 在女性盆腔正中矢状面标本、女性内生殖器解剖标本和女性盆腔标本上观察卵巢的位置、形态及与子宫阔韧带的关系，输卵管的形态、位置和分部，子宫的位置、形态、分部、子宫内腔及子宫的固定装置，阴道的位置、形态、毗邻及阴道穹后部与直肠子宫陷凹的位置关系。

5. 在女阴标本上观察阴阜、大阴唇、小阴唇、阴蒂、阴道前庭的位置。注意尿道外口与阴道口的位置关系。

6. 在女性乳房解剖标本和模型上观察成年女性乳房的形态和结构。

7. 在男、女性会阴解剖标本和模型上观察狭义会阴和广义会阴。

8. 示教：睾丸、卵巢和子宫壁的组织结构。

四、实验报告

1. 低倍镜下绘制卵巢皮质的生长卵泡，并注明以下结构：初级卵母细胞、透明带、放射冠、卵泡腔、卵泡壁。

2. 男性和女性尿道有何区别？插导尿管时应如何把握尿道特点？

实验十一 心的大体解剖

一、实验目标

（一）熟悉内容

1. 心脏的位置、毗邻和活体定位。
2. 心脏的外形和心腔内部结构。
3. 心传导系统的组成。

（二）了解内容

1. 心的血管。
2. 纤维心包、浆膜性心包的壁层、脏层和心包腔。

二、实验材料

1. 胸腔的解剖标本。
2. 心离体标本和模型。
3. 心腔的解剖标本。

三、实验内容

1. 在胸腔标本上观察并说出心脏的位置及毗邻。在活体结合心体表投影给心脏定位。

2. 在心的离体标本或模型上辨认如下结构：心尖、心底、胸肋面、膈面、心的三缘、冠状沟、前室与后室间沟、右心房上腔静脉口和下腔静脉口、冠状窦和冠状窦口、卵圆窝、右房室口和三尖瓣、腱索和乳头肌、肺动脉和肺动脉口、肺动脉瓣、左心房肺静脉口、左房室口和二尖瓣、主动脉和主动脉口、主动脉瓣、房间隔和室间隔、窦房结、房室结、房室束及分支、左冠状动脉及前室间支与旋支、右冠状动脉及后室间支。

3. 示教：

（1）心的位置及毗邻。

（2）心的结构。

（3）心的活体定位。

四、实验报告

1. 心的位置和体表定位怎样？在体表如何确定心尖的位置？
2. 请按血流方向简述心各腔的出入口、瓣膜及有关结构。

实验十二 全身动脉配布

一、实验目标

（一）掌握内容

1. 主动脉起始、行程和分部。
2. 全身可触及搏动的动脉及其止血部位。
3. 测量血压时听诊用的动脉和切脉的动脉。

（二）熟悉内容

头颈、上肢、胸部、腹部、盆部和下肢动脉主干的名称、行程及其主要分支分布。

二、实验材料

1. 躯干后壁的动脉标本。
2. 头颈部、上肢的动脉标本。
3. 胸腔和腹腔的血管标本。
4. 盆部和下肢的动脉标本。
5. 人体半身模型、骨架上的动脉模型。

三、实验内容

1. 在全身血管标本或模型上寻找各部动脉主干和主要分支。点认如下结构：

（1）肺循环：肺动脉干、动脉韧带、肺静脉。

（2）体循环主干：升主动脉、主动脉弓、降主动脉、胸主动脉、腹主动脉、头臂干（无名动脉）、左颈总动脉、左锁骨下动脉。

（3）头颈部：颈内动脉、颈外动脉、颈动脉窦、颈动脉体、甲状腺上动脉、面动脉、颞浅动脉、上颌动脉。

（4）上肢：椎动脉、甲状腺下动脉、腋动脉、肱动脉、桡动脉、掌浅弓。

（5）胸、腹、盆部：肋间后动脉、腰动脉、肾动脉、睾丸（或卵巢）动脉、腹腔干、肠系膜上动脉、肠系膜下动脉、髂总动脉、髂内动脉、髂外动脉。

（6）下肢：股动脉、腘动脉、胫前动脉、胫后动脉、足背动脉。

2. 在自身活体上触摸常用的压迫止血、切脉、测量血压时听诊的动脉。

3. 示教：

（1）在血管标本模型上点出各部动脉主干和主要分支。

（2）在活体上触摸常用的压迫止血、切脉、测量血压时听诊的动脉。

四、实验报告

1. 绘制一张人体动脉分布图，并注明全身主要动脉的名称。
2. 从体表可触摸到哪些动脉搏动？

实验十三 全身静脉和淋巴器官

一、实验目标

（一）熟悉内容

1. 上腔静脉系的组成，上腔静脉的位置、重要属支的名称及收集范围。
2. 下腔静脉系的组成，下腔静脉的位置、重要属支的名称及收集范围。
3. 肝门静脉的组成，主要属支的名称和收集范围。
4. 胸导管的起始、行程和注入部位。
5. 全身各主要淋巴结群的位置。

（二）了解内容

1. 脾和胸腺的位置。
2. 淋巴结、脾和胸腺的组织结构。

二、实验材料

1. 胸腔的解剖标本。
2. 全身浅淋巴结和静脉标本。
3. 胸导管和右淋巴导管标本。
4. 肝门静脉瓶装标本。
5. 脾、胸腺的在体和离体标本。
6. 淋巴结、脾和胸腺切片（HE 染色）。
7. 模型：全身浅静脉和浅淋巴结，肝门静脉与上、下腔静脉吻合。

三、实验内容

1. 在全身血管标本（或）模型上观察并点认如下结构：

（1）上腔静脉系：上腔静脉、头臂静脉、颈内静脉、静脉角、颈外静脉、面静脉、锁骨下静脉、头静脉、贵要静脉、肘正中静脉、手背静脉网、奇静脉。

（2）下腔静脉系：下腔静脉、睾丸（卵巢）静脉、肾静脉、肝静脉、髂总静脉、髂外静脉、股静脉、大隐静脉、小隐静脉、足背静脉网。

（3）肝门静脉、肠系膜上静脉、脾静脉、肠系膜下静脉。

2. 淋巴系：乳糜池、胸导管、右淋巴导管、锁骨上淋巴结、腋淋巴结群、腹股沟浅淋巴结、脾、脾门、脾切迹；在活体说出脾的位置、胸腺的位置。

3. 光镜下观察淋巴结、脾和胸腺组织切片，分辨出其特征性结构。

4. 示教：

（1）在血管标本模型上点出各部静脉主干和主要属支。

（2）在模型上点出肝门静脉系统。

（3）在标本上点出各淋巴器官、淋巴结（群）。

四、实验报告

1. 绘制淋巴结组织结构，并注明以下结构：被膜、淋巴小结、副皮质区、髓索、髓窦。
2. 自头静脉注射的药物经何途径到达阑尾？

实验十四 ▶▶ 脊髓、脑干和小脑

一、实验目标

（一）掌握内容

1. 脊髓的位置。
2. 脑干的组成。
3. 小脑扁桃体的位置及意义。

（二）熟悉内容

1. 脊髓的外形与内部结构。
2. 脑干形态。
3. 小脑位置、外形。

（三）了解内容

脑干、小脑的内部结构。

二、实验材料

1. 中枢神经系统挂图。
2. 脊髓、脑干、小脑的标本和模型。

三、实验内容

1. 在脊髓标本、模型上观察脊髓的位置和外形。
2. 在脊髓横断面模型上观察、理解脊髓的内部结构。
3. 在脑干的标本和模型上观察延髓、脑桥和中脑的位置和外形。
4. 在脑神经核模型上观察、理解脑干的内部结构。
5. 在小脑的标本或模型上观察小脑蚓、小脑半球和小脑扁桃体。

四、实验报告

1. 成人腰椎穿刺的最佳进针部位应在哪里？
2. 试述脑干的组成及脑神经根附着部位。

实验十五 间脑、端脑、脑和脊髓的被膜、血管、脑脊液

一、实验目标

（一）掌握内容

1. 端脑的分叶、重要的沟和回。
2. 内囊的位置与分部。
3. 脑和脊髓的血管、硬膜外隙和蛛网膜下隙。

（二）熟悉内容

1. 间脑的位置与组成。
2. 基底核的组成。
3. 脑和脊髓的三层被膜。
4. 脑脊液产生的部位、作用及其循环途径。

（三）了解内容

大脑半球的功能区。

二、实验材料

1. 脑正中矢状切面标本和模型。
2. 脑干模型。
3. 脑水平面标本和模型。
4. 硬脑膜标本。
5. 脑和脊髓的被膜、血管模型与挂图。

三、实验内容

1. 在脑干模型上观察理解间脑的分部。
2. 在端脑的标本和模型上观察端脑的外形、分叶和主要的沟与回，并点出大脑皮质功能区。
3. 在脑的水平面标本和模型上观察基底核、纹状体和内囊等。
4. 在脑和脊髓被膜的挂图、模型上观察脑和脊髓的三层被膜，指出硬膜外隙、蛛网膜下隙、大脑镰和小脑幕。
5. 在脑和脊髓的血管的挂图、标本、模型上观察脑和脊髓的血管。
6. 在脑正中矢状切标本、模型上观察脑脊液产生的部位和循环途径。

四、实验报告

1. 大脑半球各脑叶有哪些重要的脑沟与脑回？
2. 简述脑脊液的产生及其循环途径。

实验十六 周围神经系统

一、实验目标

（一）掌握内容

1. 颈丛的位置、膈神经的走行及分布。
2. 臂丛的位置，肌皮神经、正中神经、尺神经、桡神经和腋神经的走行及分布。
3. 腰丛的位置，股神经、闭孔神经的走行及分布。
4. 骶丛的位置，坐骨神经的走行、分支与分布。
5. 12 对脑神经的名称、性质。
6. 自主神经的概念和结构特点。

（二）熟悉内容

1. 脊神经的组成、分支和纤维成分。
2. 胸神经前支的走行与分布特点。

（三）了解内容

1. Ⅰ、Ⅱ、Ⅲ、Ⅳ、Ⅴ、Ⅵ、Ⅷ、Ⅺ、Ⅻ对脑神经的走行及分布。
2. 交感神经与副交感神经的结构。

二、实验材料

1. 脊髓横切面模型和标本。
2. 切除椎管后壁带有脊神经根的标本。
3. 头颈、上肢、下肢神经标本。
4. 脑模型和标本。
5. 三叉神经模型和标本。
6. 迷走神经、膈神经模型和标本。
7. 内脏神经模型和标本。

三、实验内容

1. 在脊髓横切面标本模型上观察脊神经的前根、后根及前、后支。
2. 在切除椎管后壁带有脊神经根的标本上观察脊神经的组成及各神经丛的组成。
3. 利用上、下肢神经标本和模型观察上、下肢主要神经的走行和分布范围。
4. 利用脑模型、标本观察 12 对脑神经的连脑部位。
5. 在三叉神经、迷走神经和膈神经的模型或标本上观察三条神经的起始、走行和分布。
6. 在眼眶模型或标本上观察动眼神经、滑车神经、眼神经、展神经的走行和分布。
7. 在内脏神经概观模型上观察交感神经和副交感神经的低级中枢部位，交感神经节、副交感神经节的位置和节后纤维的分布情况。

四、实验报告

1. 列表说明颈丛膈神经，臂丛正中神经、尺神经、桡神经，胸神经前支，腰丛股神经，骶丛坐骨神经支配的肌名称。

2. 列表归纳分布于眼、舌、面部皮肤、咀嚼肌和面肌的神经。

实验十七 内分泌器官

一、实验目标

（一）掌握内容

1. 内分泌系统的组成。
2. 甲状腺的形态、位置。
3. 甲状腺的组织结构。

（二）熟悉内容

1. 肾上腺的形态、位置。
2. 垂体的形态、位置。
3. 肾上腺的组织结构。

（三）了解内容

1. 甲状旁腺的形态、位置。
2. 垂体的组织结构。

二、实验材料

1. 颈部的解剖标本。
2. 显示全身内分泌腺的童尸标本。
3. 游离的喉连气管颈段与甲状腺解剖标本。
4. 腹膜后间隙的器官标本。
5. 头部正中矢状切面标本。
6. 甲状腺、肾上腺、垂体组织切片（HE 染色）。

三、实验内容

1. 在显示全身内分泌腺的童尸上观察内分泌系统的组成、各内分泌腺的位置。
2. 在颈部的解剖标本上观察甲状腺的位置和外形。
3. 利用游离的喉连气管颈段与甲状腺解剖标本，在甲状腺侧叶后方寻找甲状旁腺。
4. 在腹膜后间隙的器官标本上观察两肾上腺的位置，左、右肾上腺形态上的区别。

5. 利用头部正中矢状切面标本，观察垂体、松果体的形态和位置。
6. 光镜下观察甲状腺组织结构，辨认甲状腺滤泡、滤泡旁细胞。
7. 光镜下观察肾上腺组织结构，寻认肾上腺皮质球状带、束状带和网状带及肾上腺髓质。
8. 示教垂体的组织结构。

四、实验报告

1. 绘制甲状腺组织结构图，并注明以下结构：滤泡上皮细胞、滤泡腔、滤泡旁细胞。
2. 简述甲状腺、肾上腺和垂体的形态和位置。

实验十八 感觉器官

一、实验目标

（一）熟悉内容

1. 眼球壁的层次、分部及形态特点。
2. 眼球内容物的组成及形态特点。
3. 外耳的组成、外耳道的形态，幼儿外耳道、咽鼓管的特点。

（二）了解内容

1. 眼副器的组成和功能，眼外肌的名称、作用。
2. 前庭蜗器的组成和各部的作用。

二、实验材料

1. 眼球模型。
2. 眼外肌放大模型。
3. 耳的模型。
4. 听小骨标本和放大模型。
5. 内耳模型。
6. 电化教具：眼球壁分层图片、视网膜感光细胞图片、膜迷路图片、液晶投影仪、电脑等。

三、实验内容

1. 在眼球模型上观察眼球的组成、外形，眼球壁的组成、结构，眼球内容物的组成、位置及形态结构。

2. 在眼外肌放大模型上观察眼球外肌，根据肌的位置走行体会其作用。

3. 在活体上观察上睑、下睑、睑缘、睫毛、内眦、外眦、泪点、结膜上穹、结膜下穹。转动眼球，体会眼球的运动和眼球外肌的作用。

4. 在耳的模型上观察耳郭的形态，外耳道分部及弯曲，鼓膜的外形及位置。

5. 观察听小骨的形态及位置。
6. 在内耳模型上观察骨迷路和膜迷路的形态、分部及相互位置关系。
7. 示教：
（1）眼球壁分层图片。
（2）视网膜感光细胞图片。
（3）膜迷路图片。

四、实验报告

1. 绘制眼球水平切面图，注明相应结构。
2. 从解剖结构上描述声波传导途径。

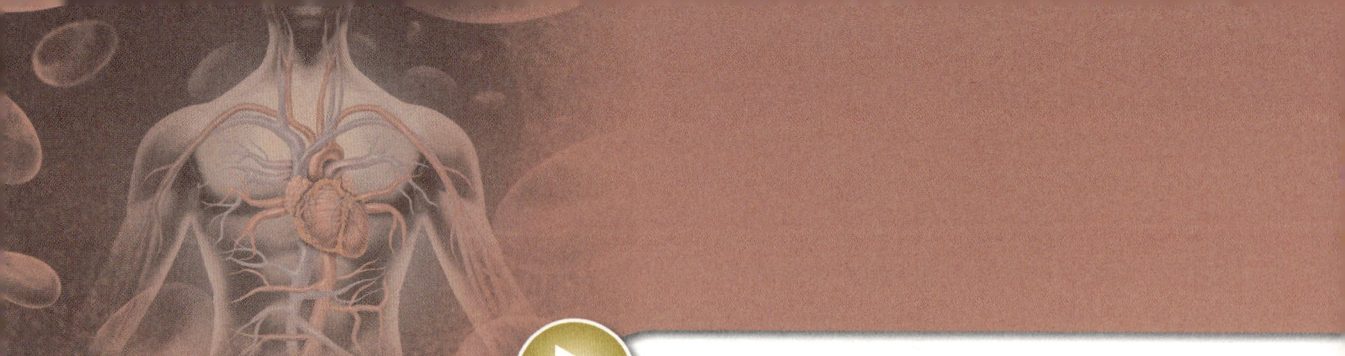

参考文献

[1] 柏树令，成大军．系统解剖学［M］.8 版．北京：人民卫生出版社，2013.

[2] 傅文学，桂勤，胡小和．人体解剖学与组织胚胎学［M］．北京：科学出版社，2013.

[3] 白咸勇，谌宏鸣．组织学与胚胎学［M］．北京：科学出版社，2007.

[4] 傅玉峰，余寅．人体解剖学与组织胚胎学［M］．北京：科学出版社，2015.

[5] 林乃祥，徐纪勇．人体解剖组织学［M］.2 版．南京：江苏教育出版社，2014.

[6] 张江涛，刘啟蒙，谯时文．人体解剖与组织胚胎学［M］．西安：第四军医大学出版社，2010.

[7] 林乃祥．护理应用解剖学［M］．北京：人民卫生出版社，2007.

[8] 杨壮来，牟兆新．人体结构学［M］.2 版．北京：人民卫生出版社，2011.

[9] 苏传怀，姚玉琴．人体解剖学［M］．2 版．南京：东南大学出版社，2011.

[10] 任晖，袁耀华．解剖学基础［M］．3 版．北京：人民卫生出版社，2015.

附录 人体结构课程标准

课时数：108 （理论学时：72，实践学时：36）； 学分：7

适用专业：五年制高职护理

后续课程：人体功能、病原生物与免疫、人体病理基础等

一、前言

（一）课程性质

人体结构课程是江苏省五年制高职护理专业设置的一门专业平台课程，也是专业基础课程。其任务是：通过学习使学生获得有关正常人体的形态、结构等基本知识和基本理论，掌握本课程相关实践操作的基本技能，逐渐培养学生良好的职业素质和职业操守，为学习其他护理基础课程和护理专业课程起到基础铺垫作用。

（二）设计思路

本课程是依据江苏联合职业技术学院五年制高职护理专业人才培养方案设置的。其设计思路是：以高职护理专业培养目标为核心，以护理职业能力为本位，以职业需要为主线，挖掘教材内容，找出与护理专业结合的切入点，突出护理特色，突出专业特点。构建单元模块化课程体系，本着“必需、够用”的原则，合理设置人体结构课程内容。教学中运用多元化的教学手段和方法，引导学生将正常人体结构的理论知识与临床护理知识联系起来，将理论学习与实践观察联系起来，将观察标本、模型与观察活体结合起来，教、学、做一体化，突出学生的主体地位。教学效果评价采取过程评价与结果评价相结合的方式，通过理论与实践相结合，重点评价学生的职业能力。

本课程在第一、二学期开设。总课时数为 108 学时。其中，理论 72 学时，实验 36 学时。理论与实验学时之比为 2 ：1 。

单元模块	学时		
	理论	实践	合计
1. 绪论	2	0	2
2. 细胞	2	0	2
3. 基本组织	6	2	8

单元模块	学时		
	理论	实践	合计
4. 皮肤	1	1	2
5. 运动系统	8	8	16
6. 消化系统	10	4	14
7. 呼吸系统	5	2	7
8. 泌尿系统	4	2	6
9. 生殖系统	6	2	8
10. 脉管系统	12	6	18
11. 神经系统	10	6	16
12. 内分泌系统	2	1	3
13. 感觉器官	4	2	6
合　计	72	36	108

二、课程目标

根据本专业培养目标要求，按照知识、能力、素质三个维度的分析方法，概括出本课程的目标如下：

（一）知识目标

1. 掌握人体的组成、分部，说出人体各系统器官的名称、位置。
2. 熟悉人体各系统器官的主要形态结构。
3. 了解正常人体的组织结构。
4. 理解人体是统一有机整体的含义。

（二）技能目标

1. 能在标本、模型和活体上指认全身常用骨性标志、肌性标志、肌注部位，并指出主要血管、神经的名称和位置；熟悉一些与临床护理有关的检查、操作、定位方法和实验技能。
2. 能观察辨认人体重要器官的位置、形态及毗邻关系。
3. 能利用已掌握的解剖学知识，分析、解释一些生活现象和临床问题。

（三）素质目标

1. 树立辩证唯物主义的观点，坚持学以致用的目的。
2. 遵守医学生行为规范，初步形成良好的护理职业道德。
3. 培养刻苦学习的意志、严谨求实的科学态度、团结协作的互助精神及爱护标本、实验仪器的良好品德。

三、课程内容和要求

序号	课程模块（或单元、章节）	课程内容及要求	活动与建议	参考课时	
				理论	实践
1	绪论	1. 了解人体结构的定义及其在护理科学中的地位 2. 了解、学习人体结构的基本观点和方法 3. 了解人体的组成，组织、器官、系统的概念，熟悉人体的分部 4. 会做人体解剖学姿势，掌握解剖学常用的方位术语	多媒体授课 启发式教学	2	
2	细胞	1. 了解细胞的形态和基本结构 2. 归纳细胞质中各细胞器的功能 3. 了解细胞核的结构	多媒体授课 启发式教学	2	
3	基本组织	1. 熟悉上皮组织一般结构特点、分类、功能，各类被覆上皮的结构特点与功能 2. 了解被覆上皮分类、分布；腺上皮和腺的概念，腺的分类；上皮细胞的特殊结构特点与功能 3. 镜下观察各类被覆上皮形态 4. 熟悉结缔组织一般结构特点、分类、功能，疏松结缔组织的主要细胞、纤维及其功能 5. 掌握血浆的概念，血细胞的形态、结构和功能 6. 了解致密结缔组织、脂肪组织、网状组织的组成和分布，软骨组织、软骨的结构和分类，骨组织的一般结构 7. 镜下观察疏松结缔组织、各类血细胞 8. 了解肌组织的一般结构特点、分类、分布 9. 熟悉骨骼肌、心肌、平滑肌的一般结构及功能特点 10. 镜下识别骨骼肌、心肌、平滑肌 11. 掌握神经元的形态结构和分类，突触及其结构 12. 熟悉神经纤维的结构特点和分类 13. 了解神经末梢及其分类 14. 镜下绘制多极神经元的形态结构 实验 1：基本组织	多媒体授课 启发式教学 小组讨论 光镜示教	6	2
4	皮肤	1. 熟悉皮肤的结构 2. 了解皮下组织及皮肤的附属结构 3. 会在镜下观察皮肤的构造 实验 2：皮肤	多媒体授课 启发式教学 小组讨论 光镜示教	1	1
5	运动系统	1. 熟悉运动系统的组成和功能，骨的构造 2. 了解骨的形态、分类、理化特性，全身骨的名称、一般形态、位置，颅的整体观和新生儿颅的特征 3. 掌握全身常用的骨性标志（能够准确活体定位） 4. 熟悉关节的基本结构与辅助结构，椎骨间的连结、脊柱的整体观，骨盆的组成、分部、女性骨盆的特点 5. 了解胸廓的整体观，肩关节、肘关节、髋关节、膝关节、颞下颌关节的结构特点和功能 6. 了解肌的形态、构造、起止、配布规律、辅助结构，躯干肌、头颈肌、四肢肌群的名称、位置和功能 7. 熟悉躯干肌的肌间结构、头皮组成 8. 指出常选肌肉的注射部位及临床意义 实验 3：全身骨和常用的骨性标志（能够准确活体定位） 实验 4：骨连结 实验 5：全身肌和常用的肌性标志	多媒体授课 理实一体化教学 示教观察、分组观察、活体观察 案例分析讨论	8	8

<table>
<tr><th rowspan="2">序号</th><th rowspan="2">课程模块（或单元、章节）</th><th rowspan="2">课程内容及要求</th><th rowspan="2">活动与建议</th><th colspan="2">参考课时</th></tr>
<tr><th>理论</th><th>实践</th></tr>
<tr><td>6</td><td>消化系统</td><td>1. 掌握消化系统的组成，上、下消化道的概念；咽的位置、沟通关系、分部及各部主要结构名称；食管三个狭窄的位置及其临床意义；阑尾根部的体表投影
2. 熟悉腹部的分区，口腔的境界、分部，胃的位置、形态、分部、组织结构特点，直肠的弯曲、肛管的结构
3. 了解牙的一般形态、构造、牙周组织；舌的一般形态、结构；三对大唾液腺的名称、位置，腺管开口部位；小肠的位置、分部、组织结构特点；大肠的分部、各部位置
4. 学会观察和辨认消化管各段的位置、形态和分部
5. 学会镜下观察胃、小肠黏膜结构
6. 掌握肝的位置，胆囊底的体表投影
7. 熟悉肝的形态，肝的组织结构，输胆管道的组成、胆汁排出的途径，胰的位置
8. 了解胰的形态及组织结构
9. 学会观察和辨认肝、胰的大体结构
10. 学会观察肝、胰的组织结构
11. 熟悉腹膜与腹膜腔的概念
12. 了解腹膜与脏器的关系，腹膜形成的结构
13. 掌握腹膜陷凹
14. 学会辨认腹膜所形成的结构
实验 6：消化系统及腹膜的大体解剖
实验 7：消化系统的组织结构</td><td>多媒体授课
启发式教学
标本、模型观察，光镜示教
案例分析讨论</td><td>10</td><td>4</td></tr>
<tr><td>7</td><td>呼吸系统</td><td>1. 掌握呼吸系统的组成和功能，上、下呼吸道的概念；喉腔的分部、喉腔黏膜的特点；气管的位置，左、右主支气管的形态区别
2. 熟悉鼻出血区；鼻旁窦的名称、位置，鼻旁窦的开口；气管切开的部位
3. 了解鼻腔的分部、鼻道形态、鼻腔黏膜的特点；气管和主支气管的组织结构
4. 学会观察呼吸道各段形态，并能活体定位
5. 熟悉肺的位置、形态和分叶，肺小叶、呼吸膜
6. 了解肺组织的组成
7. 学会观察肺的大体形态结构
8. 学会观察肺的光镜结构
9. 掌握胸膜、胸膜腔、肋膈隐窝
10. 熟悉壁胸膜下界与肺下缘的体表投影，并能活体定位
11. 了解纵隔的概念和分区
实验 8：呼吸系统</td><td>多媒体授课
启发式教学
标本、模型观察，光镜示教
案例分析讨论</td><td>5</td><td>2</td></tr>
<tr><td>8</td><td>泌尿系统</td><td>1. 掌握泌尿系统的组成和功能
2. 了解肾的形态、位置、被膜，肾的血液循环特点
3. 熟悉肾的剖面构造，肾单位、滤过膜、球旁复合体
4. 熟悉输尿管的分段、狭窄，膀胱的位置、毗邻，膀胱壁的构造，膀胱三角，女性尿道的特点
5. 了解输尿管的起止、走行，膀胱与腹膜的关系
6. 学会观察辨认泌尿系统各器官标本
7. 学会镜下观察肾的组织结构
实验 9：泌尿系统</td><td>多媒体授课
启发式教学
标本、模型观察
案例分析讨论</td><td>4</td><td>2</td></tr>
</table>

序号	课程模块（或单元、章节）	课程内容及要求	活动与建议	参考课时	
				理论	实践
9	生殖系统	1. 熟悉男性生殖器的组成，前列腺的形态、位置 2. 了解睾丸的形态、位置，输精管的行程和分部，附属腺、外生殖器 3. 掌握男性尿道的分部、狭窄、弯曲和临床意义 4. 熟悉女性生殖器的组成，输卵管的位置、形态和分部，子宫的形态、分部、位置 5. 了解卵巢的形态、位置和组织结构，阴道的位置、形态、阴道后穹，乳房的位置、形态、构造，会阴、狭义会阴 6. 学会观察卵巢、输卵管和子宫的位置、形态、分部 实验 10：生殖系统	多媒体授课 启发式教学 标本、模型观察，光镜示教 案例分析讨论	6	2
10	脉管系统	1. 掌握心血管系统的组成、血液循环的途径；心的位置、外形，心尖体表投影的位置；临床常用的压迫止血的动脉主干和测量血压、切脉的动脉的名称和部位；临床穿刺常用静脉的名称、位置 2. 熟悉心腔的形态、结构，心传导系统的组成，血管的组织结构特点，头颈部、上肢、下肢的动脉主干名称、位置，上腔静脉系的组成、收集范围、主要属支，肝门静脉的组成、属支、收集血液的范围、血流的去路、侧支循环 3. 了解心的血管、心包、心的体表投影，胸、腹、盆部的动脉分布，下腔静脉系的组成、收集范围、主要属支 4. 学会观察和辨认心和心的血管标本、模型，并能活体定位 5. 学会观察和辨认全身主要血管标本，寻找全身动脉压迫止血的位置，静脉输液常用的血管的行程及临床护理意义 6. 熟悉淋巴系统的组成，胸导管的位置、收集范围及注入部位，脾的位置、形态 7. 了解淋巴管道；淋巴结、脾的组织结构与功能，浅表淋巴结群的名称和位置 8. 学会镜下观察淋巴器官组织结构 实验 11：心的大体解剖 实验 12：全身动脉配布 实验 13：全身静脉和淋巴器官	多媒体授课 启发式教学 板图教学 标本、模型观察，分组观察，活体观察 案例分析讨论	12	6

序号	课程模块（或单元、章节）	课程内容及要求	活动与建议	参考课时	
				理论	实践
11	神经系统	1. 熟悉神经系统的组成，脊髓的位置、外形、内部结构、功能，脑干、小脑、间脑的位置和组成，内囊，脑和脊髓的被膜，脑脊液产生的部位、作用及其循环 2. 了解神经系统的常用术语，脑干、小脑、间脑、端脑的外形，脑干、小脑、间脑的内部结构和功能，大脑半球的功能区、纹状体，脑和脊髓的血管 3. 学会辨认脊髓、脑干、小脑、间脑的外形，指出端脑的分叶、大脑皮质的重要机能定位区 4. 熟悉脊神经的组成和分支、纤维成分，自主神经的概念和结构特点 5. 了解神经丛的名称、位置、主要分支名称及其分布，脑神经的分布、功能，交感神经与副交感神经的结构 6. 了解感觉传导通路的概念、种类、共性 7. 了解运动传导通路的概念，锥体系的概念、组成、共性 实验 14：脊髓、脑干和小脑 实验 15：间脑、端脑、脑和脊髓的被膜、血管、脑脊液 实验 16：周围神经系统	多媒体授课 启发式教学 标本、模型示教，分组观察 案例分析讨论	10	6
12	内分泌系统	1. 熟悉内分泌系统的组成和功能，甲状腺的位置、形态、组织结构与功能，甲状旁腺主细胞的功能，肾上腺皮质球状带、束状带、网状带、肾上腺髓质细胞的功能，垂体的位置、形态、分部及功能 2. 了解甲状旁腺、肾上腺的位置和形态 实验 17：内分泌器官	多媒体授课 案例式教学 标本、模型观察，光镜示教 小组讨论	2	1
13	感觉器官	1. 熟悉眼球壁的结构，眼球内容物的名称 2. 了解感觉器官的概念；眼副器的组成，眼的血管；外耳、中耳、内耳的结构 3. 会在标本或模型上观察视器、前庭蜗器 实验 18：感觉器官	多媒体授课 案例式教学 标本、模型观察 小组讨论	4	2

四、实施建议

（一）教学建议

人体结构课程的教与学，是以教师为主导、学生为主体的双边教学活动，是在师生之间、学生之间的积极交往互动中实现共同发展的过程。本课程的教学设计和实施，要体现五年制高职护理专业教育课程改革的理念，掌握五年制高职护理专业教育的特点和高职学生的心理特点，结合本地区、学校和学生的实际，创造性地进行教学，运用多种教学方法和手段，来引导学生积极、主动、有效地学习。在教学中应把握以下几个方面：

1. 理论教学与实践教学相结合。本课程为形态学科，直观性强。应树立以学生为主体、教师为主导的现代教学观，构建理论－实践一体化教学模式，将理论教学与实践教学相结合，基础知识与临床应用相结合，使学生在教中学、学中做、做中学、做中评，这样有利于学生对知识的理解和记忆。

2. 运用多种教学方法和手段。结合护理专业学生的特点，基于护理能力职业导向，根据教材各模块内容的特点，有针对性地采用启发引导法、多媒体授课法、案例教学法、理实一体化教学法、分组观察讨论、活体触摸、角色扮演等方法和手段，激发和调动学生学习的兴趣与积极性。使学生通过人体结构课程的学习，构建合理、有效的认知结构；强化基础，重在运用，贵在创新，突出职业特点，拉近与工作岗位的距离。

3. 渗透德育教育，提高学生素质。教学中要注重德育内容的渗透，融心理品质、道德情操于一体，使知识、能力、觉悟相结合，让学生的个性得到充分的发展，提高学生的整体素质。

4. 适当安排自学，以提高学生自我学习、主动学习、终身学习的能力。

5. 通过指导预习、反复练习、强化记忆、及时辅导等，答疑补差。一方面力求提高学生学习的水平，另一方面教会学生学习方法。授人以鱼，一饭之需；授人以“渔”，终身受用。

（二）教学评价

教学评价应贯穿于人体结构课程知识、技能学习的全过程。坚持结果评价和过程评价相结合，定量评价和定性评价相结合，教师评价和学生自评、互评相结合，突出阶段评价、目标评价、理论与实践一体化评价。既要发挥教学评价的甄别功能，又要加大教学评价的激励功能与教育功能，使教学评价有利于营造良好的学习环境，有利于教学活动的调控，有利于学生和教师的共同成长。教学考核评价包括以下三个方面：

1. 知识评价（占总成绩的60%）：主要评价人体结构基本理论与基本知识的识记、理解和掌握的情况。评价方式有课堂提问、作业、笔试等。

2. 能力评价（占总成绩的30%）：在教学过程中进行规范化评价，重点反馈学生对标本和模型的观察指认、活体定位、填图等正确与否。评价方式有学生自评、互评和任课教师评价等。

3. 素质评价（占总成绩的10%）：素质评价包括学生学习态度，如课堂纪律、课堂上能否积极思考、平时作业的完成情况及考试情况，对班集体的负责态度、与同学和师生间的协作态度等；在实践中是否具有高度责任心、爱心和团队合作精神。

五、其他说明

本课程标准适用于五年制高职护理及相关专业。